品成

阅读经典　品味成长

我们不得不承认，我们在梦中知道的或经历的事情，
远远超过我们在清醒状态下知道的。

任何我们曾经拥有的精神印象都不会完全丢失。

梦中的元素来自我们日常生活中的经验，它们在梦中出现不过是源于对记忆的重现或再加工，这是一个无可争议的事实。

梦是保存连续性的人性的一种方式。在睡眠中，我们会回溯自己早期看待事物、感知事物的方式，追溯早期支配我们冲动和活动的东西。

DIE
TRAUMDEUTUNG

梦的解析

[奥] 西格蒙德·弗洛伊德 著

刘丹 译

SIGMUND
FREUD

人民邮电出版社

北京

图书在版编目（CIP）数据

梦的解析 / （奥）西格蒙德·弗洛伊德
(Sigmund Freud) 著；刘丹译 . -- 北京：人民邮电出
版社，2025.1
　　ISBN 978-7-115-63404-7

　　Ⅰ . ①梦… Ⅱ . ①西… ②刘… Ⅲ . ①梦—精神分析
Ⅳ . ① B845.1

中国国家版本馆 CIP 数据核字（2023）第 252068 号

　◆　著　　　　［奥］西格蒙德·弗洛伊德
　　　译　　　　刘　丹
　　　责任编辑　郑　婷
　　　责任印制　陈　犇
　◆　人民邮电出版社出版发行　　北京市丰台区成寿寺路 11 号
　　　邮编 100164　电子邮件 315@ptpress.com.cn
　　　网址 https://www.ptpress.com.cn
　　　文畅阁印刷有限公司印刷
　◆　开本：880×1230　1/32　　　　彩插：4
　　　印张：20.625　　　　　　　　2025 年 1 月第 1 版
　　　字数：470 千字　　　　　　　2025 年 1 月河北第 1 次印刷

定价：69.80 元（全二册）

读者服务热线：（010）81055671　印装质量热线：（010）81055316
反盗版热线：（010）81055315
广告经营许可证：京东市监广登字 20170147 号

出 版 声 明

　　《梦的解析》首次出版于1900年，是奥地利著名心理学家西格蒙德·弗洛伊德的重要著作，是他对心理学最重要的贡献之一。本书被誉为改变人类历史的书，是精神分析理论体系形成的一个重要标志。本书被翻译成多种文字，经久不衰。但需要注意的是，书中的个别内容仅代表作者个人观点，且受限于作者所处的国家与时代背景，读者在阅读时需要保持理性思考，以达到学习和研究的目的。

　　我之所以写这本书，是为了对有关梦境解析的理论做出详尽的阐释，并且我所有的理论阐释都没有超出神经症病理学的范畴。因为临床心理学研究发现，在各种变态神经症症状中，梦都是其中的一个重要表现，非常值得医生给予关注。接下来我们会在正文的论述中看到，虽然在实际生活中梦境可能没有显著的重要性，但是相对来说还是有一定的理论研究价值。借助梦境，我们可以了解神经症患者的某些内心想法，而如果医生认识不到这一点，那恐怕他也没有什么专业的能力来为患者进行治疗了。

　　但是，当前工作的不足之处也与梦境同精神疾病相关联的地方有关。我在书中列举的各种梦例常常有内容中断的地方，这都是由那些有关梦的形成原因同精神病理学领域产生关联的重点问题造成的，非常值得我们注意。但有关这方面的内容毕竟不属于本书要阐述的主题，所以时间允许的话，我会对此另外著书讨论。

　　由于研究内容的特殊性，我需要采用各种各样的梦例来对我的理论进行解释说明，这也进一步增加了我的工作难度。此外，结合我的实际工作经验，在写这本书时我所能选择的梦境，多数都是我自己的梦境以及那些来找我进行精神分析治疗的患者的梦境。但因为神经症患者的梦境带有病理性特征，而且其中的很多内容特征和其他平常人的梦境完全不同，所以我并没有采用他们的梦例。但如果我只采用自己的梦境作为研究材料的话，那么我就会不可避免地暴露我内心各种私密的想法，而这样做多少会让我感到尴尬。不过，我对此心甘情愿，毕竟我的很多研究想法也是从我自身经验中得来的，也许有时因为是我自己的事例，我所描述的梦境价值和信服程度可能会受到影响。对此，只能请求各位读者的包容和理解，而如果有谁在我的梦境分析中找到了可供其参考的地方，请允许我保留在梦中自由思想的权利。

第二版　序言

　　作为一本被很多人认为极难读懂的书，如果能在临近出版 10 周年之时得以再版，那就不仅仅是因为业内人士对其产生了浓厚的兴趣，而说明广大读者对于其中所讲述的理论和内容已经没有了最初接触时的那种意外和震惊。我的精神病学同僚们貌似非常轻松地解决了我在第一版中提出的困惑。而那些专业素养极佳的哲学家通常习惯用一句话来解决有关梦境的困惑——他们将其视为意识的衍生物。但很显然，他们并没有意识到，在分析梦境的过程中，我们可以总结出一些势必会使我们的心理学理论发生巨大转变的结论。也许受某些科学期刊评论者的影响，仍然会有人以为我的著作在刊出之后注定被淹没在茫茫书海之中。但如果事实果真如此，那本书在印制第一版的时候就不太可能被销售一空，哪怕我的那些勇敢的支持者再努力，他们也没法单凭自己的力量就做到这一点。所以在这里，我非常感谢那些拥有较好文化素养和强烈好奇心的广大读者，多亏他们的支持和帮助，我才得以继续从事这一项仍处在理论发展阶段的研究工作。

　　在本次准备再版的过程中，我很高兴地发现这本书几乎没什么需要改动的，除了在某些地方增加一些新材料，或者根据我的经验添加一些从前没有的细节说明，或者对于一些观点的描述稍做调整。总体上这本书所阐释的有关梦境解析的理论保持不变，也许这说明，它经受住了时间的考验。熟悉我个人研究风格以及研究领域（有关神经症的病因及发病机制）的人会知道，即使有些事实已经被认为是众所周知的常识，我也不会轻易就把这些结论拿来解释各种观点，我还是会小心翼翼地阐述和分析不同的情况，不忘初心，以保证我的研究观点跟得上时代的脚步。因此，在进行梦境研究的过程中，我也会一如既往。尽管在多年的神经症研究工作中，我常常因为各种问题陷入怀疑和困惑，但《梦的解析》总能帮助我恢复信心。而相比之下，那些经常批判我的科学工作者肯定是出于某种显而易见的人类本能，才在有关梦境研究的问题上拒绝认同我的观点。

本书之所以能经得住时间的考验进行再版，最重要的原因就是本书的思想和我自己的梦经得住时间的考验，虽然我的这些梦只是被用来举例说明有关释梦的理论，而一旦解释清晰后，它们就被搁置了。但当我完成这本书的相关工作后，我发现它对我来说还有一个更重要的主观意义。就我个人来说，那些梦境相当于我的一份自我分析报告，体现的是我对人生中所经历的最重要的事件——父亲离世的反应 ①。当然对于其他读者来说，他们只需要借助这些例子明白释梦的理念和原则就可以了，至于他们看的是谁的例子、是怎样的梦境，这都无关紧要。

---

① 弗洛伊德的父亲去世于 1896 年。在他 1896 年 11 月 2 日写给弗利斯（Fliess）的信中，读者可以找到他当时的一些想法和思考。

最后，原文中凡是新添加的部分，我都会用括号来标明新添加的日期[1]。

贝希特斯加登，1908 年夏

---

[1] 1914 年加注：从第四版开始，这些内容被删减。

第三版　序言

　　这本书的第二版与第一版的发行时间相隔了 9 年，而现在一年刚过，出版商却已经在张罗要出第三版了。我本应对这一变化感到无比惊喜，但正如当年我并不认同这本书被忽视是因为它没有价值一样，现在我也并不认为这本书深受欢迎是因为它无比完美。

　　我在《梦的解析》中阐述的理论，也深受我个人科学知识积累的影响。1899 年，我在写这本书的时候，我个人理论框架中的性学部分还没有出版问世，其他各种有关神经症症状的心理分析理论也处于萌芽状态。原本我进行梦的解析的相关研究，是为了帮助自己在神经症症状方面更好地开展工作，但随后我对神经症症状的探索反而开拓了我对梦境进行研究的视角。《梦的解析》这本书也就逐渐地朝着我从前没有预想到的方向有了很深入的发展。自那之后，结合我个人的经验，以及其他学者，如威廉·斯特克尔等人的研究，我已经可以比以往更准确地评价梦境中（或者更确切地说，是潜意识中）各种意象的象征意义以及重要程度，因此，我在这几年里积累了很多值得参考的资料，并将其放在正文及脚注中作为补充。如果读者在阅读中发现有些补充材料和原来的释梦理论框架并不是十分吻合，或者发现那些早期的内容和社会现状并不相符，那么还请读者宽容这些缺陷，因为这都是科学研究不断发展的证据。我甚至敢大胆放言，也许本书以后的其他新版本，还会背离曾经这些旧版本的研究方向。一方面，这是因为我们在研究过程中会与那些富有想象力的文学创作、神话、语言习惯以及民间传说中所呈现的丰富材料进行更密切的关联；另一方面，这是因为我们也会更加详细地探讨梦与神经症以及精神疾病之间的关系。

感谢奥托·兰克先生在挑选梦的材料方面给我提供的大力协助。对于他和其他同事的指正，我在此深表感谢。

维也纳，1911 年春

第四版　序言

去年（1913 年），本书的英译本由纽约的 A. A. 布里尔（A. A. Brill）博士翻译并出版（*The Interpretation of Dreams*，伦敦，G. 艾伦公司）。

这次出版之际，奥托·兰克先生不仅重新审订了校样，还为本书整理出了两个独立的章节，放在第六章的附录中。

维也纳，1914 年 6 月

第五版 序言

没想到广大读者对于《梦的解析》仍然兴趣十足，因此仍然有出版商计划出版《梦的解析》的新版本。但有一点需要强调，自1914年开始，完整出版就变得不太可能了，而且我和奥托·兰克先生也不了解国外出版界的消息和近况。

本书的匈牙利语译本，即将由荷洛斯博士和费伦齐博士联合翻译出版。1916～1917年，雨果·赫勒尔在维也纳出版了我的《精神分析引论》，我的梦境11讲也包含其中。作为演讲内容的核心部分，梦境11讲集中阐述了神经症症状和梦境之间的密切联系，相当于在总体框架上对梦的解析进行了概述；而且可能在某些细微的地方，它比《梦的解析》对问题阐述得更加细致。

虽然说对著作的修订可以使得它尽可能与当下社会的思想观点保持一致，但我却一直没法对本书的内容做什么修订，否则可能会损害它诞生之初所具备的历史特点。而且在我看来，在出版近20年后，这本书也已经完成了它的使命。

布达佩斯，1918年7月

第六版　序言

虽然读者对于《梦的解析》再版已经呼吁很久，但鉴于出版商方面遇到的种种问题，本书在今年才得以再版。而且和上一个版本相比，这次出版的不同之处仅仅是奥托·兰克先生在本书的末尾列出了一些引用的文献书目。

尽管我曾经说过，在出版近20年后，这本书已经完成了它的使命，但目前种种事实却说明，仍有很多新的重任需要它去完成。如果说它早期的任务在于提供通过梦境分析个人内心想法的理论和方法，那么现在它的任务就又多了一项：帮助很多人消除他们对于梦境解析理论的种种根深蒂固的误解。

维也纳，1921年4月

第八版　序言

自 1922 年本书的第七版问世以来，维也纳的国际精神分析出版社出版了我的作品全集。[1] 其中，全集的第二卷收录了《梦的解析》第一版的全文，第三卷则涵盖了此后再版时补充的所有材料。在此期间，I. 梅耶尔逊（I. Meyerson）出版了《梦的解析》的法语译本《梦的科学》，该书被 1926 年法国的"当代哲学丛书"所收录；1927 年，本书的瑞典语译本由约翰·兰奎斯特（John Landquist）翻译并出版；1922 年，本书的西班牙语译本由路易斯·洛佩兹－巴勒斯特罗斯的出版社出版，并为《科学作品全集》第 6 卷、第 7 卷收录。以上这些外语译本都是基于本书发行的单行本进行编译出版的。此外，我记得本书的匈牙利语译本早在 1918 年就已经制作完成了，但我至今还未见过成书。

这次在修订时，我仍然和过去保持一致的态度，即仍然将它作为一份历史材料看待，只在一些我认为的确有待商榷的地方稍加修改。因此，我删掉了在首版发行时书中有关引用文献书目的部分，也

---

① 匈牙利语译本出版于 1934 年。弗洛伊德在世时，除了序言中提及的译本外，俄语译本于 1913 年出版发行，日语译本于 1930 年出版发行，捷克语译本于 1938 年出版发行。

删减了此前奥托·兰克先生所整理的两篇论文《梦与创作》《梦与神话》。

维也纳，1929 年 12 月

英文版第三版　序言①

1909 年，应伍斯特的克拉克大学的 G. 斯坦利·荷尔（G. Stanley Hall）之邀，我首次进行了有关精神分析理论的演讲。同年，布里尔博士整理发表了我个人著作的首个英译本，之后有关我个人著作的其他语言的各种译本也相继发布。如果此后精神分析理论能够在美国人的生活中起到至关重要的作用，甚至延续到未来，那很大一部分都必须归功于布里尔博士在当年所付出的辛苦努力。

1913 年，《梦的解析》英译本由布里尔博士首次翻译出版。随后，不仅世界格局发生了很大变化，心理学界对于各种神经症的认识也有了很大不同。当年（1900 年）本书出版时，其中很多独特的理论内容引发了心理学界甚至社会舆论的巨大震动，而如今再版之时，其中的理论内容也几乎没有做什么改动。我个人认为，这些理论内容几乎可以称为我毕生所有理论观点的精华，任何人如果一生中能有一次机会领会这些内容，就可以说是不枉此生了。

维也纳，1931 年 3 月

---

① 本篇序言在德语版并未出现，也未能找到德语原文。本篇序言是从 1932 年的英文版照录而来。

目　录

第七章　梦过程的心理学　　527

第一章

有关梦的科学研究①

---

① 第二版至第七版加注：截至本书首次出版之时（1900 年）。

接下来我将逐步阐释，如何通过科学的心理方法去分析梦境。一旦掌握了这种方法，每一个梦境都会作为有一定意义的心理结构被解读，并且在一定程度上反映个体在清醒状态下的心理活动。此外，通过对梦境中各种稀奇古怪的情节的解析，可推断出精神力量的本质，因为梦境就是在这些力量的冲突或整合中产生的。正是在不同的人、不同的性格特征以及心理动机的交互作用之下，才有了千变万化的、丰富多彩的梦境。至此，关于梦境的概述就要告一段落了，因为梦境的问题是融合在更综合性的问题之中的，我们必须结合其他的科学知识进行解答。

我将针对前人对于梦的记录，包括梦这一课题的当代科学研究现状做一些概括式的点评，在此之后，我就没有机会在这本书中再谈及这个话题了。虽说有关梦的问题，人类历史与之相关的记载已经存在了上千年之久，可遗憾的是，科学领域里关于梦的解释的研究还是没什么进展，而我们不需要对此多做证明，因为这在学术界早已是公认的事实。我在本书中罗列出了这些著作，虽然里面有很多令人兴奋的发现以及很多有趣的、与我们主题相符合的材料，但它们多数只是介绍性的，还从未有哪个材料从梦的组成、解析原理等角度去厘清梦境的奇妙之处，因此对于没有任何专业知识的普通读者来说，要想清楚地理解各种稀奇的梦境就更困难了。

也许会有人好奇：原始人类是怎么看待梦的，而梦又是怎样影响他们对于世界和灵魂的构成的看法的[①]？虽然这个主题相当有趣，但我不得不遗憾地在这本书中删掉了这部分内容，因为我个人不愿意对此多做讨论。但我可以向读者推荐约翰·卢波克爵士、赫伯特·斯宾塞、E. B. 泰勒等人的著作。你们最好在解析梦境方面积累一些知识以后再去阅读，这样才能够充分了解他们对于这些问题的思考和推测。

有关原始人类对梦境的看法，我们可以从古希腊人、古罗马人的记录中[②]了解。在他们看来，梦和他们敬畏的神明有关，是神明给他们的启示。而且，毫无疑问，对做梦的人来说，梦境的产生有一个重要的目的，就是预知未来。然而，由于梦境的内容总是荒诞离奇的，人们很难在看法上达成一致，所以根据梦的价值和可靠性对其归类整理就很有必要。古代个别哲学家对梦的态度，多少都会受到他们对占卜看法的影响。

亚里士多德的两部著作中都曾经出现过与梦有关的内容，他将其作为一个心理学的话题进行研究。在他看来，梦不是来自神，并不具有神圣的一面；相反，梦是"恶魔的"，即梦并不是超自然力量的显现，而是遵循人类的精神活动，尽管这听起来也近乎神力。梦被定义

---

① 本段和下一段增写于 1914 年。
② 1914 年加注：以下内容基于毕克森·叔茨 1868 年的学术研究。

为睡眠者在睡眠中的心理活动。[①]

　　从亚里士多德的著作来看，他对于梦的特征已经有了一些了解。例如，他已经知道人在入睡时体验到的轻微刺激也可能在梦境中被加工成特别强烈的感觉，"当人的身体某个部位正在受热，梦境中他可能就会发现自己正在跨过一片火海，炙热难忍"。[②] 亚里士多德由此推断，人们生理上的某种疾病会在梦境中体现出来，因为人在清醒时总是很难注意到这些轻微的不适。[③]

　　亚里士多德之前的古代的人类，都以为梦是来自神明的启示。由于在历史发展的每一个阶段，人们都会对梦境发展出自己的认知，所以历史上人类在有关梦的态度上就有了两种截然相反的流派，一派认为梦境是真实的、有价值的，能给人警示或者预告未来；而另一派则认为梦境是空泛且没有价值的，只会误导人们，将人们引入歧途。

　　格鲁佩（Gruppe，1906 年，第二卷，第 930 页）以马克罗比乌斯（Macrobius）和阿尔特米多鲁斯（Artemidorus）的分类方法为依据："我们把梦分成两类。第一类指那些受到过去和现在的经验影响，却对未

[①] 在首版（1900 年）中这一段如下："第一次将梦境作为一种心理现象进行研究的是亚里士多德的著作《论梦及其解释》。亚里士多德认为，梦是'恶魔的力量'，不是'神圣的力量'。毫无疑问，如果我们能够正确解读其中的差别，我们就能够了解其所表达的内涵。"下一段则以这句话为结尾："由于本人才疏学浅，无法更加深入地探讨亚里士多德的专著。"这些片段在 1914 年修改成现在的形式。在 1925 年的著作集中有一条注释指出，亚里士多德写了两部有关这个主题的作品。

[②]《梦的预言》第一卷（1935 年，第 375 页）。

[③] 1914 年加注：古希腊哲学家希波克拉底在他的著作《古代医学》第十卷（1923 年，第 31 页）中提出，梦境是疾病的一种外化形式；也可另见《养生法》第四卷，第 88 页注（1931 年，第 425 页）。

来毫无用处的梦，失眠症也包括在其中。这些梦直接再现了一个特定的或与之完全相反的状态，例如饥饿感或饱腹感，或者是对于某种观念的想象或夸张，比如梦魇或噩梦。第二类则往往决定未来，它包括：①在梦中接收到的神谕；②对某个事件未来发展的预言；③需要解释的具有象征意义的梦。这一观点在人类历史中流行了许多个世纪。"

如何看待梦的价值[①]与如何解析梦境息息相关，因为说起来，人们几乎都希望自己可以从梦境中获得一些重要的启示。但事实上并不是所有的梦都能被解释清楚，而且并不是拿出一段情节古怪的梦就能了解它有什么特殊意义。因此，很多人都在努力寻找一种规范解析的方法，通过这种方法，将梦境中难以理解的内容转化为易于理解且有意义的内容。在古代后期，达尔迪斯的阿尔特米多鲁斯就被尊为梦境解析界的绝对权威，他的著作《详梦》世代流传，内容丰富翔实，足以作为对其他同类作品中缺漏部分的补充。[②]

古人对梦境的理解，与他们当时的世界观相吻合。他们认为梦和世界观一样，可以作为一种客观现实投射到外部世界，但实际上，梦只在精神领域才具有现实性。他们有关梦境的观点往往都来自那些清

---

① 本段增写于 1914 年。

② 1914 年加注：若想进一步了解有关中世纪时期释梦的历史，可参考迪普根（Diepgen，1912 年）、弗斯特（Förster，1910 年和 1911 年）、哥达（Gotthard，1912 年）等人的专著。阿尔莫里（Almoli，1848 年）、阿姆兰（Amram，1901 年）和洛温格（Löwinger，1908 年）也分别讨论了犹太人对梦的解释。除此之外，最近在精神分析领域中，劳尔（Lauer，1913 年）等人也有了相关发现。德雷塞尔（Drexl，1909 年）、施瓦茨（Schwarz，1913 年）和特芬克吉（Tfinkdji，1913 年）对阿拉伯人进行了释梦研究；三浦（Miura，1905 年）和岩屋（Iwaya，1902 年）研究了日本人的梦；塞克（Secker，1909～1910 年）研究了中国人的梦；尼盖林（Negelein，1912 年）研究了印度人的梦。

晨醒来之后在记忆中留有印象的梦境，而梦与其他的内心活动相比，就好像一种来自另一个世界的精神活动印记。顺便说一句，如果我们因此就误以为那种把梦看作神明启示的观点已经落后于时代，在当代早已缺乏拥趸，那我们就太想当然了。只要没有足够的科学依据能够解释梦境，那些虔诚的神秘主义作者就会一直坚守梦境的超自然来源观点。除此之外，还有一些头脑冷静的人，他们没有任何多余的奇思妙想，仅仅是利用那些无法解释的梦境作为支持其宗教信仰的异乎寻常的精神力量。一部分哲学流派（例如，谢林流派[①]）将梦境奉若神明，就是由于梦的神圣性在当时是毋庸置疑的。因此，在人类发展过程中，有关梦境的警示作用以及它对未来事件的预言作用等各种问题的探讨，始终没有停止。科学家虽然强烈反对那些神化梦境意义的观点，但他们也没能对那些梦境材料给出什么太有说服力的科学解释，因此他们也期待着能从心理学角度得到某种新的启发。

总的来说，撰写这本以梦境解析为主题的书是非常艰难的，因为无论我们在这个领域获得看似多么有价值的发现，就整个科学研究领域来说，梦境解析这一块的研究几乎都是停滞不前的，也没有任何成就可以被后人当作后续研究的可靠基础。于是每一位涉足这个领域的新人都只好重新面对这一问题，结果一切就又重新开始。由此，如果

---

① 谢林流派：泛神论"自然哲学"的主要倡导者，于 19 世纪初在德国广为流行。弗洛伊德常反复提及梦的超自然意义问题。参见弗洛伊德 1922 年 a 节、1925 年 i 节第 3 部分和 1933 年 a 节第 30 讲。弗洛伊德在 1941 年 c 节中讨论了一个"预言梦"。

让我以年代为顺序，逐个列出梦境解析问题的研究者，以及概括总结每个人的著作观点的话，那我们就没法进一步在解析方法上做全面的介绍了。因此，我宁可放弃这种思路，转而从人们对梦境的各种典型疑问出发，适当地列举一些文献，逐步推进这本书的内容。

当然，我不可能完全掌握这一领域的所有文献，尤其是因为它们较为分散，又与很多其他学科有所交叉，所以希望广大读者可以降低期待——只要我能将梦境解析方法的相关内容介绍清楚就可以了。对于其他方面，还请读者们宽容谅解。

就在不久前，多数研究者仍然把睡眠和梦视作同一主题，同时还会遵循惯例，把一些与病理学相关的症状或那些和做梦类似的状态，例如幻觉、幻视等作为研究内容。与此相反，在近期的一些研究中，研究者对研究主题加以限制，将研究对象局限在梦境的某个问题上。从这些变化中，我发现了令人欣慰的趋势，即研究者们都认同，在各种模糊的研究材料中，只有经过一系列细致的研究和取证，我们才能得出一些可以推广为规律的研究结论，而这正是很多心理学研究的要求。在本书中，我能做出的小小贡献，就是在心理学方面进行的详细研究。虽然我个人也很关注睡眠的问题，且睡眠的某些特征变化与精神结构某些功能的改变有关，但因为它主要是神经生理学方面的问题，所以我在本书里不会选取这方面的文献。

通过收集整理历史上人类对梦境的各种疑问，我一共总结出了以下几大问题，虽然这些问题之间难免会有交叉重叠之处，但我暂且还是按照以下标题逐一进行讨论。

第一节　梦与现实的关系

做梦者从梦境中醒来时难免会认为，尽管刚刚那段超出常理、难以解释的梦境不是神明的指引，也至少暂时性地将他带入了一个与现实不同的神秘世界。有关这一问题，我们必须感谢老一辈生理学家布达赫（Burdach，1838 年，第 499 页），他对做梦这一现象做了非常谨慎、精确的研究，他认为："虽然人类在日常生活中常常体验到疲惫、愉快、焦虑或痛苦，但梦境从来不是为了再现这些情绪而出现的。相反，我们之所以做梦，就是为了从这些日常的情绪中摆脱出来。所以当我们全神贯注于某件事情时，当我们承受某种很深刻的痛苦，或者在绞尽脑汁地解决一件事情时，梦所起到的作用，就是通过搜索我们的记忆，用一些象征性语言把我们心底的声音再现出来。"费希特（Fichte，1864 年，第一卷，第 541 页）也借助他的经验，在他的著作中提出了"梦是一种补充"这一观点，将梦境看作心灵自我修复的方法之一。[1]而斯特姆佩尔（Strümpell，1877 年，第 16 页）则在他广受好评的著作《论梦的性质和起源》中表达了类似的观点："梦境使人从常规的现实中脱离出来。"他还说："在梦境中，我们没法像在清醒状态下那样控制我们的记忆力和分析能力。"（同上，第 17 页）"我们在梦境中看到的世界与白天的世界截然不同，心灵在梦境中没有记忆，它相当于内心世界与外在客观世界的一种隔离。"（同上，第 19 页）

然而，对于人的梦境状态和清醒状态的关系，也有很多研究者持

————————
[1] 本句增写于 1914 年。

有与上文截然相反的观点。例如，哈夫纳（Haffner，1887年，第245页）说：“梦是我们现实生活的延续，因为我们总能从梦境中发现和近期现实情绪状态相延续的证据。我们总能从中发现一些细节，（它们）跟我们最近的意识有所联系。”魏甘德（Weygandt，1893年，第6页）对于布达赫的观点尤为反对：“很明显，在很多具体的梦境中，我们都能发现梦是在试图把我们拉回现实的情景中，绝不是希望我们摆脱现实。”对此，莫里（Maury，1878年，第51页）则干脆用一句概括性的俗语总结说：“我们在梦中所经历的，正是我们在白天的所见、所闻、所思或所为。”耶森（Jessen）则在他的一部心理学著作（1855年，第530页）中更加直接地指出：“梦的内容或多或少地取决于做梦者的性格特征，以及做梦者的性别、年龄、文化程度、社会阶层、生活习惯等。除此之外，他此前生活中所有的事件和体验经历，与以上因素共同决定了他的梦境。”

哲学家 J. G. E. 马斯（J. G. E. Maass，1805年，第一卷，第168页、第173页）在这个问题上[①]表达了自己最为坚定的态度，温特斯泰因（Winterstein，1912年）这样引用他的话：“很多事实都印证了我们的观点：生活中那些激起我们强烈情绪的事情，往往就会在我们的梦里出现。这说明情绪对我们的梦境有至关重要的影响。野心勃勃的人经常会梦到自己取得过的某种竞争性的胜利或梦到自己即将取得胜利，又或者常常梦到自己正在为所在乎的目标而努力奋斗；热恋中的人也总会梦到自己的恋人……只要我们心中某种沉睡的感官欲望被一些线索

---

① 本段增写于 1914 年。

激活，它就可以和其他的意象联系起来构成神奇的梦境，或者将那些连我们自己都没能觉察的情绪准确地反映在梦境中。"

有关现实生活是梦的基础之一的观点，在古代就已经出现了。例如拉德斯托克（Radestock，1879 年，第 134 页）曾讲述过，薛西斯在远征希腊之前，曾受到很多人的忠告，他们要他放弃这一计划，可他还是经常梦到有人再三催促自己率领众人远征希腊。对此，一位年迈又富有经验的波斯释梦者阿尔塔巴努斯（Artabanus）就非常中肯地对他说："这说明你内心十分渴望远征，因为人们都是日有所思，夜有所梦。"

在《物性论》中，卢克莱修（Lucretius）也这样说道："我们的梦和我们的头脑一样，都专注于那些我们真正在乎的事情。辩护人往往根据各种证据在梦中据理力争，将军则时常梦到自己战无不胜、驰骋沙场……"

西塞罗（Cicero）的记录（《预言》）和多年后的莫里的观点几乎相同："梦中出现的种种，不过是我们白天各种思想和内心残余的继续沸腾与翻滚。"

如此看来，有关梦境状态与清醒状态之间关系的这两派观点总是矛盾重重，难以达成一致。对此，也许希尔德布兰特（Hildebrandt，1875 年）的观点更为妥当，他认为梦的这种特征，除了用一系列看起来矛盾的对比去解释，根本不可能进行描述。一方面，梦境内容是将人与现实生活隔离开的；另一方面，它又与现实生活互相侵占心理资源，并相互融合、相互影响。梦是一种与清醒状态下经历的现实完全分离的东西，正如有些人认为的，它是一种封闭式的存在，与现实生活隔着一道不可跨越的屏障。它使我们与现实保持距离，压抑了在日常生活中的正常情绪反应、逻辑规则，让我们置身于另一个世界，似乎摆脱了现实的约束，开始了完全不同的生活，而这种生活本质上与现实无关。即当我们入睡后，我们整个精神世界就好像穿过一道看不见的门，进入了一个全新的世界。在那以后，或许有人会梦到他驾船来到了圣赫勒拿岛，碰巧拿破仑也被囚禁在那儿，结果这个人莫名其妙就有了一个机会，为拿破仑送上摩泽尔葡萄酒，他也因此受到了这位昔日帝王最亲切的接见。清醒之后，这种有趣又令人享受的梦境破灭了，他难免对此感到遗憾。但如果能把梦中的情景和现实生活进行比较，很可能做梦者从来没有经营过酒品生意，他在白天也从来没有考虑过这些事，更没有在海上航行的经验；而且即使他要出海，他恐怕也想不到要去圣赫勒拿岛。在这个人心中，拿破仑可能从未激起过他的同情之心。而最主要的是，当拿破仑死在岛上时，这个做梦者甚至还没有出生，更不可能和他有任何交集。因此，梦的其中一个特征就在这里表现了出来：一个梦境可以将两种截然不同的生活完美连续地融合在一起。

对此，希尔德布兰特解释说，很多有关梦的特征的观点看起来都相互矛盾，但事实上每一种观点都相当真实正确，至少它们在"梦与现实相隔绝"这一点上是相通的。其实我们也可以说，不管一个人梦到什么，梦总需要从现实体验中收集材料，梦中的各种意象都是从现实体验中得来的，无论梦境的内容多么古怪离奇，它们都不是脱离现实世界存在的。哪怕是那些在梦中看起来最荒谬的情节，也一定来自现实中我们对于世界的感受或清醒状态下我们头脑中一闪而过的某些想法，也就是说，梦来自我们的内部体验及与外部世界互动时产生的各种经验材料。

第二节　梦中的记忆

　　梦中的元素来自我们日常生活中的经验，它们在梦中出现不过是源于对记忆的重现或再加工，这是一个无可争议的事实。但如果我们因此就简单地认为，只要对比梦和现实中的元素就能得出结论，那就大错特错了。事实上，梦与现实的联系常常非常隐蔽，需要我们仔细分析。因为梦中的记忆也表现出了一些特征，尽管很多人都分析过这些特征，但至今它们还是让梦境显得神秘莫测。更深入地研究这些特征也是很有价值的。

　　例如有时可能会出现这种情况：我们在清醒状态下并不会意识到一些梦境的片段是我们知识经验的一部分，我们可能会记得梦中的某些事情，但不记得现实中是否经历过类似的事情，于是我们常常对梦中的事物感到困惑不解，不知它们从何而来。由此，我们很容易怀疑，梦中的事物很可能都是梦自己创造的。直到在此之后经历了一些新事件，我们重新回忆起了一些事情，我们才明白，原来梦中的事物早已在我们的记忆中。因此，我们不得不承认，我们在梦中知道的或经历的事情，远远超过我们在清醒状态下知道的。[①]

德尔贝夫（Delboeuf，1885年，第107页以下）根据自己的亲身经历，举过一个非常著名的例子：

他梦到自己的住处有很深的积雪，两条小蜥蜴冻得半死，正被埋在厚厚的积雪下面。出于怜悯，他把它们捡起来，给它们取暖，并将它们塞回石墙上的洞穴里。他还给它们喂了一点儿蜥蜴最喜欢吃的东西，那是一种学名叫作"Asplenium"的蕨类植物。随着梦境的继续发展，又有其他一些事情发生。后来，当"蜥蜴情节"再次出现时，德尔贝夫吃惊地发现，又多了两条蜥蜴在专心地吃着剩余的蕨叶，而且，有很多蜥蜴正从四面八方爬来，挤满了整条道路，并且它们全都朝着同一个方向移动。

然而，当德尔贝夫处于清醒状态的时候，他其实不认识几个植物的拉丁文学名，更别提知道"Asplenium"是什么了。现实中，这种蕨类确实存在，只不过它的学名是"Asplenium ruta muraria"（卵叶铁角蕨），与德尔贝夫梦中的记忆稍有不同。这不可能是巧合，但为何会在梦中知道"Asplenium"这个名字，这对他来说就像一个谜。

他在1862年做了这个梦，在16年之后，他在拜访一位朋友时看到了一本植物标本集。这是瑞士一些地方的旅游纪念品。这时他大脑中快速闪过了一个记忆，他翻开标本集，找到了那种蕨类，标本的下面正是他自己手写的拉丁文学名，他这才恍然大悟！原来就在他做"蜥

---

① 1914年加注：瓦希德（Vaschide，1911年）指出，人们常常会发现自己在梦中说外语会比在清醒时说得更流利、更准确。

蜴梦"的两年前，他曾经看到过这本标本集，这位朋友的妹妹在蜜月旅行时带着标本集拜访过他。而德尔贝夫当时在一名植物学家的口述下，在每一种植物标本下面费力地记下了它们的拉丁文学名。

这是一个很经典的例子，它使德尔贝夫非常偶然地弄清了自己梦中知识的来源。后来在 1877 年，突然有一天他翻到一本旧期刊，里面有很多插图，其中就包括那些他在 1862 年梦到的蜥蜴的图片。这本期刊的出版日期是 1861 年，德尔贝夫记得他自其创刊起就订阅了，所以无疑，他梦中出现的蜥蜴的记忆来源也是这里。

事实上，梦能够支配那些人在清醒状态下无法记起的记忆，而这是非常奇特且重要的理论假设，我会继续列举一些"超忆梦"的例子来说明这一点，从而让读者有更深刻的认识。莫里（1878 年，第 142 页）曾经讲过，有一段时间"米西当"（Mussidan）这个词总是在白天出现在他头脑中，他只知道这是法国一个村镇的名称，除此之外一无所知。直到一天夜里，他梦到有一个自称来自米西当的人和他交谈，而当他好奇地问米西当究竟位于何处时，这个人回答说，这是多尔多涅区的一个小镇。莫里醒后，为了验证这一信息的准确性，查阅了地名词典，最后意外地发现，梦中那人的说法居然是对的！这种情况证实了人在梦中也具备学习知识的能力，但知识的来源却难以追踪。

耶森（1855 年，第 551 页）也记录过一些相似的梦例，它们发生在更为久远的时代，而在这类梦中，斯卡利格尔的一则梦最为典型。一天，他写了一首赞美诗，歌颂维罗纳的名人，结果他梦中却出现了一个自称叫布鲁罗勒斯的人，说自己被遗漏了。尽管斯卡利格尔觉得自己从来没有听说过他，但还是为他写了一首诗。后来斯卡利格尔的儿子在维罗纳了解到那里确实有一个叫布鲁罗勒斯的人，他是一个非常著名的评论家，人们还会为他举办纪念活动。

瓦希德（Vaschide，1911 年）也引用过赫维·德·圣丹尼斯（1867 年，第 305 页 [1]）描述的一个较为特别的超忆梦的例子：

我曾经梦见一位年轻的金发女人，她向我的妹妹展示自己的刺绣制品，梦里我觉得她很面熟，我想我之前一定经常见她。我醒来后，她的长相也十分清晰地浮现在我的脑海中，但我就是想不起她究竟是谁。直到后来，我再次入睡，又梦到了类似的情景，这一次我得以和她交谈，我问她是否在什么地方见过我。她回答："当然，你不记得伯尼克海滨浴场了？"那一刻我突然醒来，清晰地回忆起了和她有关的全部细节。

这位作者还提到过一位他很熟悉的音乐家，这位音乐家曾经在梦中听到了一支对他来说完全陌生的曲子，直到几年后他才在一个旧音乐收藏集中发现了这支曲子，尽管他不记得自己之前看过它。

据我所知，迈尔斯（Myers）曾经在《心理学研究协会公报》（1892 年，第 8 卷，第 30 页）上发表了一个有关超忆梦的系列研究，但遗憾的是，我没有找到这些资料。

我相信，凡是对梦有兴趣的研究者都会发现一个非常常见的情况，即梦中的很多信息都被清醒状态下的我们忘记了。在我对神经症患者的精神分析中（关于这个问题，我稍后会详谈），每周有好几次

---

① 本段和下一段增写于 1914 年。

我都要向患者们证明，他们对自己梦中出现的语言，包括污言秽语，实际上是非常熟悉的，所以才会在梦中使用它们，然而他们在清醒状态下都不承认这一点。下面我要举一个更加单纯的、有关超忆梦的例子，在这个例子中，我们很容易就能明白有些认知的来源只存在于梦中。

我有一位患者曾经和我说过，在很长一段时间里，他经常会梦到自己坐在一家咖啡馆里，点了一杯叫作"Kontuszówka"的东西。然后他说自己从来没听过这种东西，那到底是什么呢？我告诉他，这是一种波兰酒，他一定是打哪儿听来的，因为我就在街上偶然看到了这种酒的广告。起初他对我的话全然不信，结果没过几天，他真的在一个街边拐角看到了这种酒的广告，他每天至少要从那里经过两次。

由此可见，我们能找出梦中信息的来源的概率是很低的。[①] 例如在写作这本书的前几年，我脑海中经常出现一幅朴素的教堂尖塔的景象，我想不起来究竟在哪儿见过它，直到后来我突然想起来并且非常肯定，它位于萨尔茨堡与赖兴哈尔铁路线上的一个小站里。我最初梦见它是在 19 世纪 90 年代后期，而 1886 年，我曾经过那条铁路线。后来的几年里，我一直专心于梦的研究，而伴随着这一地点的出现，梦中还常常浮现出另一个奇形怪状的地方，这令我感到非常厌烦。那是在我的左侧，我总能看到一片有着一些奇怪的砂岩雕像轮廓的黑暗的空间，我的感觉告诉我，那好像是一个啤酒地窖的入口。我不懂这个画面究竟是何含义，也找不出这个梦的来源。直到 1907 年，我恰巧来到了帕

① 本段增写于 1909 年。

多瓦。1895 年后我就再没有去过那里，这让我非常遗憾。我第一次去那里还是有些遗憾的，因为我没有看到马多纳·德尔竞技场教堂中乔托的湿壁画。那天在去往教堂的半路上，有人告诉我教堂当天关门，我只好原路返回。直到 12 年后，第二次前去访问时，我决定弥补这个遗憾，所以我到达当地所做的第一件事就是赶往教堂。结果在去的路上，在我的左手边恰好是 1895 年我折返的地方，我突然想起，曾经在梦中出现的那些奇形怪状的砂岩雕像就出现在这里，实际上它是一家餐馆的花园的入口。

此外，梦的材料往往来自我们早前的生活经历，这些经历我们早就忘记了，更不会出现在清醒状态下的意识里。下面我会列举几个真实案例来说明这一点。

希尔德布兰特（1875 年，第 23 页）说："我非常确定梦境有一种神奇的再现能力，它常常把我们儿时那些久远甚至已被遗忘的事，重新带到我们的记忆之中。"

斯特姆佩尔（1877 年，第 40 页）认为："做梦，有时候就好像是让废墟底层的东西重见阳光一样，它能让我们脑海中深藏的记忆再现。那些被深藏的儿时经历都会被梦挖掘出来，有关的具体场景、事件和人物的记忆出现在我们的梦中，全都一如原样，又十分生动鲜明。这些记忆不限于深刻又拥有极高精神价值的、在清醒状态下能够重新回忆起的快乐记忆。梦中的深刻记忆包括童年时期的人物、事物、地点和事件，它们对于梦境中或清醒状态的人来说都可能是完全陌生的、未知的。这些画面可能不具有任何重要的分析价值，也一点都不生动，直到找到它们的来源，我们才恍然大悟。"

沃克特（Volkelt，1875 年，第 119 页）说："童年或青少年时期的记忆总是特别容易进入梦中，所以我们梦中出现的很多东西，常常都是我们不再思考或者对我们来说已经失去价值的东西。"

因为梦会将童年时期的记忆作为材料，而我们的记忆常常会让那些过往经历显得模糊，所以我们每个人可能都会因为这些客观因素做一些有趣的超忆梦，类似下面的例子。

莫里（1878 年，第 92 页）曾讲述过他小时候经常从他出生的地方莫城去邻村提尔普特，那是他父亲负责监督修桥的地方。有一天晚上，他梦到他在提尔普特的大街上玩耍，这时一个穿着制服的男人向他走来。莫里问他叫什么名字，这个男人回答说他叫 C，是这里的守桥人。在醒来之后，莫里就质疑梦境内容是否真实存在过，于是去问了一位从他幼年起就照料他的年迈女仆是否记得有这样一个叫作 C 的男人。女仆回答道："当然，C 就是你父亲负责监督修桥时的守桥人。"

为了证明在梦中的童年记忆是准确的，莫里又举了一个 F 先生的例子。F 先生小的时候住在蒙布里森。在离开那里 25 年后，他决定重返家乡，去探望那些离别多年的亲戚朋友。在他启程的前一晚，他梦到他已经到了蒙布里森，并且在靠近城镇的地方遇到了一位自称是 T 的人，这个人说自己是他父亲的朋友，但 F 先生从未见过他。醒来以后，他想起来小的时候貌似听说过这个人的名字，但醒来不久后他就把他的样子忘记了。几天后，他回到了蒙布里森，经过了他梦中不知道具体是什么位置的地方。而就在这里，他确实遇到了一位绅士，就是他在梦里见到的那位 T 先生！他马上就认出了 T 先生，不过 T 先生本人看起来比梦中的他要苍老许多。

在这方面，我也能列举一个我自己做过的梦，不过我的梦描绘的不是一种印象，而是一种印象的联结。我曾梦见过一个人，并且知道他是我老家的一名医生，梦中他的长相有些模糊，我把他和我中学时一位男老师的长相弄混了，醒来后我也想不出这两人之间有什么关联。直到在问过母亲之后，我才知道那个人是我童年时的医生，他只有一只眼睛好用，而那位在梦中被我混淆了长相的男老师，也碰巧只有一只眼睛好用。我已经有 38 年没有见过这名医生了，而且据我所知，我在清醒状态下从来没有想起过他，不过很有可能是我下巴上的一个疤痕让我不经意间记起了他。①

除此之外，还有一些作者发现他们梦中的元素都来自前几天的经历——这一观点看上去好像反驳了那些过分强调童年记忆在梦中的重要作用的观点。因此，罗伯特（Robert，1886 年，第 46 页）声称：正常情况下，梦中基本上只会出现最近几天留下的印象。然而，我们能够发现，罗伯特的理论基础在于强调最近印象的重要性，而让童年记忆的影响从人们的关注中消失。他的观点有其合理性，我的研究也能够证明其中的有效部分。在美国研究者纳尔逊（Nelson，1888 年，第 380 页以下）看来，我们梦中最频繁出现的印象确实往往来自做梦前两

---

① 本段最后一句增写于 1909 年，在 1922 年及之后的版本中被删减。弗洛伊德曾于自传体诊疗记录（1899 年 a）中提到过疤痕事件。这个梦在弗洛伊德写于 1897 年 10 月 15 日的信中占据了重要地位。另见弗洛伊德 1916 ~ 1917 年，第 13 讲。

三天，似乎做梦当天的印象还不够模糊，也不够遥远。

一些研究者对梦中的内容和现实生活具有紧密联系这一观点毫不怀疑，他们也都注意到这样一件事情：只有在人们不再去思考时，那些有意识思考过的东西才会出现在梦里。所以，一般来说，人们不会梦到刚刚过世的亲人，因为他们正极度悲伤并思念亲人（德拉奇，Delage，1891 年，第 40 页）。最近的一位研究者，海勒姆女士（Hallam，1896 年，第 410 ～ 411 页）却通过近期的观察结果收集了一些相反的佐证材料，于是她认为，对这一观点应该具体问题具体分析。

梦中的记忆的第三个最显著、最不易理解的特征表现在对再现材料的选择上。我们能够发现，梦的材料不仅有那些最重要的事情，还有那些无足轻重的细枝末节。对于这一观点，我会引用其中几个对此表示强烈惊讶的研究者的观点。

希尔德布兰特（1875 年，第 11 页）说："其中最有意思的是，梦中的很多元素并不是我们生活中的重大事件，也很少是那些我们在白天产生的特别强烈的想法或兴趣，而往往是生活中一些偶然的细节，是最近经历的或过去发生的一些琐碎片段。例如，尽管白天亲人去世的消息令人悲痛欲绝，在这样深刻的悲伤中我们睡着了，而这种悲伤的感觉在睡眠时似乎从我们的记忆中消失了。直到我们醒，悲伤又会卷土重来。而与此相反，在梦中，我们记起的往往是一个陌生人额头上生的一个疣子。白天可能两人擦肩而过，谁都没有特别注意这一点，而到了夜晚，这个疣子却在我们的梦中出现。"

斯特姆佩尔（1877 年，第 39 页）说："在某些情况下，对梦的分析结果表明，梦的一些组成部分确实来源于前一天的经历。但从清醒状态下的意识层面来看，这些经历是琐碎的、不重要的，发生后不久就会被遗忘。这些经历常常包括偶然听到的谈话、无意间瞥见的行为、瞬间注意到的人物和事物、日常读物中的一些零星的片段等。"

哈夫洛克·埃利斯（Havelock Ellis，1899 年，第 727 页）说："处于清醒状态下所体验到的深刻情感及我们花费大量心力去思考的问题并不会马上出现在梦中。就过去而言，重新出现在梦中的内容往往是琐碎的、偶然发生的，抑或是早已被遗忘的日常生活细节。被唤醒的活跃的心理活动，就是一直沉睡在意识深处的活动。"

宾兹（Binz，1878 年，第 44 ~ 45 页）就以梦中的记忆的这一特征为依据，表达了一些反对的意见："正常的梦境也会出现类似的问题，为什么我们梦不到前一天的事情？为什么我们总会毫无缘由地梦到那些已经快要忘记的过去？为什么意识总会在梦中接收无关紧要的记忆信息，而那些对过去的刺激性记忆最为敏感的脑细胞却一直保持沉默静止的状态，除非在清醒时有一个刺激来激活它？"

显然，梦中的记忆更偏好人在清醒时所经历的无关紧要或无人关注的元素，而这会让人们忽略梦依存于清醒状态下的生活体验这一重要事实。惠盾·卡尔金斯（Whiton Calkins，1893 年，第 315 页）在对她和她同事的梦境进行统计分析时发现，11% 的梦与清醒时的活动没有显著联系。对此，希尔德布兰特（1875 年，第 12 页以下）认为，如果我们能花上足够的时间、带着足够的耐心去挖掘梦的来源，我们就能解释每一个梦中景象的来源。但这个工作看起来吃力不讨好，因为它不过就是把过去发生的毫无价值的事情从内心的记忆中挖掘出来而已，且这些事情可能在发生时就被我们抛到了遗忘的旧物堆中。这位眼光敏锐的作者发现了这个开端，但很遗憾的是，他却因为这个不好的开头而没有沿着这条道路继续研究下去。如果他继续的话，恐怕他就已经掌握了释梦的关键。

记忆在梦中的表现形式对于任何一种记忆理论来说都无疑是最重要的。它告诉我们："任何我们曾经拥有的精神印象都不会完全丢失。"（舒尔茨，Scholz，1893 年，第 59 页）或者，用德尔贝夫（1885 年，第115 页）的话来说："即使是最不重要的生活印象，也会留下不可磨灭的痕迹，并且随时可能被唤醒。"从很多精神活动的病理现象中也能得出同样的结论。稍后我会提到其他一些有关梦的理论，这些理论试图用人们遗忘的一部分白天经验来解释梦的荒诞性和不连贯性。但是如果我们对前面提到的超忆梦还有足够的印象的话，我们就知道这些理论还是有很多矛盾之处的。

人们可能会将梦视作记忆现象：梦可能被认为是一种在晚上也会如常再生再现的现象，其活动目的便是自身。这一观点与皮尔兹（Pilcz，1899 年）的观点一致。根据皮尔兹的观点，梦发生的时间与梦的内容存在固定的关系：深度睡眠时梦中再现的是很久以前的事件，而天亮之前浅睡眠时的梦中再现的就是近期发生的事件了。但是，如果考虑到梦处理记忆材料的方式，这种观点自始至终都是无法成立的。斯特姆佩尔（1877 年，第 18 页）正确地指出，梦不是经验的再现。梦的开端可能是以前有过的经验，但下一步就完全不同了，要么是呈现了不一样的形式，要么是完全被陌生的事物取代。梦只是再现经验的碎片，这是所有有关梦的理论的基础。不过确实也有一些特例，梦境完全按照在我们清醒状态下所产生的记忆进行再现。德尔贝夫（1885年，第 239 页以下）曾讲述了他的一位大学里的同事[①]做的一个再现其经历过的车祸的梦，而梦境再现了车祸发生后他死里逃生的全部细节。卡尔金斯（Calkins，1893 年）也提到了两个梦，这两个梦精准再现了她刚刚经历的事情。稍后我也会以我曾经做的一个梦来进行举例，这个梦完整地再现了我童年时期的经历。[②]

第三节　梦的材料的来源

有一句话是这样说的：做梦是因为消化不良。这能帮助我们理解梦的刺激及来源是什么。这种说法背后隐藏着这样一种理论：梦是人在睡觉时受到外界刺激干扰的结果，很多梦境中出现的事物和情境都是人体对外界干扰产生的反应。

有关梦产生的原因的讨论在现有的梦境研究中占据了很大一部分。

[①] 在第一版中，这里出现了"这人在维也纳教书"这几个字，但是 1909 年的版本中删掉了这几个字。对此，弗洛伊德解释："毫无疑问，因为这个人已经去世了，所以这几个字就被删掉了。"

[②] 1909 年加注：这里补充一些后续的观察结果，白天发生的无关紧要的事在梦中重复出现并不多见，例如，收拾行李、做饭等。然而，做梦者自己的梦中出现的类似情节虽然不是记忆的再现，但是是"真实的"："我昨天真的做过这些事。"

但很显然，直到梦成为生物学的研究对象后，人们才提出要研究这个问题。远古时代的人认为，梦是神明的启示，他们不会想要寻找刺激的由来，因为梦源于神的旨意或恶魔的力量，梦的内容是这些旨意或力量带来的知识和意图。但现代科学研究面临的问题是，梦究竟是由单一刺激形成的，还是由多种多样的刺激形成的？这个问题引出另一个问题：梦境研究到底是心理学范畴还是生理学范畴？目前在研究界比较统一的认识是，梦境刺激是多种类型的，生理刺激和心理活动都可以使梦境发生改变。至于这些刺激在梦境中的重要性，意见就各不相同了。

有关梦境刺激来源的分类，也可作为梦本身的分类，常有以下4种：

1. 外部（客观的）感觉刺激；

2. 内部（主观的）感觉刺激；

3. 内部（器官的）躯体刺激；

4. 纯粹精神刺激。

一、外部感觉刺激

哲学家斯特姆佩尔在其著作（1883年首次出版，1912年英译本，第二卷，第160页）中已经给了我们很多有关梦境研究的启发。他的儿子小斯特姆佩尔出版了一本著作，其中有他对一名皮肤感觉缺失且几个高级感官也有麻痹症的患者的观察记录。记录中说，如果将此人剩下的能够感知到外界刺激的感官也全部关闭，他就会陷入昏睡。当我们自己想睡觉时，我们也会试图将自己置于类似这位患者所处的情境之中：我们会关闭大部分重要的感官，比如我们的眼睛，并且会尝试让其他感官也免受刺激源的干扰。虽然这并不能完全实现，但我们还是可以入睡。我们既不能保证使自己的感官完全远离刺激源，也无法让自己的感官停止兴奋，但我们还是会睡着。睡眠中我们随时都可能被那些相当强的刺激惊醒，这验证了睡眠中人体依然与外界保持联系的观点，睡眠中对我们感官产生作用的刺激很可能会成为梦的来源。

这样的刺激现在有很多，从那些有助于睡眠的刺激，到不可避免的、只能尽力忍受的刺激，再到那些偶然的、能唤醒人体的刺激，比如刺眼的强光、可以听见的噪声、浓烈的刺鼻气味等；还包括我们睡眠时的一些无意识的状态，例如我们可能会因为身体的某些部位露在被子外面而感到寒冷，一些姿势会让我们感到某种压力，被蚊虫叮咬，夜间小小的干扰，等等。这些刺激都可能对我们的感官产生影响，从而以某种形式成为梦境刺激的一部分。一些细致的观察者收集了一系列梦境，在这些梦境中，人们在醒来时注意到的刺激和梦的一部分内容之间存在较为深入的对应关系，因此我们可以确定，一些刺激确实可以作为梦的来源。

依据耶森（1855 年，第 527 页以后）收集的各种梦例，梦境的来源或多或少都可以追溯到一些感官刺激上。

"每一个隐约听到的声音，都会引发与之对应的梦境：外界的雷鸣声可能让我们在梦中以为自己身处战场；公鸡在窗户外面的啼叫声可能成了梦境中的一声尖叫；如果夜里被子滑落，梦中我们就可能正在裸体行走或掉入水中；如果我们横躺在床上，脚悬在床边的话，我们可能就会梦到自己站在非常可怕的悬崖边上或从悬崖上掉下来；如果在睡眠时枕头压在我们头上，我们可能会在梦境中以为自己头上有一块石头；有关性器官的刺激也有可能会引起性梦；局部的疼痛可能会让我们梦到自己正在被虐待、攻击。"

"迈耶（1758 年，第 33 页）曾经梦见自己被几个人围攻，他们把他打翻在地，在他的脚趾之间钉上了一根木桩，他吓得从梦中惊醒，结果发现是有一根稻草被夹在了两个脚趾之间。"根据亨宁斯（Hennings，1784 年，第 258 页）的说法，还有一次是迈耶在睡眠中将衬衫紧紧地系在了脖子上，结果他就梦到自己被吊死了。霍夫包伊尔（Hoffbauer，1796 年，第 146 页）也曾在年轻时梦到自己从一面高墙上摔了下来，而当他醒来时，他发现自己的床板塌了，自己也确实掉到了地上；格雷戈里（Gregory）报告说，有一次他睡着时，有一个装着热水的瓶子在他脚下，于是他梦到自己爬上了埃特纳火山，地面热得令人无法忍受。有一个人在睡觉时在额头上敷了热膏药，于是就梦到自己被一群印第安人割头皮；而另一个人的睡衣湿了，他就梦到自己被人拖着穿过一条小溪；还有一个人是在睡觉时突然痛风发作，于是就梦到自己在宗教法庭上遭受酷刑（麦克尼施，Macnish，1835 年，第40 页）。

如果给正在睡觉的人施以感官刺激，那么他就会做与这些刺激相对应的梦，这就可以更加有力地证明梦的刺激和梦的内容是相联系的。

根据麦克尼施的报告，吉隆·德·布萨连（Girou de Buzareingues）曾经做过类似的实验。"他将自己的膝盖暴露在外，结果梦到自己在夜里坐着一辆邮车旅行。他表示，旅行的人都会知道夜里坐在邮车里膝盖到底有多冷。还有一次，他将自己的后脑勺裸露在外，结果梦到自己在室外参加一场宗教典礼。这里需要说明的是，他所处的环境背景是当地的国民平时都有包裹头部的习俗，并且只有在举行宗教仪式时才会露出头部。"

对此，莫里（1878 年，第 154 ～ 156 页）发表了他自己对梦境进行的一些实验的结果。

1．当他的嘴唇和鼻尖被羽毛刺痒——他梦见自己正被人折磨，有人用沥青制成面具并贴到他脸上，随后撕掉沥青，结果将他的皮肤都撕了下来。

2．有人在他耳边用剪刀在镊子上摩擦——梦里他听到响亮的铃声，接着还听到了警报声，这让他回到了 1848 年闹革命的场景中。

3．他闻到了古龙香水的气味——梦中他去了开罗，到了约翰·玛利亚·法琳娜的商店，有了一些记不清的荒唐冒险。

4．有人轻轻捏了他的脖子——他梦到医生在给自己擦药膏，还梦到了小时候给自己看病的医生。

5．有人把一块灼烫的烙铁贴近他的脸——他梦到"司炉"[①]闯进了一所房子，让居民们把脚放在火盆上，逼迫他们交出财物。随后亚伯拉罕公爵夫人就出现了，他在梦里是她的随行秘书。

---

① 司炉是法国大革命时期旺代省的一群强盗，他们常对人使用上述酷刑。

6. 有水滴到他的额头上——他梦到自己在意大利，热得汗流浃背，正在大口喝啤酒。

7. 有人透过一张红纸用蜡烛反复地照他——他梦到阴雨天和高温天，然后梦到自己再一次处于曾经在英吉利海峡上遇到的海上风暴中。

赫维·德·圣丹尼斯（Hervey de Saint-Denys，1867 年，第 268 页以下和第 376 页以下）、魏甘德（1893 年）以及其他一些作者也曾经进行过类似的人为造梦的实验。

许多作者评论："梦能够将感官世界中突然出现的印象编织到自身的结构中，它们的出现就好像是已经安排好的，（它们）在一步步的引导中逐渐迎来结局。"希尔德布兰特（1875 年，第 36 页）曾说道："在我年轻时，为了准时起床，我总是会定好闹钟。然而闹钟的声音总是会被融入一个很长、很有逻辑的梦中，就好像这个梦就是为了这个闹钟而产生的，梦最终的目标就是铃声的出现。这样的情况发生了上百次。"（同上，第 37 页）

这里，我会再列举有关闹钟的三个梦，不过这三个梦的诱因各有不同。

沃尔克特（Volkelt，1875 年，第 108 页）写道："一位作曲家梦到自己正在给学生上课，当他讲完教学内容后，他问其中一个男生是否跟得上进度。而男生就像疯了一般大喊道：'哦！是的！'他气愤地责备男生不可以高声叫喊。接着整个教室的学生都在大喊着'Orja''Eurjo'，最后是'Feuerjo'[①]，而他被外面街上'Feuerjo'的叫

[①] 三个感叹词中的前两个是没有意义的，第三个是传统的火警警报。

喊声惊醒了。"

加尼尔（Garnier，1865 年，第一卷，第 476 页）曾报告自己梦到拿破仑一世在马车上睡觉时被炸弹爆炸惊醒的故事。他梦到自己在奥地利大军的炮火轰炸下再次穿越塔利亚门托河，被爆炸声惊醒，然后大喊道："我们遇到埋伏了！"而现实中真的有爆炸声响起。

莫里（1878 年，第 161 页）做过一个特别有名的梦。他由于生病在家卧床休息，他的母亲在他的身边照顾他。结果他梦到正值大革命的恐怖统治时期，自己目击了很多恐怖事件，也看到了罗伯斯庇尔、马拉、富基埃 - 坦维尔和其他所有恐怖时期的悲剧英雄。他被带上了法庭，被他们审问，在一些记不清的情节后，法官判处他死刑。于是他走上了断头台，他看到梦里铡刀落下，自己身首异处，然后就在极大的恐惧中醒了过来。而他醒来时发现，原来是自己的床的顶板落下来了，正好击中了他的颈椎，而这与梦中断头台上铡刀落下的位置非常相似。

这个梦引发了勒·洛林（Le Lorrain，1894 年）与埃柯尔（Egger，1895 年）在《哲学评论》上的讨论，即做梦者究竟是如何在他感知到刺激的一瞬间，把如此丰富的梦的材料压缩到一段短暂的时间内呢？

从这类梦例中可以看出，在所有梦的来源中，最好确认的就是睡眠过程中受到的客观感官刺激，在外行人眼中它们甚至可以是唯一的来源。如果一个受过教育但没有专门了解过梦的人被问及梦是如何产生的，他会毫不犹豫地根据自己的亲身经历举例解释：梦是由外部感觉刺激引发的。然而，科学探究不能就此止步。通过观察到的事实来看，有些地方值得进一步提出问题，即在睡眠中影响感官的刺激并没有以真实的样子出现在梦中，而是被另一个与之相关的形象所取代。但用莫里（1854年，第72页）的话来说，将梦的刺激与梦的结果联系起来的是"某种密切的联系，但这种联系并不是独一无二的"。我们再来思考一下希尔德布兰特（1875年，第37页）的三个有关闹钟的梦。人们提出的问题是：为什么同样的刺激会引发三个这样不同的梦？为什么它应该引发的是这些梦而不是其他梦？

"我梦到，我在一个春天的早晨去散步。我沿着绿色的田野慢慢地走着，来到邻近的一个村庄。在那里，我看到村民们都穿着他们最好的衣服，盛装打扮，腋下夹着赞美诗，涌向教堂。当然了，那是星期天，而且很早就要开始做礼拜了。于是，我也决定参加。由于我走路走得很热，我决定走进教堂周围的院子里乘凉。当我正在看院子中那些墓碑时，我看到敲钟人爬上了教堂的钟楼。这座小小的乡村教堂的钟就设置在教堂的顶端，很快它就会发出开始祷告的信号。有很长一段时间，它一动不动地挂在那里，片刻过后就开始摆动，并发出尖锐的声音。这钟声如此尖锐，将我从睡眠中唤醒。结果醒来之后我发现，是我放在床头的闹钟响了。

"还有一个有关闹钟的梦例是这样的。那是一个晴朗的冬日，街道上覆盖着厚厚的雪。我准备乘坐雪橇去参加一个聚会，但我等了很长时间，雪橇才来。我开始准备乘坐雪橇的相关事宜。我先是铺好了毛皮毯子，然后放好了暖脚套。等一切准备工作就绪后，我坐到了座位上，开始等待出发。结果等了好长时间，直到我拉扯了套马的缰绳，雪橇才在我的百般催促下启动，而这个时候我就要迟到了。随着雪橇的一阵摇晃，上面挂着的铃铛发出了熟悉的叮当声。事实上，随后我就被巨大的铃声惊醒并发现，梦中的铃声就是我的闹钟所发出的声音。

"现在我们来说第三个梦例。我看到一个厨房的女佣，她端着几十个摆在一起的盘子，沿着走廊向餐厅走去。我看到她手里的盘子摇摇晃晃，随时都有掉下去的危险。'小心一点！'我惊呼道，'要不然你手里的东西会掉下去的。'但是她却不耐烦地回答说，她已经对端盘子这件事很熟练了，不会发生任何意外。但是我担忧的目光还是跟随着她的脚步，生怕有什么事发生。结果，正如我所料，她走到门口时突然跌倒，端着的盘子全都打翻在地，稀里哗啦地在地板上摔成了碎片。然而，这响声没有停下来，反而一直在持续，但是很快，它就不再是盘子碎裂的声音了，而是变成了铃声。等我醒来后发现，仍然是我的闹钟在响。"

为什么精神活动会在梦中误判客体感官受到的刺激呢？斯特姆佩尔（1877 年）和冯特（1874 年）给出了几乎相同的答案：大脑在睡眠中是在有利于形成幻觉的条件下接受刺激的。这种感知会被大脑识别并给出正确合理的解释。也就是说，只要这类印象足够强烈、足够清晰且足够持久，并且我们有足够的时间来考虑这个问题，它就会根据我们之前的所有经历，被放在相类似的记忆类别中。如果这些条件没有得到充分满足，我们就会把作为刺激来源的事物认错。"如果有人在开阔的乡村田野间散步，看到远处有一个看不清楚的东西，他一开始可能会认为它是一匹马。"然而走近一点后再看，他可能会发现那是一头趴着的牛，等到最后他可能才会看清楚，那原来是一群坐在地上的人。大脑在睡眠期间从外部刺激中获得的印象具有上述不确定性。正是在此基础之上，由于记忆的意象或多或少都是由那些外部印象唤起的，大脑形成的幻觉才具有了一定的心理价值。至于那些与意象有关的众多记忆存储中，哪些相关的记忆会被唤起，以及在各种可能产生的联想中，又有哪些联想会产生作用，根据斯特姆佩尔的理论，这些问题的答案也是没办法确定的，它们只是心理自由选择的结果。

在这一点上，我们面临两方面的选择：一方面，我们需要承认我们无法再深入寻找有关梦境形成的规律，并且不再去探究是否有其他决定因素支配做梦者对自己感官印象所唤起的幻觉进行解释；另一方面，我们可以假设，作用于处于睡眠状态的人的感官刺激，在他梦境形成的过程中只起到了有限的作用，是其他因素决定了他梦中出现的记忆意象的选择。事实上，如果我们仔细研究莫里在实验中引发的梦（正是由于这个原因，我才会如此详细地讲述这些梦），我们就不得不说，这个实验实际上只解释了梦的来源之一，而有关梦境的其余内容看起来好像过于独立，细节也过于准确，因此其无法仅仅通过与外部实验引入的刺激要素相适应来解释。当人们发现这些印象有时会在梦中被奇特、牵强地解释时，人们会开始怀疑幻觉理论和客观印象是否真的能够塑造梦境。对此，西蒙（1888 年）向我们讲述了一个梦。在梦中，他看到一些巨人坐在桌子旁，而且可以清楚地听到他们咀嚼时嘴巴一张一合所发出的可怕的吧嗒声。而当他醒来后才发现，那是他在睡觉时听到的马从他的窗户旁飞奔而过的马蹄声。我可以在没有做梦者帮助的情况下对此进行大胆解读：马蹄声可能唤醒了做梦者有关《格列佛游记》中巨人国和慧骃国的记忆。那么，梦之所以选择这样一组不同寻常的记忆，难道不是出于客观刺激之外的动机吗？ [①]

二、内部感觉刺激

尽管还有反对意见，但我们必须承认，睡眠状态下外部感觉刺激在激发梦境中所产生的作用仍然是无可争议的。如果从这些刺激的性质和触发频率来看，这些刺激可能不足以解释每一个梦的意象，因此，我们要寻找与它们的运行机制相类似的其他的梦的来源。我无法确定第一次将内部感觉刺激与外部感觉刺激一起考虑的观点是在什么时候出现的。然而，在最近关于梦的来源的讨论中，很多研究者都或多或少明确采纳了这一观点。冯特在 1874 年写道："我相信在梦中产生幻觉的过程中，主观视觉和听觉也起到了重要的作用。我们在清醒状态下所感知到的铃声、嗡嗡声等主观视觉和听觉共同创造了梦的幻觉意象，只不过在清醒状态下它们是无形的，等到我们进入睡眠状态，它们变得清晰起来。其中特别重要的是视网膜的主观刺激。正是通过这种方式，我们可以解释梦为什么总是喜欢在我们眼前变出大量相似或相同的事物。我们可以看到无数的鸟类、蝴蝶、鱼类、彩色珠子或花朵在

---

① 1911 年加注：梦中有巨人巨物的出现也有可能是因为童年时期的场景进入了梦中。
　1925 年加注：顺便一提，文中的解释指向了对《格列佛游记》的联想，这对于梦境解释中需要注意的地方来说是一个很好的例子。释梦者不能随意发挥自己的主观意识而忽视了做梦者自己的主观联想。

我们眼前出现。这是黑暗中闪烁的光斑所呈现出的奇妙形状，这些光斑作为相等数量的独立意象被融入梦中；又因为它们是不断运动变化的，毫无疑问，它们就成了梦境幻化出各种动物形象的动态基础。由于这种形式各种各样、千变万化，做梦者可以很容易地按照其主观认为的发光意象，将其设定为梦境中呈现出来的特定形式。"

作为梦境刺激的来源之一，内部感觉刺激具有明显的优势，它并不像外部感觉刺激那样依赖于外部。但是，由于它们来自人体本身，所以它们也有一个缺点，那就是在研究过程中很难像外部感觉刺激那样通过一些观察或实验方法去证实。所以支持内部感觉刺激对梦境有影响的主要证据是约翰内斯·缪勒（Johannes Müller，1826 年）提出的"幻视现象"。

在人即将入睡时，这种"幻视现象"经常发生，特别当有些人已经对此形成习惯后，哪怕他们的眼睛已经睁开，他们也仍然能看到幻觉稍微持续一段时间。莫里经常容易感受到这种现象的影响，所以他对此做了很多详细的记录（同上书，第 49 页以下）。为了在睡前产生这些幻觉，他的经验是：最好在一定程度上让精神进入被动状态，刻意使自己的专注水平大幅下降。所以为了产生睡前幻觉，他只需要让自己小睡片刻就可以了，在这之后，他可以醒来，将这个过程重复几次，直到最终入睡。莫里的结论是，如果他能在短时间睡眠后再一次醒来，他就能观察到梦中出现的一些相同的景象，而这些景象就是入睡前浮现在他眼前的幻觉（同上书，第 134 页以下）。有一次，在他快要入睡时，他发现有些面孔扭曲、发型怪异的人缠着他不放，醒来后，他仍然记得这些人；还有一次，他因为节食饿得发晕，结果在幻觉中，他就看见眼前飘浮着一个盘子，有一只手正在从盘子中取食物，另一只手还拿着叉子，而在随后的梦中，他发现自己坐在有丰盛佳肴的餐桌旁，听到别人进餐时刀叉碰撞的声音；还有一次，他因为睡觉前眼睛又胀又疼，所以就在睡前幻觉中看到了很多难以辨识的微型字符，直到他醒来，他才回忆起来，梦里他读了一本书，而那本书上的字却特别小，他读得眼睛疼，也特别累。

对于单词、名字等的幻听，也可能会以与视觉图像相同的方式在催眠中发生，然后在梦中重复出现。这种睡眠幻视就像歌剧开头的序曲一样，宣告着主题曲的到来。

另外一位睡前幻觉观察者，G. T. 赖德（G. T. Ladd，1892 年）采用莫里的方法，通过训练成功地让自己在入睡 2 ～ 5 分钟后突然醒来，但不睁开眼睛。这样，他就得到了将梦境与睡前幻觉进行比较的机会。他发现在每一个梦里，自己视网膜上的感觉与梦境中的情景都存在一些联系，因为视网膜首先感受到光点的活动，包括一些模糊的轮廓形象，例如如果视网膜上有平行线排列，那么他在梦中就可能是正在阅读一些印刷线条与之相符的文字。引用他自己的描述："我就像透过一张纸上戳出的小孔去阅读一段文字，所以看到的文字的光线特别黯淡。"

赖德认为，如果没有视网膜刺激给梦境提供这些材料，单一的睡前幻觉就很少出现。由此，这种情况特别容易出现在那些在昏暗的室内入睡不久的人身上，在他们即将醒来时，渐渐增强的光线就可能成为他们短暂梦境的刺激来源，视网膜上的感光区开始兴奋，通过一些不断变化的神经刺激，其梦中就会出现不断运动的情景。

因此，只要我们承认赖德观察结果的重要性，我们就会理解这些内部感觉刺激对梦中情景出现的重要作用。要知道，各种视觉景象都是组成梦境的主要部分，至于其他的感觉，除了听觉，其他刺激产生的影响在梦中都是断断续续、不稳定的。

三、内部躯体刺激

接下来我们要讨论内部躯体而不是外部对梦的刺激。首先要明确的一个前提是，我们的内部器官在健康状态下几乎不会让我们意识到它们正在工作，除非它们处在极度兴奋的状态或疾病之中，才可能带给我们一些痛苦的感觉。很多人的经验都证明了这一观点（如斯特姆佩尔，1877 年，第 107 页），我们在睡眠时比在清醒时更能警觉、敏感地觉察到躯体的变化，而且会接收各个部位发送给我们的刺激信号。受刺激信号的影响，身体会通过一些我们在清醒时意识不到的方式，将影响的具体感受在梦中表现出来。因此在很久以前，亚里士多德就明白，在疾病的初期，哪怕当事人对此还没有任何觉察，也可能在梦中有所感觉。因为这些感觉在梦中都被放大了，所以哪怕是那些不相信梦有预测能力的医学专家，也无法反驳梦境在疾病预示中的重要作用（西蒙，1888 年，第 31 卷，以及其他早期作家的理论）①。

我们从很多例子中都能找到证据。蒂西（Tissié，1898 年，第 62 页以下）从阿蒂古（Artigues，1884 年，第 43 页）那里引用了一位 43 岁妇女的例子，虽然她的身体还算健康，但是她已经被令人焦虑的梦境困扰了许多年。在一次偶然的医疗检查中，她发现自己处于心脏病的早期阶段，最终她死于心脏病。

在很多梦例中，内脏功能严重失调都可能成为梦的刺激。很多心脏或肺部有疾病的人都会做一些令他感到焦虑的梦，这一事实已经被很多人所认同。列举以下参考文献：拉德斯托克（1879 年，第 70 页）、斯皮塔（1882 年，第 241 页）、莫里（1878 年，第 33 页）、西蒙（1888 年）、蒂西（1898 年，第 60 页）。甚至蒂西认为，不同器官出现问题时，往往都会用一些特定的形象在梦中展示出来。例如：心脏病患者的梦通常很短暂，患者常常被一个可怕的结局惊醒，而且他们常常梦到自己身陷死亡的恐怖状态；肺部疾病患者则经常梦到自己处于拥挤、窒息的环境中或者在飞翔，并很容易产生习惯性的梦魇，顺便一提，波

---

① 1914 年加注：除了梦的诊断价值，我们还要知道梦在古代的医学治疗中的重要性。在希腊就有梦喻显示所祭司，患者为了寻求身体康复会经常前去拜访祭司。患者会进入阿波罗神殿或阿斯库拉派俄斯（古希腊神话中的医神）神殿，最后举行一系列仪式，焚香按摩来净化自己的身体，接着躺在作为祭品的公羊皮上，陷入沉睡，最后就会梦到自己痊愈了。而梦里会出现各种各样的图形或符号以及场景，祭司就会对此进行解读。关于更多希腊人用梦境来进行治疗的资料，可参见莱曼（Lehmann，1908 年，第一卷，第 74 页）、布歇 - 勒克莱尔（Bouché-Leclercq，1879 ~ 1882 年）、赫尔曼（Hermann，1858 年，第 41 卷，第 262 页以下和 1882 年，第 38 卷，第 356 页）、伯廷格（Böttinger，1795 年，163 页以下）、劳埃德（Lloyd，1877 年）和勃林格（Döllinger，1857 年，第 130 页）。弗洛伊德关于梦的诊断价值的评论可以在 1917 d 的开头找到。

纳（Börner，1855 年）通过脸向下趴着或掩住口鼻的方式，成功完成了相关研究；消化系统紊乱的患者则会梦到与享受食物或厌恶食物等有关的情景。此外，对于与性兴奋有关的很多梦境，相信很多人在自己的体验中都可以找到证据，这也无形中为"生理刺激影响梦境"的观点提供了最有力的支持。

相信读到这里的读者也注意到，莫里（1878 年，第 451 页）和魏甘德（1891 年）等人之所以研究梦的问题，也往往是由于自身的疾病对梦境内容产生了影响。

尽管如此，具体的生理刺激对梦境内容的影响并没有我们想象中那样重要，因为即使是健康的人，每一个夜晚也都可能做梦。因此，我们不能把器质性病变看作梦境刺激必不可少的条件之一，而只能把它当成特殊的梦境刺激源来考虑，我们更想要研究的是激发普通人正常梦境的刺激源。

然而，我们只需要更进一步，就可以找到比我们迄今为止考虑过的任何一个来源都更丰富的梦境来源，一个似乎永远不会枯竭的梦境来源。如果我们已经确定，当身体处于患病状态时，内部器官就会成为梦的刺激源，并且，如果我们承认在睡眠期间，大脑能够从外部世界转向躯体内部，给予躯体内部更多关注，那么，我们就能够假设，就算内部器官不处于患病状态，也可以引起兴奋（刺激），使处于睡眠状态下的心灵产生梦境。当我们清醒时，我们会意识到一种弥散性的共感，也就是身体的总体感受，这是所有感官功能协同的作用，但只是一种带有模糊性质的情绪。对于这种感觉，根据医学观点，所有的有机系统都贡献了一份力量。然而，到了晚上，这种感觉似乎会发展出一种更加强大的影响，并通过其各种组成部分发挥作用，从而成为引发梦境的最强烈、最常见的来源。如果是这样的话，我们只需要研究有机刺激转化为梦境的规律就足够了。

我们在这里讨论的有关具体刺激对梦境产生影响的这一理论，在医学界也是被认同和推崇的。我们对自我核心（蒂西称之为"内脏自我"）的认识与梦的来源一样，都处于一种模糊不清的状态。为此，把具体的感官刺激感觉与梦境的内容相联系这种想法，对于医疗工作者来说也有一种不可抗拒的吸引力，因为它能用身心一元论去解释梦境与人体精神之间的关系，证明两者之间有很多共同的关联性，而且躯体内部的感觉变化与人们的精神疾病的成因也往往有很大关系。因此，很多人都单独提出了躯体刺激理论。

哲学家叔本华在 1851 年提出的论点对许多研究者产生了决定性的影响。在他看来，我们对宇宙的描绘是通过我们的智力能力获得的，我们的智力所遇到的种种外界事物被重塑为时间、空间和因果关系的形式。白天，来自机体内部和交感神经系统的刺激会对我们的情绪产生无意识的影响，晚上，当白天的喧嚣全部消散时，那些内心的印象就能够引起人们的注意了——就像在晚上我们可以听到被白天的噪声淹没的小溪的潺潺声一样。但是，除了对这些刺激施加自己的特殊影响外，智力是如何对这些刺激做出反应的呢？刺激相应地被放置在空间和时间的规范模式中，并按照因果关系的规则发展，这样一来，梦境就产生了（叔本华，1862 年，第一卷，第 249 页）。施尔纳（1861 年）

和之后的沃尔科特（1875 年）试图更详细地研究躯体刺激和梦中景象之间的关系，我把他们有关这部分的研究成果融合进本书不同的章节进行介绍。

　　精神病学家克劳斯（Krauss，1859 年，第 255 页）在一项系列调查中追溯到了梦、谵妄①和妄想的同一根源，那就是机体感知所决定的感觉。每个人都会想到，机体任何一个部分都可以被当作梦、谵妄或妄想的起点。机体感知所决定的感觉可分为两类：①构成一般情绪的感觉（功能正常感觉）；②有机体在潜意识中感受到的身体系统产生的特定感觉。后者又分为 5 类：①肌肉感觉；②呼吸感觉；③肠胃感觉；④性器官感觉；⑤外部感觉。克劳斯提出，在躯体刺激的基础上产生梦境的过程如下：被唤起的感觉依据联想规律，唤起了一种同源的想象，它与这种想象进行结合，然后形成了一个有机结构。然而，意识对其反应不是常态的，因为意识不会关注感觉，它只是将整个感觉引导到伴生的意象之上。这也解释了为什么事实被误解了这么长时间。克劳斯用一个专门的术语来描述这个过程：梦境中感觉的"超具体化"。

　　现今，有机体细胞的刺激对梦境形成的影响已经被广泛接受；但是，关于二者之间关系的规律问题却众说纷纭，相关看法也都模糊不清。根据躯体刺激理论，梦的解释首先就面临这样一个特殊的问题，即将梦的内容追溯到引起梦的有机刺激上。而且，如果不采用施尔纳（1861 年）提出的解析梦境的规则，人们就只能通过分析梦境的内容来

————————

① 谵妄，也可能是"幻觉"（hallucinations）。

寻找躯体的刺激来源了。

很多典型的梦境都有相当一致的解释，因为不同人的此类梦境的内容几乎相同，起因也几乎相同。例如，牙齿脱落的梦可能源于牙齿刺激，尽管这种刺激并不一定来源于某种牙周疾病；飞翔的梦也可以被解释为，在睡眠的过程中，胸廓没有什么明显的感觉，因此人会以为自己处于飘浮的状态之中，而肺叶在张合过程中产生的刺激会在梦中形成一种合理的景象，让人们以为自己在飞翔；而某些人之所以梦到自己突然从高处跌落（同上书，第 118 页），可能是因为身体的某个部位突然失去了皮肤的压力，或者膝部突然弯曲。尽管这些解释听起来都很合理，但因为缺乏足够的证据，所以也存在一定的缺陷，它们只能通过被不断套用到各种具体的梦境中，即用大量的例证去显示自身的合理性。

西蒙（Simon，1888 年，第 34 页以下）试图通过对一系列的梦进行比较从而推断梦境的规则。他声称，如果一个会影响情绪表达的器官在睡眠过程中受到了外部刺激而进入了兴奋状态，那么梦就会出现，而梦里会包含与接受的刺激相对应的场景。另一个规则是，如果在睡眠期间，一个感官处于工作、兴奋或紊乱的状态，梦中的景象也一定会反映该感官的功能状况。

穆利·沃尔德（Mourly Vold，1896 年）用实验方法证明了在特定场景下，躯体刺激对梦的产生具有重要的作用。他通过改变做梦者的肢体位置，并将其与梦境内容对比，得出了如下结果。

1. 在梦中的肢体的姿势与实际的姿势大致相符。

2．如果做梦者在梦中移动自己的四肢，那其在睡眠过程中也可能做出了与之类似的动作。

3．睡眠时，肢体的姿势在梦中也可能被做梦者认为是发生在别人身上。

4．梦中的动作可能受到阻碍。

5．肢体的特殊姿势在梦中可能表现为动物或怪物，这两者之间可能会有某种相似性。

6．肢体的姿势在梦中可能引发与之相关的思想，例如涉及手指时，做梦者可能就会梦到数字。

综上所述，我得出的结论是，即使是躯体刺激理论也没能完全排除梦中所产生景象的随意性[1]。

四、纯粹精神刺激

古往今来，很多研究者都认为人们梦见的，不过就是白天清醒时最感兴趣的那些事情以及神经刺激最兴奋的那些事情。从清醒生活带入睡眠过程的兴趣，不仅仅是把梦和生活联系起来的精神纽带，也为梦提供了新的材料来源，不可忽视。如果能把人在睡眠中的心理活动对梦境的影响考虑进去的话，似乎就可以解释许多梦境的来源了。当然，我们也会听到一些相反的说法，这些说法认为梦让睡眠者从白天的兴趣中脱离出来，只有他们在清醒状态下不再对原先的兴趣感到兴

---

[1] 1914年加注：此后，作者就他的实验（1910年和1912年）编写了一份两卷长的报告，下文将对此进行介绍。

奋时，它们才会在梦里出现。因此，我们在分析梦境时，不得不加上"经常的""通常来说"等限定词汇，同时时刻准备应对那些例外，所以要我们以权威的口吻概括地解释这一切是不可能的。

如果我们从清醒状态下兴奋的心理状态及睡眠状态下所受到的内外部刺激出发来考虑梦境的成因的话，或许我们就能对梦境中出现的情境的刺激来源做出很多种解释了。这样梦境来源之谜就会解开，而针对剩下的内容，我们只需要依据一些梦境中具体的特殊细节去考虑它到底来自哪种刺激就可以了。但事实上，直到今天，也没有这样一种全面的梦境解释方法，或者说，凡是试图这样做的人都会发现自己没办法说清大部分梦境来源。白天心理活动的兴奋状态也并不像我们预料的那样，对梦境有什么重大影响，所以我们绝不能轻易断言：每个人在梦中都在继续自己白天的活动。

其他能够影响梦境的精神来源还没有被发现，所以，与释梦有关的很多文献中列出的所有例证，在需要谈到"构成梦的最具特征的材料来源"时，都尴尬地留下了很大的空白。面对这部分内容，大部分作者都倾向于尽量缩小心理因素对梦境激发的作用，因为这些材料是最难获得的。他们将梦的来源分为两类：一是神经的刺激作用，二是联想。而后者只有一个来源，就是再现，即过去经历的重现（冯特，1874 年，第 657 页以下）。然而，他们还是无法回避这样一个问题：梦是否可以在没有任何躯体刺激源的情况下产生呢？（沃尔科特，1875年，第 127 页）要想描绘一个纯粹的联想性的梦也很难。"联想性的梦根本没有一个（来自躯体刺激的）确定的核心，整个梦境就是一个松散的组合。任何梦境中无法用理性或常理解释的想象过程，都很难因一些躯体刺激或简单的心理刺激结合到一起。所以，只好听凭其千变万化。"冯特（1874 年，第 656 ~ 657 页）也尽量减少心理因素在梦境刺激中的作用分量，他认为将梦境的刺激视为纯粹的幻觉并不合理，因为大多数梦中出现的情景实际上也许都是错觉，因为它们来源于人在睡眠中从未停息的各种感官刺激的微弱活动。魏甘德（1893 年，第 17 页）采纳了相同的观点并对此做了进一步解释，他主张所有梦中情景的来源都是身体内部的感知觉刺激，只是到后来，在结合过程中，它们才因一些精神活动的相关记忆联系在一起。而蒂西（1898 年，第 183 页）则限制了精神来源对梦境产生的影响，他说："并不存在什么纯粹的精神来源，只能说我们梦中的情景全都来自外部世界。"

因此，很多学者都和哲学家冯特一样采用一种折中的立场，认为在很大的程度上，梦中的情景（无论是未知的，还是有所意识的白天的经历）都是躯体刺激和精神刺激联合作用的结果。

而在后面的内容中我们就会发现，通过解释那些不容置疑的精神刺激，就能解决梦境形成的谜题。而对那些并非来自心理活动的刺激对梦境产生的作用的过高评价，也没什么值得惊讶的，因为发现并通过实验检验这些刺激并没有什么难度，并且梦的躯体刺激理论与现代精神病学的主流思想是完全吻合的。然而，任何说明精神世界独立于可证的机体变化之外，或者精神活动是自发的论断，都会让现代精神病学家害怕，就好像这样的认识会将人们重新带回自然哲学或形而上学的时代。精神病学家总是习惯将人的心理活动置于监视之中，他们坚持认为心理活动是被动产生的，不允许它们有什么自身的活跃行动。他们的这种态度，仅仅表明他们对于躯体和精神活动两方面联系的有效性是多么缺乏信任。即使有研究表明，一个现象的主要刺激来源是心理上的精神活动，甚至我们可以断言未来的研究也会在这个方向上获得长足的发展。只不过以目前的知识，我们并不能提供充分的证据去验证这一点，但我们也不能因此就把它作为否认精神活动存在及其重要性的理由。[1]

第四节　梦被遗忘的原因

每个人一定都遇到过这种情况：早晨起来以后梦就"消失"了。虽然其中有些情节可以回忆起来，但是我们很清楚地知道，相比我们的回忆，梦中的内容要丰富得多。很多细节在我们醒来之后就不能被完全回忆起来了，而且哪怕早晨我们还记得很清晰，经过一整天的忙碌，这些记忆就会渐渐消失，最后可能只剩下一些零星的碎片。于是，我们往往只知道自己头天晚上好像做了梦，却不能说出自己究竟梦见了什么。梦就是如此容易被遗忘。哪怕一个人夜间记得自己做了梦，他在早晨可能不仅想不起梦的内容，还可能完全忘记自己做过梦，这种情况也非常常见。同时，与这些例子相反，有一些奇怪的梦能非常清晰、长久地留在我们的记忆中。我的患者曾经跟我分享过很多他们

---

[1] 本节中的主题在第五章第三节中会再次进行讨论。

在 20 多年前或更早时期做过的梦，包括我自己也记得至少 30 年前做过的一个梦，现在还记忆犹新。这种现象比较少见，而且很难解释。

最先对梦的遗忘现象做出详细解释的人是斯特姆佩尔（1877 年，第 79 页以下），他认为我们不能把这种现象简单地归于某个单一的原因，它应该是由一系列的原因导致的。

首先，在日常清醒状态下，形成遗忘的那些原因，放在梦境中基本上也是同样适用的。比如，我们在清醒时，常把许多感受和知觉忘掉，因为它们太平淡，对我们生活的影响也很小。梦中很多情景也是这样，它们自身存在的意义太弱，因此被我们遗忘。与此相比，那些能够激起我们较强烈情绪的梦境，就可能被我们记住。但是，梦是否被我们记得也不单纯依赖强度的因素。斯特姆佩尔（1877 年，第 82 页）和其他的研究者发现，对一个梦境来说，我们常忘记的是其中那些非常生动的情景，相反，我们记得的往往是那些特别无趣、缺乏想象力的情景。其次，在清醒的时候，我们习惯注意到那些发生过很多次的事，而常常忘记那些只发生过一次的事。由于大部分梦的意象只会出现一次，所以，梦也会变得更加容易忘记[①]。导致梦境遗忘的第三个原因可能更为关键：感觉、想法和思想要是想被记住，那就要摆脱单一独立的情景，以某种恰当的方式串联或分组排列，形成一个整体。梦中容易被记得的想法和感受，往往会有一些特征，即它们便于和其他生活场景进行联系或归类。这就相当于把一首短诗分成很多部分，再将这些部分随机混合，它们就变得很难记忆了。"如果我们按照一定顺序

---

① 对于周期性重复的梦已有人进行过观察研究，参见查巴尼克斯（1897 年）的著述。

重组词语，并使之形成一些语句，渐渐地，词语和词语之间互相关联，反倒有利于帮助我们巩固记忆，相关的内容就可以在记忆中长久保存。那些没有意义的内容或者天马行空的部分，就因为无法与其他词语产生联系，而很难被我们记得。"（斯特姆佩尔，1877 年，第 83 页）尤其是大多数时候，梦里的内容总是奇特、荒诞的，我们从中很难提炼出那些便于联想与回忆的特征。它们之所以很快被我们忘记，是因为它们很快就被分解成了碎片。但是，拉德斯托克（Radestock，1879 年，第 168 页）的观点却与上述内容不太一致，他认为，他最容易记得的反倒是那些情景奇特的梦。

　　斯特姆佩尔认为（1877 年，第 82 页以下），关于梦是否被遗忘，我们在梦中和清醒时两种环境之间的切换过程也起着很重要的作用。当我们清醒时，我们很容易把梦忘掉，因为梦中出现的往往都是我们过去生活经历的碎片，与现实生活没有什么很有条理的联系，它们只是让我们回忆起过去的一些细节，而这些细节与我们的关联较少，所以这些内容在我们的心理世界中占比很小，也并不重要，因而就没法帮我们记住这些梦境。也就是说，"梦中的情景脱离了精神世界，就像在我们精神世界中慢慢升起的云朵，它在精神世界中运动、飘荡，而在我们醒来的那一瞬间，它就变得稀薄，迅速散去。"（斯特姆佩尔，1877 年，第 87 页）而且清醒之后，生动的现实世界来到眼前，占据了我们全部的注意力，梦境中那些微弱模糊的情景很难抵抗这种力量。所以，就像太阳升起后满天的繁星就不再显现一样，现实生活对梦也有这样的冲击，当新的一切到来时，梦就"消失"了。

最后，还有一个可以解释梦境容易被遗忘的原因，就是大多数人对自己梦到了什么并不感兴趣。而任何一个人，例如一个研究者，如果他在某个阶段对梦很感兴趣，他在这个阶段就会发现比其他时间梦更多了，这就是说他可以更容易、更生动地回忆起自己的梦。

对此，班里尼（Benini，1898 年，第 155 ~ 156 页）引述了波拉特列（Bonatelli，1880 年）的观点。波拉特列在斯特姆佩尔的理论基础上，添加了他认为的另外两种原因，虽然这两种原因原本已经包括在其中了：我们在睡眠和清醒状态下来回切换的时候，感官知觉也在来回变换，这对于两者之间的互相启发并不是很有利；梦境材料的无序排列，使得梦中荒诞的内容让人在清醒时难以理解。

尽管有这些理由去解释为什么梦常常被遗忘，但（斯特姆佩尔，1877 年，第 6 页）实际上仍有很多梦保存在我们的记忆中。研究者反复研究过影响梦境记忆的因素，试图找出把握梦境记忆的规律，这意味着我们对梦中出现的很多问题仍然知之甚少。关于梦的一些特点，最近研究界非常重视。例如（拉德斯托克，1879 年，第 169 页；蒂西，1898 年，第 148 页以下）也许一个梦在早晨时已经被忘了，但是我们被生活中的一些偶然感知所触动，那个梦便又生动地浮现在脑海中。

总体来说，有关梦境回忆的这一部分是有争议的，反对者总是设法将梦说得一无是处。因为每次醒来我们都知道，自己已经把梦境忘掉了很多，所以我们就会怀疑，哪怕是我们记住的这些部分，是不是也已经被我们的记忆歪曲了。

斯特姆佩尔（1877 年，第 119 页）也对梦境回忆的准确性表示过怀疑。他说："清醒状态下，我们很容易在不知不觉间篡改梦境的内容，我们以为自己梦到了那样的事情，而事实上很多细节在梦里可能并未出现。"

耶森（1855 年，第 507 页）对此也强调过，他认为："当我们解释分析那些合乎逻辑又连贯一致的梦境时，有一种情况是我们一直没有注意到的，那就是当我们回想梦境的细节时，我们总是无意识地在梦境中添加一些新的材料，把梦境中空缺的地方填补上。实际上梦境可能很少或从来不会像我们能回忆出来的那样连贯。即使是最认真诚实的人，也很难分毫不差、没有任何补充修饰地把他的梦一五一十地回忆出来。因为人类的本能就是用相互联系的方式去看待一件事情，其一旦发现梦境中有不连贯的情节，就会不自觉地去补充，想串起这些断裂的地方，从而有意无意地添加很多原本没有的内容。"

对此，埃格尔（Egger，1895 年，第 41 页）也发表过他的观点，虽然这是他原创的想法，但基本与耶森的观点不谋而合："我们对梦境的回忆，总是会有一些困难。为了避免出现错误，我们只能立刻用纸和笔把经历的、看到的情节记录下来，不然它们就会迅速消失不见。完全遗忘并不严重，但是如果部分消失，事情就会变得很麻烦。因为我们在对之前记录的内容进行解释时，总是会不自觉地用自己的想象补充那些不完整的片段，那么我们不自觉地就成了一个有创造力的作家，在讲述梦境时难免加入自己的意志、爱好、愿望等，并为梦境安排一个满足我们自己的结局。"

斯皮塔（Spitta，1882 年）也有类似的观点，他认为："我们在讲述梦境时，很容易将那些荒诞杂乱的部分进行顺序调整。我们起到的作用就是把原本无序的内容用我们习惯的逻辑串连起来，把过程变得合理自然。"

既然我们不能得到一份完全客观、真实的梦境回忆，而它又是我们大脑活动中极其个人化的事情，唯一的来源又只有我们自己，那我们研究梦境究竟有何意义呢[①]?

第五节　梦的显著心理特征

我们在进行梦境研究时，都默认了梦来自我们自己的精神活动。但事实上很多时候我们会发现，梦境中那些东西对我们来说是完全陌生的，我们甚至不愿承认那就是自己做的梦。所以，我们也习惯了说"我做了个梦"，而不是"我创造了一个梦"。那为什么我们会觉得梦来自精神之外呢？考虑到梦中各种材料的来源，我们可以说，这种感觉并不是由引起梦境的材料导致的，因为大部分材料和我们清醒时所接触的那些是相似的，所以这个问题的关键在于，梦中这些材料被应用时，是否在心理加工的过程中进行了修改。我们将据此来描述梦的心理特征。

费希纳在《心理物理学纲要》（1899 年）中以无人能及的犀利笔锋强调了梦境与现实生活的本质差异，并据此推导出了意义更加深远的

---

① 本节中提出的问题会在第七章第一节中进行深入讨论。

结论。他指出，无论是将梦解释为"简单地将清醒状态下的心灵活动压制到感觉阈值下"，还是"丧失对外界影响的注意力"，都无法阐明梦与现实生活的区别。相反，在他看来，梦中出现的各种生活场景与我们清醒时在同样场景下的活动有很大不同。"如果我们的精神活动在我们睡眠时或清醒时很相似的话，那么梦只能作为我们清醒时观念生活在较低唤醒水平下的延续，而且必须运用相同的原理或逻辑，但事实远非如此。"

到现在为止，我们还未能了解费希纳所说的这一精神活动的区别到底是指什么，并且据我所知，也没有人按照他的思想路线进行研究。我想，或许我们可以直接排除用解剖学解释这个短语的可能性，即便假定其是一种大脑的生理性定位或是大脑皮质组织，也不可能。但如果我们假设它是一种由一系列组织系统进行排列组合所形成的精神结构，那么这个观点就可能会被证明是正确且充满启示的。[①]

其他作者则是将注意力都集中在梦更鲜明显著的特征上，并将其作为研究的出发点，尝试深入讨论。

前面我们谈到过，人们入睡前有"预睡"的现象。根据施莱麦契尔（Schleiermacher，1862 年，第 351 页）的观点，人在清醒状态下，思想活动以概念（concept）的形式进行，而不是以画面（image）的形式进行。而梦则主要通过画面进行加工，所以人们在睡眠中会觉得自己的思维活动变得越来越困难，那些画面就不由自主地出现了。于是，有意识的思维活动变得衰弱，以及随着注意力分散而产生画面，是梦与清醒状

---

① 这一想法在本书的第七章第二节中有详细论述。

态不同的两个明显的特征。对梦进行精神分析让我们意识到这就是梦的基本特征，通过这些画面——也就是睡前幻想——我们就能够知道（同上书，第33页以下），其在本质上与梦境画面相同①。

因此可以说，梦中的活动是以视觉画面为主的，当然梦中同样也会出现听觉，只不过后者的重要性没有那么强。许多发生在梦中的事情，也会在梦中被直接思考或想象（这也许是语言表达的残留形式）就像人们通常在清醒状态下做的那样。然而，梦真正的特质就是那些表现为意象的东西，与其说它们像记忆的展现，不如说更像一种知觉。

抛开有关幻觉本质的所有争论不谈，我们同所有的精神病学家的观点一致，即梦会产生幻觉，并且梦会用幻觉来取代真正的意象。而在这一方面，幻视与幻听的表现结果相差无几。如果一个人不断回忆起一串音符，那么在他进入睡眠后，他的记忆就会转化为同一个旋律的幻听，而当他醒来时，这种幻听就会转变为他自己的记忆。在他真正入睡前，这种交替转换的情况可能会出现很多次。不过，这种记忆会很快模糊，且与之前的记忆性质完全不同。

将意象转化为幻觉并不是梦不同于清醒状态下的意识的唯一方面。梦会从这些意象中勾勒出一些情景，这些情景预示着梦中正在发生一些事情。就像斯皮塔（1882年，第145页）所说，梦中我们把自己的一些观念"戏剧化"了。一般情况下，梦中我们虽然经历着这些事情，

---

① 1911年加注：西尔伯勒（1909年）举了一些很恰当的例子，并说明了人在昏昏欲睡的状态下，即使是抽象的想法也会试图转化为能够表达相同含义的可塑造的画面。1925年加注：有机会我会重新讨论这一发现。

但看上去却不是在思考，而是在体验，仿佛自己经历的都是正在发生的真实情况，而并不是什么幻觉。只有当我们认识到这一点时，我们对梦的心理机制的认识才算完整。当然对此也有人反对说，人在梦中经历的不是一种体验的过程，梦境只是用一种特殊的方式让我们的大脑维持自己的思考，正是这种特征让梦和真正的白日梦有所区别，因为我们在做白日梦时从来不会将其与现实生活混淆。

布达赫（1838 年，第 502 页以下）总结了梦的两种标志性特征：①梦中我们的主观精神活动也是以客观形式体现的，因为我们的感官能把我们想象的东西当成我们真正的感觉；②梦中我们的自我意识减弱，所以在梦境的各种体验中我们都带着一定的被动特点，只有在自我控制的意识减弱后，才会产生跟随睡眠一起出现的意象。

接下来我们要做的就是解释大脑对于梦境产生的幻觉的信念，这种信念只有在自我控制的力度降低后才会出现。斯特姆佩尔（1877 年）说，在这方面，心理机制是在合理协调地运行。当我们的自我意识减弱后进入被动的状态，我们的精神活动就开始成为梦境中各种情节的主宰。同时，梦里也有空间感，所以我们会觉得自己在梦中与在清醒状态下没什么区别（同上书，第 36 页）。可以说，梦中我们内心对于周围的感觉与我们在清醒状态下完全一致（同上书，第 43 页）。如果这种感觉出错，那就是因为我们在睡眠之后失去了一些评判的标准，而这些标准原本可以帮助我们确定感觉到的那些东西究竟来自我们自身还是外部客观世界。同样，我们也无法判断梦里的哪些场景被替换了，哪些没有。判断出错是因为我们没法运用生活中一些常见的逻辑联系我们梦中的东西。（同上书，第 50 ~ 51 页）简言之，大脑对主观世界的信任就是因为已经远离了真实的外部世界。

德尔贝夫（1885 年，第 84 页）对此有一番自己的独特解释。他说我们之所以被梦中的情景迷惑，与我们处在睡眠状态下，没法主动用一些记忆检验、核实它们有关，因为我们与外部客观世界暂时隔离了，但我们相信这些内容的真实性，我们在梦中时不时地也会进行一些检验，例如我们会触摸我们看到的物体，但其实我们只不过是在做梦。根据德尔贝夫的观点，只有一个标准可以用于判断自己到底是在做梦还是在现实中醒着，那就是醒过来这一经验事实。如当一个人醒来时发现自己正穿着睡衣躺在床上，那时他才可以确定之前他经历的所有事情不过都是梦境中的幻觉。只不过是因为心理上还习惯让自己处在一个活动的状态，所以睡眠中自我才会把梦里的意象当成暂时的事实①。

---

① 哈夫纳（1887 年，第 243 页）曾试图像德尔贝夫一样，通过异常情况在正常的精神活动机制中引起的改变来解释梦的起源，但是他对这种情况的描述仍有些许不同。根据他的观点，梦的第一个显著特征就是它独立于空间和时间之外，梦境内容并不是按照梦的主题，以正常的时空顺序进行的；梦的第二个特征则是梦的内容是与幻觉、幻想、想象的混合物以及与外部感知掺杂在一起的。所有的高级智能，特别是形成概念、判断、推理的能力，以及自决能力都与感知意象有关，并且时时以这些感知意象为背景。因此，随之而来的是这些更高级的智力活动也对梦的无序性施以影响。我说"施以影响"是因为我们的判断力和意志力在睡眠中是不会出现改变的。我们的意识在梦中也是非常清晰自由的，跟清醒状态下没什么两样。即便是做梦，这个人也不会违反他的思想规律。例如，他不会把完全相同的事情看成相反的事情，所以在梦里，他只会渴求他认为好的东西。但是，人类会由于梦境利用思维的运行规律和意志在一个又一个混乱的想法中碰撞而误入歧途。因此，当我们因梦中出现的那些最矛盾的内容感到罪恶时，我们也会做出最清晰的判断，然后得出最合乎逻辑的结论，最后做出最明智高尚的决定……我们会在做有关飞翔的梦时失去方向感，而缺少批判思维和沟通是使我们在梦中浪费自己的期盼、愿望及自己的判断力的最主要的因素。

因此，和外部世界脱离，似乎被很多研究者认定为梦的最显著特征之一。但对此，布达赫在很久之前就有过一段非常深刻的评述，这段评述既能帮助我们揭露睡眠过程中精神与外部世界的关联，又能防止我们对这种结论做出什么过高的评价。他说："当我们的精神活动不会被外界的感官刺激影响时，我们才会陷入沉睡……但是实际上产生睡眠所需要的条件并不意味着外界刺激要全部消失，乃是内心对其毫无兴趣[1]。毕竟某些感官印象对于保持情绪的平静是非常必要的。所以磨坊主可能只有在听到他的磨盘正常转动时才能感到踏实和安心；而对于那些害怕黑暗，睡眠时必须有光亮的人来说，他们在黑暗里就会紧张到无法入睡。（布达赫，1838 年，第 482 页）

"睡眠中，我们从心理上将自己和外界隔离开来，撤回到自己内心的各种精神活动中……不过我们与外界的各种联系并没有彻底中断。假如我们在陷入睡眠时无法感知自己听到或感觉到了什么，只有醒来后才会知道到底发生了什么。但如果真是那样的话，我们恐怕就很难被叫醒了……有时唤醒我们的往往不是一些观念上的感觉，而是一些心理背景，这一事实也更加证明了感官知觉的持久性。例如那些睡着的人不会被和他无关的字眼叫醒，但如果我们呼唤他的名字，他很容易就能醒来……所以即使在睡眠中，心灵也能对自身的感觉进行区分。如果某些线索对当事人尤其重要，它就能很快地唤醒他。所以，如果灯光熄灭，那些只有处在光亮中才能睡着的人可能就会被惊醒；如果

---

[1] 1914 年加注：克拉帕瑞德（Claparède，1905 年，第 306 页以下）将"兴趣减退"视为入睡的精神机制。

转动的磨盘突然停了，磨坊主也会被惊醒……他们之所以被惊醒，是因为让他们感到熟悉、踏实的活动停止了，这意味着即使在睡眠中他们也能清晰地感觉到那些活动，只不过由于这些活动无关紧要，或者让他们过于踏实放心，因此在睡眠中，他们的梦境也并没有被这些内容干扰。"（同上书，第 485 ～ 486 页）

就算我们对这些并非微不足道的反对意见不予理睬，我们也必须承认，迄今为止我们所考虑的梦的特征，那些归因于与外部世界隔离的特征，都不能完全解释梦境的奇特性质。否则，我们就可以将梦境中的幻觉当作真实的观念，将梦中的情境当作真实的思想来解释梦境了。但事实上，当我们从梦中醒来并试图对梦进行回忆时，无论记起的是完整的梦还是部分的梦，梦依然难以解释。

事实上，所有权威人士都会毫不犹豫地认为，来自清醒状态下的概念意象在梦中发生了更加深刻的变化。斯特姆佩尔（1877 年，第 27 ～ 28 页）在下面的一段话中试图指出一个观点："随着感官功能和正常生命意识的丧失，大脑也失去了情感、欲望、兴趣和行为活动的根基。那些与清醒状态下的记忆相关联的情感、兴趣和价值判断等精神活动，都会受到一种模糊的压力，因此它们与这些记忆的联系消失了，清醒状态下所感知到的事物、人物、地点、事件都大批地单独再现，但没有一个还保有它本来的精神价值。这类记忆意象由于失去了其精神价值，而在心灵中自由游荡……"根据斯特姆佩尔的说法，这些记忆被剥夺了精神价值，因此我们会对梦境内容产生陌生感，并将梦与现实生活区分开来。

相信每个人都体验过入睡后就进入一种精神控制丧失的状态，也就是丧失了对很多日常活动的指导，所以梦中有些感知觉活动似乎进入了停滞状态，没法像清醒时那样保持正常的工作。说到这儿，我们可能就会想，梦的那些显著的特征是否与我们入睡之后各种感知觉活动水平降低有关呢？因为梦境中那些非常荒唐的碎片式画面，总是在梦中无条件地让我们承担各种荒诞的矛盾，哪怕清醒状态下不可能的事情在梦中也显得那么理所当然。可以说，日常生活教给我们的各种经验在梦中都被无视了，并且梦让我们对于伦理道德的坚持有所松懈。可以说，任何人如果在清醒时也像他在梦中那样思考和行动的话，他就会被人当成异类；而任何人如果在清醒时也像在梦中那样大声谈话或讨论梦中那些事情，他也会给人一种头脑简单、没有教养的印象。因此可以说，梦中我们的感知觉活动水平变得非常低下，这源自我们那些高级的智能在梦中停止活动，或至少可以说受到了非常严重的制约。

　　在这方面，作者们对梦做出的判断有不同寻常的一致性（例外情况另当别论）。由此，产生了一些有关梦境的特定理论或解释。这里我要停止一般性的讨论，而引用一些哲学家和精神病学家的话来对梦的心理特征进行描绘。

　　莱蒙尼（Lemoine，1855 年）认为：梦境的不连贯性是梦的基本特征之一。

　　莫里表达了相同的观点（1878 年，第 163 页）：绝对合理的梦是不存在的，所有的梦都有不连贯、有时间误差及荒谬的特征。

斯皮塔（1882年，第193页）引用黑格尔的话说：梦并不具备客观、合理及连续的特征。

杜加斯（Dugas，1897年a，第417页）认为：梦境中的精神、情感及心理全部处于无序的状态，感官依据自己的特性，没有目的、不加控制地随意发挥，人的精神在梦境中变成了"精神自动化"。

就连并不认为睡眠是漫无目的的精神活动的沃尔科特（1875年，第14页）也认为：在清醒状态下被自我内核的逻辑能力维系成一个整体的观念意象，在梦中就变得松松垮垮、混乱不堪了。

西塞罗（1922年）对梦境中思维联想的荒谬性给出了最直截了当的评价：我们所遭遇的事情中，最无法想象、最荒谬、最混乱的情况全部出现在梦中了。

费希纳（1889年，第二卷，第522页）说："（梦）就像是心理活动从一个智者的大脑转移到了一个白痴的大脑。"

拉德斯托克（1879年，第145页）说："事实上，在梦这种疯狂的精神活动中似乎不可能发现任何固定的规律。梦境摆脱了理性的意志控制及清醒状态时的意念控制，把所有东西都投入千变万化的混乱之中。"

因此，希尔德布兰特（1875年，第45页）认为："人们在梦中进行的很多思考总会与日常不同，在梦中可以实现很多惊人的跳跃。即使是日常熟悉的经验教训在梦境中被推翻，当事人也并不会觉得吃惊，所以在梦中的各种荒诞和无意义的事把他推向清醒状态之前，他始终平淡地接受梦境中出现的一切，而这些内容又是那么离谱和可笑。例如，在梦中，我们可能心安理得地承认"3×3=20"，一只狗向我们背诵了一首诗，去世的人在自己墓地周围徘徊，石头漂浮在水面上，等等。哪怕我们前往伯恩伯格公国或列支敦士登视察海军部队，或者在波尔塔瓦战役前被招入查理十二世的麾下，这些都不会引起我们的惊讶和诧异。"

宾兹（1878 年，第 33 页）在考虑到这种现象时说："梦中的内容十有八九都是离谱、荒诞的，梦中我们把这些毫不相关的材料组合到一起，接着就让它们像万花筒那样随意变换，所以我们可能会遇到比之前每一次的情景都更为疯狂的组合，而处于压抑状态下的大脑活动则继续调皮地变换着它的把戏，以至于醒来后，我们会拍着脑袋怀疑自己是否还保持着曾经的理智分析判断的能力。"

莫里在 1878 年发现了梦境和清醒意识之间的相似关系，这对精神病学家来说至关重要：从清醒者的角度来看，梦中所发生的景象就好像舞蹈症患者和残疾人做出的行为。他认为，梦就是思维和推理能力的一系列退化。

其他有关莫里观点的引用在此就不赘述了。斯特姆佩尔（1877 年，第 26 页）指出，在梦中，即便是没有明显的胡言乱语，所有基于思维逻辑的事物关联也都会十分荒谬。斯皮塔（1882 年，第 148 页）声称，梦中出现的观念好像没有因果关系。拉德斯托克（1879 年，第 153 ~ 154 页）和其他部分作者也认为，梦是缺少推理和判断的。约德尔（Jodl，1896 年）表示，梦没有判断的能力，也不会以意识整体为参考纠正一系列的感知。他也指出，每一种发生在梦中的意识活动，都是不完整的、被压抑的以及彼此独立的。斯特里克（1879年，第98页）等其他作者在分析梦的内容与清醒意识的矛盾时提出，梦中的事实很容易被遗忘，并且梦中的观念意象并没有逻辑。

尽管如此，众人对梦的心理功能普遍持消极看法，但他们都认为梦境中我们的各种精神活动仍然保留着某些残余，而对释梦的学者们产生了非常深远影响的冯特也这样认为。人们可能会问，在梦中持续存在的精神活动的残余，其性质是什么，有什么样的特点呢？普遍认为，梦中我们还会表现一些令人惊叹的记忆，包括有时候你的记忆力会表现出比清醒状态下更优越的特征，即使梦里很多情节的荒诞可以从梦的遗忘角度去解释。根据斯皮塔（1882年，第84页以下）的观点，梦中我们内心的那些情感仍然不受睡眠的影响，而梦中的很多内容也都是由它引导的。此处的"情感"是指人类的内部主观本质所具备的稳定的情感的总和。

肖尔茨（1893年，第64页）认为，梦中一些情景的出现是因为我们的精神世界对梦的材料进行了一些比喻性的再解释。西贝克（1877年，第11页）也发现，梦中我们的内心世界对于自己的感知觉有一种"补充解释"的特征。要想评估最高级别的心理功能，也就是意识在梦境中所处的地位是非常困难的。虽然我们都知道梦中的活动都源自意识，这也证明梦具有意识。但斯皮塔认为，这仅仅是意识，而不是自我意识。然而德尔贝夫并不认同这一点，他根本不知道两者间有什么区别。

主导观念排序的联想规律也适用于梦中的意象发展，并且在梦中，这种联想规律的作用更加清晰和强烈。斯特姆佩尔（1877年，第70页）说："梦似乎是单纯因意志观念产生发展的或是伴随机体刺激而产生的，并不受常识、反省、审美及道德的影响。"

现在我总结一下以上所述的有关梦产生的理论。首先，在睡眠中，从各种来源产生的感官刺激的集合唤醒了心灵上的一系列意念，这些意念以幻觉（按照冯特的说法，由于它们是来自外部和内部的刺激，因此称为"错觉"更为恰当）的形式表现出来。接着，根据我们熟知的联想规律，这些想法联系在一起，进一步引发并唤起了一系列观念（或意象）。然后，通过大脑的组织和思维能力的运作，对所有梦境材料进行处理。但是，至于那些非外部来源的画面究竟是根据什么样的动机被联想的，我们还一无所知。

然而，人们经常说，将梦境图像彼此联系起来的意念与清醒思维中的联想不同，是一种非常特殊的情况。因此，沃尔科特（1875年，第15页）提出："在梦中，这些意念仿佛是手风琴中互相跳跃追逐的装饰音，充满了偶然的相似性和几乎让人感觉不到的联系。每个梦都充满了这种随随便便的联想。"莫里则非常重视梦的思想联系这一特征，认为这种意念的联结特点是最有研究价值的。在他看来，这种梦境的特征和某些精神疾病的表现十分类似。他指出了"谵妄"的两个主要特征：一种自发、自动的心理行为；无效且没有规律的意象联系。（在法语中，精神病学名词"délire"有妄想状态的含义，在德语中也是如此。）莫里也给出了两个自己的梦境作为例子，在这两个例子中，梦境中的场景仅仅通过声音的相似性就联系在了一起。他曾梦见自己正在前往耶路撒冷或麦加朝圣（pélerinage），经过很多次的冒险，他拜访了化学家佩莱蒂埃（Pelletier），佩莱蒂埃在交谈后给了他一把锌铲（pelle）。在梦的下一部分，这把锌铲变成了一把巨大的刀（同上书，第137页）。而在另一个梦中，他沿着高速公路行走，还在看里程碑上的公里（kilometre）数字。然后，他走进了一家杂货店，那里有一对大秤，一名男子正在往秤上放以公斤（kilogramme）为单位的秤砣，用来给莫里称重，接着杂货商对他说："你不是在巴黎，而是在吉洛洛（Gilolo）岛上。"接下来就是其他几个场景了。在这些场景中，他看到了一朵半边莲（lobelia），然后看到了不久前刚刚去世的洛佩兹（Lopez）将军。最后，当他玩六合彩（lotto）游戏的时候，他就醒了（同上书，第126页）。[①]

　　毫无疑问，我们能够意识到，如果没有那些复杂的矛盾，我们就不会如此低估心理功能对梦境所发挥的作用。例如，斯皮塔（1882年，第118页）对梦境就非常不屑，他坚信在清醒状态下能够发挥作用的心理功能也同样会对梦境有所影响。而杜加斯（1879年a）认为，梦是一种纯粹的理性。这些作者一方面认为梦能够被控制，另一方面又认为梦是无序的心理活动和感官功能的随性而为。如果他们无法将这两种说法相互结合、自圆其说，那他们的学说也就没什么科学意义了。然而，其他一些作者可能也开始意识到，梦中各种荒诞疯狂的情节不仅仅是一种提示的手段，更可能是一种伪装。这就像是丹麦王子

[①] 1909年加注：在后文中，我们将开始分析梦的含义，就像这个梦例，它就像一首藏头诗一样，充满了各种象征的意象。

哈姆雷特依靠梦境做出了敏锐的判断。这些作者要么没有根据表象做出判断，要么就是把梦境完全当作了另外一回事儿。

对此，哈夫洛克·埃利斯（1899 年，第 721 页）没有止步于梦境表面的荒诞，而是把梦看作"充满了大量情绪和不完善思想的古老世界"。他认为，如果我们对其展开研究，就能够了解精神活动发展的最初阶段。

詹姆士·萨利（James Sully，1893 年，第 362 页）以一种更全面、更深入的方式表达了同样的观点[1]。当我们意识到他可能比其他任何心理学家都更加坚定地相信梦具有伪装的意义时，他的话就值得得到更多的关注。"梦是保存连续性的人性的一种方式。在睡眠中，我们会回溯自己早期看待事物、感知事物的方式，追溯早期支配我们冲动和活动的东西。"

思想家德尔贝夫（1885 年，第 222 页）表示，在睡眠中除我们的感知觉能力外，记忆、智力、想象、意志以及道德的官能都几乎保持着原样，只不过它们会被应用到不稳定的状态中。所以陷入梦境后，我们就像演员，完全出于内心的喜好和需要去挑选自己的角色，表演自己想表演的那部分内容。

对于试图贬低梦中精神功能的人，最激烈的反对者似乎是赫维·德·圣丹尼斯（1867 年），莫里曾与他进行过激烈的争论，但这人的著述我并未找到。[2] 莫里这样写道："赫维认为在睡眠中，智力在

---

① 本段增写于 1914 年。
② 这是一位著名汉学家匿名发表的作品。

行动和注意力方面是完全自由的，他认为睡眠仅仅是将感官与外部世界隔绝开来。因此，在他看来，一个睡着的人与一个意识清醒但感官封闭的人几乎没有什么不同；清醒的人的思想和睡眠者的思想之间的唯一区别是，睡眠者的思想呈现出可见和客观的形状，这与由外部世界决定的感觉没什么差别，只不过记忆呈现的是当前事件的外观。"对此，莫里补充道："还有一个极其重要的区别，那就是一个睡着的人的理智功能并没有像一个清醒的人那样保持平衡。"

瓦希德（1911 年，第 146 页以下）[①]让我们更清楚地了解了赫维的著作，并转述了其中一段关于梦的不连贯性的表述："梦的意象是思想的副本。意念是根本，视觉景象是从属。一旦确定了这一点，我们就知道如何遵循思想的顺序来分析梦的结构。这样一来，梦的不连贯性就会变成有条理性，那些最奇妙的想法也就变成了简单而完全符合逻辑的事实。"

约翰·斯塔克（1913 年，第 243 页）指出，沃尔夫·戴维森（Wolf Davidson，1799 年）早年对梦的不连贯性提出了类似的见解："梦境中的奇思妙想其实都是我们根据联想规律所做出的思维跳跃。然而，有时这种联系会显得非常隐秘，因此，往往会出现这样一种情况：我们的想法看起来非常具有跳跃性，而实际上并非如此。"

梦作为精神活动的产物，从我们对梦的极度贬低，到我们认为梦的价值还没被发现，再到我们将梦视作超过清醒意识的重要心理特征，它的研究价值发生了很大变化。希尔德布兰特（1875 年，第 19 页以

----

① 本段及下一段增写于 1914 年。

下）将梦的所有心理特征总结为三个悖论，其在第三个悖论中阐述的对梦的价值的判断如下："一方面，将精神生活拔高为一种艺术；另一方面，又将其贬低为低于人类正常水平，是对人类精神生活的降低和削弱。关于前者，每个人都可以从自身经验中得到证实，在奇幻梦境的创造和结构中，时不时会出现深刻、隐秘而温柔的感知、清晰直观的视觉、对事物细致的观察及闪烁着智慧的光辉，这些都是我们在现实生活中谦虚地认定永远不会属于我们的品质。在梦里还会出现美妙的诗意，出色又形象的寓言，无与伦比的幽默，抑或绝妙的讽刺。梦境会以一种奇怪的理想主义的眼光来看待这个世界，并常常通过对世界现象的本质进行深刻理解，从而增强自身对世界现象的影响。它以一种神圣又虔诚的方式向我们描绘了人间的美丽，并致以最崇高的敬意；它将我们每天所恐惧的东西以最可怕的形式呈现出来，将我们觉得可笑的事物以最诙谐的形式呈现出来。有时候，我们醒来，仍然会沉浸于这种经历的影响之中，我们会认为现实世界从未给过我们同样的东西。"

我们可能会问，发表贬低性言论的人和写出如此颂歌的人，他们所面对的梦境是一样的吗？是不是有些人忽略了一些荒谬又无厘头的梦，而有些人忽略了深刻而微妙的梦呢？如果这两种类型的梦都存在，那么寻找梦境心理特征的差异不是在浪费时间吗？难道说梦境中一切皆有可能：从精神生活的极度堕落到清醒时都没有办法达到的升华高度，这些还不够吗？无论这种解决方法多么便利，与之相对立的都是这样一个结果：所有为梦境研究所做的努力，似乎都基于一种信念，即梦确实存在一些显著的特征，而这些特征足以将这些明显的矛盾解决。

毫无疑问，关于梦的心理学成就，与过去的落后时期相比较，那时已经得到了更热烈的认可，当时人们的思维已经被哲学和尚不精确的自然科学所主宰。像舒伯特（Schubert，1814 年，第 20 页以下）所提出的那样，梦是心灵摆脱了外部现实世界压力的精神解放，是灵魂从感官的束缚中解脱出来。小费希特（1864 年，第一卷，第 143 页以下）[1] 和其他人也都如此认为，他们将梦看作精神生活在一个更高的水平上进行的提升和升华。这对于现在的我们来说似乎很难理解，大概只有某位神秘主义者[2]才会这样认为了。随着科学思维模式的兴起与运用，对梦的崇高地位逐渐有了反对的声音。医学家们尤其倾向于认为，梦境中的心理活动是毫无价值的碎片。哲学家和业余心理学爱好者在这一领域做出的贡献不容忽视，他们仍然相信梦的心理价值。那些倾向于低估梦的心理价值的人，自然会更认可将梦的来源归于机体刺激。而那些相信在做梦时心理机制仍保留了大部分清醒能力的人，也没有什么理由去否认对梦境的刺激也可能来自梦本身的心理机制。

如果我们对梦进行冷静客观的分析，我们能够发现，梦有很多高等功能，其中，记忆的功能最为引人注目。我们已经在前文对有关论述进行了详细讨论。而梦的另一个在早期饱受赞扬的优势就是，它能

---

① 参见哈夫纳（1887 年）和斯皮塔（1882 年，第 11 页以下）。

② 1914 年加注：这位才华横溢的神秘主义者杜普里尔是为数不多的几位在本书早期版本中被忽视的作者之一，我对此表示遗憾。他认为，就人类而言，通往形而上学的大门不是在清醒的生活中，而是在梦中（杜普里尔，1885 年，第 59 页）。

够超越时间和空间的限制——虽然这个"优势"很容易被证明没有一点儿事实依据。正如希尔德布兰特（1875 年）指出的那样，这种优势是一种错觉，因为在梦中超越时间和空间与清醒时的思维模式一样，二者是同一回事儿，梦仅仅是思维的一种模式。还有人宣称，他们已经感受到了梦的另一个优势：梦是独立于时间流逝的存在，也就是说梦不受时间的控制。就像莫里梦到自己被送上断头台就可以表明，梦能够在很短的时间内压缩大量的感知内容，且内容远远多于我们清醒时能够处理的内容。然而，这一结论遭到了各种反驳。自从勒洛林（1894 年）和埃尔（1895 年）发表了有关梦的持续时间的著作以来，已经引发了一系列相关的有趣讨论，但是人们对于这个微妙并涉及众多深刻内涵的问题还没能得出最终的答案[①]。

查巴尼克斯（Chabaneix，1897 年）的大量案例报告表明：梦可以继续白天的智力工作，并对白天没有解决的问题进行答疑解惑，它们也是诗人和音乐作曲家新灵感的来源。尽管这一事实可能无可争议，但它的含义仍然有许多关于原则问题的疑点[②]。

最后，梦被认为具有预测未来的力量。当坚定的怀疑主义者加上不断重复的顽固主张，陷入争论是不可避免的。毫无疑问，我们根本不可能选择不去坚持这种观点，因为它是有可能的。在后文，我引用的一些实例可能会在自然心理学的范围内为这一观点找到一个解释[③]。

---

① 1914 年加注：关于这些问题的参考书目和进一步的批判性讨论可在托波沃尔斯卡（Tobowolska，1900 年）的著述中找到。

② 1914 年加注：参见哈夫洛克·埃利斯（1911 年，第 265 页）的评论。

③ 参见弗洛伊德（1941 年 c）去世后发表的论文，详见本书附录。

第六节 梦中的道德感

考虑到只有深入有关梦的研究才能找出相关原因，我会将一部分问题挑选出来，那就是清醒状态下的道德倾向与情感是否以及在多大程度上延伸到梦境中的问题。但奇怪的是，像其他精神活动一样，我们在这个领域也遇到了截然不同的观点。很多研究者认为，在梦中我们原本构筑的道德教条会彻底消失；而另外一些研究者则积极地相信，人的道德本性即使在昏睡状态下也依旧保持着。

根据每个人具体的睡梦体验，第一种观点毫无疑问是非常站得住脚的。耶森（1855 年，第 553 页）写道：“我们的人格品德在梦里并不会变得更加完美，道德感也不会变得更强；相反，我们的自助精神力，例如良心在梦里都会被压抑，变得沉默。所以我们很少在梦中体会到同情，甚至对在梦中犯下的严苛罪行，例如暴力和凶杀也毫不在乎，就算做了这样的事也很少感到内疚。”

拉德斯托克（1879 年，第 164 页）说：“我们需要考虑到梦中联想的出现和其他联想联系在一起，却从不考虑清醒状态下我们那些没敢跨越的道德标准，在梦中，其原则都变得特别脆弱，以致让冷漠占据高地。”

沃尔克特（1875 年，第 23 页）说：“相信很多人都知道，梦中出现的各种有关性的内容都是特别放纵的，当事者仿佛失去了羞耻感，不像日常生活中那样还受各种道德标准限制，哪怕他能看到很多人，甚至其中还有那些他很尊敬的人在做类似的事情。而在清醒状态下，我们仅仅是想起这些事都会觉得紧张。"

叔本华对此有截然相反的看法，他认为，每一个人在梦中的所作所为都符合自己本来的性格。斯皮塔（1882 年，第 188 页引文）引用了费希尔（1850 年，第 72 页以下）的观点：在梦境中，呈现出来的主观情感和愿望以及情绪都得到了自由释放，同时，有关这个人的道德品质也都会有所展现。

哈夫纳（1884 年，第 251 页）认为，一个道德高尚的人，在梦中也同样具有高尚的道德品质，他会拒绝让人堕落的诱惑，宽容那些伤害他的人，克制自己极度愤怒的情绪等。普遍来说，邪恶的人在梦中经历的与他清醒时脑海中想的东西差不多。

舒尔茨（1893 年，第 62 页）说："尽管在梦中我们都披上了或高贵或低贱的伪装，但我们仍然能意识到那就是自己。高尚的人在梦中也不会犯罪，如果犯罪，他会为自己离谱荒诞的行为而感到震惊和焦虑。例如，罗马皇帝杀了他的一个臣子，因为这个臣子梦见自己刺杀了皇帝。如果皇帝认为这个臣子今后一定会按照其梦中的行为去做，那么皇帝的做法就是正确的。"我们常常会说："我做梦也不会梦见这样的事。"这是有双重正确含义的。（柏拉图则认为，只有在梦中也能做出别人在清醒时才会做的事的人，才是好人。）①

对此，斯皮塔（1882 年，第 192 页）也曾援引普法夫（Pfaff, 1868

---

① 1914 年加注：这里是指《理想国》第九卷开头部分（1871 年译本，第 409 页）。

年，第9页）的话，几经修改之后将其变成了一句俗话："告诉我你的梦，我就能说出你的内心。"

希尔德布兰特为梦的研究做出了形式最完整以及思想最丰富的贡献。他认为梦境中出现的各种道德问题是反映当事人性格的关键所在，对此他也认定：一个人，如果他的本性越纯洁，他的梦境也就会越纯洁；如果他的本性越肮脏，那么他的梦境也就越复杂且没有底线。他相信清醒时人的各种道德本质在梦中也会得以延续。他写道："不论数学逻辑上出现多么大的错误，日常法则发生了多么大的颠覆，甚至年代出现了多么荒唐的穿越，在梦中都不可能让我们产生不安或引起我们的焦虑，但在梦中我们不会失去对好坏的判断，包括对是非善恶的分辨能力。就算白日里伴随我们的经历在睡眠中慢慢消逝，康德的绝对命令都如影随形，哪怕是在梦中也不会消失……这只能说是我们内心最根本的道德本质牢固地树立了，并不会受梦中荒诞的变化的影响，而想象、记忆、感知觉等功能在梦中确实会受到影响。"（同上书，第45页以下）。

然而，随着对这个问题的深入探讨，双方作者的态度都出现了一些明显的转变或松动。那些坚称人在梦中不受道德约束的作者，客观来讲，应该是对那些不道德的梦没有兴趣。做梦者对自己的梦境内容也可以完全不负责任，或者也不承认从梦中那些恶行所推断出的做梦者在本质上的邪恶之处。这就与他们之前否认的从梦的荒唐性可能判断出这个人清醒时毫无价值一样。而那些深信道德感在梦中仍然得以坚持的人，逻辑上会认为，一个有道德的人如果做了不道德的梦，他就应该对自己的梦境内容负责。对此，我们只能说，希望他们自己永远不要做这类会受到指责的梦，以免动摇他们对自己德行的判断。

看起来没有人能够肯定自己究竟是多么有道德或没有道德，所以也没有人能否定自己做过不道德的梦。对于双方观点的研究者而言，在道德感这个问题上无论观点如何对立，他们都是为了解释为什么梦中的有些人会失去道德标准。而这又开始把我们引向两种新的观点，即梦境的根源只能到我们的精神世界中去寻找，还是说这些不道德的梦境的根源只能从生理对心理产生的不良影响中去寻找。总之，种种严酷的现实逼迫双方一致承认：梦的不道德性来自某种特殊的精神根源。

那些主张道德感仍然在梦中发挥其作用的研究者，都会用一些狡猾的词句来避免对自己的梦境内容负责。所以哈夫纳（1887 年，第 250 页）写道："我们不必为自己的梦负责，因为唯一赋予我们生活真实性和现实性判断基础的思想和意志在梦中都被控制了……出于这种原因，梦中很多想法和欲望就没有了善恶的标准。"不过他继续补充，"因为梦境是由做梦者产生的，所以他对于那些邪恶的梦仍然需要负责，就像在清醒状态下一样，在入睡以后，也有义务和必要在道德上反思自己的精神世界。"

对于这种既拒绝又接受的混合观点，希尔德布兰特（1875 年，第 48 页以下）给出了更加深刻的解释。他认为，在考虑梦中那些不道德的情节时，我们必须允许梦有一些隐藏或以戏剧化的伪装形式出现，必须考虑到梦在最短的时间内会产生如此大量的心理活动，以及必须承认梦中很多逻辑原则都变得荒诞无序。尽管如此，他也同时承认，他对于做梦者是否应该对自己邪恶的梦境负责是犹豫不决的。

当我们急于否认那些不公正的指责，特别是指责涉及我们的目的和意图时，我们常说："我做梦也没有想过这样的事。"之所以这样讲，是因为一方面，我们相信梦境世界是离我们最为遥远的，梦中都是一些不太可能发生的事情；另一方面，梦中我们需要对自己的想法负责，然而由于梦中的精神活动与我们自我意识的连接如此松散，所以我们很难把梦看作自己的真实想法。但由于我们觉得自己有必要坚决否认梦中这种观念的存在，但我们又不得不间接承认，梦中我们的自我道德判断标准并非完美无缺，因此可以说我们谈论的很多事情尽管并不是出自自己的意愿，却可能是我们心底最真实的想法（同上书，第49页）。

希尔德布兰特（1875年，第5页以下）继续说："梦中所有行为的最初动机，都曾通过欲望、期望等方式对清醒时的意识产生了作用。我们必须承认，你心中各种罪恶的原始冲动都不是梦发明创造的，梦只不过用一些假扮、复制的方法，把它们夸张地表现出来；梦不过是把使徒说的'仇恨他的兄弟的人就是凶手'这句话戏剧化了。尽管我们醒来后感受到了道德的力量，我们对整个梦境有关罪恶内容的精巧编排微微一笑，但我们并不能对构成梦的这些原始材料一笑了之。我们在一定程度上都需要为梦中出现的罪恶念头负责。总之，如果我们能理解'罪恶的思想来自心底'这句话，我们就会认同自己对于梦中出现的那些不道德的内容也有一定的负罪感。"

由此，希尔德布兰特发现了梦中各种不道德冲动的萌芽和暗示，它们都来自白天在我们心里闪过的罪恶念头。这样一来，要对一个人进行道德评价，就需要把这种包括梦境在内的不道德因素考虑进来。在这样的观念下，道德评价会让所有虔诚圣洁的人都认为自己也是个罪人[1]。

　　毫无疑问，这种不相容的想法普遍存在，大部分人都会有这种想法，并且这种想法也会存在于道德之外的领域。不过，有时候人们的评判并不会那么严格。斯皮塔（1882年，第194页）引用了泽勒（Zeller，1818年，第120～121页）的评论："心灵基本没能够被顺利地组织起来，更别说每一刻都充满足够的力量，那些怪诞荒谬的想法总是会打断规律清晰的思维过程。事实上，就算是最伟大的思想家，也曾被这些梦一样荒谬的、捉弄人的想象所纠缠，而打扰了他们最严谨崇高的思想工作。"

　　希尔德布兰特（1875年，第55页）的其他一些观点也给我们提供了一种研究思路，提醒我们把关注的目光投向人类本性的最深处，而这正是我们在清醒状态下没法做到的。康德（Kant）所著的《人性学》（1798年版）[2]中也提到了类似的观点："梦中很多情景的出现是为了向我们显示它隐藏的本质，梦中的我们并不完全意味着我们实际是什么样的人，而是预示了如果我们成长于另一种环境，我们可能会成为什

---

[1] 1914年加注：了解宗教法庭对于我们目前所研究的问题的态度还是很有趣的。在恺撒·卡伦纳（Caesar Careña）于1659年出版的《宗教法庭论述》中，出现了以下一段话："如果有人在梦中发表了异端言论，检察官应该借此机会询问他的日常生活的细节，因为一个人白天经历的东西往往会在睡梦中再次出现。"

[2] 查不出出处。

么样的人。"拉德斯托克（1879 年，第 84 页）也曾说道："梦不过是不断地向我们展示那些我们不愿意面对也不愿意承认的事情，而我们因此指责它的欺骗或谎言是不公平的。"埃尔德曼（1852 年，第 115 页）也认为："梦并不会告诉我应该如何看待一个人，事实上，从梦中了解的那些情况反而有时会帮我决定我到底对他人有什么想法，而我从中了解到的东西也时常会让我自己感到不可思议。"同理，费希特（1864 年，第 539 页）也认为："与清醒状态下的自我审视相比，梦中的想法可能为我们了解自己提供了更为真实的证据。"[1]

可以看出，那些与我们道德意识相冲突的冲动，只是类似于我们已经了解到的事实，即梦能够获取我们在清醒状态下不会出现或没什么作用的概念材料。正如贝尼尼（1898 年）认为的："梦中我们那些被压抑或忽略很久的欲望似乎复苏了，那些陈旧的热情又再次被激活。"沃尔科特（1875 年，第 105 页）说："我们从未考虑过的人或事出现在我们面前，那些白天没有得到机会展示的念头，一旦（我们）放松下来，（它们）就会一股脑地涌现在脑海中。那些平常没有进入清醒状态大脑中的念头，也几乎在记忆中重现，并且在梦中借助各种具体的情节，向我们宣告它们的存在。"在这一点上，我们终于能够想起施莱麦契尔（Schleiermacher）的观点，即入睡就有"不随意观念"或场景出现了。

那么，我们可以将梦中出现的所有材料都归纳总结为"不随意观念"。同不道德的、荒谬的梦一样，这些包含不随意观念的梦也会让我

---

[1] 最后两句话增写于 1914 年。

们感到困惑。然而，这其中有一个重要的区别，那就是这种不随意观念在道德领域中通常与我们在正常情况下的道德态度是相矛盾的，而另一些则让我们觉得怪异。截至目前，仍没有人对此进行过更加深入的研究，也没有人能够给出这一问题的答案。

接下来我们要讨论的问题是，梦中出现的这些不随意观念有什么意义，以及对于清醒状态下或睡眠状态下的人来说，这种道德上不相容的冲动又会在他们的心理上产生什么样的影响。由此，新的分歧产生了，观点也再次分为两种。希尔德布兰特等研究者对自己的观点坚信不移。在他们看来，每个人内心可能都会有一些不道德的冲动，即使在清醒状态下，这些冲动受到压抑导致没法行动，但白天被压抑的那些东西——那些让我们为自己有这种冲动而焦虑的部分，一旦我们进入睡眠状态，压在它们之上的约束就消失了，随即它们就在梦中展示出了活力。睡眠可以帮我们发现自己的真实本性，尽管这些本性可能并不是全部。梦也为我们提供了了解他人内心深处秘密的方法。可以说，正是以这些观点为前提，希尔德布兰特（1875 年，第 56 页）才提出了"梦具有预见性"的观点，他把我们的注意力引向人们心中道德的弱点，就好像医生承认梦可以把那些尚未发现的疾病纳入我们的关注范围一样。斯皮塔（1882 年，第 193 页以下）在指出梦的刺激源时，也采纳了这种观点，他说："哪怕我们梦到了那些不道德的事情，而只要我们在清醒状态下继续坚持严格自我约束的道德生活，随时注意阻止自己心中的恶念变成现实，我们就尽力做好了自己应该做的。"根据他们的观点，那些所谓的"不随意观念"不过就是白天被压抑的观念，而真正在应对它们时，我们应该把它们看成内心真实的精神活动。

但一些研究者仍然不认同这种结论，例如耶森（1855 年，第 360 页）认为，无论在梦境中还是清醒时，抑或生病说胡话时所产生的非自主想法，都表现了一种"意志活动结束的特征，同时或多或少带有内在冲动引发的意象和观念，是一种机械式的过程"。耶森认为，对于做梦者来说，做了一个不道德的梦不过是做梦者对自己梦中出现的观念有所意识而已，它并不能成为做梦者本就有这种精神冲动的证据。

同样，另一位研究者莫里也将做梦归于一种能力，这种能力不是对精神活动进行破坏，而是将其分解为各个组成部分。在谈到梦超越道德范围时，他认为（1878 年，第 113 页）："那些不道德的部分不过是我们在说话或生活时产生的冲动，有时我们的良心会在梦中向我们发出这样的警告，但它并不能在现实中阻止我们，并且我们在知道自己有这些邪恶的冲动时，在清醒状态下就会极力地去克制它们，而且我们常常能够成功做到。可以说，在清醒状态下我们并没有对它们屈服，但是在梦中我们总是不得不屈服，以致更多是按照它们的意愿行事，也不会感到害怕或恐惧……但这些东西只是暂时的，它们之所以特别鲜明地出现在梦中，显然也是由于它们在白天受到了太多压抑。"

相信梦能够表现出做梦者的不道德倾向（这种倾向虽然都被藏得很好，但是它确实存在）的人中，没有人比莫里进行了更准确的揭示："梦中总有那么一种力量，即把做梦者推向不道德境遇的力量。因为尽管白天我们会极力掩盖这些冲动的想法，但梦中它们却总能实现。"

（同上书，第 165 页）此外，他说："一个人的天性或他内心那些软弱的人性，无疑都会在梦中被提及。只要清醒状态下的意志力逐步减弱，平日里被禁锢的那些禁忌想法就会得以释放；而在他清醒的时候，他的良心、荣誉感及恐惧感又会压抑他的激情。"（同上书，第 165 页）而且他在这里还提出了一个更为精辟的说法："梦中我们所展现的只不过是我们每个人的本能，可以说是梦让我们回到了人类最自然的状态，可以说我们在梦中很大程度上都在受自然冲动的影响。"接着他举了例子：虽然他在自己的文章中激烈抨击了一些迷信的说法，但是在他的梦中，他没少成为这种迷信的牺牲者。

然而，莫里的这些深刻反思在对梦的研究中失去了其应有的价值，他认为他准确观察到的现象不过是一种"自主心理"的证明。在他看来，是这种自主产生的心理活动主导了梦境，他将"自主心理"看作精神活动的对立面。

斯特里克（1879 年，第 51 页）写道："梦中出现的内容并不完全是错觉，例如一个人梦到自己被抢劫，他害怕劫匪，当然劫匪的出现是梦中创造出来的刺激，但他对劫匪的恐惧却是千真万确的。"这就提醒我们注意，即我们不能像判断梦中其他内容那样去评判朦胧的情感，因为现实中确实存在这个问题，梦中发生的各种精神活动在某种程度上也是真实的，并且这在精神活动进入我们的意识后、在我们清醒时，也完全适用 [1]。

---

[1] 有关梦境的情感问题，我们会在第六章第八节中进行讨论。梦的道德责任问题在下文进行了比较完整的讨论，并且在弗洛伊德 1925 年 i 的第二节中讨论得更加深入。

第七节　有关梦及其功能的理论

我们从各个角度对梦的探索都可以发展出一套梦的理论。不同的理论之所以不同，在于研究者分别选择了梦的这样或那样的特征作为理论基础，并据此联系或解释梦中其他各种现象，发展出自己特有的理论观点。我们可能没有什么必要从理论上去推导梦到底有什么功能，但由于人类总有一种解释目的的习惯，将一些功能划分为梦的理论会更容易被世人所接受。

目前，我们已经了解了几种不同的观点，从上述理解来说，也许可以把它们称为梦的理论。古人认为梦是指导人类行动的神谕，这样的论点有其完整的理论体系，这也为当时的人们提供了有关梦境的解释。而自从梦成为科学家研究的对象，其间又发展出很多其他的理论，尽管有很多还并不完善。在此，我不打算把这些理论悉数列举，而只从数量特征等角度，把梦的理论大致分为以下三类来进行介绍。

第一类是德尔贝夫（1885 年，第 221 页以下）等人的理论，主张梦境中出现的全都是人类精神活动的产物。他们认为，即使在我们入睡后，我们的精神活动也并没有停止，它们各方面的结构仍然保留完好，但由于处在睡眠状态，它们与清醒状态下的活动又有一些不同，所以梦中它们在行使自己的日常功能时，就会产生与清醒状态下不同的结果。这类理论的问题在于，我们无法把自己在梦中和清醒时这两种状态明确地区分开来，而且更重要的是，这类理论没有提出任何梦在功能上的解释可能，没有解释为什么人要做梦，为什么复杂的精神活动在入睡后仍在继续。按照这类理论，人要么是在睡眠中从来不做梦，要么是一旦有刺激就会醒过来，这显然和实际的梦境过程并不相符，看上去仅仅是对一些适应性行为的描述。

第二类理论认为，梦是一种较为低级的精神活动，是松散的联想，不成体系，而且我们能够从中获得的有效信息尤其稀少。这种观点下的梦境特点就与德尔贝夫所说的完全不同，根据前者的理论，睡眠对人类的心灵有更为深远的影响。它不但让我们与外部世界隔离，更重要的是，睡眠进入心理的运行机制中，使精神活动暂时失去作用。在这里，我引用了精神病学中的一种说法，第一类理论是按照妄想狂的模式建构梦境，第二类理论则是把梦类比为心智低下或精神错乱的产物。

按照这类理论，因为睡眠时精神活动受到了麻痹，所以在梦中只会表现出一部分。这是迄今为止最受医学家和科学界欢迎的理论，也是一种主流理论。但值得注意的是，一旦问题涉及梦中的具体环境，这一理论就遇到了很大障碍，因为它没法解释梦中出现的各种矛盾。对他们来说，梦只不过是部分清醒活动的结果，"一种逐渐、部分、反常的清醒状态"，赫尔巴特（Herbart，1892 年，第 307 页）在《梦论》中如此介绍。这类理论只能用一系列不断加强、直至达到完全清醒的条件去解释梦境中一系列的精神活动，但是无法解释梦中出现的那些荒诞、超越逻辑的现象。

一些人喜欢用生理学术语解释梦境，其中以宾兹（1878 年，第 43 页）为代表，他说："当清晨到来时，麻木的状态也逐渐结束，大脑中蛋白质积累的疲劳物质渐渐减少，被血液运输、稀释和分解，人体的细胞组织开始苏醒，尽管它们仍处于迟钝的状态，但隐约中人体的各个部分已经意识到清晨来临了，它们要开始工作了。于是有分散的细胞群开始进行独立工作，它们不再受联想过程的压抑控制，或者不再受大脑其他部分的意志干扰。很多鲜活的情景由此产生，它们中的一些内容会与最近的记忆资料相符，而通过一些不规范的方式联系在一起。当自由的精神活动细胞不断唤醒、增加时，梦就在我们的头脑中消失了。"

这种把梦看作不完全的部分清醒的观点，无疑在很多研究者或哲学家的著作中都可以找到支持的证据，这种观点在莫里（1878 年，第 6 页以下）的理论中得到了详尽的阐释。莫里认为，我们可以经常想象清醒或睡眠状态可以从一个脑区转移到另一个脑区，每个特定的脑区都与一个特定的心理功能有关。针对这一点，我只想说，即使这种理论得到了某种证实，但有关细节部分仍有待讨论。但显然他们并没有在梦的功能上做出什么解释，虽然宾兹（1878 年，第 35 页）对此提出了似乎合乎逻辑的结论，赋予了梦一些地位和意义。他说："每一个观察到的事实都透露了一个信息，梦境本身是一个躯体性的、无用的、在很多情况下甚至是病态的过程……"

宾兹用斜体强调"躯体"一词在梦境中的应用不止一种含义。首先，它指向了梦的病理学来源。宾兹曾经通过使用药品进行实验来促进梦的产生。这类理论包含了一种倾向，那就是将激发梦境的因素尽可能地限制在机体上。最激进的观点如下：一旦我们排除了所有刺激后再进入睡眠，这一整晚就没有必要也没有机会做梦；而直到第二天早上，在逐渐醒来的这个过程中，如果我们接收到新鲜的刺激，那这就有可能会反映在做梦的现象中。然而，没有什么办法能够保证我们在睡觉期间不会接收到任何刺激。刺激源从四面八方对睡眠者产生刺激——就像梅菲斯特抱怨过的生命的萌芽一样[①]——从外部和内部，甚至从他在清醒生活中很少注意到的身体部位。因此，睡眠就会被干扰：一会儿精神从一个角落被惊醒，一会儿又从另一个角落被惊醒；心灵用它被唤醒的部分运作了一会儿，然后又再次入睡。梦就是一种反应，是针对由刺激引发的睡眠干扰的反应。顺便说一下，这种反应是非常多余的。

说到底，做梦仍然是大脑的一种功能。如果把梦描述为一种躯体过程，也意味着它还有另一种意义。这样表述是为了证明，梦不值得被列为心理过程。做梦经常被比作"一个对音乐一无所知的人挥舞着双手在钢琴键上乱弹乱碰"（斯特姆佩尔，1877 年，第 84 页）。这个比喻已经很明显地表现了严格的科学界对于梦的功能的态度。从这种观点来看，梦就是完全无法解释的东西：一个不懂得音乐的人怎么能演奏出一首曲子呢？

[①] 在他与浮士德的第一次对话中（第一部分，第 3 幕），梅菲斯特痛苦地抱怨说，由于成千上万的新的生命萌芽的出现，他的毁灭力量永远会受挫。弗洛伊德在《文明及其缺憾》（1930 年 a）第六节的脚注中引用了整段话。

但即使在过去也有很多人批评这种理论的合理性，布达赫（1838年，第508页以下）说："那些认为梦是部分清醒的人，首先没有解释清楚他们在梦中到底是处于睡眠状态还是清醒状态；其次，他们仅仅解释了部分精神力量在梦中的作用，而对于其他那些静止的力量并没有加以解释，显然，这种情况是伴随整个生命活动的。"

这种把梦视为躯体过程的关键理论，来源于罗伯特在1886年提出的一个很有趣的理论，该理论（同上书，第18页以下）认为梦具有一定的功能。罗伯特（1886年，第10页）把我们在前文中考虑过的两个事实作为自己的理论基础，即我们梦中出现的那些琐碎的情景是日常被我们忽略的印象，以及我们极少梦见那些白天里我们最感兴趣的事情。由此，罗伯特说："我们深思熟虑的那些事情并不会成为梦中的主角，而那些我们心中忽略的东西，或脑海中一闪而过的想法，反而在梦中占据主要地位。因为梦中出现的这些情景，在清醒状态下都不能引起我们足够的注意，所以我们对于梦究竟为什么产生没有什么适当的解释。因此，一些印象是否能进入梦境，关键在于它的加工过程是否受到干扰，或这个印象是否太不重要，以至于我们不屑于对它进行加工。"

罗伯特把梦当作"一种躯体的疏解过程，通过梦境的出现，我们才能意识到自己的精神曾经产生过什么样的反应"。（同上书，第9页）可以说，梦是那些刚出现就被压抑的想法的整理。"一个人一旦被剥夺了做梦的功能，他就会渐渐变得心情烦躁、思维错乱，因为大量没有得到解决的想法或被忽略的印象在他脑海中堆积，它们之间互相关联，干扰了有规律的记忆加工过程。"(同上书，第 10 页）对于日常高速运转、负担过重的大脑，梦就像安全阀，具有处理混乱、帮助我们摆脱混乱的能力（同上书，第 32 页）。

而如果我们要问，梦中的表征如何疏解心灵，我们就误解了罗伯特的观点。罗伯特显然是从梦境材料的两个特征中做出的推论，他解释了那些日常被我们忽略的印象如何在梦中完成整理或清除，所以他认为梦并不是一些有特定意义的精神过程，而只不过是我们在处理冗余信息时自然的精神活动。此外，罗伯特接着补充："这种清除过程并不是梦中发生的唯一心理事件，那些从前一天生活资料中加工提取出来的记忆，没有被排挤出去，而是继续得到加工，上升到意识领域，成为我们心中的想法。依靠这些从想象中得来的线索，我们将这些有价值的信息整合成一个整体，作为可能对人类生活有用的潜在记忆线索，保存在我们的记忆库中。"(同上书，第 23 页）

但是在评价梦境来源时，罗伯特的这些理论又与主流理论完全相反。按照主流理论的观点，如果没有外界的刺激或内部各种感知觉的刺激，人根本就不会做梦。但在罗伯特看来，梦来自心灵负载过重，所以人不得不在梦中进行整理，以摆脱这种压力。按照他的逻辑，各种躯体感知觉对梦境的干扰只是处在次要的地位，对于无法在清醒状态下评判心理活动的身体来说，这些因素并不是导致做梦的根本原因。他只能承认梦中很多情景，包括一些荒诞的幻想，可能是受内心神经刺激的影响，但他并不认为梦就是如此依赖于具体的生理活动。在他看来，梦在清醒的精神世界没有什么地位，但它是与精神世界相配合的躯体过程，保护我们的心理机制免受过度压力。或者打个比方，它只不过是我们思想活动的清洁工①。

伊维斯·德拉格（Yves Delage）也依据梦境材料的这两个特征创建了他的理论，但由于他在某一方面的观点和罗伯特的存在细微差异，因此他得出的结果与罗伯特的观点完全不同。

德拉格（1891 年，第 41 页）以自己的亲身经历向我们解释这一点。他说："在我们失去某位亲人时，事实上我们并不会梦到白天占据我们思想的这一冲击事件。而只有这个事件让位于白天的其他事情之后，我们才会开始梦到这件事。"他对别人的经历也做了一些收集和研究，包括对一些年轻夫妇的梦的研究，结果证实了这一情况的普遍性。他说如果他们深深相爱，他们在婚前和蜜月期间就几乎不会梦到对方，哪怕他们做了性梦，对象也是无关紧要的人，甚至是自己反感的人。德拉格确定，出现在我们梦中的材料都是几天前或更早时候的片段，尽管开始时我们把它看作梦所创造出来的新鲜东西，但事后加以研究就会发现，它们都是对早期经历的材料的再现，只不过我们并没有认出来。同时，这些材料具有一个共同特征，既产生于比我们的意志更强烈的刺激源，也产生于我们日常忽略的信息，并且这种信息越是不被留意，我们下次做梦时梦见它们的可能性就越大。

就像罗伯特所强调的那样，这里有两类基本相同的印象：琐碎且

---

① 有关罗伯特的理论，我们会在下文进行深入讨论。作为《癔症研究》（布洛伊尔和弗洛伊德，1895 年出版）的脚注中，弗洛伊德接受了罗伯特的这一理论，认为这是梦境产生的两个主要因素之一。

无关紧要的，以及未完成或没有被处理的。然而，德拉格发现了其中包含的不同的逻辑关系。他认为，不是因为这些事情是无关紧要的，而是因为这些意象是未完成的，所以它们才能够进入梦中。但是，琐碎的印象在某种意义上也是未完成的，它们就像"被拉紧的弹簧"，在梦中获得了解放。与那些微弱到几乎不会被注意到的意象相比，一个强有力的意象在加工过程中碰巧遇到了一些阻碍或被有意抑制了，那么它在梦中发挥的作用及产生的影响就会更大。那些在白天被抑制和压抑而储存起来的精神能量在晚上得到了释放，变成了做梦的动力。被压抑的精神材料在梦中显露出来。（同上书，第43页）。[1]

不过很遗憾的是，德拉格的思路在这一点上中断了。他认为梦中独立的精神活动只有极其微小的作用，因此，他的理论就直接与那时有关梦的主流理论归为一流了。主流理论认为梦是大脑的部分觉醒，"在某些情况下，梦是没有目标也没有方向的产物，它只是依附在记忆上。这些记忆可以打断思维的漫游，将散乱的记忆片段联结在一起。这种联结有时很脆弱，有时又很强韧，这与大脑当时所处的睡眠状态有关"。

第三类理论认为，做梦能够实现清醒状态下不太可能实现的精神活动。这一功能的出现使得梦具有了一种实用性的功能。早先，很多心理学工作者在思考人类为什么做梦时，都倾向于采纳这种观点。对

---

[1] 1909 年加注：阿纳托尔·法朗士在《红百合花》中表达了完全相同的观点："我们在夜晚所见到的，是那些在白天被忽略的可怜的残余。梦中所见的往往是我们鄙夷且忽略掉的东西对我们施行的报复，是对我们的遗弃与指责。"

此，我引用布达赫（1835年，第512页）的一句话就足以证明。布达赫说："做梦是人类心灵的一种自然活动，不受常规情况下的自我控制，也不会被自我意识打断，因为在梦中没有人可以左右我们，我们内心的本能愿望就可以操纵一切。"

布达赫等其他研究者认为，我们梦到了很多景象，就相当于心灵得到了释放和再生，就像正处于一种狂欢状态，从而为我们白天的生活积蓄力量。为此，布达赫（同上书，第514页）充满赞赏地引用了诗人诺瓦利斯赞美梦的诗句："梦，就是抵御单调生活的盾牌。它将想象力从枷锁中解放出来，打破了一成不变的乏味生活，让愁苦的人能够像儿童一样快乐玩耍。如果我们不再做梦，我们就会迅速苍老。梦不仅仅是上天馈赠的礼物，更是我们走向死亡路途中的美好陪伴。"

普金耶（Purkinje，1846年，第456页）对梦的治愈功能的描述让人印象深刻。他认为，特别是具有创造性的梦拥有振作精神、疗愈心灵的作用，它完全摆脱白天的束缚，让想象力自由发挥，不再因白天的紧张而持续压抑，梦中自身得到放松，更重要的是，梦会允许出现与白天生活完全相悖的情景。于是，我们可以用快乐疗愈悲伤，用爱平息憎恨，用勇气和安全感去抚平恐惧，用坚定的信念消除怀疑，让不断受到压抑打击的心理活动在梦中得到治愈和保护，时间也会通过梦境消除人类的烦恼。所以，相信每个人都有这种感觉，睡眠是精神生活的福利，睡眠也会通过梦来造福人类。

施尔纳（Scherner，1861年）最早提出了一个意义深远的观点，他试图将梦解释为一种特殊的心理活动，只有在睡眠状态下才会自由拓展。他的描述风格比较夸张，且他在表述观点时极具热情，这必然会让那些无法产生同感的人反感。由于施尔纳的语言晦涩难懂，我们采用了哲学家沃尔科特（1875 年，第 29 页）对此观点的描述："这部巨著所包含的论点闪烁着充满启示的光芒，就像从黑暗中迸发的闪电一样，但是没有照亮哲学家们前行的道路。"施尔纳的学生也是如此评价老师的作品的。

有些作者认为心灵的能力不会在梦境中减弱，但施尔纳并不这样认为。用沃尔科特（同上书，第 30 页）的话来说，他本人解释了梦是如何让自我核心和自发能量在梦中被剥夺的，进而解释了人类的认知、情感、意志及观念在发挥作用的过程中是如何被改变的，这些心理功能的残留是怎样变得只剩下机械化的反应而不具备心理特性的。相比之下，能够被描述为"想象"的心理活动从被理性支配和控制的境地下解放出来，到达一个不受任何约束的位置。尽管梦的想象利用了最近清醒时的记忆作为建构材料，但它与清醒记忆的结构却毫不相关。梦不仅具有复现能力，还具有创新能力（同上书，第 31 页）。梦还会展现出没有束缚的、夸张和奇异的内容。由于它摆脱了思维的束缚，又形成了灵活多变和功能多样的特点，它以最微妙的方式受到温柔感情和激烈情绪的影响，并迅速将我们的内心活动融入外部世界的景象中。梦的意象并不会用语言进行概括性表达，只能通过画面进行展示。而由于概念的力量并不微小，它充分利用了图像的形式进行生动形象的场景描述。显而易见的是，梦的这些描述是离奇的、笨拙的及冗余的，而且它总是喜欢用无关的图像来表示含义，这样表达的效果就会变得模糊不清，由此导致梦只能表达它试图表达的物体的特定属性之一。这就是想象的"象征性活动"（同上书，第 32 页）。有一点非常重要，梦从来不会完整地描绘一个事物，只会以最粗糙的方式勾勒出一个大致的轮廓，就像灵感迸发时绘制的草图。但是梦并不只会重现客观事物，而是会让梦中的自己与之建立起一种联系，从而产生一个梦的事件。例如，一种视觉刺激可能会让人梦到这样的情境：在路上出现了几枚金币，做梦者就高高兴兴地把它们捡走了（同上书，第 33 页）。

根据施尔纳的观点，梦所加工的材料主要是源于白天模糊的机体刺激。虽然施尔纳提出的假设观点过于异想天开，与冯特和其他生理学家过于严肃的学说截然不同，但他们有关梦的来源及梦的刺激源的理论是完全一致的。然而，根据生理学的观点，对内部机体刺激的心理反应会激发相应的意念，而当这些意念产生后，对该刺激的心理反应就会宣告结束；梦会用相关的联想内容进行补充，并引发其他的意念。到了这个阶段，梦境发展的心理事件似乎就已经结束了。另一方面，根据施尔纳的观点，机体刺激不过是为大脑提供了可供想象的材料。在他看来，在其他人眼中梦结束的时刻，才是梦真正的开始。

当然，梦的想象对于机体的刺激没有半点有用的目的。它与机体刺激"玩游戏"，通过某种象征的手段，将形成梦的机体刺激的源头找出来。虽然沃尔科特和其他人都不认同他的观点，但施尔纳依然坚持一种观点，那就是梦特别喜欢把有机体描绘成一种整体，比如将它们想象成房屋。然而幸运的是，这并不局限于这一种表示方法，例如它可能用一排房屋来比喻某个器官，又如一个非常长的遍布房屋的街面场景可能代表肠道的刺激。同样，一座房屋的不同位置也可能代表身体的不同部位，如果一个人头疼，梦中可能表现为房屋的天花板上布满令人作呕的蜘蛛（同上书，第33页以下）。

除了房屋这种意象，其他任何物体都可能被用来代表身体的某个部位，这些部位也正是对梦境产生刺激的地方。例如，呼呼作响、正在燃烧的火炉可能象征性地代表我们的肺；空篮子则可能代表心脏；而那些圆形的袋状物或空心的东西，也许就暗示着膀胱。还有由于男性性器官受到刺激引起的梦境，则可能是做梦者觉得自己正看到街上有一支单簧管、一个烟斗的嘴部或一张毛皮。在女性的性梦中，大腿中间的狭小区域可能会表现为庭院，而女性性器官就会表现为那些通过庭院的狭窄湿滑的小路，做梦者必须通过这条路，或许是要把一封信送到一位先生手中（同上书，第34页）。而且非常重要的是，在这类梦中，当躯体刺激快要结束时，梦境就会将它们的伪装和掩饰丢到一边，让相关的感官或功能表达它们本来的意愿。所以梦中很多身体变化的情节往往是受到躯体刺激产生的，例如做梦者梦见自己的牙从口中脱落，那往往就是他牙周受到刺激的结果。（同上书，第35页）

然而，梦的想象可能不仅关注到了受刺激器官的形状，还能展示该器官所涉及的东西。比如，一个肠道受到刺激的人可能会梦到自己走在一条泥泞的街道上，或者一个憋尿的人也可能会梦到自己走在漂浮着泡沫的溪流中。又或者，刺激本身所产生的兴奋感或欲望对象，也会通过象征的形式表现出来。比如，疼痛感会让人梦到自己在与恶犬搏斗，又或者正在做性梦的女人可能会梦到自己被裸男追求（同上书，第35页）。除了这些丰富的象征手段，想象的象征活动仍然是梦的核心力量（同上书，第36页）。沃尔科特在他的书中试图更深入地挖掘这种想象的本质，并试图为它在哲学思想体系中寻找一席之地。尽管这本著作写得很好，但对于没有哲学知识储备的人来说，还是比较难以理解的。

施尔纳有关梦境的想象象征化理论不包含任何功利的功能。心灵在睡眠状态下与出现的刺激源进行游戏，人们有可能会怀疑心灵在戏弄自己的记忆。我也可能会因为我对施尔纳的梦境理论进行详细研究而被质疑是否带有功利性目的，毕竟施尔纳的理论过于武断随意，背离了所有学术原则。在这里，我要反驳没有深入研究过施尔纳理论就对他持摒弃态度的人，他们高傲自大，让我十分反感。他的理论建立在对梦的印象之上，他对梦中的印象给予了极大的关注，他也更擅长去体察心理活动中模糊不清的地方。此外，数千年以来，人类一直觉得梦境神秘莫测，但是毫无疑问，其本身含义非常重要。严密的科学研究也承认，有关这个谜题的解答，科学除了试图反对大众流行的观点并试图否认梦境的意义之外，别无建树。最后，诚实地说，尝试释梦的过程确实很玄妙，这一过程很难不带有想象的成分。想象有可能是神经节细胞的产物。我曾经引用过宾兹的一段话，他详细描述了渐渐清醒时，黎明如何悄悄进入大脑皮质仍处于休眠状态的细胞中。而与施尔纳的理论相比，这段描述也很玄妙。我希望能够证明，在梦的背后有这样一个现实的元素，尽管我们只能模模糊糊地感受到它的存在，它也缺乏普遍适用的属性，但这都是梦的特征。与此同时，将施尔纳的理论与医学界的理论概念对比，我们能够发现，直到现在，人类有关梦的解析依然徘徊在两个极端之间。[1]

第八节　梦与精神疾病的相互影响

如果要谈到梦与精神疾病的相互影响，我们首先想到的可能是以下三个问题：一是二者在病因学和临床诊断上的联系，如一个人在梦中表现出一些精神疾病的症状，或者梦醒之后出现患精神疾病的状态；二是在现有的精神疾病的影响下，梦中的内容也有了相应变化；三是梦与精神疾病之间有类似的特性，二者之间的各种关系，在很早以前就是医学工作者热衷研究的内容，只不过最近几年又再次流行了起来，这一点在很多人的著作中都可以找到证据。近年来，桑特·德·桑克提斯（Sante de Sanctis）也开始集中研究这个主题[2]。因此，只需要粗略翻阅一下这些资料，就能够完成本次讨论的目标。

而有关梦与精神疾病之间的病因学和临床学的联系，从下面这个例子中就可以理解。克劳斯（Krauss，1858 年，第 619 页）援引了霍恩鲍姆（Hohnbaum，1830 年，第 124 页）的言论，表示"妄想型精

---

[1] 我们将在下文对施尔纳的理论做进一步讨论。

[2] 1914 年加注：后来研究这个主题的人还有费里（1887 年）、阿德勒（1862 年）、拉塞格（1881 年）、毕雍（1896 年）、雷吉斯（1894 年）、维斯帕（1897 年）、吉斯勒（1888 年）、卡佐夫斯基（1901 年）、巴肯托尼（1909 年）等。

神患者发作时，他们的想象材料最初往往就来源于让他们感到焦虑或恐怖的梦。"桑克提斯在对妄想症患者的病情观察中判断，梦是导致他们精神失常的一个重要原因。桑克提斯说："也许是某一次梦中焦虑情景的出现，激发了这个人的精神疾病，并且其逐渐地放大、严重。"他有一位患者，在一次做梦后就开始有了轻微的癔症发作，后来转而进入了焦虑性的抑郁状态。费里（1886 年）（蒂西，1898 年，第 78 页引用）也记录过一个癔症性麻痹患者的梦。费里认为，这类梦都可以被证明是导致患者精神错乱的原因。由此我们也可以说，他们的精神错乱首先是在梦中出现，然后突破梦境，在现实中也有了具体表现。我们从收集到的很多例子中发现，梦常常也有一些病理性的特征，或者有些人白天很正常，只有在梦中他才是一位精神疾病患者。为此，托马耶（Thomayer，1897 年）对那些凡是报告有焦虑梦的患者都给予了足够的重视，指出做这些梦就相当于癫痫发作。阿利森（1868 年）（贝拉德斯托克，1879 年，第 225 页引用）描述了一种"夜发性精神错乱"，即患者白天一切正常，只有在夜间才开始表现出出现幻觉、狂躁等症状。桑克提斯和蒂西也报告过类似的案例。桑克提斯报告的案例是一个酗酒者大骂自己的妻子不忠，就像得了妄想症一样。而蒂西报告的案例中的病理性行为，比如基于妄想的假设和强迫性冲动行为，都是来自梦。吉斯莱恩（1833 年）则描述了一个睡眠被间歇性精神错乱代替的案例。

所以从这个角度来说，毫无疑问，随着梦的心理学的发展，总有一天医学家们会把注意力转向梦的精神病理学。

通过对很多案例的观察，我们可以明显地发现，即使有些人在白天社会功能表现正常，他们在梦里也会处于精神疾病的影响之下。克劳斯认为，格里高利是第一个注意到这个情况的人。蒂西援引了麦卡里奥（Macario，1847 年）描绘的一个狂躁症患者案例，这位患者在痊愈后的一个星期中，仍然会在梦中被狂躁症的典型症状——不断变化的奇特观念或者极度热情所干扰。

迄今为止，很少有研究者对慢性精神病发病期间的梦境所发生的变化进行研究[①]。而另一方面，人们早就注意到了梦和精神障碍之间潜在的内在关系，二者之间具有广泛的一致性。莫里（1854 年，第 124 页）说，最早发现这种一致性的是卡巴尼斯（Cabanis，1802 年），之后就是勒鲁（Lélut，1852 年）、J. 莫鲁（J.Moreau，1855 年），尤其是哲学家曼恩·德·布莱恩（Maine de Biran，1834 年，第 111 页）。毫无疑问，这样的发现还能够追溯到更早的时期。拉德斯托克（1879 年，第 217 页）通过引用梦与精神疾病相似的对比，介绍了他针对这一问题的处理。康德（1764 年）也曾说过：精神疾病患者就是清醒着的做梦者。克劳斯（1859 年，第 270 页）也说：精神疾病就是人在清醒时做的梦。叔本华（1862 年，第一卷，第 746 页）将梦称为短暂的疯狂，疯狂是漫长的梦。哈根（Hagen，1846 年，第 812 页）将谵妄描述为由疾病引起的梦中生活。冯特在 1878 年写道：事实上，人们可以在梦中体验到精神病医院中所有患者发病时的状况。

对此，斯皮塔（1882 年，第 199 页）与莫里（1854 年）的观点大

[①] 这个问题后来由弗洛伊德本人进行了研究（1922 年 b，第二节结束处）。

致相同，他列举了关于这两者比较基础的不同想法。他认为：①因为梦中自我意识被压抑或中断，所以我们无法对环境的性质进行彻底的观察，对一些奇怪事情的发生或丧失道德标准并不感到奇怪；②我们的感知器官在信息收集能力上发生了变化，在梦中会变得麻木，而在精神疾病中则会变得更加敏锐；③梦中很多离奇的碎片根据联想和再现的规律自发随机组成新的情景，导致我们内心评判真实是非的标准产生误差，于是某些情况就出现了；④人的性格改变，也就是人格逆转，甚至性格特征倒错，人就会出现各种反常行为。

拉德斯托克（1879 年，第 219 页）又补充了几点："大多数幻觉发生在视觉、听觉及共感（总体感觉）区域，就像做梦，有关嗅觉和味觉的元素是最少的。像正常做梦的人一样，生病的人在说胡话时会陷入回忆中；而人在清醒和健康时忘记的事情，都会在睡觉及生病时被想起来。"对梦和精神疾病之间的相似性，我们只有在对所有的表情动作的细节，尤其是面部表情特征展开观察时，才能充分了解。

"如果一个人承受着身体和精神的双重折磨，他就很容易倾向于在梦中获取那些他在现实中无法得到的东西。因此，在精神疾病患者的脑海中，也同样会有快乐、富贵、健康或幸福的情境存在，他想拥有财富，或者渴望健康，就会得到满足。如果认为自己拥有了所谓的财富并且在想象中实现了愿望，那么对这类幻象的破坏实际上就为精神错乱提供了心理基础，这也通常是谵妄的主要内容。例如，一个失去心爱孩子的母亲在幻象中体验身为母亲的快乐；一个失去全部财产的男人认为自己富贵无比；一个被欺骗的女孩认为自己被温柔地爱着。"

拉德斯托克的这段话实际上是对格里辛格尔（Griesinger，1861年，第106页）的敏锐观察的总结，他非常清楚，梦和精神疾病中的想法有一个共同特征，那就是要实现自己的愿望。我的研究结果也表明，梦和精神疾病心理学理论的关键因素，都在这个事实当中。

而做梦者和精神错乱者最大的共同点是，他们的想法都同样荒唐连续，并且他们对事实本质判断的分辨力基本上都在下降。在那种状态下，我们发现，对自我精神活动的高估——这是没有任何意义的梦中奔放的思路造成的离奇情节——和精神疾病中的思维奔逸非常相似，并且两者都缺少时间的概念。在梦中人格可以分裂，比如，梦中一个人可能会将自己掌握的知识分裂成两个人，而同时梦中那个旁观的自我又可以纠正真实的自我。这种现象与我们熟悉的幻觉妄想型患者的人格分裂症状非常相似，梦中我们可以听到一些陌生的声音在表达自己的思想，而精神疾病患者也常常会做类似的梦。很多精神分裂症患者在痊愈后，会觉得自己在生病期间的感觉特别像做了一场愉快的梦。

因此，拉德斯托克总结了他和其他研究者的观点，认为精神错乱是一种不正常的病理现象，可以把它看作一种周期性再现正常做梦状态的强化（同上书，第228页）。

克劳斯（1859年，第270页以下）试图在梦和精神错乱之间建立一个更加庞大的关系网，以进一步发现它们之间存在的密切联系，并试图寻找病因（准确地说，是兴奋来源）。他认为，这两者之间共同的基本元素就是机体感觉，是躯体刺激产生的感受，更是所有感官的总体感受[参见莫里（1878年，第52页）引用的佩西的话（Peisse，1857年，

第二卷，第 21 页）]。

梦和精神错乱之间的共同之处能够一直延伸到它们的细节特征，而这是梦的医学理论中最强有力的支撑之一。该理论认为梦是一个无用且令人不安的过程，是大脑活动减少的表现。但是因为目前我们在精神疾病的起源方面还无法得到让各方都认同的观点，所以我们不会期望在研究精神障碍的方向上找到有关梦的解释；相反，我们对梦的了解可能会影响未来我们对精神疾病内部机制的看法，因此我们在努力地研究梦本身的神秘性时，也会为精神病理学做出贡献[1]。

跋（1909 年）

这里我要解释一下，为什么我没有把在第一版和第二版之间发表的有关梦境内容的新文献补充在本书中，这个理由会引起一些读者的不满，但对我来说却至关重要。引导我仔细研究并全面总结梦境研究者的动机，随着这一章导言式内容的完成，我不想再在继续丰富这部分内容上消耗自己大量的精力，并且这部分内容也不会在真正意义上为本书增加多少指导作用，因为这些材料中并没有出现任何新的、更有价值的内容，本主题也不会起到新的引导作用。而且在我这本著作首次出版后的 9 年里，无论是在事实材料上，还是在可能揭示这个问

---

[1] 在《精神分析引论新编》第 29 讲（弗洛伊德，1933 年 a）中可以找到关于梦和精神疾病之间关系的讨论。

题的观点上，都没有产生任何新的或有价值的东西。其间出版的相关领域的著作对于本书中的内容都没有提及，当然，那些自诩是"梦的研究者"的人给予本书的关注最少，他们就是典型的不愿意学习新知识的人。但是科学领域的工作者，就应该不断地掌握新知识。用安纳托利·法朗士的一句讽刺的话来说就是："饱学之士不好奇。"如果我们可以在科学界做出一些"报复"行为的话，那么我对于本书出版后再发表的文献就可以完全不屑一顾了；而科学期刊上零星出现的几篇关注本书的文章对本书内容表现出明显的理解不到位甚至误解，对此，我只能建议他们继续好好阅读这本书，实际上，我只建议他们读这本书。

对于决定采用精神分析疗法的医生或其他作者，他们依据我书中的一些观点发表并分析了大量的案例[1]，由于发表的这些作品不仅仅是对我观点的证实，我也在阐述的过程中加入了他们的发现。我在本卷末尾添加了参考书目，里面列出了自本书首次出版以来出现过的最重要的作品[2]。桑克提斯也有一本关于梦的综合专题的论著，它几乎和我这本《梦的解析》同时出版，并在出版后不久就出现了德语译本。因此，我和这位作者都没办法对彼此的作品发表评论。不幸的是，我脑海里一直有一个念头，他这部煞费苦心的著作完全没有体现解放思想的独创性，在思想境界上完全不够，以致让人看后甚至可能会怀疑我

---

① 仅在 1909 年和 1911 年的版本中，此处添加了荣格、亚伯拉罕、瑞克林、穆特曼和斯特克尔的名字；在 1909 年版本中，接下来的一句话是：但这些出版的内容只是佐证了我的观点，没有增加什么新的内容。

② 见标准版英文编者导言第 12 页和第 20 页。

所讨论的梦境问题的存在意义。

和我所探讨问题论述相近的，在我看来只有两个人可以被提及。一个是年轻哲学家赫尔曼·斯沃博达（Hermann Swoboda，1904 年）的著作，他把由威廉·弗利斯（Wilhelm Fless，1906 年）[1] 发现的"生物周期"观点（以 23 天或 28 天为一个周期）拓展到了精神世界，在他充满独创性的理论中，他尽力用这把钥匙去打开梦的大门，虽然他的研究可能低估了梦的重要性。在他看来，梦中出现的内容可以被解释为所有记忆的聚合体，晚上一个人梦中的内容完全表现出一种生物周期性，不管是第一次的梦，还是第 *n* 次的梦。起初我以为他并不是很认真地看待这一理论，但通过与这位作者私下交流，我发现，我的结论是错误的[2]。在随后的内容中，我会展示一些目前我正在做的研究，这些都是在他的建议下开展的，但是目前我还没有得出什么有用的结果。但令我高兴的是，我还在一个意想不到的领域发现了和我自己的理论核心几乎完全相符的观点。从时间来看，他的观点并没有受到本书的影响。而在很多与梦有关的文献中，只有这位独立的思想家的理论与我的理论不谋而合，我对此感到非常高兴。这本书中有关于其梦的观点的引摘，他是于 1900 年出版的第二版《一个现实主义者的幻

---

[1] 克里斯为弗洛伊德与弗利斯的通信集（弗洛伊德，1950 年 a）所写导言的第四节介绍了弗利斯的理论及他与斯沃博达的关系。

[2] 目前来看，这句话可以追溯到 1911 年。在 1909 年的时候，这句话是："作者的个人通信大意是他本人不再支持这些观点，所以我对这些观点就没有认真思考了。"下一句是1911 年增加的。

想》（首版于 1899 年发行）的作者林库斯（Lynkeus）[1]。

跋（1914 年）

上述解释写于 1909 年，现在我必须承认，到目前为止很多情况都发生了改变，我在梦的解析方面所做的贡献已经被这一领域很多学者所重视。但是这种新情况的出现已经让我不太可能对那些文献再进行什么评述扩展，因为在《梦的解析》中，我已经提出了自己的新思考和新问题，并且也通过不同的方式进行了探讨。然而，在我基于自己的观点阐述这些研究成果之前，我对这些作品不会发表什么见解。如果最新发表的文献中有任何能够被我发现的有价值的内容，我都会在接下来的章节中为它们腾出适当的地方加以介绍。

---

[1] 1930 年加注：参见我有关约瑟夫·波普尔·林克斯和梦境理论的文章（1923 年）；弗洛伊德还写了另一篇有关这个主题的论文（1932 年），上文提到的段落将在后文的脚注中全段引用。

第二章

梦的解析方法：具体梦例分析

我在给这本书取名时，就已经借助标题明确表明了我更倾向于认同哪一种释梦的方法，而我写这本书的目的，就是证明梦是可以解释的。对于第一章所探讨的问题，我所能贡献的任何解决方案，都不过是为了实现我这个特殊目的的额外收获。由于我认为梦是可以解释的，因而就与关于梦的主流理论站到了相对立的位置。除了施尔纳的观点外，我的观点和其他很多有关梦的理论都是相对立的。因为既然我们说到了梦的"解释"，就意味着我们默认了梦是带有某种含义的，也就是说，我们可以从一系列心智活动中找出某些缘由来代替它，以使它的内容和其他生活事件同样重要且有意义。正如我们前面所说，与梦的解释有关的各种理论并不能接受解释梦境时遇到的一些阻碍，因为按照这些观点，梦根本就不是一种精神活动，而是一种躯体过程，一种表现为记录在精神结构中的象征性符号；而与此不同的是，长期以来非专业性观点在应用过程中表现出了不一致的矛盾性。虽然人们承认梦是不可解释或荒谬的，但梦境本身并不能证实其自身毫无意义。受一些模糊本能感觉的影响，人们总认为，无论如何，梦一定还有某种含义，尽管它隐藏得很深。人们认为梦是一种用来代替自身某种思想观点的过程，而只有通过正确地揭示这种代替过程，才能挖掘出梦背后所隐藏的含义。

因此，自古以来，无数非专业人士致力于梦的解释，并且在释梦过程中常常沿用以下两种方法。

第一种方法是把梦的情节看作一个连续的整体，由此寻找可以理解的、在某些方面和它很相似的另一种观点去代替它。这就是用象征的手法来释梦。但是当我们遇到一些实在无法理解或情节跳跃、混乱的梦时，这种方法就不可避免地会失效。对此，我们可以通过约瑟在《圣经》中对法老梦境所做出的解释来理解这种方法："7 头瘦牛追逐 7 头肥牛，并吃掉了 7 头肥牛"的梦象征性地预示埃及将要有 7 个荒年，并且要耗尽 7 个丰年的积蓄。很多伪造的梦都是由想象力丰富的作者构造的，这些梦被设计成具有与此相似的象征性解释，被包裹在那些或许可以被识别的特征伪装下，表达做梦者的想法，以便与公认的梦的特征保持一致[1]。能够预知未来的梦起到古老的预示作用。释梦者在通过一些梦中场景得出结论时，会把梦所表达的内容转变为与现实具有某种联系的预言，以预示未来。然而，要想说明给梦做出象征性解释时所采用的方法，几乎是不可能的，因为在这个过程中，成败的关键取决于释梦者是否有灵敏的思维和直觉。所以也可以说，只有那些有独特天赋的人才可以用象征的手法去释梦，并将释梦上升到一项艺术活动的高度[2]。

---

[1] 1909 年加注：一个偶然的机会，我读到了威廉·詹森写的小说《格拉狄克》。小说里有一些虚构的梦，这些梦被构造得非常完美，以至于人们认为这些梦不是虚构的，而是可以被当作真人做的梦来解释。作者在回复我的询问时承认，他对我有关梦的理论并不了解。因此，我认为我的研究与这个作者的作品之间的一致性可以证明我对梦的解释是正确的（弗洛伊德，1907 年 a）。

[2] 1914 年加注：亚里士多德《梦的预言》第二卷（英译本，1935 年，第 383 页）对这种联系做出了如下评论：最好的释梦者是能抓住相似特征的人；梦境图像就像水中的图像一样，稍一触碰就会变形，而最成功的释梦者往往是那些能从扭曲图像中发现真相的人。

第二种方法则与第一种方法完全不同，也许我们可以称之为"解码法"，因为它将梦看成一套有固定密钥、由密码组成的系统，释梦者只需按照固定的规律，把其中某一符号翻译成另一种现实中存在的已知符号就可以。例如，我梦到自己收到了一封信，参加了一场葬礼，那么"释梦书"会告诉我，"信"在这个梦中也许就代表麻烦，而"葬礼"则可能是订婚的意思。如果我把这些"破解"出来的关键词联系起来，用通俗的内容解释说明，可能就是"我要订婚了，而这对我来说是一个麻烦"。阿尔特米多鲁斯[①]写的释梦书对解码法做出了很有趣的改变，这种改变在一定程度上扭转了解码法在应用过程中的偏差。因为这种方式不仅考虑做梦者的梦境内容，还考虑释梦者的时代环境或他本身的性格、社会阶层等，所以相同的梦境内容对于有钱人、已

---

① 1914年加注：阿尔特米多鲁斯，约生于公元2世纪初期，他为我们留下了古希腊罗马时期最为完整细致的有关释梦的研究。正如特奥多尔·甘珀茨（1866年，第7页以下）指出的那样，阿尔特米多鲁斯将释梦的过程重点放在观察与经验方面，并严格将其自身的释梦艺术与其他幻想的事物进行区分。甘珀茨称，阿尔特米多鲁斯释梦艺术的主要原则和魔术的类似，是一种基于互相关联的原则。不言而喻，梦里出现的事物是大脑的回忆——释梦者的回忆。梦境中的元素可以使释梦者回忆起各种各样的事情，这就使梦的解释具有非常大的任意性与不确定性，导致不同的释梦者对梦的解释各不相同。释梦者能根据梦中的元素联想到什么并不重要，重要的是做梦者想到了什么。然而，一位传教士芬克狄基的近期研究（1913年，第516～517页和第523页）显示，东方的现代释梦者同样采用与做梦者合作的方式来解释梦境。他对美索不达米亚的阿拉伯释梦者做了如下描述："为了对梦境做出更为准确的解释，技艺精湛的梦境占卜师会对前来咨询梦境者的所有情况进行考虑。总而言之，这些释梦者不会放过任何一个细节，他们会对来访者进行一些必要的提问，只有在完全掌握来访者回复内容的情况下，才会对梦境做出解释。"这些问题通常包括来访者最亲近的家庭成员——他的父母、妻子和孩子，以及一个非常典型的问题："在做梦的那天晚上之前，或做梦之后，你与你的妻子是否发生过性行为？"——释梦的主要方法，在于通过梦的反面来释梦。

婚人士或上层社会的人是一种含义，而对于演讲家、穷人、单身汉或商贩可能就是另一种含义。但解码法在解释时并没有将梦作为整体来考虑，而是把梦中出现的各种要素分开单独进行破解，这使得梦变成了一种类似地质砾岩一样的混合物体，其中包含的每一块岩石元素都需要一一鉴定。因此，用这种方法释梦，不可避免地会非常不连贯和混乱①。

　　这两种释梦方法在某一个时期被认为都不能起到释梦的作用。象征法在应用领域限制极大，它不能解释生活的所有方面，也无法制定总的原则；至于解码法，所有对梦的解释只能建立在对关键物——释梦书信赖的基础上，而没有人能对此给出保证。所以很多人自然更认同哲学家和精神病学家的观点，和他们一样把梦视为纯粹的、随机的空想。

---

① 1909 年加注：阿尔弗里德·罗比泽克医生曾向我指出，东方的"释梦书"（我们的释梦书不过是可怜的效仿）更多是根据音与音、字与字的相似程度来解释梦境。然而，事实上我们流行的释梦书之所以难懂，原因在于译文无法体现出这种关联性。在古老的东方文明中，双关起到了非常重要的作用，这一点也许可以通过研究雨果·温克勒（著名的考古学家）的著作进行了解。增写于 1919 年：我们所能接触到的最好的古代释梦例子就是建立在双关的基础上。阿尔特米多鲁斯曾说（卷 4，第 24 章，克劳斯译，1811 年，第 255 页）："我也认为，在马其顿的亚历山大大帝围攻封锁泰尔城期间，阿里斯坦德尔为亚历山大大帝的梦做出的解释令其非常开心。当时由于封锁太久，亚历山大大帝感到心烦意乱、坐立不安。他梦到森林之神（satyr）在他的盾牌上跳舞，而阿里斯坦德尔碰巧在泰尔城一带，在叙利亚战役中侍奉国王。他将"satyr"（萨蒂尔）这个词拆开再倒过来，就使其变成了"Tyre is thine"（泰尔城属于你）。他建议国王继续围攻，这样便能夺下该城。事实上，梦和语言表达之间有着密切关系。费伦齐（1919 年）曾说过，每种语言都有自己的梦的语言。通常，要想将梦用外语翻译出来是不可能的，我认为对现在这本书而言同样如此。1930 年加注：无论如何，纽约的 A. A. 布里尔及他的追随者已成功完成了对《梦的解析》这本书的翻译。

但我对此则非常清楚地知道，对于我们常遇到的梦，相比于现在流行的各种科学观点，也许古代的一些"顽固"看法会更加可靠。我坚信梦是有意义的，完全可以通过科学的方法来解释。

接下来我将通过以下方式，阐述我对这种方法的认识。多年来，为了更好地揭示各种精神疾病的结构（带着治疗目的），我曾花费一定的心血认真研究了癔症、强迫症等精神疾病，而我在与约瑟夫·布洛伊尔的一次重要通信中得知，一旦这其中有些病理性症状被解开，患者的病症就会自然消失。于是，我开始进行这方面的尝试：如果我们能依据患者的病态观念，在他的现实生活中找到对应的症结，那么这种病症就会随之消失，患者就会从这些观念中得以解脱。考虑到当时用其他的方式治疗这些疾病都没有什么效果，而且这类疾病本身的构成又非常复杂，我就抱着试试看的态度，顺着布洛伊尔的经验进行尝试。我想，不管遇到什么困难，我至少要获得一个自认为满意的答复才好。关于这种研究方法采取的形式和最终的研究结果，我将另外详尽汇报。在这里，我想说的是，我是在一系列精神分析研究的过程中接触到释梦研究的。我时常会让患者针对某一对象或主题，告诉我他们能由此产生的所有观点或想法。除此之外，他们会告诉我他们最近做的梦，还以各种事例让我了解到，在从病理学的角度追溯记忆的精神活动中，梦起到了一定作用。从将梦中出现的情节本身看作一种症状，到将释梦方法应用到消除症状中，只有一步之遥。

这个过程需要患者有心理准备，因为在治疗中，我们必须使患者产生两种变化：一是提高他们对自己心理感受的关注度，二是消除他们平时脑海中在筛选想法时的批评声。为了使他们能更加专注地进行自我觉察，我常常建议他们放松地平躺，并闭上双眼[①]；同时明确地要求他们抛弃内心的批判性想法。所以我要告诉他们，这种疗法成功与否完全取决于他们是否注意到自己的想法，并如实地汇报脑海中发生的一切。例如，我们常常习惯性地把脑海中冒出的无关紧要或看起来毫无意义的想法抛弃，结果就导致我们被经过筛选的事例引入歧途。因此，他们需要对发生在自己身上的一切抱有不带偏见的态度。由此，在正常情况下，批判性的预设会干扰他们对梦的强迫性观念和其他病症的理解。

正在自我反省的人与观察自己精神过程的人，在各个方面都有很多不同。自我反省的人往往会更专注于评估自己的行为，所以有更多的精神活动。通过其他方面的观察，我们也可以找到证据，例如，他们往往表情严肃、眉头紧锁。而相比之下，观察自己精神过程的人则面目安详。这两种情况都需要集中注意力[②]。但是自我反省的人也会不断地使用批判功能，在感知到自己的想法后，对其中的一些想法加以排斥，或者突然阻断一些想法，不让它们进入自己的思路之中；对于另一种不能被意识到的想法，则在感知到之前将其压抑。而相比之下，观察自己精神过程的人仅仅需要稍微努力压抑这种批判的本能就好了。

---

① 闭上双眼（古老的催眠术遗留下来的步骤）的必要性很快被放弃。弗洛伊德（1904 年 a）
　在对精神分析技术的论述中提到，分析师不必要求患者闭眼。
② 下文对注意的功能做了讨论。

如果他能很习惯地做到这一点，就能发现很多涌入意识的观念，否则这些意识就会被批判，官能压抑。而通过这种方法，他在自我观察时会获得更多从前无视的新鲜材料，这些新鲜的内容可以帮助他解释自己的病态观念和梦境结构。我们这里说的是建立一种新的精神状态。这种状态在分配精神能量（即灵活的注意力）时和我们即将入睡前的状态多少有些相似，也可以说它与催眠状态很像。在我们入睡时，各种思维活动都会松弛下来（批判性思维同理），"不随意观念"就会不断地出现在脑海中（我们通常将这种思维松弛归因于疲倦）。这些"不随意观念"涌现后，它们会被转化成视觉意象和听觉意象[1]。因此，在做梦境分析和病态观念研究的过程中，患者会刻意地放弃这种精神活动，用节省下来的精神能量（或其中一部分）追随随机出现的不随意观念（这与我们真正准备入睡时的状态不一样）。通过这种方式，不随意观念就变成了随意观念。

尽管采取这种方式[2]对于很多习惯使用自我反省功能的人来说非常困难，因为不适宜的观念很容易通过种种狡猾的伪装，表现出很激烈的阻抗，防止自身被意识到。如果我们可以相信伟大诗人和哲学家德里希·席勒，那么就会知道诗的创作也需要处于与此相似的状态。在他和哥尔纳的一段通信对话中（我们得感谢奥托·兰克发现了这封信），对于朋友向他抱怨自己缺乏想象力，席勒是这样回答的："这种

---

① 1919 年加注：西尔伯勒（1909 年，1910 年和 1912 年）通过直接观察观念到视觉图像的转换过程，为释梦理论做出了重要贡献。

② 本段增写于 1909 年，下一段的第一句也相应地做了修改。

情况不外乎是，你把理智强加到了想象上，给了它太多的限制。举个例子，如果理智过分介入，并对'大门口'的观念进行检验，便会摧毁心灵的创造性。虽然单独来看某个念头可能显得荒诞不经，或者毫无意义，但也许后面出现的想法可以使其变得重要；而如果将它与其他看上去同样荒诞的内容相联系，也许它们就又会融合成一个新的有意义的内容。但在这之前，你的理智不可能绕过这当中的任何想法，除非它能停留足够长的时间并和其他想法联系起来，你才会加以考虑。此外，凡是有创造性头脑的人，都会不经意地允许自己的理性放松对内心观念大门的看管，这样一来，各种观念才会被允许通过，而这时理智再对它们进行彻底的收集与审视。而在这个过程中，你作为批判性的'看门人'（或者随便你怎么称呼自己），对这种暂时的放纵行为也许会感到害怕。但正是这种放纵行为，让很多创造性的观念得以被发现，这样我们就把有思想的艺术家和普通的做梦者区分开来。因此，如果你对我抱怨你自己没有想象力，也许正是由于你对自己的各种想法反对得太快，标准太过严苛。"（写于 1788 年 12 月 1 日）

当然我们必须承认的是，对这种放松理智的"看门人"采取敞开包容的自我观察态度，并不是什么难事。在我对很多患者的指导中，很多人在体验一次后就能自己做到这一点，我自己也完全可以做到这一点，我只需要记住一些观念就可以了。被我节省下来的精神力量都可以用在增加自我观察的强度上，当然在这一点上，不同的人能力不同，所以观察的结果也会大有不同。

多次使用这种方式的经验证明，在这个过程中，我们要注意的对象可能并不是一个梦的整体，而是实际中出现的各种碎片。如果我问一位新的患者"提到梦，你能想到什么？"，通常来说，他此时的精神视阈会出现一片空白；但如果我把梦分割成一些细碎的片段，再向他征询意见，他会告诉我关于每个片段自己都有哪些联想，也可以称为背景联想。我是采用象征手法来释梦的，这与那种流行、传统、传奇的象征梦的解释方法不同，更近似第二种方法，即解码法。因为它和解码法一样，重视的是片段而不是对梦境整体的解释；解码法在一开始就把梦看成一个复杂的复合体，一个各种内心想法的聚合体。[①]

而在我对神经症的研究过程中，我已经研究过上千种梦境，但现在我在介绍释梦技术和理论时，并不打算使用这些素材。因为一方面，这些例子可能会遭到人们的反对，由于这些梦来自神经症患者，因此一定会有人质疑从患者身上推导而来的释梦方法不太可能适用于正常人；另一方面，每位患者梦中出现的情况都指向他患神经症的原因，所以如果我们要详细地解释一个梦，对于每一个情节都需要做详细的说明，并且需要对他所患的神经症的特性及病因加以探讨。由于这些内容本身比较超前且十分烦琐、难以理解，这可能会影响我们对梦境研究的节奏和重点。我的初步目的是对释梦的操作步骤做一个简单的阐述，以解决涉及神经症心理机制[②]的更困难的问题。但如果我抛弃这

---

① 释梦技术将在下文进行讨论。见弗洛伊德 1923 年 c 的开头两节。另外一个完全不同的问题，涉及释梦技术在精神分析治疗技术中的作用（见弗洛伊德，1911 年 e）。

② 弗洛伊德通过这个活动，对进行主题阐释时所遇到的困难进行了反思，这一点在本书第一版中已写过。但他时常忽视这一点，还是利用患者的梦不止一次地讨论了神经症的心理机制。

些材料，即抛弃神经症患者的梦境材料，那么对于剩下的材料我就没什么可挑的了，因为剩下的梦境材料来自我认识的正常人，以及一些文献中已呈现的梦。但这时又有了一个问题，如果我对这些梦进行分析，我仍然不能理解其含义，因为我的释梦过程并不像解码法那样简单按照固定的程序，为之安上一个解释即可。

与此不同，我需要考虑梦中同一片段对于不同的人以及在不同情境下的不同含义。因此，出于种种考虑，我认为最好的案例还是我自己的梦，我能更方便地获得梦境材料。这些材料具有可复制性，它们来源于像我这样有丰富生活的正常人。虽然有人会怀疑我的这种"自我分析"是否可靠，甚至还有人会告诉我通过这些梦只会得出随机的结论，但事实上依据我的经验，"自我分析"比分析别人更为有效。不管怎样，我们也可以自己进行一些实验，看看通过"自我分析"来解释梦境到底能起到多大的作用。

当然，对我来说，采用这种方法来解释、报告梦境含义还存在另一个很现实的困难，就是这注定要暴露精神生活的大量隐私，而这些隐私若被外人觉察的话，他们难免会对我产生误解，但我个人是完全可以克服这个困难的。德尔贝夫曾写道，如果承认自己的弱点有助于解决某个有待澄清的问题，那么心理学家们有义务承认自己的弱点。因此，相信读者们很快就会把注意力从我的隐私上转移到我对心理学问题的解释①。

---

① 我有义务补充一点，鉴于我上文所述的权威性，据我所知，我并没有完整地解释我自己的梦境，因此我不太在意读者的判断。

接下来我会选择一个我自己的梦，并通过这个梦来具体阐述我的释梦方法。而每一个类似这样的梦，都有必要通过前言来进行论述。我现在请求读者们暂时把我描述的兴趣当成你们自己的兴趣，尽可能设身处地地融入我所描述的生活细节中，因为如果要有效了释梦境含义，这种角色转换是非常必要的。

前言

1895 年的夏天，我给一位年轻的女士进行精神分析治疗，她和我以及我全家人的关系都很好。很多人都知道，这种关系常常使医生，特别是精神医生感到不安。在治疗过程中，医生的个人兴趣越大，他的权威性就越弱，任何治疗的失败都可能导致他与患者家庭原先建立的友谊破裂。这个治疗案例在取得阶段性进展时中断了，患者的癔症焦虑症状虽然消失了，但是躯体症状仍然存在。那时我对癔症患者最终要达到怎样的标准才可以结束治疗并不清楚。我为她制定了一个治疗方案，但她看起来并不怎么喜欢，因此我们产生了分歧，暑假期间治疗就这样中断了。后来有一天，一位年轻同事奥托·兰克来拜访我，他也是我的一位老朋友，他是在度过一段假期后来看望我的，而他度假的地方正是我那位女患者伊尔玛一家在乡下的度假住所。谈话间我问到那位患者现在的情况如何，他说："伊尔玛和以前相比好些了，但还不是很好。"我意识到他话中有话，这让我感到尴尬，因为其中似乎暗含着责备我的意思，大概是责备我向患者承诺得太多了。我怀疑他是否受到了那位患者的亲戚对他的影响，在我看来，他们从来都没有认同过我的治疗。然而在交谈中，我并没有清晰地意识到自己的不悦，也没有明显地表达出来。而且为了证明自己在诊断过程正确无误，当晚我便写下伊尔玛的病史邮寄给了我另一位朋友 M 医生。M 医生是我的一个普通朋友，他也是这个领域的权威。当晚（很有可能是次日凌晨），我就做了下面这个梦，我一醒来就立即将它如实记录了下来 ①。

1895 年 7 月 23～24 日的梦

我们在大厅中接待客人，其中有伊尔玛。我发现她后随即将她带到一旁，如同回复她的信件时一样，责备她为什么不接受我的治疗方案。我说："如果你仍然感到困扰，那是你自作自受。"她回答说："你不知道我现在喉咙、胃和腹部是多么痛，我都快窒息了！"我大吃一惊，仔细看着她，她的脸看上去非常苍白、浮肿。我心想也许是自己漏诊了她的某种器质性疾病，于是便带她到窗前检查喉咙，然而她非常不配合，如同装了假牙的女人害怕被人发现一样，而我认为完全没有必要这样。随后她配合地张开了嘴，而我在她喉咙右侧看到了一大块白斑 ②，并有小块附着在鼻甲骨上，其他一些明显卷曲的结构上则附着着大片的灰白痂。我随即把朋友 M 医生叫了过来，让他重新检查，以证明我的判断是正确的。这时 M 医生看起来十分异常，他的面色非

---

① 1914 年加注：这是我第一个详尽描述的梦。弗洛伊德在他的《癔症研究》（布洛伊尔和弗洛伊德，1895 年）中，对他自己的梦展开了初步探索。这一内容可在爱玛·冯·N. 的病历 5 月 15 日条目下的一条长脚注里找到，文章全文见编辑介绍。

② "白色"一词仅在 1942 年版本中被意外删除。

常苍白，胡子刮得很干净，走路时脚有些跛。我的朋友奥托·兰克也站在伊尔玛身边，另一位朋友利奥波德在给她做叩诊，说她胸部左下方有浊音，同时他还检查出了她左肩皮肤上有一个炎症病灶。此时虽然她穿着衣服，但我也一样看到了这个患处……M 医生说这肯定是感染，但不要紧，接下来她可能还会得痢疾，这样毒素就会被排出去。我们似乎很快明白了病因。不久前，她说她不舒服，奥托·兰克已经给她打过一针丙基制剂。"丙基、丙酸、三甲胺……"，虽然注射这类药物不应如此轻率，但类似字样却以印刷处方的形式浮现在我眼前，而注射室的注射器很可能不干净。

和其他梦相比，这个梦有一个明显特点，即它是由前一天的事件引发的。我在前言中对此做了清晰的解释，奥托·兰克对我提起了伊尔玛的病情，以及我为了写她的病史一直工作到深夜，所以入睡后这件事仍在我脑中活动。而如果仅仅读前言和梦境的内容，读者是不会理解这个梦的意义到底是什么的，连我自己也不知道。伊尔玛在梦中诉说的那些症状，令我非常惊讶，因为这与我之前对她的诊断不一样。对于注射丙酸等毫无意义的内容，以及 M 医生的诊断观点，我觉得很可笑。梦的结尾似乎比开头更加紧凑，内容也更模糊。接下来为了揭示梦的全部意义，我将对内容进行详细分析。

分析

我们在大厅中接待客人——我是在贝尔维尤做的这个梦。那个夏天我们在贝尔维尤，住在一处建在山丘上的房子，房子紧邻着卡赫伦堡山①。这种房子原本是为招待客人们而设计的，所以它的接待室很宽敞，像一个大厅。做梦那天正好是我妻子生日的几天前，在那之前，妻子曾告诉我，她希望过生日时可以邀请一些朋友来参加宴会，其中也包括伊尔玛。因此我的梦境中出现了这个情节：那天是我妻子的生日，我们在贝尔维尤的大厅接待了很多客人，其中也包括伊尔玛。

我责备她为什么不接受我的治疗方案，我说："如果你仍然感到困扰，那是你自作自受"——也许清醒时我真的对她这样说过，当时我的看法（尽管后来这种看法被证实是错误的）是，我只需要告诉患者症状背后隐藏的含义就大功告成了，而她对此是否接受，与我的工作无关，即便这种谈话关系到治疗的成败。所以最初我很期望能获得成功，这样我才能生活得较为轻松，我承认自己应该对此负责，并且很高兴现在我已经纠正了这种错误的态度。然而我注意到，我在梦中对伊尔玛说的话表明我的内心感到十分不安——伊尔玛仍在忍受病痛折磨，而我却对此不负责任。如果这是她的错，就不是我的问题。那么，这就是梦的目的吗？

伊尔玛向我强调她的喉咙、胃和腹部是多么痛，她甚至都快窒息了——在这位患者惯常的叙述中，胃疼是她的一个常见症状，但并不明显；她常常告诉我自己感到多恶心，但是反胃、头痛或腹痛和她的疾病并无关系，我不明白为什么梦中会出现这种对症状的描述，但至今也做不出解释。

她的脸看上去非常苍白、浮肿——由于现实中的伊尔玛通常面色

---

① 这座山在维也纳周边，是一个度假胜地。

红润，因此我认为梦中可能有另一个女人替代了她。

我心想也许是自己漏诊了她的某种器质性疾病——作为一个精神科医生，我在工作中总是会有这样的担心，因为我可能会把大量症状归于癔症，而其他内科医生则可能把它们当成器质性病变。此外，我脑海中有一丝疑惑，也不好说是从何处开始——如果她的疼痛真的是器质性的，那我就不必再对她进行治疗了，因为我能治疗的仅仅是一般性的疼痛，所以我可能非常希望自己的诊断是错误的。而如果真是这样，我就不必为我的诊断失误而自责。

我把她带到窗前检查喉咙，然而她非常不配合，如同装了假牙的女人害怕被人发现一样——而现实中，我从来没有为她检查过喉咙。梦中出现的场景让我想起不久前我对一位女行政人员的检查：初次见到她时，她看起来年轻貌美，但是当我让她张开嘴时，她却极力掩饰自己的假牙。这让我回想起各种医学检查中人们的秘密暴露无遗，弄得双方都不高兴。**我认为完全没有必要这样——**这无疑是对她的一种肯定；但是我认为除此之外，还有另外一层意思——如果一个人很专注于自己的分析，他便会想知道自己是否充分利用了所有可预料到的想法。同时，伊尔玛站在窗前的情景，让我想起了另一次经历。伊尔玛有一位女性朋友，她给我留下了很好的印象，一天晚上我去拜访她时，她正站在窗子旁边，如同梦中的情景一样，梦中的 M 医生就是她的医生，M 医生诊断出她有白喉黏膜，M 医生的形象和黏膜反复出现在梦境中。我想起来了，最近几个月我听到的情况让我有充分的理由相信另一位女士也是癔症患者，伊尔玛也向我透露了同样的事实。而我对那位女士有多少了解呢？她和伊尔玛在梦中表现相似，有癔症性窒息症状，所以梦中我用她替代了伊尔玛。现在来看，当时我常想也许伊尔玛的女性朋友会要求我帮她消除症状，但我又觉得这不太可能。因为她非常保守，如果我为她治疗，她就会像梦中那样表现出极不情愿的样子，而且她也不需要治疗，因为目前她已强壮到不需要别人的帮助，完全可以自己照顾自己。那么这时，对于剩下的苍白、浮肿、假牙等一些特征，我便无法将其与伊尔玛或她的朋友联系起来。假牙使我想到之前提到的那个女行政人员。现在，一想到坏牙我就觉得满意。后面我又想到了另一个人，也许这些特征是指她，但她并不是我的患者，我也不希望她是我的患者。而且我注意到，她在我面前总是心浮气躁，因此我认为她并不是那种配合治疗的患者。平日里她面色苍白，即便特别健康的时候也看起来有些浮肿①，她的身体倒是非常健康。由此，我将伊尔玛和另外这两位同样不愿意配合治疗的患者进行了比较。为什么我会将伊尔玛和她们互相替代呢？也许是我希望把她换掉，或者我更同情她那位朋友，抑或对她朋友所具有的聪慧有好感。因为在我看来，伊尔玛似乎有点蠢，不接受我的治疗方案；而她的朋友则更聪明，只要稍加说服，她就会及时让步，并配合地张开嘴巴，

---

① 还有一个至今仍无法解释的腹部疼痛现象，可以追溯到第三个人，也就是我的妻子。腹部疼痛，让我想起了她的不安。我不得不承认，我在这个梦中对伊尔玛和我的妻子都不是很好，但我是以一位善良和顺从的患者的标准来衡量她们的，虽然能看出这是一个借口。

与伊尔玛相比，她会告诉我更多的情况[1]。

我在她咽喉右侧看到了一大块白斑，并有小块附着在鼻甲骨上——白斑让我想到了白喉，也想到了伊尔玛的那位朋友，还想到了大约两年前我的长女重病，以及那段时间我所感到的恐惧。鼻甲骨上的白斑让我想到了自身的健康状况，那时我经常用可卡因来[2]减轻鼻子的肿胀。不久前，我听说我的一位女患者因效仿我服用可卡因，而导致鼻黏膜大面积坏死。因为我是 1885 年[3]第一个公开推荐可卡因的这种使用方法的人，而这种推荐使得很多人对我严加指责，并且这种用药的错误加快了我一位"亲爱的朋友"的死亡，而这都是做梦之前发生的事情。

我随即把朋友 M 医生叫了过来，让他重新检查——这个情境很好地反映出 M 医生在这个领域中的地位，但是我很有必要对"随即"这个词加以解释。我由此想到了自己从医生涯中发生的一个悲剧事件：我为一位患者反复开了当时我认为是无毒的药物，结果患者严重中毒，为此我急忙求助于有经验的上级同事。另外一个不是特别重要的细节也能证明我的脑袋是一直记着这个事件的。这位因中毒而死的患者和我的长女同名，我从未对人说过这件事，但现在她对我的打击就如同

---

[1] 我感觉对这部分内容解释得不够充分，无法揭露这部分内容的完整含义。如果我继续对这三个女人进行对比分析，就会扯得太远了——每个梦境至少都会有一个不完整的地方——如同人的肚脐一样，是一个连接未知世界的地方。

[2] 此处可卡因仅限于医用。

[3] 这是印刷错误（所有德语版本都有这个错误），应该是 1884 年，那一年弗洛伊德发表了他第一篇有关可卡因的文章。与可卡因相关的弗洛伊德的作品，详见琼斯的《弗洛伊德传》第六卷第七章。从这里可以看出，"亲爱的朋友"指的是 F. 冯·马克松。

命中注定的报复：一个人被另一个人所替代，以眼还眼、以牙还牙，就好像我收集的所有材料都能成为谴责我自己缺乏医德的证据。

M 医生面色苍白，胡子刮得很干净，走路脚有些跛——这个情境是真的，由于他看起来并不健康，导致他的朋友产生了焦虑。他的这两个特征只能在另一个人身上找到——我的大哥。我的大哥侨居国外，经常把胡子刮得干干净净，若我没记错的话，他和梦里的 M 医生很像。几天前我得到消息，他因髋关节发炎而走路跛脚。也许是出于这种原因，我在梦中把他们两个人混在了一起，而且，我对他俩并没有什么好脾气，因为他们最近都拒绝了我向他们提出的一些建议。

我的朋友奥托·兰克站在伊尔玛的身边，另一位朋友利奥波德在给她做叩诊，说她胸部左下方有浊音——利奥波德也是一位医生，他和奥托·兰克医生是亲戚，由于他们精通的是同一类药物，因此经常彼此竞争、相互攀比。早年我在儿童医院[1] 门诊部神经科任主治医生时，他们二人都为我做过好多年的助手。梦中的情境在当时时常出现，有时我和奥托·兰克在讨论病例时，利奥波德会为儿童再做一次检查，并对我们的判断给出一些意想不到的好点子。他们在性格上并不相似，类似于贝利夫·布拉西格和他的朋友卡尔[2]：一个做事非常快，一个做事很慢但很准确。如果说我是在梦中将利奥波德与奥托·兰克做比较，那么我这么做很显然是在说明我更加赞同利奥波德的行事方式。这个

---

[1] 该医院的具体信息见克里斯为弗洛伊德与弗利斯的通信集（弗洛伊德，1950 年 a）所写的导言。

[2] 过去流行的小说《我的务农日子》里的两个主角。小说使用的是梅伦堡方言，作者是弗利茨·洛伊特尔。

比较，与我对伊尔玛和她的朋友的比较相似，她们一个是不配合治疗的患者，一个是比她聪明的朋友。沿着梦中展开的联想，我想起了另一个线索——胸部左下方有浊音，这让我想到了一个特殊的病例。那个病例的很多细节和这一点完全相同，在那个病例中，利奥波德的检查为我留下了深刻印象，同时，我对移情也形成了一些模糊的见解；也许这一点正提示我，如果伊尔玛就是那位患者该多好，而根据我的判断，伊尔玛的症状与结核病相似。

左肩皮肤上有一个炎症病灶——我马上就意识到这是我自己肩部的风湿病，尤其在工作到深夜时我常常能感觉到这一点。另外，梦里的用语非常模棱两可，"我注意到了这个，正如同他所做的……"，而我的身体也确实如此。同时，我也对一些不同寻常的表达感到惊讶，如"皮肤上有一个炎症病灶"。而我们说左上方，则往往指的是肺部，这就再一次体现了结核病。

虽然她穿着衣服——这仅仅是一句状态描述。我们在医院对儿童进行检查时，通常会要求他们脱掉衣服，但在对成年女性患者进行检查时却不一样。我听说有一位医生在检查患者时，从来没有对患者提出脱衣服的要求。除此之外，我也想不出别的了。

M医生说这肯定是感染，但不要紧，接下来可能她还会得痢疾，这样毒素就会被排出去——乍一想，我觉得这个情境很可笑，但不管怎么样，还是像对待其余部分一样认真进行了分析。如果进一步推敲，就会发现这个情境似乎也同样具有一定的含义。我发现患者患有白喉。我记得我女儿得病的时候，我做过一个关于"diphtheritis"和

"diphtheria"的讨论，而后者指的是普通的本地白喉。利奥波德认为这种浊音区的整体感染可以被看作一个转移性病灶。在我看来确实如此，这个浊音病灶则可被看作一种转移，而像这样的转移不会出现在普通的本地白喉身上：我认为更有可能是脓毒症。

不要紧——这是一句安慰的话，其所适用的情境如下。梦中前半部分我的患者受严重的器质性疾病折磨而非常痛苦，而我有这种想法可能只是在转移我对自己的责备。虽然伊尔玛长期受白喉折磨，但我是精神科医生，我并不需要为此负责。为了开脱自己的罪责，我竟然给她安上了如此严重的疾病，这实在令人难堪，也有些残忍。为此我需要一些安慰，告诉自己最终一切都会好起来，而M医生的这句话安慰了我。但是此时，我对这个梦的态度是高傲的，而这本身就需要一个解释。

但为什么这个安慰听起来如此荒谬？

痢疾——似乎只有原始的观点认为毒素可以通过肠道排出，我想自己还没到需要搬出这种老掉牙的想法来解释毫无关联的病理问题的地步。那么，我这种设定难道是在取笑他？我又想起，几个月前，我接诊过一位非常难以诊断的腹泻患者，其他医生曾经说他是贫血加营养不良，而我则认为他是得了癔症，但我不愿意对他进行心理治疗，而是给他安排了一次航海旅行。几天前，我收到了他从埃及寄来的一封令人失望的信件，他说自己又发病了，而医生说他得了痢疾。我认为这一定是一种错误诊断，可能这位粗心大意的医生让癔症欺骗了。但我同时也不得不责怪自己，把患者送到那种环境中，导致其机体在有癔症性肠道失调症状的情况下被感染。而（在德语中）痢疾

（dysenterie）和白喉（diphtherie）的发音相似，但后者并没有出现在这个梦里。

我心想，确实是这样，我一定是在通过"会得痢疾……"这样一个预判，来取笑 M 医生。这让我回想起几年前 M 医生讲的一个故事。M 医生的一位同事曾被请去为一位垂死的患者诊断，由于他那位同事过于乐观，M 医生认为有必要告诉他，患者尿中已经发现了白蛋白，但他的同事却说"不要紧，白蛋白会被排出"。我确信这部分梦是在表达对无知医生的嘲笑。那么接下来也许我在想，M 医生是否会因为他的患者（伊尔玛的朋友）的症状，而担心结核病具有癔症性基础呢？他看出这一点了吗，还是被症状欺骗了呢？

是什么动机让我如此邪恶地怀疑自己的朋友呢？道理很简单，因为 M 医生和伊尔玛本人都不认同我的治疗方案，所以我用一个梦同时"报复"了他们。我告诉伊尔玛，如果她仍然感到痛苦，那便是她自作自受。而对 M 医生，我则给他安排了这一连串荒谬的安慰。

我们似乎很快明白了病因——这一点非常直白，而在这之前我们谁都不知道这一点，只有利奥波德发现了感染。

在她感觉不舒服时，奥托·兰克给她进行了注射——事实上，奥托·兰克向我讲述了他度假时的经历，他说在伊尔玛家短暂停留时，曾被叫到附近的旅馆去给一个突然感觉不舒服的人打针。而打针又一次让我想起那位因误用可卡因而不幸丧命的朋友。于是我建议奥托·兰克在停用吗啡时，才能口服可卡因，但是没想到他立即给自己注射了可卡因。

丙基制剂、丙基、丙酸——我是怎么想到这些的呢？在我做梦的前一晚，也就是我写患者病史的前一晚，我的妻子曾打开一瓶标有安娜纳斯[1]商标的酒，那是奥托·兰克送的礼物。在很多场合，他都有送礼的习惯，而我总希望有一天他能找到一位妻子来改掉他这个习惯[2]。由于这种酒有强烈的杂醇油的味道，所以我并不想喝。妻子建议把酒送给仆人，但由于我非常谨慎，因此没有同意这个建议，便带着慈悲的态度说"没有必要让他们中毒"。而这种杂醇油（戊基）很明显让我回想起丙基等一系列东西，这就是我的梦中会出现丙基制剂的原因。事实上，我在梦中找到了替代：在我闻到戊基的味道后，我想到了丙基，也许这种替代在有机化学中是可行的。

三甲胺——我在梦里看到了它的化学结构式，而为了记住它，我花了很大的力气。这种结构式是用黑体印刷的，它似乎想强调某部分情境的特殊重要性。那么它想把我引向何方呢？我想起我与另一位朋友的谈话，多年来，他对我正在创作的内容非常了解，就像我非常了解[3]他一样。他向我揭示了一些他对性过程中化学变化的看法，他认为三甲胺是性新陈代谢的产物。于是，三甲胺让我想到了性欲，而这是一个我认为导致出现神经失调的重要因素。伊尔玛是一位年轻的寡

---

[1] 需要补充的是，"安娜纳斯"这个名字的读音听起来和我的患者伊尔玛的姓氏非常像。

[2] 1909 年加注，但在 1925 年后的版本中都已被删除。从某个层面上来说，梦境并不具有预言性。但从另一层面来看，梦是能够预言的——针对我的患者未解决的胃病问题，虽然我急于推脱对这个病的责任，但它还是为一系列由胆结石引发的紊乱提供了预兆。

[3] 威廉·弗利斯（Wilhelm Fliess）是柏林的生物学家，以及鼻喉方面的专家。在这本书出版前的几年，他对弗洛伊德产生了很大的影响，他通常以匿名的方式出现在弗洛伊德的作品中。参见弗洛伊德（1950 年 a）。

妇；如果要为她这个案例的失败找借口的话，无疑她的常年寡居是一个很好的借口，而她的朋友当然希望她的处境能有所改变。我当时心想：怎么这么奇怪，这样的梦是怎么拼凑起来的？而且梦中那位代替伊尔玛的女患者，也是位年轻的寡妇。

我想知道为什么三甲胺配方在梦中如此明显。这个词竟集合了如此多的主题。在此，三甲胺不仅暗示性欲，也许还暗指什么人——当我的观点受到孤立时，这个人总是能站在我身边，他是我一生中有十分重要意义的朋友，所以他一定会在我的各种联想中再次登场。他对鼻腔及鼻旁窦疾病的研究造诣很深，他从科学的角度，发现了鼻甲骨和很多女性性器官之间的密切关联（见伊尔玛喉咙里的卷曲结构）。我曾要求伊尔玛去他那里就诊，看看她的胃疼和鼻腔疾病是否有关。但他自己在还忍受着化脓性鼻炎的折磨，这让我感到有些焦虑。我模糊地想到了脓血症，但毫无疑问这一暗示与梦的转移有关。[1]

注射这类药物不应如此轻率——轻率指的是对我朋友奥托·兰克的指责。我仍能清楚记得，当天下午，他的话语和表情似乎暗示反对我的意思。这则使我产生了一种想法："他怎么那么容易受到别人的干扰，如此轻率地下结论啊！"此外，这种念头还让我想起那位逝去的朋友，他是如此急切地想注射可卡因，然而就像我说过的那样，我从来不赞成通过注射使用它。我也注意到，我指责奥托·兰克轻率地对待

---

[1] 有关这部分梦的分析将在下文进一步阐述。在弗洛伊德早期的《科学心理学计划》的第一部分第 21 节中，它早已被用作转移机制的例子。这部作品写于 1895 年秋天，并作为弗洛伊德（1950 年 a）的附录被印刷。

化学制剂的情况，又一次涉及了马蒂尔德的不幸故事，因此这也同样是对我自己的指责。此时，我很明显是在证明自己是一个有责任感的人，但同时也在证明自己并没有责任感。

注射器很可能不干净——这又是一次对奥托·兰克的指责，只不过另有原因。几天前我遇到了一个人，他是一位 82 岁老妇人的儿子，我每天都要给老妇人注射两针吗啡[①]。这位老妇人当时在乡下，她的儿子对我说，她患了静脉炎，我立即想到可能就是不干净的注射器引起了炎症。同时，我也为自己两年来没有使她感染过而沾沾自喜，因为我通常会保持注射器的清洁。简而言之，这说明我是有医德的。她的静脉炎让我再次想到了我的妻子，她在一次怀孕中患了血栓症。目前已经有三个相似情境涉及我对妻子的回忆——伊尔玛和已经去世的马蒂尔德。由于这三个情境具有相似性，因此做梦时我能够将三者进行替换。

我现在已经解释完这个梦了。[②] 在释梦的过程中，我需要对梦本身的内容以及梦背后的含义进行比较，然而我很难一直比较前后产生的各种想法。同时，梦的含义本身也对我产生了影响，我开始明确地意识到，这个梦贯穿了一个重要的主旨，而这个主旨一定是我做梦的动机。我通过梦境实现了某个欲望，这个欲望是由前一天傍晚发生在我身上的事（奥托·兰克告诉我消息，以及我记录病史这两件事）引起的。

---

① 这位老妇人在这一时期弗洛伊德的著作中频繁出现［见《日常生活的精神病学》（1901 年 b）第八章（b 和 g）、第七章（Cb）］。她的死讯记录在了弗洛伊德于 1901 年 7 月 8 日写给弗利斯的信中（弗洛伊德，1950 年 a，145 号信件）。
② 1909 年加注：在释梦过程中，我并没有交代我所想到的一切，但我知道读者会理解。

梦最后的结论就是：伊尔玛身体的痛苦不需要我来负责，而应该由奥托·兰克来负责，因为事实上奥托·兰克的话把我惹恼了，他说伊尔玛并没有被完全治愈，所以我在梦中把责任转嫁给了他，以实现我的报复，并且还罗列了一大堆理由，以减轻我对伊尔玛病情应负的责任。这个梦还呈现出一系列我希望出现的情况，因此可以说梦的内容是我欲望的实现，因为激发它的动机本身就是我的欲望。

有关这个梦，我也大致说清楚了。对我来说，针对梦中很多细节的解读，需要从欲望满足这一观点出发。我之所以在梦中报复奥托·兰克，不仅仅是因为他站在我的对立面来反对我，还因为他在医疗诊断中行事草率，而且他还送了我一瓶有浓烈杂醇油味的烈酒。在梦中，我找到了一种能够结合前两种原因的表现形式：注射丙基制剂。然而这还不够，我还把他最依赖的对手与他加以比较，我似乎在说"相比之下，你们两个人当中我更喜欢他"。

然而，奥托·兰克并不是我愤怒情绪的唯一受害者。对于那位拒绝我的患者，我也进行了报复，我用另一位显得更温顺、聪慧的患者去代替她。同时，在梦中我也让 M 医生尝到了与我作对的后果，我处处暗示 M 医生对医学常识的无知（会得痢疾），并且由此联想到更多更有学识的朋友（例如那位告诉我三甲胺的朋友），这就好比我喜欢伊尔玛的朋友而不是伊尔玛，抑或我喜欢利奥波德尔不是奥托·兰克。这也许就在表明我心中的想法："让眼前这些人走开！让那些我挑选的其他的新人代替他们！这样他们就会来支持我。"

梦通过巧妙的包装，向我证明了这种谴责对我是毫无根据的，我也不应该为患者伊尔玛的痛苦负责，因为她拒绝了我的治疗方案，她自己应该受到惩罚。伊尔玛的疾病跟我无关，因为她的疾病具有机体特性，很难通过心理治疗痊愈。她的病可以通过寡居这个现象得出合理的解释，而我对此是无能为力的。奥托·兰克粗心地为她注射了不适当的药物，而导致她痛苦，而这也不是我做的。伊尔玛的痛苦来自不干净的针头注射，而我在注射方面从未有过任何失误。整个梦境就像一次全方位的生动辩护，举个例子来说，这就像某个人被他的邻居指责偷了一把坏水壶，而他在辩解时，首先就会说他借的水壶在还回去的时候并无破损，然后又会说他借的水壶原本上面就有一个洞，最后他可能会为自己辩解：他从来就没有向邻居借过水壶。这样更好：只要有一条理由被证明是有效的，[①] 当事人就是无罪的。

其他一些主题在我的梦境中也很重要，但这与我对自己关于伊尔玛病情的辩护毫无关系：我联想到，我女儿的疾病，那位同名的患者，可卡因的伤害，我那位患者在埃及患的病，我对妻子健康的关心，我对我的哥哥及 M 医生健康的关心，我对自己身心健康的关心，以及我那位患化脓性鼻炎而死去的朋友，等等。所有这些都标志着我有很好的职业道德——关心自己和朋友的健康。当奥托·兰克告诉我有关伊尔玛健康状况的消息时，我曾有过一个不愉快的印象，通过回忆梦境中的这一系列想法，我将这个转瞬即逝的印象记录了下来。而我对此做出的自动解释是，这就好比奥托·兰克在责怪我："你没有认真履行

---

① 弗洛伊德在《论诙谐及其与潜意识的关系》一书讨论了这个轶事，详见第二章第八节、第七章第二节（弗洛伊德，1905 年 c）。

医生职责，你没有医德，没有实践你的承诺。"于是在梦中，我利用这些材料来证明自己是一个有高尚医德的人，证明自己对身边的亲人、朋友和患者都十分关注。值得一提的是，这些材料同时也包含了一些令人不愉快的记忆，因为它证实的是奥托·兰克的指责而不是我对自己的辩解。我们可以说，这些材料是很公正客观的。尽管如此，梦境本身与梦的对象背后所隐藏的大量想法，使我产生了与伊尔玛的疾病撇清关系的欲望。

至此，我也并不能说我完全接受了这个梦的全部意义，或者说我的这套解释是真实客观的。如果可以花更多的时间在这个梦上，也许我会获得更多的信息，还会讨论从中发现的新问题。因为我很清楚，自己可以从哪儿寻找思路。但对我而言，如果对自己做的每一个梦都极尽详细地去考虑，就会妨碍我对释梦工作的推进。对于那些因此而责怪我点到为止、表达含蓄的人，我只能劝他们自己去做比我的实验更加诚实的实验。如果采用我前面指出的这种方法，相信读者就会发现，梦确实是有意义的，而非其他权威研究者所说的"仅仅是大脑机能活跃的表现"。释梦工作完成后，我们便会发现梦是欲望的满足①。

---

① 弗洛伊德在 1900 年 6 月 12 日写给弗利斯的一封信（弗洛伊德，1950 年 a，137 号信件）中描述他后来去了一个叫伯尔维尤的地方，他在那座房子里做了这个梦。"你觉得，"他写道，"有没有可能，有一天，一块大理石板会被放置在房子外，并刻着下面这些话？——1895 年 7 月 24 日，在这座房子里，西格蒙德·弗洛伊德医生掌握了梦的秘密……目前看来不太可能。"

第三章

梦是欲望的满足

我们在步行穿过一条狭窄的峡谷后，眼前突然出现一片高地，脚下的路在此指向不同的方向，沿着每一条路继续走下去，都能看到美丽的风景。在此，我们可以休息片刻，商讨接下来走哪条路。①现在我们就相当于处在这样的境地，因为我们已经征服了释梦的第一个高峰，这时我们会发现眼前一片光明。梦并不像受外部力量影响的乐器所发出的无节奏的声响，而更像从演奏者手中流淌出的音符，它们并不是毫无意义、荒诞的；也不代表我们的观念一部分在睡觉，一部分即将苏醒。梦是一种完全有效的精神现象，它是欲望的满足。它可以被插入一条清晰的心理活动线索中，而且它是高度错综复杂的心理活动的产物。

　　当我们开始为自己的这一发现而感到欢欣鼓舞时，也有源源不断的问题向我们涌来。正如我们通过释梦所了解的：如果梦是欲望的满足，那么，在表现欲望满足的过程中，这些奇特、荒诞的思路又是如何形成的呢？在我们梦中出现的情景和我们醒来能记得的梦境之间，梦中的内容是否又发生了什么改变？这些改变是怎么发生的？梦中那些被润饰过

---

① 弗洛伊德在 1899 年 8 月 6 日写给弗利斯的一封信（弗洛伊德，1950 年 a，114 号信件）中对本章开头做了如下描述："整个事件是凭空捏造的。首先是代表权威的黑暗森林（看不见树），那里什么也看不清，很容易迷失方向。接着，我带着我的读者行走在一个类似洞穴的峡谷——我的梦境样本具有一定的特性，它既充满了细节，又轻率、爱讲冷笑话。然后，突然间我们来到了一个高地，视野一下子开阔了起来。那么问题来了：你想走哪条路？"

的材料究竟从何而来？梦中很多有特殊意义的想法（例如这些想法有可能互相矛盾）又是如何被激发的？梦能为我们内在的心理过程带来一些新鲜的内容吗？梦的内容能帮我们更正白天的观点吗？

在此，我建议先将这些问题抛至一边，随我沿一条特定的路径走下去。目前我们已经知道梦可以被看作欲望的满足，那么接下来我们必须关注的是，这是梦的普遍性特征，还是偶尔发生于我之前分析过的特定的梦中（梦中伊尔玛的抗拒）。因为就算我们能发现每一个梦都具有一种意义或心理价值，这种意义或心理价值也不一定出现在所有梦中。可能第一个梦是欲望的满足，第二个梦变成了害怕心理的满足，第三个梦可能是某种反思、思考，而第四个梦也许只是记忆的重现。所以除了这个梦外，我们还能发现其他满足欲望的梦吗？或者除了满足欲望的梦之外，还会有其他的梦吗？

很多事实证明，梦总是不加掩饰地将自己展现为欲望的满足；而长期以来，梦的内容居然不被人理解，这实在是有些不可思议。例如在我的亲身经历中，有一种梦，只要我有需要就很容易唤起它，几乎就像做实验一样。例如，我晚上吃了鳀鱼或橄榄，抑或其他很咸的食物，夜间我就会醒来并且特别想喝水，而在醒来之前我会做梦。这种梦的内容基本相同，即我在开怀畅饮，就像一个又热又渴的人喝到了美味的甘泉水。之后我便真的起床去喝水。之所以出现这种梦，是因为我的身体想喝水，于是醒来后我便意识到我很口渴。因为口渴，所以我想去喝水，而梦替我实现了这个愿望。这是梦的一种功能，而且很容易就能猜到。假设我睡得很沉，不会因为任何身体的需要而醒来。如果我能在梦里喝到水，那么我就不用真的起床喝水了。所以这是我的身体在实现它自身的愿望，因为我的身体懒得行动，就让梦境代替达成了行动的结果，在生活的其他方面也是如此。遗憾的是，我的口渴是一种实际的需要，我试图在梦中喝水是满足不了这种需要的。同理，我想报复我的朋友奥托·兰克和M医生的那个梦也是如此，但是这两个梦的意图都是好的。前不久，我做了个相似的梦。我在睡觉前感到十分口渴，于是便喝完了床头柜上的那杯水。几小时后，我又感到渴了，可那时候水已经没有了，为了喝水，我必须起床绕到我妻子那边去拿杯子，于是我又做了一个十分类似的梦。梦中妻子让我用花瓶喝水，那是一个伊特鲁斯坎骨灰缸，是我之前在意大利旅行时买的纪念品，但我已经把它送人了，而且梦中我在喝水的时候，觉得缸里的水非常咸（很明显是骨灰缸里的骨灰导致），这种口感让我从梦中惊醒。醒来后，我发现我可以将梦对应到现实中的一切，我在这个梦中把自己安排得非常顺心，而喜欢舒适和省事与体谅他人完全是两回事。梦中骨灰缸的出现，也许指的是另一个欲望的满足。很遗憾，瓶子已经不再属于我了——正如我够不着妻子桌上的那杯水一样。而装着骨灰的骨灰缸也是一样，嘴里的咸味变得越来越重，毫无疑问这样的感觉一定会让我醒来。[1]

---

[1] 1914年加注：韦安特（1893年，第41页）曾注意到梦中口渴这一现象，他写道："口渴的感觉比其他任何感觉都更加准确，它总是让人产生解渴的想法。然而，梦中解渴的方式并不相同，梦会根据近期的记忆，展现其独特的形式。这些案例的另一个普遍特征是，做梦者在想到解渴之后，马上就会对这种清醒的想象所造成的小影响感到失望。"但韦安特忽略了这样一个事实，即梦对刺激的这种反应是一种普遍现象。其他在夜间感到口渴的人，可能没有做梦就醒来了；这与我的实验并不对立，只能说他们的睡眠质量比我的更差。

其实具有这样情节的梦在我年轻时经常出现，例如长久以来我一直习惯熬夜工作，因此每天都睡到很晚，所以我常常梦见自己早早地就起了床，站在洗脸池旁边。而过了一段时间后，我慢慢醒来才发现，自己仍然躺在床上。就这样，我一边多睡了一会儿，一边又可以在梦中做成我想做的很多事情。同样，一个我认识的年轻医生，像我一样很喜欢睡懒觉，他也给我讲述了一个类似的梦，而且这个梦还非常有趣、雅致。他住在医院附近的一个公寓里，并让女房东每天早晨准时叫他起床，然而女房东很快发现这并不是一件容易的事。

一天早晨，他睡得很香，女房东在门口大喊道："起床了，佩尔先生！上班时间到了！"听到喊声后，他梦到自己躺在医院的病床上，床上有张卡片，上面写着：佩尔医生，22岁。梦里他对自己说："原来我已经在医院了，那我就没必要去医院了。"所以他翻了个身，继续香甜地睡着。他就是这样坦率地在梦中证实了自己做梦的动机。[①]

与此相关的还有一个梦，这个梦同样说明刺激能在实际睡眠中产生影响。例如，我的一位女患者，她不得不做一次下颌外科手术，结果手术过程不是很顺利，所以医生不得不让她整日在一侧脸上戴着冷敷的装置，可是她经常一睡着就把它摘下来。有一天，当她又把这种让她很不舒服的装置扔在地板上时，我遵照医嘱严厉地批评了她。她就说："我是真的忍不住这样做，因为昨天晚上我做了个梦，梦到本来我在歌剧院的包厢里正兴高采烈地看演出，但是卡尔·梅耶先生却躺

[①] 弗洛伊德在1895年3月4日写给弗利斯的信中记录了这个梦（弗洛伊德，1950年a，22号信件）——这是最早暗示梦的欲望满足理论的记录。

在疗养院里，痛苦地抱怨下颌疼。我想，既然是他疼，我却没有任何痛苦，那我戴这个装置干什么呢？所以我就把它扔掉了！"这位患者的梦和很多人在平时不开心时常说的一句口头禅很像："我还是想点儿愉快的事情吧！"这个梦呈现给她的，便是这种比较愉快的事情。做梦者把自己的痛苦转移到了卡尔·梅耶先生身上，而这位先生是她的熟人中最冷漠的一个人。

我在从很多正常人那里收集到的梦例中，同样能看到梦在欲望满足方面的作用。我有一位朋友，他对我的释梦理论有所了解，也告诉过他的妻子。有一天，他对我说："我的妻子让我对你说，她昨天梦见自己来了月经，你知道这是什么意思吗？"我当然知道这个梦是什么意思，这位年轻的已婚妇女梦到自己来了月经，就意味着她的月经停了。所以我非常肯定，她想在承担母亲这一角色重任之前继续享受自由，而这个梦很巧妙地说明了她是第一次怀孕。我另外一位朋友写信跟我说，前不久，他的妻子做了个梦，她注意到自己胸前有一些奶渍。而这个梦也说明她怀孕了，但不是头一胎，也许这位母亲希望自己能比生上一胎时有更多的乳汁，来喂饱这个孩子。

另外一位年轻的妇女，因为她的孩子得了传染病，她不得不照顾他，所以连续好几周没能参加社交活动。在孩子康复后，她梦见自己参加了一个聚会，聚会上遇到的人有阿尔封斯·都德、保罗·布尔热、马赛尔·布鲁斯特等，每个人都对她和蔼可亲，而且非常风趣。这些作家几乎都与他们在画像上的样子很相似，只有马赛尔·布鲁斯特除外，她从来没见过布鲁斯特的画像，她倒觉得梦中这位作家有点像前几天病房来的那位做熏蒸消毒的消毒防疫官员，毕竟他是这么久以来第一个到访的人。那么可以这么说，这个梦的完整意思是：现在是娱乐时间，告别无休止的病房生活吧！

这些梦例也许可以用来说明，梦只能被理解为欲望的满足，而且不分时间、不分场合，对其自身的意义也不加掩饰。这样的梦多数都很简短，与那些荒诞离奇、完全吸引梦境研究者注意力的梦形成了十分鲜明的对比。然而，停下来对简单的梦进行思考是一件有益的事。我们总是期望能从儿童身上找到梦的原始形式，毕竟儿童的精神生活没有成年人那么复杂。我认为适当地了解和深入地分析儿童心理，可以帮助我们更好地理解成年人的心理，就像我们在科学研究中从低等动物出发，研究其结构或发育情况，总结出一定的规律，使自己在高等动物研究中获益。只不过，目前在儿童心理学领域并没有多少人致力于这类研究。

低龄儿童的梦常常[1]只是欲望的满足，这样一来[2]，和成年人的梦相比，儿童的梦就显得无趣得多，因为他们很少出现什么亟待解决的问题。但就其本质来说，这些梦在证明梦是欲望的满足方面起到了十分重要的作用。我已经搜集了很多类似的梦例，这些梦例都是从我自己孩子那里得来的。

在此，我很感谢 1896 年夏天的那次远足经历。当时我们去了一个

---

[1] 该词增写于 1911 年。《全集》（1925 年）（第 3 卷，第 21 页）中，对这个限定副词做了如下评论："根据相关经验，四五岁的孩子已经会做扭曲的梦了，虽然这些梦仍有待解释；这与我们关于扭曲梦的先决条件理论完全一致。

[2] 1911 年前此处为"因此"。

叫哈尔斯塔特①的美丽村庄，在那次远足中我们得到了两个非常有趣的梦，其中一个梦是我女儿的，当时她八岁半，另一个梦是她5岁3个月的弟弟的。首先在这里我要做一定的说明，那就是我们当时正在奥赛湖附近的一个山上度假，天气晴朗时，可以从那里欣赏达赫斯坦的壮观景色，甚至可以用望远镜清楚地看到西蒙尼园主的小屋。孩子们反复用望远镜去看那个小屋，我也不知道他们是否看见了。在那次远足前，我告诉孩子们，哈尔斯塔特就在达赫斯坦山脚下，所以他们十分兴奋，急盼着这一天的到来。从哈尔斯塔特到埃切尔塔尔的路上，风景不断变化，这让孩子们非常兴奋。但与此同时，我的小儿子却渐渐变得不耐烦，每当我们看到一座新的山峰时，他便问这是不是达赫斯坦。而我只能一遍又一遍地对他说："不是，那只是一个山峰。"几次过后，他就变得沉默不语了，最后干脆拒绝和我们一起爬上陡峭的山去看瀑布，我以为他可能是累了。

　　结果第二天早晨，他兴高采烈地对我说："昨晚我梦见我们在西蒙尼小屋！"这时我明白了他的意思，当我提到达赫斯坦时，他期待着我们在去埃切尔塔尔的途中爬上那座山，看看他常常在望远镜中看到的那个西蒙尼小屋。但当他发现别人不过是用山丘和瀑布来糊弄他时，他感到失望，所以对这一切都不感兴趣了，而他在梦境中去的西蒙尼小屋，只不过是对自己的补偿。我试图找出其中的细节，但收获不多。"你还得爬6个小时呢！"这是梦中别人对他说的。

---

① 此处为上奥地利州的萨尔茨卡默古特地区"Echerntal"，在所有德语版本中都被误印为"Escherntal"。

这次远足同样让我八岁半的女儿兴致勃勃地生出一些愿望，而这些愿望也只能在梦中得到满足。因为这次出门，我们也带上了那个12岁的邻家男孩艾米尔一起去哈尔斯塔特，他已经是成熟小伙子了，而且看上去颇有要博得女孩子好感的迹象。结果第二天早晨，女儿告诉我她梦到了这样的情节："真奇怪，我梦见艾米尔成了我们家的一员，他叫你们'爸爸'和'妈妈'，并且像我的兄弟一样，和我们一起睡在大房间里，然后妈妈进来了，她将一大把蓝绿纸包装的巧克力放到我们床底下。"她的弟弟显然还没有遗传释梦的才能，他只是效仿着权威的样子，断言这个梦是胡说。但女儿本人却对梦的一部分进行了辩护，而这为解释神经症理论提供了参考，使我们能够明白她是在为哪一部分辩护。她说："当然，说他是我们家的一员肯定是胡说，但巧克力这一部分是真的。"我对此并不清楚，结果我的妻子给我做了解释，她说，我们从车站回家的路上，孩子们停在自动售货机前不走，因为他们经常从自动售货机中购买有闪亮金属质感包装的巧克力，所以当时他们想要买这些巧克力，但她拒绝了，因为她觉得那一天已经满足了他们足够多的愿望，所以这个愿望只能等他们去梦中满足。虽然我没有亲眼见到这个场景，但当我听到孩子们被妈妈禁止买巧克力时，我立刻就明白了。我听到了这位有教养的小客人在路上跟孩子们说要等爸爸和妈妈。而我女儿在梦里将这种临时的亲属关系转变成了永久性的关系，也许她的情感还不能以梦中那种关系之外的其他形式表达出来，但她对艾米尔不过是兄弟姐妹间的情感。如果不问她为什么梦到巧克力被放到了床底下，我们便很难知晓背后的原因。

我的一位朋友也跟我讲了一个梦，这个梦与我儿子做的梦十分相似。做梦的人是一个8岁的女孩，有一天她父亲带她和其他几个孩子步行去顿巴贺，他们原本打算参观布莱尔小屋，但因天色已晚，所以只能步行返回。为了不让孩子们失望，他答应下次补偿他们。在回家的路上，当他们路过一个指向哈密欧的路标时，孩子们又提出要去哈密欧。出于和之前同样的原因，他只能敷衍孩子们说改日再去。第二天早晨，这个8岁女孩走到父亲跟前，得意扬扬地说："爸爸，昨晚我梦到你和我们一起去了布莱尔小屋和哈密欧！"可以说，她的梦迫不及待地帮她实现了父亲的诺言。

我们还可以找到同样直白的梦。那是我另一个女儿在饱览奥斯湖的美丽景色之后做的梦，而当时她只有3岁3个月大。这是她第一次游湖，但对她而言，在湖上的时间太短了：我们到达码头后，她不想上岸，哭得非常伤心。第二天早晨，她说："昨晚我去游湖了！"但愿她在梦中的游湖时间能够让她感到满意和开心。

我的大儿子在8岁时梦到实现了自己的幻想，他梦见自己和阿喀琉斯坐在由犹欧米底驾驶的双轮战车上。不出所料，前一天他因为阅读了一本送给姐姐的希腊神话书，而做了这样的梦。

如果可以把儿童睡觉时的呓语也归到梦的名下，那么在此我要引用一个我所收集的年龄最小的孩子的梦例。这个梦是我最小的女儿做的，那时她只有19个月大。有一天早上因为她呕吐了，所以我们要求她一整天都不能吃东西。结果当天晚上，她感到饥饿的时候，我听到她在睡梦中兴奋地喊："安娜！草莓！草莓！煎饼！布丁！"那时她总是先说出她自己的名字，来表达她要占有什么东西的想法。她说的这份菜单几乎包括了她喜欢吃的每一样东西，甚至草莓还出现了两次，而这代表了她对我们对她的要求的抗拒。之所以如此，也许是因为她听到她的保姆说她呕吐、不舒服是因为把草莓吃得太多，为此，她在梦中对这种讨厌的说法展开了报复。[①]

尽管我们确信儿童无法因为性欲感到快乐，但我们也不能忘掉，失望和放弃也是很多梦境内容的根本来源，这两种本能[②]都可以被看作梦的刺激。

我再举一个例子。我的一个侄子那时 22 个月大，我生日那天，大家要求他送我一篮樱桃来表示庆贺。然而那个季节不是产樱桃的时候，所以樱桃很少。他意识到这个任务不好完成，所以他不停地重复着"里面有樱桃"，却并不想把礼物递过来。不过他找到了一种补偿方式。他有一个习惯，那就是每天早晨都会告诉他妈妈他梦到了"白兵"，就是身穿白色披肩的军官——有一次他在街上很羡慕地注视过那个军官。他在送我生日礼物的第二天，醒来后特别开心地对他的妈妈说："那个

---

① 不久之后，这个小女孩的祖母做的梦也完成了同样的壮举——她们俩的年龄加起来有 70 多岁。小女孩的祖母因为肾病造成的困扰，不得不禁食一天。因此，不难想象在接下来的晚上，她梦见自己回到了少女时代的巅峰时期，梦到自己应邀去吃了两顿正餐，而且都是美味佳肴。在小女孩做完梦不久后，弗利斯便得知了她的梦（弗洛伊德，1950 年 a，1897 年 10 月 31 日，73 号信件）。

② 1911 年加注：通过对儿童的精神生活进行深入研究，我们可以肯定地说，婴儿期的性本能力量非常重要，这也是儿童心理活动研究中长期忽视的问题。同样，在展开一些深入研究后，我们有理由对童年的幸福感产生怀疑，因为它是由成年人通过回忆而构建的。参见我的《性学三论》（1905 年 d）（正文中的这句话和其他几个段落之间存在明显不一致的地方，这一点在《性学三论》的编者序言中提到了）。

白兵把樱桃都吃光了！"[1]

我不知道动物会梦见什么，但是我的一个学生跟我分享过一句谚语，这引起了我的注意。这句谚语问道："鹅梦到了什么？"回答是

---

① 1911 年加注：事实上，值得一提的是，孩子们很快便会开始做一些更复杂、不透明的梦；而在某些情况下，成年人常常会做简单、幼稚的梦。我的《有关一个五岁男孩的恐惧症分析》(1909 年 b)，以及荣格的作品 (1910 年 a) 中的例子，说明了即便是四五岁孩子的梦，也可能会出现意想不到的丰富内容。增写于 1914 年：有关儿童梦的解析研究，参见范哈戈·海尔穆斯 (1911 年、1913 年)、普特南 (1912 年)、范饶特 (1912 年)、斯皮勒林 (1913 年) 和陶斯克 (1913 年)。同样，比安其 (1912 年)、布泽曼 (1909 年、1910 年)，以及多利亚和比安其 (1910 ～ 1911 年)，也对儿童梦做出过论述，尤其是维格格姆 (1909 年)，他重点讨论了梦是欲望的满足这一趋势。增写于 1911 年：另一方面，婴儿类的梦似乎在成年人身上出现的频率特别高，尤其是当他们发现自己处于异常的外部环境中。因此，奥托·诺登舍尔德 (1904 年，第一卷，第 336 页以下) 在南极过冬时，对他的探险队成员做了如下描述："梦非常清楚地表达了我们内心深处所选择的方向，这些梦从来没有这么多、这么清晰过。当我们在这个想象的世界中分享各自近期的经历时，即使是我们当中那些做了梦的人，也很少在早上就此侃侃而谈。虽然他们通常能适应实际情况，但他们关心的是那个现在离我们很遥远的外在世界。我的同伴有一个很特别的梦，他在梦里回到学校的教室，他的任务是给小型海豹剥皮，这些海豹是专门为教学准备的。然而，我们的梦通常会围绕一些吃吃喝喝的内容展开。我们中有个人特别擅长在晚上参加便宴，如果他能的话，他会很自豪地在早上告诉我们他'吃了一顿三道菜的晚餐'；我们中另一个人梦到了烟草，而且是堆积成山的烟草；还有人梦到过一只满帆的船，正驶过开阔的水域。还有一个梦也值得一提，在这个梦中邮递员带来了邮件，并详细解释了为什么我们不得不等这么久：原因是他把信送到了错误的地址，而且好不容易才将其收回。当然，我们还梦到过很多不可能的事情，但几乎所有我自己做过的或听到过的梦，都被描述得极其缺乏想象力。如果所有这些梦都能被记录下来，那么这将极具心理价值。这样便很容易理解我们是多么渴望睡眠了，因为梦可以为每一个人提供他最想要的一切。"诺登舍尔德 (1905 年，第 290 页) 的英语译本对这段话做了大量删减。增写于 1914 年：杜普里尔 (1885 年，第 231 页) 称："芒戈·帕克在非洲旅行时，有一次因口渴差点死在途中，随后他便不断梦到水源充足的山谷和家乡的草地。同样，特伦克男爵曾饱受饥饿折磨，当他还是马德堡监狱的囚犯时，他梦到自己周围全是丰盛的菜肴；另外，乔治·巴克在参加富兰克林的第一次远征时，因极度缺乏食物而几乎饿死，所以他经常梦见丰盛的饭菜。"

"玉米"。① 我想，这一谚语完整地说明了梦即欲望的满足这一事实。②

很显然，仅仅依照语言的习惯，我们就能很快明白这个理论中有关梦的含义，尽管我们日常生活中谈到梦时常常带着轻蔑的意思，尤其是"梦是泡沫"这种说法，似乎与科学界对梦的定位不谋而合。但是总的来说，我们通常将"美梦成真"作为对他人愿望实现的祝福。如果一件事的发展出乎我们的意料，我们也会高兴地说："我做梦也想不到会发生这样的事！"③

---

① 1911 年加注：费伦齐（1910 年）引用的一句匈牙利谚语更为贴切，他说："猪梦见橡子，鹅梦见玉米。"增写于 1914 年：而犹太谚语是这么说的："母鸡会梦见什么？——梦见小米。"（伯恩斯坦和西格尔，1908 年，第 116 页）

② 1914 年加注：我并不试图坚持认为我是第一个提出从欲望中获得梦这一想法的人。那些给予这种期待足够重视的人，在古典时代就存在，引用一个生活在托勒密一世统治时代的医生的案例，这位医生叫赫洛菲洛斯。根据毕赫中叔茨（1868 年，第 33 页），这位医生对三种梦境进行了区分：由神灵带来的梦；自然的梦，会在头脑中形成并呈现出某种合适的画面时出现；具有混杂特质的梦，会随着图像的大量出现而自发形成，从中我们能看到我们所渴望的东西。J. 斯塔克（1913 年，第 248 页）关注了施尔纳对梦的描述，其将梦描述为欲望的满足。施尔纳（1861 年，第 239 页）曾写道："做梦者的想象之所以能够非常及时地满足他的欲望，仅仅是因为他自身欲望的情感十分活跃。"施尔纳将这种梦归为"情绪梦"，同时他认为男人和女人会做"情欲梦"和"坏脾气的梦"。在对梦的研究中，显然施尔纳认为欲望比任何清醒的心理状态都重要，更不用说他对梦的本质有相关欲望了。

③ 弗洛伊德《精神分析引论》的第八讲（1916 ~ 1917 年）对儿童梦（包括本章中记录的很多梦）和婴儿类的梦展开了讨论，同时在《论梦》（1901 年 a）（标准版本，第 5 卷，第 643 页以下）的第三节中也对此简短地做了讨论。

第四章

梦的伪装

如果接下来我继续强调每一个梦的最终意义都是欲望的满足，也就是说，除了欲望满足类的梦，不再有其他类型的梦——那么很多人肯定会对此持反对意见。

我能预见一些批评家一定会说："仅仅将梦看作欲望的满足，并不是什么新鲜的观点，很多研究者早就知道了这一点。"这类研究者包括拉德斯托克（1879 年，第 137 页以下）、沃尔克特（1875 年，第 110页以下）、普金耶（1846 年，第 456 页）、蒂西（1890 年，第 70 页）、西蒙（1888 年，第 42 页，关于特伦克男爵被囚禁时做的饥饿梦），以及格里辛格尔（1845 年，第 89 页）[1]。但是，梦除了满足欲望，就没有别的目的吗？这样的推论也未免过于偏激，但所幸这种论调并不难被驳倒，毕竟我们每个人都做过一些充满痛苦内容的梦，而这些梦并没有一丝欲望满足的迹象。最有可能反对"梦即欲望的满足"这一观点的人，便是悲观主义哲学家爱德华·哈特曼。他在《无意识哲学》（1890 年，第二卷，第 344 页）中这样写道："我发现清醒生活时的很多烦恼都可以在睡梦里出现，而唯一没有出现的，是那些可以使受教育的人享受生活的事物——对科学与文艺的兴趣。"对此，即使并不悲

---

[1] 1914 年加注：杜普里尔（1885 年，第 276 页）引用了一位与普罗提诺同时期的新柏拉图主义者的话："当我们的欲望被激起时，想象力也会随之而来，它可以呈现出我们欲求的对象。"

观的观察家也认同，与愉快的梦相比，痛苦的、不愉快的梦在数量上其实更占上风。这类观察家包括肖尔茨（1893 年，第 57 页）、福尔克特（1875 年，第 80 页）等。同样，弗洛伦斯·赫拉姆和萨拉·韦德（1896 年，第 499 页）两位女士根据自己的梦境内容，给出了统计数据。就数量而言，在所有的梦中，不愉快的梦占大多数，其中 57.2% 的梦都是不愉快的，而只有 28.6% 的梦是愉快的。除了这种重现生活中各种痛苦的梦，还有焦虑梦。在焦虑梦中，所有可怕、不愉快的情感会一直折磨我们，直到把我们惊醒。这些焦虑梦最常见的受害者是儿童[①]，我们在前文中已对儿童的梦有过描述——这些梦是不加掩饰的欲望的满足。

问题论述到这里，似乎焦虑梦的出现彻底推翻了"梦是欲望的满足"这种概括性的结论（基于第三章所举的例子），而且使这种结论显得异常荒谬。事实上，要对这些明显带有结论性特点的反对意见进行反驳并不难，我们只需要认定一个事实：我并没有将梦中所显现的内容作为理论依据，而是通过对梦进行分析来推导出隐藏在梦背后的内容。同时，我们也需要将梦的显意和隐意进行比较。毫无疑问，有些梦的显意虽然有着极其痛苦的内容，但是有人认真地解释过这些梦的显意背后的真实思想吗？如果去揭示这些梦背后隐藏的思想，我们又会发现什么呢？如果这些问题还没有被研究过，那么对我的理论进行反驳是没有道理的。因为我们对这类梦解析后会发现，即使这些梦充

---

① 参见德巴克尔《论梦的幻觉和惊恐》（1881 年）。

满焦虑、令人感到痛苦，但也可以证明它们是欲望的满足[①]。

当我们在科学工作中遇到难以解决的问题时，将新的问题纳入原有的问题中是一个不错的主意。因为这就像把两个核桃放在一起用锤子去砸，要比单独砸一个核桃更容易成功。所以，我们不仅需要思考为什么痛苦梦和焦虑梦是欲望的满足，还需要思考为什么那些内容无关紧要的梦，也可以被证实是欲望的满足，而不是它们所表达的显意。以我在第二章用长篇文字描述的伊尔玛打针的梦为例，这个梦绝不是那种痛苦的梦，通过解释，它仍然十分明显地证实了我的推断。但是为什么我们要对它加以解释，为什么它不能直截了当地表达其本意呢？乍一看，伊尔玛打针的梦并没有让人觉得梦是欲望的满足，读者应该也不会有这个印象，包括我自己在分析这个梦之前，也没有想到这一点。而如果我把梦的这种需要解释的现象称为"梦的伪装"，那么接下来我们需要解决的第二个问题是"是什么导致了梦的伪装？"。

要解决这些问题，我们可以一下子想到很多种方法，例如我们在睡觉时不可能直接表达出梦的本意，但是对特定的梦进行分析，可以对"梦的伪装"做出新的解释。接下来我将用自己的另一个梦来验证

---

① 1909年加注：很难相信本书的读者和评论家对这一观点视而不见，无视梦的显意和隐意的基本区别。

1914年加注：另外，在该主题的文献中，詹姆斯·萨利的《梦的启示》（1893年，第364页）中的一段话与我的假设十分接近。事实上，这是我第一次引用它："毕竟，梦并非像乔叟、莎士比亚和弥尔顿等'权威'所说的那样完全是胡说八道。我们在夜间做梦幻想的混乱景象具有重要意义，它们也能传达新的知识。梦就像一些密码中的字母一样，只有在仔细检查时，我们才能透过梦境表面的胡言乱语，看到其严肃、易于理解的一面。或者，稍微换个说法，我们可以将梦看作重写本，它可以使我们在其毫无价值的封面下，看到一个个古老而珍贵的文字交流痕迹。"

这一点，虽然这会暴露我一些言行上失态的事，但为了全面地解释清楚这个问题，这点儿牺牲也算不了什么。

前言

1897 年春天，我听说我们大学的两位教授推荐我担任特别教授一职①。我对这个消息感到既惊讶又喜悦，因为这意味着有两位知名人士认可了我，而且不仅仅归于私人关系。但是我立刻警告自己：不能对此抱有太高的期望。毕竟在过去几年里，有关部门从来没有重视过这种推荐，而且我身边的很多同事比我资质更高，工作能力也不差，却一直没等到这个机会，我不太相信自己比他们更幸运，所以我决定对此等闲视之。我知道我在这方面并不是很有野心，即便没有获得职称，我对目前自己职业上取得的成果也已经心满意足。而且更重要的是，我不能说葡萄是甜的还是酸的，因为对我来说这本身就是一件遥不可及的事情。

随后的一天晚上，一位朋友前来拜访我，我一直把他看作我在职场上的"前车之鉴"，因为他被推荐为教授候选人已经很久了。在我们这个领域，如果你有"教授"这样的头衔，简直可以被患者当作半个"神"一样的人物。当然他不像我那样听天由命，而是经常出入部长办公室，表达对部长的敬意，以期有机会晋升。这次来拜访我之前，他

---

① 大致相当于副教授。在奥地利，所有此类职位均由教育部任命。弗洛伊德在 1897 年 2 月 8 日写给弗利斯的一封信中提到了这件事（弗洛伊德，1950 年 a，58 号信件），并且在 1897 年 3 月 15 日的信中提到了这个梦的内容（同上，85 号信件）。下文提到的"宗派考虑"与反犹主义情绪有关，这种情绪在 19 世纪末的维也纳十分普遍。

也到部长那里去了。他告诉我，一位高级官员这次被他逼得没有退路，他开门见山地质问，为什么这么久都不提拔他，是否出于宗派考虑。官员答复他，考虑到他（官员）目前的感受，他（官员）不会授予他这个职位。对此，这位朋友得出的结论是："我至少知道了我目前的处境。"我对他带来的这一消息并不感到惊讶，只不过它更加强化了我听天由命的态度，因为我很清楚，我的情况也涉及这类宗派问题。

在他到访后的第二天凌晨，我就做了下面这个梦。这个梦的形式特别奇特，包含了两个观点和两幅图像，每一个观点都紧接着一幅图像。但我只描述前半部分，因为梦的后半部分与我们现在讨论的内容并没有关联。

1.……我的朋友 R 是我的叔叔——我对他感情深厚。

2.他的面孔浮现在我眼前，他的脸有些变形，似乎变长了一些，整张脸都被包裹在黄色的胡须内，格外显眼。

之后又出现了两个片段——也是以一个观点接着一幅图像的方式呈现的，我在这里就不描述了。

解释

早晨醒来时，当我想起这个梦，我放声大笑道："这个梦也太没有道理了。"然而，我的脑袋里整天都浮现这个梦境，使我无法摆脱，到了晚上我便开始责备自己："如果你的患者在解释自己的梦时，除了说梦是胡言乱语便再也说不出别的，你一定会就此和他谈谈，看看他是否隐藏了某些不想让你意识到的不愉快的事情。毫无疑问，现在你也在用同样的方式对待自己，你认为梦是胡说八道，这说明你内心抗拒继续对梦做出解释，你不能就这样搪塞过去。"所以，我准备做出解释。

R是我的叔叔——梦的这部分内容意味着什么呢？我只有一位叔叔，约瑟夫叔叔[1]，他有一段伤心的往事。30多年前，他因为急于赚钱，参与了一项被法律严格禁止的交易，受到了法律的制裁。我父亲因为忧伤过度，几天内头发就变得灰白。他经常跟我说约瑟夫叔叔并不是什么坏蛋，他只不过是一个被人利用了的大傻瓜。如果梦中的朋友R代表我的叔叔，不就意味着R也是个傻瓜吗？这简直令人难以置信，而且非常讨厌！但是我很清楚我在梦中看到了这副面孔——长长的脸、黄色的胡须，和我的叔叔非常相似。我朋友R的毛发本来十分乌黑，当他的黑发变成灰白色时，他整个人都失去了青春的光彩。黑色的胡须会随着岁月发生令人不愉快的颜色变化，先是变成红棕色、棕黄色，最后慢慢变成灰白色。而朋友R的胡须正经历着这样的变化。顺便插一句，我也是如此，我非常沮丧地观察到了这种变化。而我在梦中看到的这张脸，既是R的脸也是我叔叔的脸，就像高尔顿的合成照片一样（为了突出家庭成员外貌的相似性，高尔顿常常将几张面孔同时曝光在一张底片上），所以没准我真的把我朋友当成了傻瓜——就像我的叔叔约瑟夫。

---

[1] 为了达到分析的目的，我非常惊讶地发现，我的记忆——我清醒时的记忆变"窄"了。事实上，我认识的叔叔有5位，我对其中一位非常喜爱和尊敬。但就在我克服了对解释梦的阻力时，我告诉自己，我一直就只有一位叔叔——就是梦中提到的那位。

我仍然不明白这种比较的意义何在，但我要努力探索下去，因为这还不够深入，毕竟我的叔叔是犯了法的，而我的朋友 R 是完全清白的，他仅有的错误，是他在骑自行车时撞过一个小孩，他也因此被罚了款。难道是因为那次错误被我记在了心上吗？如果是这样，那简直太可笑了。现在我又想起来前几天和另一位同事的谈话，谈的也是那个话题。我在街头遇到了 N，他也被推荐担任教授一职，他听说我也被提名了，便向我表达祝贺。但我坚决回绝了他的好意，我说："你是最不该跟我开这种玩笑的人，因为你经历过这种事，你肯定知道这种推荐的价值何在。"他则看似开玩笑地说："谁知道是怎么回事，这个过程中肯定有什么和我作对，你不知道曾经有个女人去法院告我了吗？不管你信不信，她的申诉被驳回了，但那完全是一种卑鄙的敲诈。虽然我已经竭尽全力避免遭受处罚，但那个部长也可能把这事作为一种借口，不再任命我。和我相比，你的品行更加无懈可击。"

想到这里，我突然明白了谁是犯人，也弄清楚了该怎样去解释这个梦，以及这个梦的目的。我的叔叔约瑟夫不仅代表犯人，同时也代表我那两位没有被委任教授一职的朋友——他们其中一个是傻瓜，一个是犯人。现在我知道他们为什么会以这种方式出现在我的梦中了，如果朋友 R 和 N 因为宗派考虑迟迟得不到提拔，那么我自己的晋升也无法保证。但是如果我将这两位朋友不能晋升的原因归于其他一些与我无关的事情，那我就仍然还保留着晋升的希望。所以，我在梦中进行了这样的加工：我让朋友 R 变成了傻瓜，让朋友 N 变成了犯人，而我既不是犯人，也不是傻瓜。这样一来，我与他们便毫无相似之处，我可以为自己有机会被任命为教授而暗自欣喜，也能避免那位高级官员对 R 说的话落到自己的头上。

说到这里，我还是觉得我应该继续解释这个梦，因为我感觉这个结论并不能使我满意。为了使自己得到提拔，我竟然在梦里毫无愧疚地贬低两位我一直尊敬的同事，这让我感到十分不安。而当我意识到梦中行为的意义时，我对自己这种行为的不满也就消失了。因为如果我真的把 R 当成傻瓜，或者真的不相信 N 对欺诈的解释，那么我一定会不顾一切地反驳，就像我不相信奥托·兰克为伊尔玛注射丙基制剂会导致伊尔玛病情恶化一样。梦是对欲望的满足。在这一点上，我的梦看起来似乎更有道理。因为在这个梦中，我很巧妙地运用了一些事实，就像那些事前编排周密的谣言一样，让人感觉里面肯定"有什么"。比如其他院系的一位教授给我的朋友 R 投了反对票，而朋友 N 则无意间为我的"诽谤"提供了材料。不过我还是要再说一遍，梦进行到这里，仍然有进一步解释的必要。

我想到我在释梦时忽略了一个片段，也就是在我形成了"R 是我的叔叔"这个观念后，我对他感到万分亲切，然而这种亲切的感觉是指向谁的呢？现实中，我的叔叔因违法而受制裁，我对他并没有什么感情。相比之下，我倒是挺喜欢我的朋友 R 的，多年来我对他一直十分尊敬，但是如果我真的走到他跟前，向他表达我在梦中的那种亲切，他一定会感到非常别扭和惊讶。梦中我对他的情感显得很不真实，且有一定的夸大成分——就像我把他的人格和我叔叔的人格混在一起，来评判他的智慧一样，即便这种梦中的夸大与实际情况恰恰相反。所以现在我的释梦之路迎来了新的曙光。梦中的情感并不属于隐性内容，也不属于隐藏在梦背后的想法、观念，恰恰相反，它的出现旨在掩盖对梦的真正解释。我清楚地记得自己当初是如何不情愿对这个梦做出解释，又是如何一直拖着不去解释的，因为在我看来这个梦没有任何解释的价值。我的精神分析治疗教会了我如何解释这种抗拒：它并不具备评判的意义，它只不过是一种情感的流露——就像如果我的小女儿不想吃我给的苹果，那么即使她没有尝过，也会借口说苹果是酸的。如果我的患者表现得像我的小女儿那样，我便知道他们所关心的观念正是他们试图压抑的观念。而我的梦也是这样，我之所以不想再对它进一步解释，是因为解释中包含了某些我反对的内容。而当我对这个梦做出解释后，我就知道了自己一直在极力反对的是什么，那就是我认为 R 是个傻瓜。我对 R 的感情，并不能从梦的隐性内容中体现出来，但毫无疑问，这种感情来自我不情愿的态度。可以说，梦在这方面对其隐性内容进行了一定程度的伪装——伪装到了它的反面，这样梦中所显现的情感就达到了伪装的目的。这种伪装是经过精心设计的，很明显是一种掩饰手段。我的梦中包含了对 R 的诽谤内容，而为了让自己不注意到这一点，我在梦中产生了一种相反的情感，即对 R 的亲昵之情。

我的这一发现可能有着普遍意义，因为我们在第三章里已列举过很多梦例，以证明存在很多不加掩饰的满足欲望的梦。但是，当那些满足欲望的梦在伪装下无法被识别时，做梦者一定是对欲望本身产生了防备。正是因为存在这种自我保护机制，做梦者要想表达欲望时，除了对欲望进行润饰，就别无他法了。我会试图找出这些心理活动对应的社会现象，例如在日常生活中，我们在哪里能找到和这些心理活动相似的伪装现象呢？结论是只有在两个人相处，其中一个人拥有一定的权力，而另一个人不得不服从时，才可能出现这种现象。这时，后者常常会对自己的精神活动进行伪装，即我们所说的伪装。可以说，我日常生活中大多数的礼貌行为都存在这种伪装。就连我为读者解释我的梦时，也需要进行类似的伪装。诗人的文字中也会表达出对这种伪装需求的不满：

你所知道的最高的真理，却不方便对学生们直说。①

同理，梦的稽查和伪装这两种现象，在大部分细节上是一致的，因此我们有理由相信影响它们的因素是相似的，于是可以这样假设：每个人的梦，都是受两种精神动因（或者可以将它们形容为倾向或系统）支配的。其中一种精神动因构成欲望，并用梦来实现；而另一种精神动因负责稽查梦中的欲望，导致欲望必须通过伪装来表现。我们仍需要探究第二种精神动因的本质，研究是什么促使其产生稽查机制。如果我们明白在分析一个梦之前，我们无法意识到隐藏在梦境背后的想法，只能有意识地记住梦中显性的那部分内容，也许可以说：第二种精神动因的权利是允许梦中的观念进入我们的意识，如果没有第二

---

① 在歌德的《浮士德》第一部分（场景四）中，梅菲斯特说道："毕竟，你所知道的最好的东西是不可能告诉男孩的。"这是弗洛伊德最喜欢的台词。他在 1897 年 12 月 3 日和 1898 年 2 月 9 日写给弗利斯的信中，引用了这些台词。（弗洛伊德，1950 年 a，77 号和 83 号信件）在他生命的尽头，也就是 1930 年获得歌德奖的时候，他将这些台词献给了歌德本人。（弗洛伊德，1930 年 e）

种精神动因的稽查，第一种精神动因构成的任何梦境内容都不能上升到意识层面，而只有通过第二种精神动因的作用，或者说必须经由这一道关卡进行修饰后，才能植入那些渴望寻求关注的想法中，被人意识到。所以关于意识的本质，我们得到了一个非常明确的概念：我们可以将一件事进入意识层面的过程看作一种特殊的精神活动，它与陈述或观念的形成过程不一样，且独立于这个过程。我们可以把意识看作感知器官，它能感知其他地方出现的数据。这些基本假设在精神病理学中都是不可缺少的，在随后的章节中，我们还会就这个问题进行更详细的讨论。

综上所述，我们可以通过释梦来了解自身的精神结构，而这是哲学无法实现的。但现在我并不想继续沿着这个思路推导下去。鉴于梦中出现的这些伪装已经清晰明了了，我们必须立即回到原来关注的问题上：为什么不愉快的梦可以被解释成欲望的满足呢？

我们已经知道梦是可以以伪装的形式出现的，而梦中那些不愉快的内容只不过是为了掩饰我们的欲望。我们可以在之前提出的两种精神动因假设的基础上做进一步的假设：实际上，不愉快的梦中包含了一些让第二种精神动因感到不愉快的内容，但就第一种精神动因而言，它又同时满足了个体的欲望。所有起源于第一种精神动因的梦，都是欲望梦。第二种精神动因与梦之间是防御的关系，而非创造的关系。①如果我们只是关注第二种精神动因，便永远无法理解这些梦。梦的研究者将无法对梦中出现的难题做出解释。

①1930年加注：我们也会在下文中讲到相反的例子，即梦表达了第二种精神动因的欲望。

事实上，梦是带有隐藏含义的。所以在对每个个案进行分析时，都需要重新对梦中欲望的满足进行说明。因此，我将选择并尝试分析一些不愉快的梦，其中有些是癔症患者的梦。在分析这些梦时，需要花费大篇幅文字对其前情展开叙述，同时也需要偶尔对癔症的心理过程特征做补充说明。为了呈现我的观点，这些困难不可避免。

　　正如我已经解释过的那样，当我对精神神经症患者进行分析治疗时，我总是和患者就他的梦进行讨论。在讨论的过程中，我有义务向他提供所有相关的心理学解释，这样我便能够更加了解他的症状。然而这样做的后果是，我受到了患者无情的批评，这些批评甚至比我受到的业内批评更加严厉。而且我的患者并不认同梦是欲望的满足这一观点。对此，我将列举部分与我的观点相反的梦境材料。

　　一位聪明的女患者曾经对我说："你总说梦是欲望的满足，那我跟你讲一个我的梦，这个梦的情况刚好相反，梦里我的欲望并没有得到满足。我想看看你是怎么用你的理论来解释的：

　　我准备办一场晚宴，然而我发现家里只剩下一些熏鲑鱼，我想我要出去买点儿东西，但我突然想起那天是星期天的下午，店铺都关着门。于是我打电话给餐馆订餐，可是电话却出现了问题，无奈之下我只能取消举办晚宴的计划。

　　对此，我的回复是："只有通过分析我们才能知道梦的真实含义。我承认，如果不仔细研究这个梦，会觉得这个梦看起来十分合理、连贯，而且与欲望的满足恰恰相反。但是这种梦境产生的背景是什么？正如你所知道的，我们通常可以从做梦的前一天发生的事件中寻找线索。"

分析

这位女患者的丈夫是个勤劳肯干的肉商，在我的患者做梦的前一天，她的丈夫对她说，他开始长胖了，想要减肥。他决定从此每天早起做操、控制饮食，最重要的是不参加晚宴。她笑着补充道，她丈夫经常在同一家餐馆用餐，他在那里结识了一位画家。而这位画家执意要为他画像，说自己从来没有看到过像他这样动人的面孔。她的丈夫以直率的态度感谢了他，但他确信对于这位画家而言，一位漂亮女孩的任何一部分臀部都比他的面孔更有吸引力。她非常爱自己的丈夫，还就这件事戏弄了他一番，并恳求丈夫不要给自己买鱼子酱。

我问她这话是什么意思，她说她一直都很想在每天早晨吃到鱼子酱三明治，但她并不想为此破费。当然，如果她告诉了她的丈夫，她的丈夫便会立马满足她的要求。但是，如果她请丈夫不要为自己买鱼子酱，那么她就可以继续嘲笑丈夫。

这个解释在我看来实在有些说不通，这样不恰当的解释背后往往隐藏着不可告人的动机。它让我想起了曾经被伯恩海姆催眠的患者，每当患者遵守了催眠后的建议，并被问为什么要这样做时，患者并不会说自己不知道为什么要这样做，而是会编出一些匪夷所思的理由。毫无疑问，我的女患者和鱼子酱之间的情况也十分类似，我能看出她实际上是非常渴望这种生活的，而且她的梦也表达了这个欲望，但是为什么她要坚持一个未被满足的欲望呢？

至此，由于我所掌握的材料无法完全解释这个梦，所以我让她继续讲下去。在我的不断追问下，她停顿了一会儿，像是在努力克服某种阻碍，随后她说她前几天去看望了一位女性朋友，她（我的患者）的丈夫对这位朋友非常赞赏，她承认自己对此心怀嫉妒，所幸这位朋友十分瘦弱，而她的丈夫喜欢体态丰满的女性。我问她和这位瘦弱的朋友谈了些什么，她说，这个女人当然是希望自己长得丰满一些。她的朋友甚至还问道："你打算什么时候再邀请我去你家吃饭？你家的菜总是那么好吃！"

到这里，这个梦其实已经非常清楚了，所以我对我的女患者说："当她提出让你请客时，你心里一定在想，'想得美，请你来我家吃饭？这样你就会变胖，然后就能勾引我的丈夫了！我才不想让你参加我的晚宴。'这个梦相当于告诉你，由于你无法举办晚宴，所以你希望这位朋友不长胖的欲望得到了满足，你的丈夫为了减肥而不接受任何宴会邀请，让你联想到很多人是因为频频参加宴会才长胖的。"现在我们已经明白了梦中的很多内容，而唯一没有解释的还有熏鲑鱼。我问她："熏鲑鱼让你想到什么？"她说："啊，那是我那位朋友最喜欢吃的东西。"我碰巧也认识她提到的这位女性朋友，我知道她舍不得吃熏鲑鱼，就像我的这位女患者舍不得吃鱼子酱一样。

同样是这个梦，我们还可以通过考虑一些额外的细节来得到更为巧妙的解释（这两种解释彼此并不矛盾，它们基于同一基础；这是一个很好的例子，可以证明梦和其他精神病理性结构一样，通常有多层含义）。当这位患者在梦中放弃某个欲望时，她在现实生活中也在试图放弃一些欲望（对鱼子酱的欲望）。她的那位朋友也有一个欲望，那就是希望自己长胖，所以我的患者梦见她的朋友没有实现自己的欲望是一件很自然的事，因为患者的欲望就是希望她那位朋友的计划泡汤。但是，她并没有梦到这些，她梦到的是自己的欲望没有满足。如果我们假设梦中的这个她并不是她本人，而是她的那位朋友，她只不过用自己替代了朋友，或者我们也可以认为，她把自己认同（identified）为那位朋友，那么此时这个梦便获得了一种新的解释。我相信在现实生活中，她也是这样做的：她在现实生活中让自己的愿望落空，证明了她在自己的梦中将自己与那位朋友等同。

癔症的"自我等同"是什么意思呢？对此我们需要进行详细解释。自我等同在癔症的症状机制中是一个极为重要的因素，它不仅能使患者在病症中表达出自己真正的体验，还能使其表现出其他人的体验。它可以使患者感受到身边很多人的痛苦，就像一个人在剧中扮演了很多个角色一样。有人认为这和癔症患者本身具有的模仿特点相似，就是说，患者有能力模仿别人身上出现的、能够吸引他人注意或引起他人同情的症状，甚至可以模仿得非常像，仿佛真实再现一般。但这只不过向我们展示了癔症模仿的心理过程所遵循的原则，而这一原则本身与基于这个原则的精神活动并不是一回事。精神活动比第一种癔症模仿的普遍情况要复杂得多，它是由各种情况推导而形成的一种潜意识，我将对此举例说明。

假设一位医生正在治疗一个因某种特殊问题而抽搐的女人，且这个女人和其他患者同住在一个病房里。如果某天早晨，这位医生发现其他患者也出现了这种特殊的癔症性抽搐，那么他一定会想当然地说："这些患者看到这种症状并加以模仿了而已，这是一种'精神感染'。"他的这种说法没错，但这种"精神感染"是通过以下方式产生的。一般来说，患者间的相互了解，要超过医生对患者的了解，因为在医生查房后，患者们会将注意力转移到彼此身上。假设某一天一位女患者病情发作，其他患者很快就会发现这次发作可能源自一封家庭的来信，或者一段不愉快的爱情回忆。随后其他患者的同理心会被唤起，他们会在潜意识里认为："如果这样的原因都可以使她发病，那我肯定也会发病，因为我也有着类似的情况。"一旦这种推论进入意识层面，很多担心就可能成为现实。实际上，这种推论并不仅限于单一的精神范围，患者所担心的症状在实际生活中也发生了。所以说，这里的自我等同并不是单纯的模仿，而是基于同病相怜而产生的同质化效果，它表现为患者之间的一种相似性，且都来自无意识中的一个共同要素。

在癔症中应用最多的自我等同表现为对性的等同，因为女患者最容易出现的症状就是对与自己发生过性关系的男人产生自我等同，或者对与这个男人发生过性关系的其他女人产生自我等同。我们在语言中常用"宛若一体"来描绘一对情侣，其中就包含了这层意思。患者产生癔症性幻想时就好像在梦中一样，患者只需要有关于性关系的想法，而不必有实际的性行为，就能实现自我等同。所以我在对这位患者的梦进行解析时，遵循了患者的癔症思维规律，尤其当她表达出对那位朋友的嫉妒时（尽管她自己也知道这是不公平的），梦中的她替代了朋友的位置，通过编造出一个症状——放弃欲望，让自己等同于朋友。因此，总结一下这个过程：在梦中患者取代了她朋友的位置，是因为她朋友取代了她在夫妻关系中的位置，而她想取代她朋友在丈夫心中的位置。①

下面我将提到另一位女患者，她是我所有患者中最聪明的一位。她的有些梦境情节解释起来与我的理论有所冲突，虽然和上面提到的梦属于同一个模式，但是这种冲突更容易被化解。这个模式是这样的：一个欲望没有得到满足，意味着另外一个欲望得到了满足。有一天，我向她提到梦是欲望的满足这一观点，第二天她便做了一个梦，梦见自己和婆婆去乡下度假。我知道她并不想和婆婆相处，且几天前她已经在很远的地方租了房子，成功地远离了她的婆婆。结果梦的内容和她的欲望完全相反，而这明显与我的"梦是欲望的满足"这一理论矛盾。因此，要解释这个梦，就只有根据梦背后的一些细节去进行逻辑推理。

表面上看，这个梦证明了我的理论是错误的，但是分析之后，我确定她的欲望是希望我的理论是错误的，且她的梦满足了她内心的欲

---

① 我自己很后悔在我的论点中，插入了关于癔症精神病理学的摘录。由于对它们的介绍不够集中，且脱离了上下文，因此无法完全发挥出它们的启发作用。但是，如果可以通过它们来说明梦的主题与精神经症的紧密联系，那么将它们插入文章中的目的也就达到了——这是弗洛伊德首次发表的关于自我等同的讨论，尽管他早些时候在与弗利斯的通信中也提到过（例如 1897 年 2 月 8 日的 58 号信件和 1897 年 5 月 2 日的手稿 L）。虽然在后续的出版物中，他时不时地提到这个主题，但直到 20 多年后他才对其进行详细的论述——见《集体心理学》第七章（弗洛伊德，1921 年 c）。对不同主题的梦进行判别是释梦工作的一部分，详见下文。

望。她希望我的理论是错误的这一欲望，通过她和婆婆去乡下度假得到了满足。而这实际上涉及另一个更严重的问题。大约在同一时间，经过对她的资料的分析，我推测在她生活的某个时期，一定发生过和她的病情有关的重要事情。一开始她并不承认，说她想不起这些事情，但是很快事实证明我的推测是对的。所以，她希望我的理论出错的这个欲望，在梦中变成了她和婆婆一起去度假这件事情——一件在她看来完全不会发生的事情。

对于一件小事，我也大胆地进行过解释，没有任何分析，只是主观猜测。这件小事发生在我的中学同学身上。有一天，他听了我给几个听众的演说，当时我阐述了梦是欲望的满足这一新颖的观点。回家后，他梦到他的诉讼案全部败诉了（他的职业是律师），并以此来反驳我的理论。我没有正面回答他，而是告诉他，毕竟一个人打官司也不可能全都胜诉。但是我私底下想："我们一起读了 8 年的书，在那期间，我的成绩名列前茅，而你却成绩一般。也许从中学时代起，你就隐藏着这样的欲望，希望我有朝一日会很倒霉吧！"

另外一位患者向我讲述了一个悲伤的梦，以反对梦是欲望的满足这一理论。这位患者是位年轻的女子，她说："不知道你是否记得，我的姐姐有一个儿子叫卡尔。我和她住在一起的那段时间，她失去了大儿子奥托。我很喜欢奥托，可以说是我一手把他带大的。虽然我也喜欢卡尔，但是我对卡尔的喜欢不能与对奥托的喜欢相提并论。昨晚我做了一个梦：我看到卡尔躺在我面前的一个小棺材里，双手交叉放于胸前，周围燃烧着蜡烛，和奥托死时一样。奥托的死对我来说打击很大。那么现在你能告诉我这个梦的含义吗？凭借你对我的了解，难道你认为我很邪恶，希望我的姐姐再失去她唯一的儿子吗？这个梦的意思是不是我宁愿死去的是卡尔，而不是我更喜欢的奥托呢？"

我向她保证她后面的那个猜测是不可能成立的。思索了一番后，我对她的梦做出了正确解释，后面她也承认确实如此。而我之所以能做到这一点，也是因为对她过去的经历非常了解。

这位女子从小就是孤儿，是姐姐将她抚养长大。在奥托葬礼到访的客人中，有一位男士是她倾心的对象。虽然他们的关系并不被认可，但有一段时间他们几乎发展到了快要结婚的程度，可是她的姐姐不明缘由地从中干涉，最终让这段关系走到了尽头。自从好事被破坏后，这位男士就停止了与她的来往，无奈之下这位女子将全部的感情寄托到了奥托身上。而在奥托死后不久，这位女子便离开姐姐独自生活，但她还是不能抑制住自己对那位男士的感情。她的自尊心使她不得不远离那位男士，虽然后来也有其他人向她示爱，但她始终无法将自己的爱转移到其他人身上。她喜欢的那位男士是位教授，只要他有学术演讲，她都会去听，绝不会放过任何可以远远看到他而又不被觉察的机会。她告诉我，那位教授要去参加一场音乐会，她说她也想去，这样她就能再看到他了。这是发生在她做梦前一天的事，那场音乐会实际上在她告诉我这个梦的当天举行。想到这里，便不难解释了，我问她是否记得奥托死后发生了什么。她说："当然记得，那位教授在消失了很长一段时间后又来看望我们，他站在奥托的小棺材旁。"果不其然，这下这个梦就好解释了。我说："如果现在另一个孩子死去，你能和姐姐待一天，而教授也会前来表达哀悼之情，这样你就和上次一样又可以见到他了，出现这个梦是因为你想再看他一眼，你的内心深处想见到他的欲望不断膨胀。我知道你手中有一张今天的音乐会的门票，可以说你的梦表达了你急切的心情，它可以使你提前几小时见到他。"

为了掩饰这种欲望，她显然选择了一种压抑欲望的梦境，在这种梦境下，如果一个人充满悲伤，是不可能希望得到爱情的。然而这个梦几乎是真实场景的再现——她站在她喜欢的孩子旁，完全不能抑制住自己对这位久违的访客的情感。①

我的另一位女患者做了一个类似的梦，但这个梦解释起来有些不一样。这位女患者聪明机智、性格开朗，从她治疗期间的一些言谈举止能看出这种特征。她做了一个很长的梦：**她仿佛能看到自己 15 岁的女儿躺在"一个箱子"中，已经死亡。**她有意用这个梦境来反对我的梦是欲望的满足的论调，尽管她也怀疑这个梦的细节另有他意。②在分析过程中，她想起了前几天聚会上，有人谈到了"箱子"这个英文单词"**case**"，这个词在德语中有"柜子""包厢""胸部""耳光"等意思。而从梦的其他部分我们进一步发现，她也认为"箱子"这个词和德文中的"容器"有关，这使她不由得想起"容器"这个词在德语粗话中还有女性性器官的意思。如果我们假设她还懂一些解剖学知识，那么箱子中的这个小孩，则意味着存在于人体内的胎儿。至此，她也不再

---

① 作者在后文再次提到了这个梦，它也被简要地记录在了弗洛伊德 1901 年出版的著作的第 5 卷第 9 节中。

② 就像放弃办晚宴那个梦中的烟熏鲑鱼。

否认这个梦确实符合她的欲望。像很多已婚妇女一样，她在发现自己怀孕之后并不快乐，不止一次希望腹中的胎儿死去。在一次和丈夫激烈争吵后，她一气之下用拳头击打了自己的腹部，以期打掉这个胎儿。所以梦中孩子死亡这件事，实际上满足了她的欲望，尽管这个欲望被无视长达 15 年之久。如果某些欲望在被搁置了很久后仍没有得到满足，也是正常的，毕竟实际生活中会在同一时间段发生的事情实在太多了。[1]

包括以上两个梦在内的一系列梦（这些梦与做梦者所爱亲属的死亡有关），我都会在讲典型梦这部分内容时进一步讨论。现在我将用一些新的例子来证明，尽管一些梦的内容令人不快，但这些梦都可以被看成欲望的满足。

下面这个梦并不是我的患者的梦，而是我熟悉的一位律师朋友做的梦。为了不让我对"梦是欲望的满足"这一说法草草下结论，他向我讲述了他做的这个梦。

我梦见我挽着一位妇人走向我的住所，当时一辆马车关着门停在住所门口，一个男人朝我走来，向我出示了他的警官证，要我跟他走一趟。我请他稍等片刻，因为我有一些事情还要处理。

这位律师说："你能相信我有被捕入狱的欲望吗？"

我说："当然没有。但你知道梦中的你是因为什么被捕的吗？"

"知道，我想可能是杀害婴儿的缘故。"

---

[1] 作者在后文对这个梦做了进一步论述，且在《精神分析引论》(1916 ~ 1917 年) 第 13 讲中简要提到。

“杀害婴儿？”

“没错。”①

“做梦前一天发生了什么事？”

“哦，这个我不能说，事情非常微妙。”

“但是我必须知道，不然我们只好放弃解释这个梦。”

“那好吧，我告诉你，昨天我没有回家，而是和一个我非常喜欢的女人过夜。早晨醒来后，我们又发生了一次关系，随后我睡着了，做了我告诉你的这个梦。”

“她是已婚妇女吗？”

“是的。”

“那你不希望她为你怀孕，是吧？”

“当然，那会暴露我们的关系。”

“那你们从来没有过正常的性生活吗？”

“我总是非常谨慎，做了充分的防护措施。”

“我猜你们经常用这种方法，但那天早晨你对此没有把握，不知道防护措施是否有效。”

“你说得有道理，确实有这种可能。”

“如果事实果真如此，你的梦就是欲望满足型梦，它的内容表达出你拥有确保女方不怀孕的欲望，这是很容易证明的。你还记得前几天

---

① 我们对梦所做出的最初的描述通常是不完整的，而梦中遗漏的部分也只能在分析过程中才慢慢浮现出来。这些随后添加的部分通常是释梦的关键。参见下文有关遗忘梦的讨论。

我们就结婚的麻烦展开过讨论吗？在这些麻烦中，最大的矛盾就是允许用任何方法避孕，而一旦卵子和精子结合形成胎儿，那么任何的防护措施都要受到法律的制裁。我们接着回顾中世纪人们对这个问题的看法，当时很多人认为，在卵子和精子结合的那一瞬间，灵魂已经进入了胎儿的体内，所以自这个时期后，任何伤害胎儿的行为都可以被看作谋杀。你一定记得莱瑙那首诗《死者的幸福》吧，在诗中，诗人将杀婴和避孕看成同一件事。"

"真奇怪，今天早晨我还偶尔想到了莱瑙。"

"这是你的梦所做出的反应。现在我可以告诉你，你的梦同时还包含另一种欲望的满足。你牵着那位妇人的手走向住所，把她带回家 ①，这一点与现实中你在她家过夜并不一致。至于为什么用这种不愉快的形式来掩饰"梦是欲望的满足"这一核心部分，背后的原因可能有很多。或许你看过我写的有关焦虑性神经症病因的论文（弗洛伊德，1895 年 b），在那篇论文里，我将不完全性行为看作导致焦虑性神经症的病因之一。而这和你的情况非常相似，因为如果你们多次按照这种方式发生性行为，你很容易感到不安，而随后这种不安构成了你梦中的情感基调。为了掩饰欲望的满足，你在梦中通过利用这种情感来达到伪装的效果。另外，你没有解释刚刚说的杀婴情境。"

"嗯。这个我得告诉你，几年前我卷入了这样一件事，我和一个女人发生了关系，她为了避免生下孩子去做了流产手术，对她做的这件事我事先并不知道，事后我感到心神不宁，生怕这件事情暴露。"

---

① 德语"带回家"，在这里也有"娶"的意思。

"我很理解你的心情，这个回忆可能就是让你怀疑保护措施失败的第二个原因。"①

有位青年医生一定是在演讲中听了我对这个梦的描述后，留下了深刻的印象，因为很快他便采用了同一思维模式，分析了自己另一个主题的梦。在做梦的前一天，他上交了他的所得税报表。结果当天晚上，他梦见一个熟悉的人从税务委员会回来通知他，其他所有人上交的报表都通过了，唯独他的报表被普遍怀疑，因此他要被罚一大笔钱。这个梦的欲望伪装得很差，因为他显然希望成为一名收入丰厚的医生。这让我想起了一个故事。很多人都劝少女不要答应一位求婚者的求婚，因为这位求婚者性情暴烈，少女与他结婚以后肯定会遭受家庭暴力。但少女回答说："我倒希望他现在就揍我！"这位少女想结婚的欲望如此强烈，以至于她不在乎婚后会遭遇什么不幸，甚至把它变成了一种愿望。

还有一些常见的梦②，解释起来看似和我的理论相悖。这些梦的主题要么是欲望得不到满足，要么是发生了一些做梦者并不期望发生的事情，我把这类梦全部归到"反欲望梦"这一大标题下。如果我们从整体上去看待这些梦，就可以发现两个动机。其中一个动机我还没有谈到，但它与人们的梦境生活和现实生活都有重大关联，而导致这种梦境出现的另一个动机，就是希望证明我的结论是错误的。在我医治患者的过程中，如果他们正处在对我的阻抗期，他们也会经常做这样

---

① 这个梦被记录在弗洛伊德于 1897 年 5 月 2 日写给弗利斯的信件所附的草稿中。
② 本段与下一段均增写于 1909 年。

的梦。我敢说，在我告诉患者"梦是欲望的满足"这种观点后，至少其中一个动机会被激发。[①] 我还可以预想到，本书的读者在读过这些章节后，可能也会做这种类型的梦。如果他们希望证明我的观点是错的，那么在他们的梦中就会出现其他欲望得不到满足的内容。

最后我再举一个例子，这是我的一位患者在治疗过程中所做的梦，这个梦可以证实我的结论。一位少女的家人特别反对她接受治疗，包括她请教的专家也持同样的反对意见，但这位少女坚持继续接受我的治疗。结果她梦到家人不许她到我这里就医，所以她提醒我，我曾经许诺过她，如果有必要的话，我可以免费为她治疗。对此我在梦里回答道："在钱的问题上，我无法让步。"

这个梦确实很难用欲望的满足来解释，但在类似这种梦中，可以发现另一个问题，而这个问题有助于解决前面的问题：她借我的口说出的这些话从何而来呢？我从来没有对她说过这样的话，而一位对她很有影响力的兄弟这样说过，因此她极有可能把这些话安到我身上了。梦中的她不断坚称她的兄弟是对的，而且这种观点支配着她的生活，这也是她生病的原因。

奥古斯塔·斯塔克医生曾经做过一个梦[②]，他对这个梦做过分析，并记录了下来。乍一看，这个梦很难套用欲望满足理论进行分析："我

---

① 1911年加注：在过去的几年里，那些听过我演讲、初次了解我的"欲望梦"理论的人，常常向我报告类似的"反欲望梦"。

② 本段增写于1914年。

发现我的左手食指指甲上有梅毒的初期迹象。"初步来看，这个梦除了内容并非做梦者所希望发生的事情之外，清晰连贯，似乎没有分析的必要。但如果我们不怕麻烦去深究，就会发现"初期迹象"和"初恋"这个词很相似，而那种令人讨厌的溃烂，用斯塔克的话来说，"代表的是一种带有强烈情感的欲望的满足"。

反欲望梦[1]的第二个动机往往非常明显，但容易被人忽略，我自己在相当长的一段时间内也经常忽略它。有些人在性方面，本质上有一种受虐狂的成分，它的产生是由其带有的攻击、施虐狂成分颠倒所致[2]，所以这些人并不是从身体的痛苦中获得快感，而是从受辱和精神折磨中获得快感，我们可以将这类人称为"精神受虐狂"。很明显，这类人容易出现反欲望梦和不愉快梦，而这两种梦都代表欲望的满足，因为这些梦满足了他们的受虐倾向。

在此我引用一个年轻人做的梦来证明。这个人在小的时候曾经百般折磨他的哥哥，并对哥哥有一些爱慕之情。在他的性格发生了较大改变后，他做了一个梦，这个梦包括 3 个片段：①他的哥哥在跟他开玩笑；②两个成年人互相抚摸；③他的哥哥卖掉了他（这个年轻人）正在经营的商行。最后一个片段让他惊醒，并且醒来后内心充满痛苦。这是一个受虐狂的梦，可以被解释成：如果我的哥哥以变卖我的财产的方式作为对我过去折磨他的惩罚，那对我来说也没什么可以感到委屈的。

---

① 本段增写于 1909 年。
② 作者关于这一主题的修改意见参见弗洛伊德于 1924 年所著《受虐狂的经济问题》。

在新的反对意见出现前，我希望上面的例子足以让人相信，即使有些梦让人十分痛苦，也可以被解释为欲望的满足。[①] 而且，如果在对这类梦进行解释时，每一次都涉及人们不愿意去想或是不愿提到的话题，那么没有人会认为这只是纯粹的机缘巧合吧！这类梦所引起的痛苦情感，无疑与常常阻止（通常这种阻止行为会得逞）我们提及或讨论这些话题的情感是相同的。如果我们被迫去做这些事，就必须努力克服这种阻抗。但是梦中出现的这些不愉快，并不能证明梦中不存在欲望，每个人都有一些不愿对人提及，甚至连他自己都不愿承认的欲望。另一方面，我们可以把这些梦中不愉快的特征和梦的伪装这个事实联系起来，因此我们可以认为这些梦是经过伪装的梦。并且我们也有理由认为，这些梦已被扭曲，且梦中的欲望已经被伪装得难以辨认。之所以这么说，是因为做梦者对梦的主题或由此产生的欲望存在强烈的反感，如果不加伪装，它们只会被压抑下去。因此，梦的伪装实际上是一种梦的自我稽查活动，如果我们需要修正下面这个试图表明梦的本质的公式，那么在分析不愉快梦的时候，我们需要将这一过程中出现的所有因素都考虑进来。公式：梦是（被压制或被抑制的）欲望

---

① 以下这句话在 1919 年的版本中以略微不同的形式被记录了下来，并在 1952 年的版本中以脚注的形式出现："我必须指出，这个话题还没有完全讨论清楚，后续我会继续对其进行讨论。"

（伪装后）的满足。①

　　此外，仍然有一类特殊的梦有待讨论——焦虑梦。如果我们把这类梦看作欲望梦，那么那些不太了解释梦知识的人恐怕很难接受。但是在此我也只能做一些简单的论述，因为此类相关内容并不是梦问题的新方面，它们向我们展示的也只是神经症中的焦虑问题。显然，我们只能通过梦的内容来解释我们在梦中体验到的焦虑。对这些内容进行深入分析后，我们便会发现，通过梦境的内容分析焦虑与通过恐惧症分析恐惧一样没有道理。例如从高空掉下无疑会摔死，那么在窗户附近活动时就必须小心谨慎。但令人不解的是，在这个恐惧梦中，害

―――――――――

① 1914 年加注：据我所知，有一位伟大的仍在世的作家，他并没有听过任何关于精神分析或梦的解释，却已经独立地得出了一个有关梦的本质的几乎与此相同的公式。他认为梦是"在虚假的特征和名称的掩饰下，未经授权而出现的被压抑的欲望和愿望"。（斯皮特勒，1914 年，第 1 页）

1911 年加注：对于稍后将讨论的问题，这里引用奥托·兰克对上述基本公式的扩充和修改："建立在被压抑的、婴儿化的性材料基础上的梦，通常代表当前的欲望，也代表色情的欲望，这些欲望通常以一种隐蔽的象征性伪装形式得到满足。"（奥托·兰克，1910 年，第 519 页）

1925 年加注：我没有在任何地方声明我采用了奥托·兰克的公式。如上文所述，这个简短的版本在我看来就足够了。但是仅仅因为我提到了奥托·兰克的修正公式，无数人便会指责精神分析，断言"所有的梦都有性内容"。如果按原意来理解这句话，它只能说明批评家为了履行其职责，而习惯地采取了一种不负责任的方式——一味地抨击，这对得出明确的论述毫无帮助。我在前面的论述中提到过各种各样的欲望，这些欲望（如参加短途旅行或在湖上航行的欲望、弥补错过的宴会的欲望等）通常会出现在儿童的梦中；我还讨论过饥饿梦、口渴梦、排泄需求的梦及单纯图方便的梦。奥托·兰克自己从没有做出绝对的推断，他使用的表达是"通常也代表色情的欲望"，而他所说的话可以在大多数成年人的梦中得到充分证实。如果我的批评者使用的是精神分析中常用的"性"一词——"爱欲"，那么情况就不一样了。但我的批评者几乎不会想到一个有趣的问题——是否所有的梦都是由力比多本能创造，而不是由"破坏性"力量形成的？（参见弗洛伊德，《自我与本我》，第 4 章）。

怕掉下来的焦虑为什么那么强烈，又为什么无休止地纠缠着做梦者呢？我们发现，无论是恐惧梦还是焦虑梦，它们都可以说明一个道理：在这两种情况下，焦虑只是表面上依附于某种伴生的观念，它的真正来源另有他物。

因为梦中的焦虑情绪和神经症的焦虑情绪之间存在紧密的关联，所以要讨论前者就必须提到后者。而我在有关焦虑性神经症的一篇短文（弗洛伊德，1895 年 b）中早就论述过，神经症的焦虑问题来源于性生活，并与游离于自身目的外、无处安身的力比多相关。[1]从那以后，这一结论经受住了时间的考验，而现在我们可以做出以下推论：焦虑梦常常是带有性内容的梦，因为带有性内容的力比多会转化成焦虑。为了继续完成梦的理论，我会在后文中对一些神经症患者的梦[2]进行分析。同样，我还会再次讨论焦虑梦的决定因素，以及它们与欲望满足理论之间的匹配性。

---

[1] 关于作者后期对力比多和焦虑之间关系的看法，可参见他的《抑制、症状和焦虑》（1926 年 d）。

[2] 对于这一点，弗洛伊德很明显改变了他的想法。在后文他只分析了两个焦虑梦，并再次讨论了焦虑梦这一主题。

第五章

梦的材料及来源

当我们通过伊尔玛打针的梦证实梦是欲望的满足后，接下来我们应该把注意力集中到对这个问题的思考上，即我们是否专注于发现梦的一个普遍特征，而暂时忘了释梦工作涉及的其他重要科学议题。既然我们已经在这一研究方向上取得了成果，那不妨回过头来探索一下，在释梦的道路上是否还可以另寻方向。所以我们暂时先把欲望满足这个主题搁置，稍后根据需要再对它做进一步的探讨。

通过对梦的解释，我们发现梦的隐意（latent content of dreams）比梦的显意（manifest content of dreams）要重要，所以当下我们的首要任务就是对梦中出现的问题重新做一番检查，看看显意中有没有我们无法解决的难题或矛盾，并依据我们现在新的发现去探索能否获得令人满意的回答。

在第一章中，我已经列举过很多与梦和清醒现实有关联的材料，以及梦的材料来源等前人的研究观点，经过这一番梳理，读者们无疑会回忆起之前我们经常提到、还未加以解释的梦中记忆的几大特征。

1. 梦中总爱出现做梦者关于最近几天生活的印象。对此参见罗伯特（1886 年，第 46 页）、斯特姆佩尔（1877 年，第 39 页）、希尔德布兰特（1875 年，第 11 页）、赫拉姆及韦德（1896 年，第 410 页以下）等人的理论。

2. 梦会根据我们清醒时对记忆的不同关注度而重新选择材料，梦很少选择真正影响我们的重大事件作为材料，而总是挑选被我们忽视、没有注意到的事情。

3. 儿时的早期记忆会在梦中随机出现，而且它往往还会呈现我们生活中的很多细节，这些细节对我们来说无足轻重，我们在清醒时可能很快就把它们忘掉了。[1]

这些前人的研究对梦的各种特征进行了梳理，不过仅仅局限于显意的层面。

第一节　梦中新近的和无关紧要的材料

如果让我以自身经历来讨论梦的材料的来源问题，我认为每个梦中都有与前一天发生的事情的重合之处。不只我有这种观点，很多像我一样释梦的人在很多材料中都找到了证实这种观点的证据。在掌握了这个规律后，我往往通过寻找前一天发生的一些引发梦境的事件展开释梦工作，而且经过很多次的应用，我发现这是一个非常简单、快捷的方法。[2] 在前文中，我详细分析过伊尔玛打针的梦及关于约瑟夫叔叔的梦，这两个梦和前一天经历的相关性都非常明显，所以没有做进

---

[1] 罗伯特（1886 年，第 9 页以下）认为，做梦的目的是减少白天对无用印象的记忆，而如果童年时期的那些无足轻重的记忆图景依然经常出现在我们的梦中，那么这种观点显然不再成立。否则，我们只能得出这样的结论：梦的功能实在发挥得不够充分。

[2] 弗洛伊德在 1923 年版本的第一部分里讨论了释梦开始时的不同方法。

一步详细阐述的必要。但为了证明我们可以借助这种相关性找到一定的规律，我只能继续用我自己的梦举例，希望这些例子可以帮助读者找到梦的来源。

1.我正要去拜访一个不太喜欢接待我的家庭，同时还有一位妇女正在等着我。

来源：前一天晚上，我和一个女亲戚进行了对话，我告诉她，她得耐心等待她购买的东西。

2.我写了一本关于某一种（具体种类并不明确）植物的专著。

来源：前一天早晨，我在一个书店的柜台里翻看了一本论述仙客来属植物的专著。

3.我在街上走，遇到两名妇女，一位母亲和一位女儿，那位女儿是我的患者。

来源：前一天傍晚，一位患者对我诉苦，说她的母亲对她来看精神科医生这件事很反感，总是为她设置各种阻碍。

4.我在 S&R 书店订阅了一份期刊，全年价格是 20 弗洛林。

来源：我的妻子前一天提醒我，这个礼拜我还欠她 20 弗洛林生活费。

5.我收到社会民主委员会的来信，他们似乎已经默认我是他们的会员。

来源：我同时收到了自由选举委员会和博爱社的来信，而我很久前就已经是博爱社的会员。

6.我梦到一位男子像比克林那样，站在海中陡峭高耸的岩石上。

来源：《妖岛上的德莱弗斯》，以及我从英格兰亲属那里听到的一些消息。

也许有人会问，梦与现实世界的重合点，是否总是前一天发生的事呢？还是说，我们可以在更久的时间里找到这个重合点呢？这个问题其实并不重要，但我还是倾向于认为，触发梦境的只是前一天的经验，我把这一天称为"梦日"。所以有时一些梦的来源看似来自两三天前的印象，但只要细加追究就会发现，这件事曾在前一天被回忆起来，也就是"梦日"当天，我们把对过去印象的重现嵌入了原始事件与梦境之间。同时，通过更多线索，我们会发现将过去的事情与梦中出现的事情联系起来的偶然事件。

但是另一方面，[1] 我不相信刺激我们做梦的意象与其在梦中再现这二者之间存在有规律的周期（斯沃博达曾于 1904 年提出，二者的间隔周期为 18 小时）[2]，且具有生物学上的意义。

哈夫洛克·埃利斯（1911 年，第 224 页）[3] 也对这一点表示了关注，他说他曾经尽力寻找过，但在他的梦中并没有发现什么周期性特点。

---

[1] 本段增写于 1909 年。

[2] 1911 年加注：正如我在第一章的跋（1909 年）中提到的那样，关于威廉·弗利斯 1906 年所发现的以 23 天或 28 天为间隔的生物周期，赫尔曼·斯沃博达于 1904 年曾在精神领域对此进行了十分深远的应用。他尤其主张这种周期决定了梦境元素的出现。如果这一事实成立，那么释梦将不体现任何必要的修正，它只会为梦境材料的来源提供新的线索。然而最近，为了验证生物周期理论在多大程度上适用于梦境，我对自己的梦进行了一些研究。因此，我特地选择了一些与众不同的梦境元素，以确定它们在现实生活中出现的时间。

[3] 本段增写于 1914 年。

I. 梦——1910 年 10 月 1～2 日

（片段）……在意大利的某个地方。我的 3 个女儿在给我看一些小古玩，我们好像是在一家古董店里，她们坐在我的腿上。我看着其中一件物品评论道："嘿！这是我给你的。"然后，我清楚地看到一具有萨沃纳罗拉特征的雕像就在我面前。

我最后一次看到萨沃纳罗拉的肖像是什么时候？我的旅行日记证实，我曾在 9 月 4 日至 5 日去过佛罗伦萨。在那里，我曾想送给我的旅伴看一枚印有狂热僧侣形象的徽章，它被嵌在西格罗里亚广场的人行道上。我想我是在 3 号早上告诉他的。从这一印象的产生到它在梦中重现间隔了 27+1=28 天——这仿佛是"女性生理期"的间隔，正好对应了弗利斯周期上限。不幸的是，现在基于这个例子得出结论还为时过早，我必须补充一点，那就是在"梦日"当天，有一位能干却总是神情忧郁的同事拜访了我（这是我回来后的第一次受访），多年前我曾对他起过一个外号，叫"拉比·萨沃纳罗拉"。他向我介绍了一位经历过彭特巴快车事故的患者，而我自己也在一周前坐过这趟车，于是我的思绪就这样被带回了最近发生的意大利之行。因此，我的梦之所以会出现"萨沃纳罗拉"这一与众不同的元素，正是因为同事在"梦日"的到访。因此，28 天的周期也失去了意义。

II. 梦——1910 年 10 月 10～11 日

我又一次来到大学实验室从事化学研究工作。L. 霍夫拉特邀请我到一个地方去，于是我们走在一条走廊上，他走在我前面，高高地提着一盏灯又或是别的仪器，脖子以一种特定的姿势向前伸着，他看上去神情清醒（有远见）。接着，我们穿过一片空地……（之后的事情我就想不起来了。）

这个梦最特别的一点就是 L. 霍夫拉特提灯（也可能是个放大镜）的方式，他把这个物品举在面前，眼睛直直地凝望着远方。我已经好多年没有和他见面了，但我立刻明白他只是别人的替代者，一个比他还要伟大的人——阿基米德，他的雕像屹立在锡拉丘兹的阿雷苏沙喷泉旁，他举着那面凸透镜，凝视着围攻而来的罗马军队。这个姿态跟梦中 L. 霍夫拉特的姿态相同。我第一次（以及最后一次）看见那个雕像是什么时候？我想了想，那是 9 月 17 日的傍晚，从那时到做梦之间间隔了 13+10=23 天——这是弗利斯提出的"男性生理期"（正好是其周期下限）。

不幸的是，当我们更详细地去解释这个梦时，我们再一次发现弗利斯周期失去了意义。这个梦的触发原因是我在"梦日"当天听到了一些消息，我听说诊所很快就要搬到别的地方了，而诊所原本所在地有一个很便利的演讲室。所以当听到这个消息时，我很自然地认为新的地方一定会非常糟糕，或许根本没有可以供我使用的演讲室。从那一刻起，我的思绪便回到了刚当大学讲师的那段日子，那时我没有演讲室，我试图他说他曾经做过这样一个梦，梦见自己在西班牙，想去达劳斯（或许叫瓦劳斯或扎劳斯）这个地方，但醒来后他完全想不起这个地名到底是什么，于是就把这个梦放在了一边。直到几个月后，他发现扎劳斯实际上就是从圣塞瓦斯蒂安到毕尔巴鄂路上途经的一个车站名——在做梦的 200 多天前，他曾坐火车经过那个地方。

因此我认为每一个梦中刺激的根源，都可以从他睡着之前的体验中

争取一个，但当时声名显赫的 L. 霍夫拉特和其他教授几乎没有给我任何回应。于是我去找了当时的院长 L 诉说自己的不便，并相信他会友好地给我回应。他承诺会帮我，但后来这件事如石沉大海般没有结果。在梦里，他就是阿基米德，他给了我一个"支点"，然后亲自带我去了诊所新址。任何善于解释的人都猜得出，梦里的思维多多少少带着一点儿复仇和体现自我重要性的想法。无论如何，很明显的是，如果没有之前的触动，阿基米德很难在那天晚上进入我的梦境；我也不相信锡拉丘兹的雕像会给我留下那么深刻而清晰的印象，以至于经过这么长时间后它依然对我影响深远。

III. 梦——1910 年 10 月 2～3 日

（片段）……那是一些有关奥斯教授的事情，他亲自为我定制了一份具有舒缓效果的食谱……（还有一些内容我记不清了）。

这个梦是对我那天消化系统紊乱的反应，这让我考虑是否要去一个同事那儿开个膳食处方。我选择梦到在夏天去世的奥斯的原因可以追溯到另一位大学教授——一位我十分崇拜的老师，他的去世就在前不久（10 月 1 日）。奥斯是什么时候去世的？我是什么时候知道这件事的？根据报纸上的一则消息，他是在 8 月 22 日去世的。那段时间，我正待在荷兰，而我订阅的维也纳报纸倒是有规律地寄到我手上，因此我一定是在 8 月 24 日或 25 日读到了这则消息。现在我们发现，这之间的间隔不再能对应那个周期——中间间隔了 7+30+2=39 天，甚至 40 天。这期间我也不曾记得自己提起或想到过奥斯。

如果没有进一步的操作，像这样的间隔是无法契合生物周期理论的，而类似的事情在我的梦中出现过很多次，其频率远远超过符合生物周期理论的情况。我唯一能找到的规律关系，也是我在文中所坚持的，即梦的内容与"梦日"当天的印象有关。

找到依据，而无论是很久以前的印象还是近期发生的事情，都可以成为梦的内容。只要我们的思路能将"梦日"的体验（即最近印象）与早期体验串联起来，做梦者一生中的任何阶段都可能成为梦的材料。

那么，为什么梦总偏向于选择那些最近发生的事呢？经过我们对上面提到的梦的内容的分析，我们得出了一些观点。所以接下来，我将选择其中一个作为例子，来为大家解答这一问题。

植物学专著之梦

我梦见自己写了一本有关某种植物的专著，而且这本专著正摆在我的面前，我正在翻阅其中的一页彩色的对折插图。这本专著中有很多干枯的植物标本，就像从标本册中取出的那样。

分析——当天早晨，我在一家书店的橱窗中看到过一本新书，题目是《仙客来属植物》，很显然这是一本植物学的论著。

我知道我的妻子最喜欢仙客来，而我责备自己总是很少想起回家时带这种花送她。带花这件事让我想到了以前的一段小插曲，我最近常常向我认识的朋友说起这段故事，而它可以作为支持我理论的证据：我们之所以会遗忘一些事情，往往是因为我们的潜意识的作用，而且我们总能从遗忘这个事实推测出人们忘记这些事情的目的[①]。例如有一位年轻的妇女 L，每年生日当天都会收到丈夫送她的一束鲜花，而偏

---

① 该理论的发表是在梦发生的几个月后，见弗洛伊德 1898 年著作，之后被收录进了 1901 年出版的《日常生活的精神病理学》一书中。

偏有一年，这个代表爱情的信物没有出现，她因此伤心落泪。她的丈夫回家后不明白妻子为什么默默哭泣，直到她说今天是她的生日，丈夫才拍着脑袋说："哎呀！对不起，我忘了！我立刻去为你买一束花！"但是L并没有因此感到安慰，因为她意识到，丈夫的遗忘行为已经说明自己在他心中再也没有了以前那样的地位。L在我做梦的两天前和我的妻子见了面，她说她感觉很好，并向我问候。几年前她曾经在我这里接受过治疗。

那么接下来我将继续我的论述。我记得我确实写过类似于某种植物学专著的东西，那就是我有关古柯植物的论文（弗洛伊德，1884年e），正是这篇论文引起了卡尔·科勒对于可卡因麻醉特性的关注。我在发表这篇论文时说明了生物碱的麻醉用途，但是我对这个问题并没有做进一步的追踪研究。这使我想起在我做梦后的第二天早晨（我通常只有傍晚才有时间分析我的梦），我好像在白日梦的状态中想到了可卡因。我想，如果我患了青光眼，我就得去柏林，隐姓埋名地住在朋友家中，让他推荐一位眼科医生为我做手术。当然那位医生不知道我的身份，他一定会夸耀自从有了可卡因，自己做手术有多么容易，而我一定会不露声色，不让他们发现这其中有我的一份贡献。这种幻想使我想到，如果让别人知道一位内科医生请求同行为自己治疗将是多么尴尬的事。所以正因为这位眼科医生不知道我是谁，我才得以和其他人一样，向他支付医疗费并且平静地面对这一切。在我想起这个梦境之后，我才意识到这背后还隐藏着我对过去事件的回忆。在科勒发现可卡因的用途后不久，我的父亲就患了青光眼，而我的一位身为眼科医生的朋友为他做了手术，当时科勒负责用可卡因麻醉，而且他说："这台手术有特殊意义，它相当于把参与可卡因麻醉应用的三个重要人物都聚集到了一起。"

由此，我又想起和可卡因有关的另一件事。几天前，我的学生们为了庆祝他们的老师和实验室主任的 50 周年纪念日，做了一本纪念文集，在其中列举了实验室的一些荣誉人物，我在其中看到了这条评语："科勒发现了可卡因的麻醉作用。"我还想起了在我做梦当晚发生的一些事情。当时我和科尼希斯坦医生一起回家，路上我们习惯性地谈论一些感兴趣的话题，而当我站在门厅口和他交谈时，加德纳教授（他的姓 Gardener 又有"园丁"的意思）和他的妻子也加入了我们的谈话，看着他们满脸洋溢着如春花绽放般的幸福，我不由得向他们表示了祝贺。加德纳是我刚才提到的纪念文集的编著者之一，这或许也是让我想起文集的原因。此外，在与科尼希斯坦医生交谈的过程中，我们也提到了那位生日当天感到失望的妇女 L，只不过那是另外一种关联。

接下来，我将试着对梦境内容的另一些影响因素加以解释。

这本专著中有很多干枯的植物标本，就像从标本册中取出的那样——这让我想到了自己的中学时代，有一次校长召集我们高年级的很多男生帮忙检查和清理学校的植物标本册，而标本册中出现了一些小虫，也就是那种常见的书中的蛀虫。当时校长对我的工作能力似乎并不是很信任，所以他只交给我几页标本，我清楚地记得那是几种十字花科植物的标本，因为我对植物学并没有什么兴趣，尤其是在植物学科目的几次考试中，需要识别各种十字花科植物，而我都没能认出来。如果不是后期理论知识的补救，我的发展前景可能就跟现在大不相同了。而这些十字花科植物让我联想到了菊科植物，我记得洋蓟就是菊科植物，我甚至认为洋蓟是我最喜欢的花。妻子要比我慷慨得多，她经常从市场上买回我喜欢的花送给我。

这本专著正摆在我的面前——这让我又想起另一件事，那就是我接到柏林朋友弗利斯的一封信，他在信中表现出非凡的想象力，他说："我是多么关注着你那本有关梦的新书，我梦见它已经摆在我的面前，而我自己正一页页地阅读它。"[1]我真羡慕他有这种预见力，我要是能看到这本书摆在我的面前，那该多好啊！

其中的一页彩色的对折插图——当我还是一名医学生时，我曾经狂热地从各种论文中汲取知识，尽管收入有限，我还是想方设法阅读了大量的医学论文，并为其中的一些理论和观点着迷，我为自己的这种钻研精神感到非常自豪。当我开始发表论文时，我也习惯于给自己的论文内容配上插图说明。我记得当时有一张配图画得非常难看，甚至还遭到我同事的讥笑，这让我莫名地联想起童年的一段经历。有一次，父亲为了开玩笑，把一本带有彩色插图的书（内容关于波斯之旅）递给我和妹妹，让我们去撕。当然从教育学的角度我们很难评论这件事情。当时我只有 5 岁，我的妹妹还不到 3 岁，我们非常开心地把书撕成一条又一条，就像一片一片的洋蓟花（我注意到了自己的表述方式），那是我童年生活留下的唯一生动的记忆。上学后，我就由此发展

---

[1] 弗洛伊德是在 1898 年 3 月 10 日给弗利斯回信的（见弗洛伊德 1950 年 a，84 号信件）。因此梦一定是在一两天前发生的。

出了收集书的爱好，就像我喜欢钻研论文那样，读书成了我最大的爱好（"最大的爱好"这一想法让我联想到了仙客来和洋蓟），我变成了爱书如命的人。自从我开始进行自我分析，这个早期的爱好就把我带回刚才我提到的那段童年回忆，也许这段童年回忆就是我后来藏书倾向的"屏蔽记忆"①，也可能因此我很早就发现了乐极生悲的道理。17岁时我曾经在书商那里欠了一大笔钱且无力偿还，我的父亲并没有因为我喜欢书而原谅我的欠债行为，这段经历又让我想起了做梦的当晚我和朋友科尼希斯坦医生的谈话，谈话中提到了我过于沉迷一些东西而总是遭到批评这个老生常谈的话题。

由于随后的内容和这个讨论的主题关系不大，所以有关这个梦我就不再解释下去了，我仅仅想为这个解释的来源指明方向。在释梦过程中，我想到了我和科尼希斯坦医生的谈话，而且从多角度都想到了它。当我考虑谈话涉及的一些话题时，我就理解了梦中出现的一些意象的含义。这个梦引起了我很多的思绪，包括我和我妻子喜欢的花、可卡因、向同行求医的尴尬，还有我对论文著作的偏爱及对某个学科分支的忽视，如果继续深究，这些内容都是我和科尼希斯坦医生谈话中的各种分支。这和我第一次分析伊尔玛打针那个梦有相似的原理，它再一次体现了自我辩解的本质，即我在为自己的权利而争辩，可以说这一本质很早就给梦中出现的主题定了一个基调，使其按照我自己的喜好逐步推进，并且采用了不同的材料，甚至是一些无关紧要的意象。在这个基调下，这些材料都变得非常有意义。因此，这个梦的含

① 参见我有关屏蔽记忆的论文（弗洛伊德，1899 年 a）。

义是:"我才是写了有价值、值得记忆的讨论可卡因价值论文的人。"这就是我在曾经那个梦中为自己做的争辩。在另一个梦里,我为自己做的辩解是:"我是勤奋努力、值得信任的好学生。"在这两个梦中我所坚持的都是我允许自己这样做。说到这里,我就没有必要再对这个梦继续解析下去了,因为我分享这个梦的目的,仅仅是举例说明梦的内容和做梦前一天的经历之间的关系。我知道从显意上看,梦的内容和"梦日"发生的单一事件有关;而如果继续分析下去的话,同一天的另外一些经历就成了梦的内容的第二个来源。在这两段经历中,之前发生的第一段经历对梦的形成是无关紧要的——我在橱窗里看到一本书,它的题目吸引了我短暂的注意,但我对内容并不感兴趣;反倒是第二段经历具有非常重要的意义——我和我身为眼科医生的朋友进行了一个小时的交谈,对话中我把一些我认为我们之间可以达成共识的内容分享给他,而这种分享也唤起了我对自己过去事件的回忆,这些分享在我心中也激起了一些情绪,但可惜由于熟人的介入,分享提前结束了。

现在一定有很多人想知道"梦日"的这两段经历之间的关系是怎样的,包括它们和当晚梦的形成之间的关系究竟是什么样的。可以说,梦的显意主要涉及的都是一些无关紧要的内容,这似乎可以证明梦偏爱选择我们在清醒状态下忽视的情节;但在对梦的内容进行解释后,我们发现梦的一切内容都指向重要的经历,也就是那些可以搅动我们情感的经历。如果我们根据分析所揭示的潜在内容去评判梦的意义(也只有这样才能正确评判),我们就能有一些出乎意料的新发现。至于为什么梦总是关心白天生活中无意义的琐事，这个问题似乎就失去了意义，我们不再坚持认为清醒生活无法进入梦境，而"梦是我们浪费在各种琐碎事情上的精神活动"这种观点也不再站得住脚。事实上，与此相反的说法更加合理：决定梦中思绪的正是白天占据我们生活的那些事情，而真正进入梦境的是那些让我们反复思考的事情，因为只有那些事情才是我们想要梦到的。

既然我的梦由白天那些让我兴奋不安的事情引起，那么为什么我实际上梦见的都是一些无关紧要的事情呢？关于这点，最好的解释就是我们前面提到过的梦的伪装。在第四章中，我曾把这种梦的伪装归结为压抑以及自我稽查作用的精神处理方法，所以我有关仙客来属植物专著的回忆可以追溯到我和我的医生朋友谈话的目的。这就像那个放弃晚宴的梦例中，熏鲑鱼在梦中暗指做梦者的女性朋友一样，唯一的问题是相关的印象是如何联系到我与那位医生朋友的谈话上的。因为乍看上去两者之间没有明显的联系，而在那个放弃晚宴的梦例中则有这种联系。那位患者的女性朋友最喜欢熏鲑鱼，熏鲑鱼可能引发了患者对女性朋友的联想。而在这个梦例中，乍看上去，两个不相干的意象的唯一共同点就是它们出现在同一天：早晨我看到了那本专著，而那一天晚上我还和我的医生朋友进行了谈话。稍加分析后，我们对此就可以做出如下的解释：开始的时候这种联系并不存在，事后回想起来，这种联系由其中的一个意象和另一个意象的内容交互影响而组织起来，在我们分析记录的句子下面画上强调符号，因为我已经对梦中出现的一些中间环节给予了注意，如果没有其他因素的影响，仙客来属植物专著这一点就可以让我想到自己喜欢洋蓟了。当然这也可能来源于妇女 L 没有收到鲜花。我很少意识到，这些不起眼的想法竟然都来自同一个梦！正如我们在《哈姆雷特》中常听到的那一句：

主啊！告诉我们实情吧！我们不需要从坟墓中跳出的鬼魂！

分析中，我又想起了那个打断我们谈话的叫加德纳的人，也想起他的妻子像花一般的容貌；甚至在我写这些事情时，我又想起了另一位女患者，她叫弗洛拉，她与罗马神话中管花的神同名，她也曾经是我们当天谈话的主角。这些都是日常生活中的一些无关紧要的细节，但它们都是由植物学领域的观点引发并构成当天不同事件之间联系的要素。因此，那些看似无关紧要的经历和那些能唤起人们强烈情绪的经历，都围绕着一个核心建立起来。包括围绕着可卡因概念的种种联系，还有科尼希斯坦医生和我所写的植物专著之间的联系，所有联系都进一步强化了各种概念之间的融合原因，结果就是它可以让一段经历的一部分作为另一段经历的暗喻。

很多人批判这种解释可能过于主观或武断，他们可能会问：如果加德纳和他那花容月貌的妻子没有出现，如果我们谈论的女患者叫安娜而不叫弗洛拉，那么事情又会是怎么样的呢？答案可能非常简单，如果这条逻辑链条无法形成，我们的梦无疑会选择其他内容，因为形成新的逻辑链条并不难。就像我们的生活极其复杂，但为了取乐，我们常常选择各种谜语、双关语。材料总是无限的，或者更进一步说，即便做梦当天的两个印象之间不能形成逻辑链条，它们也还会选择通过其他不同的内容在梦中得到呈现。这些印象，包括同一天的另一种印象，成群地涌入大脑，随后又很快被忘掉，而这些新的印象可能就会替代我梦中主题的内容，选择其他缘由让我把这些材料联系起来，并在梦中得以再现。我选择了"专著"而不是其他事物来达到这一目的，那么我们必须假设它是形成这一逻辑链条的最佳选择，而不用像莱辛笔下那个狡猾的小汉斯那样，对"只有有钱的人才拥有最多的钱"感到惊奇。①

在我看来，我们总是通过一系列的心理过程，把那些无关紧要的经历放在能反映我们真正关注的重点的位置上。可能这个观点引起了人们的怀疑或不解，那么在第六章中我们会把这些不合理的内容阐述得更容易理解。而在本章中我们的目的只是解释这个过程中的作用，通过分析梦中有规律的场景的来源来验证梦的材料的真实性，利用中间生成的环节，让看上去似乎有一种移置作用的特殊事件，包括那些具有强调作用的精神内容变得有意义。不知此后我们是否可以得出这样的结论，即原本被强烈贯注（cathected）②的虚弱信念，从我们蕴含强烈情绪的记忆中吸取能量到足够的强度，一边让自己被我们注意到，一边打开一条通路，最终成功涌入我们的意识。如果这种移置作用指的不过是感情强度的转移或一些活动的置换，我们也不必太惊讶，就像一个孤单的人喜欢把感情转移到动物上，一个单身汉转而成为狂热的收藏家，士兵用热血捍卫一块彩色的布——旗帜，恋人因为多握手

① 摘自莱辛《意义的密度》，后文将对这个梦做进一步讨论。
② 意为充满精神力量。

几秒钟而深感幸福，甚至像奥赛罗那样为一块丢失的手绢狂怒……这些都是我们不会反驳、有关精神移置作用的例子。于是当我们听到有人采取同样的方式、同样的原则做出了决定，我们就可以决定究竟让哪些内容进入我们的意识，将哪些内容排除在外。概括来说，这就是我们所要考虑的。如果这些事情在我们清醒时发生，我们会觉得自己生病了，我们会认为这些思想都是有毛病的，在此我会提出一条后文中我可能会继续补充的结论，那就是我认为梦中出现的移置作用，虽然不能被武断地认为是病理性的，但它确实并不正常，它也许可以被看作人类原始的特性。

因此，我们不仅可以用残余梦境内容中的琐碎经历来解释梦的各种伪装（通过移置），还可以由此得出结论，即梦的伪装是意识从一层精神介质通往另一层精神介质的过程中经过稽查的产物；甚至我们可以期待释梦过程将不断为我们展示梦在清醒生活中真实而重要的精神来源。尽管这个时候我们的工作重点已经从挖掘来源的回忆线索，转移到了对各种无关紧要的回忆的关注上。这种解释和罗伯特的理论完全冲突，因此他的理论对我们没有任何用处，罗伯特试图解释的很多事情根本就不存在，他（对于该理论）有所误解，他无法用梦的隐意替代梦的显意。甚至我还可以提出反对罗伯特理论的另一个理由，即如果梦的真正目的是利用一些特殊精神活动去释放我们白天记忆中的冗余信息，那么比起我们清醒时的心理活动，我们在睡眠活动中会更累、更痛苦，我们的记忆就需要更多无关紧要的意象来保护。而那些无关紧要的意象数量如此庞大，简单的一夜睡眠绝对不足以让我们处理掉这些内容，所以，更可能的情况是，那些不断被我们忘记的、无关紧要的内容并不需要我们精神力量的管理和介入。

当然在深入探讨之前，我们不会就这样武断、草率地摒弃罗伯特的所有观点。我们仍然没有解释清醒时，尤其是做梦的前一天，那些无关紧要的印象为什么总会在梦中出现。就像我们在现实生活中看到的，这种印象和梦的潜意识真正来源之间的联系并不总是很容易被发现，它们都是在梦的运作过程中回溯构建的[①]，也许是为了让一些意欲进行的移置变得更合理。所以，在和那些新发生、无关紧要的印象建立联系方面，一定还有某种强制性的力量，而且这种联系一定使这些印象特别适用于形成梦的目的的某种属性。否则，梦的思想就非常容易把重点放到自己观念范围内那些不被重视的内容上。

接下来的探讨将有助于我们解决这个难题。如果在某一天内我们有两段或者更多的经历可以引发一个梦，梦就会把所有的这些事情当成一个单独的整体来考虑。它也必须把它们结合成一个整体。以下就是一个例子。在夏天的一个下午，我在一节列车车厢中碰到两个熟人，而他们彼此并不认识，一个是著名医生，一个则是和我的职业有联系的贵族成员。我为他们两个人做了介绍，但在整个漫长旅途中，他们都分别与我一个人交谈，就好像我是他们的中间人，而我只能时而和这个、时而和那个轮流讨论不同的话题。我请求我的医生朋友利用他的影响力为我们两个人都认识的一个刚入行的年轻熟人进行推荐。医

---

① 这里第一次提到这一重要基本概念，本书的第六章作为全书最长的一章，将对这一概念进行详细论述。

生朋友说，他相信这个年轻人的能力，但因为他相貌平平，恐怕难以跻身上流社会。对此我说，这正是他需要一个有影响力的人的帮助的原因。随后我转身向另一位伙伴打听他姑母（而她也是我一位患者的母亲）的健康状况，当时她正卧病在床。就在这次旅行的当天晚上，我梦到我那位年轻朋友在一个时髦客厅里，坐在一群我认识的有钱有势的人当中，以一种老于世故的稳重态度为一位老妇人（也就是我们白天讨论的那位姑母，而她在我的梦中已经死去）致悼词，而且说实话我对这位老妇人的印象并不是很好。所以这样一来我的梦就把我前一天的经历都联系了起来，将它们融合成了一个整体。

基于多次的经验我可以断言，梦的运作在某种程度上是必要的，在这个过程中梦的所有刺激源被融合为一个单一的梦境。[①]

下面我会继续讨论这个问题，以确认我是否能通过分析一些梦境的刺激源，来判断它们是否总是来自新近发生的事件，或者是否总是来自内心的经历，也就是那些重要、唤起我们情绪事件的回忆。根据大量的分析，答案一定会偏向后者。我们内心的想法可以诱发梦境，但由于前一天的各种思想活动，我们的内心过程又变成了一个新的事件。

[①] 有不少学者已经论述过梦的运作的这种倾向，即梦通过自己的运作将同时发生、令我们感兴趣的一些事件融合为一个整体，例如德拉赫（1891 年，第 41 页）和德尔伯夫（1885 年，第 237 页）提及的强制融合。这是弗洛伊德本人在《癔症研究》（布洛伊尔，弗洛伊德，1895 年）中对于该原则的论述。1909 年，弗洛伊德又增写了以下论述（直到 1922 年的每一版本均有涉及，但在之后的版本中予以省略）："在后面一章中，我们将看到一些说明这种强烈的合并冲动的例子，即有关'缩合'的实例。这是另一种重要的心理过程。"

下面我将对梦的材料来源的不同情况进行梳理。梦的来源如下。

1. 最近发生的重要精神体验，它们会直接在梦中呈现出来。例如伊尔玛打针的梦，以及我那个约瑟夫叔叔的梦。

2. 最近发生且具有意义的事情在梦中融合成一个整体。例如我把那位年轻医生与老妇人的追悼会合在一起做的梦。

3. 一件或数件最近发生且有意义的事情，以某个在当前生活中无关紧要的印象在梦中呈现。例如有关植物学专著的梦。

4. 一个对做梦者本身具有重大意义的经验（例如记忆、思维），经常在梦中以另一个最近发生但无关紧要的印象呈现，作为梦的内容（在我的分析中，大多数患者的梦都属于这一情况）。

借助解析，我们很容易发现梦中的某一内容往往就是生活中前一天某个印象的重现。而这部分内容很可能本身就属于真正的梦的刺激源的范畴（无论是否重要），或者源于某个无关紧要的印象，然后或多或少地借由一系列线索与触发梦境的刺激源产生联系。这些约束条件的产生，事实上只取决于其中是否发生了移置过程；同时我们还注意到，是否发生移置过程将帮助我们解释不同梦之间的明显差异及这些差异的变化范畴，就像临床医学可以借由脑细胞假说来解释由部分清醒到完全清醒的整个过程。

如果进一步探讨这4种情况，我们会发现，为了形成一个梦，有时一种在心理上具有重大意义但不是新近发生的精神元素（如一连串的思维或记忆）可能会被另一些在精神层面上无关紧要的新近发生的事件所取代，只要它符合以下两个条件：第一，梦的内容必须与新近经历有关；第二，梦中的刺激源仍在精神层面具有重大意义。只有在一种情况（即第一种情况）下，上述两个条件才能够由同一个生活印象满足。此外，我们还注意到，对于那些无关紧要的事件，只要是新近发生的，就可以作为构成梦的材料；而一旦这些事件发生后过去了一天（最长几天），它们就再也不能用来构成梦的内容了。如果我们认同这个观点，那就相当于我们认为印象的新鲜度在梦的形成中具有与该印象所包含的情感和思维几乎同样重要的地位。随着进一步阐述[①]，我会在后文解释这种新鲜度对梦形成的重要性，其中还有很多内容需要阐明。除此之外，我还要在这里补充一种可能性——在夜里，我们是否曾经不自觉地修改过自己的记忆和意识？如果事实如此，那么"与其现在做出重大决定，不如先睡一觉再说！"这句俗语简直太有道理了。当然在这里，我们的讨论其实已经从梦境心理学转移到睡眠心理学范畴，而在后面的论述中，我们恐怕还会提及这方面的问题[②]。

然而刚才的结论仍然面临一个考验——如果只有最近发生、无关

---

① 参见第七章有关"移情"的段落。

② 1919 年加注：波茨尔（1917 年）在一篇文章中对新近材料在梦的构建中所起的作用做出了重要论述，这是一篇极具深意的论文。在一系列实验中，波茨尔要求受试者有意识地观察一张透过速示器（这是一种让人在极端的时间内观测物体的仪器）呈现的照片并画下来。然后，他开始关注受试者当晚所做的梦，并要求他们再一次画出梦中所呈现的相关内容。研究清楚地表明，受试者没有注意到的照片细节为梦的构建提供了材料，而之前受试者有意识地观察并画下来的细节并没有在梦的显意中重现。材料经过梦的运作，以一种"主观的"（或者更恰当地说是"专制"）的方式被修改了，其目的是构建梦。波茨尔的实验所提出的问题远远超出了本书所要讨论的范畴——释梦。顺便提一句，这种通过实验来研究梦的形成的新方法值得关注，它与早期的粗糙技术形成了鲜明对比——过去，研究者往往通过在梦中引入刺激来干扰受试者的睡眠。

紧要的印象才会进入梦境，那么为什么有时候我们的梦也会包含早期生活的元素呢？并且用斯特姆佩尔（1877 年，第 40 页以下）的话说，这些元素在它们还"新鲜"的时候并不具有"精神价值"，因而早就被遗忘了。也就是说，现在看来，这些元素既不新鲜，也不具有对精神活动的重要意义。

关于这种反对意见，我想我们可以通过对神经症患者的精神分析给出令人满意的答复。解释是这样的：在上述情况下，那些人的早期生活中早已发生了经由梦境或思考以无关材料代替重要材料的移置现象，并且从那时起就固着在记忆中。所以，原本看来无关紧要的早期印象不再可有可无，因为它们（通过移置）接管了重要的精神意义。真正无关痛痒的内容是不会在梦中重现的。

通过以上说明，读者们大概能够和我一样认可"所有的梦都不是空穴来风"这种说法了。当然，也不存在所谓的"简单而坦率的梦"。关于这一点，除了小孩的梦和某些因夜间感官受刺激引起的简单的梦，我可以百分之百地确信这一结论的准确性。除了我刚刚所举的这些例子，无论明显得让人一眼就看得出具有重大精神意义的梦，还是经过细致的解析，除去那些伪装成分才找到其中真实含义的梦，都能验证这一结论。梦一定不是毫无意义的，我们也绝不会允许那些琐碎的小事来惊扰我们的睡眠[1]。所以对于一个看似莫名其妙的梦，只要你肯花

---

[1] 1914 年加注：本书的友好评论者哈夫洛克·埃利斯（1911 年，第 166 页）写道："正是从这里开始，我们许多人无法再继续追随弗洛伊德。"然而，哈夫洛克·埃利斯并没有对梦境进行任何分析，并且他坚信我们一定能基于梦的显意做出正确的判断。

时间和精力去分析它，你一定会发现它一点儿也不简单。套用一句比较直白的话来说，"梦都像披着羊皮的狼"。我知道这种比喻一定会招来非议，况且我自己其实也非常想找个机会来详细阐释梦的伪装机制，所以我打算再拿几个记录在案的"简单梦"进行分析。

（一）

一位聪慧而高雅的少妇，在生活中是一个典型的温柔似水的女人。她的梦境如下："我梦见我到市场时已经太晚了，肉没有了，菜也买不到。"这看上去毫无疑问是一个简单、无聊的梦，但我坚信这并不是这个梦的真正意义，于是我让她尽可能详细地补充说明梦中的细节。我和厨师一起去了市场，厨师拿着菜篮子，当我告诉肉贩我想要买某种肉时，肉贩告诉我："你要的那种肉再也买不到了！"随后还拿起另一种东西向我推销，说："这种也很好的！你尝尝！"但我拒绝了。我们接着走到了一个女菜贩摊前，她试图说服我买一种很特别的蔬菜，黑色的，成束地捆着。我不知道那究竟是什么，我想我还是不买更好，于是我说："我不认识这种菜，我还是不买了。"

这个梦与她前一天的经历确实有关系。那天她到达市场时确实太晚了，所以没买到任何东西，"肉铺关门了"的印象似乎深刻地留在了她的脑海中，从而构成了梦中的这番叙述。但且慢！如果反过来看，这难道不是对一个男人某种不修边幅的粗俗的描述吗？[1]但做梦者自始至终也没有亲口说出这句话，这会不会是因为她在故意回避？接下来，

---

[1] "你的肉铺开张了"在维也纳谚语中是"你裤子的拉链开了"的意思。

我们将继续好好推敲这个梦到底蕴含着什么。

梦中的很多内容常常以谈话的方式呈现，就像我们会梦见某人说什么，或是听到什么，而不仅仅是想到什么（这很容易区分）。它们往往是从清醒生活中的实际对话派生而来的——当然可以肯定的是，这里的"实际对话"只不过是一种原材料，它可以被切割、转换，甚至在更特别的情况下，背离其原来语义。[①]释梦的方法之一就是以这类对话为起点展开分析。

肉贩所说的"你要的那种肉再也买不到了！"到底来自哪里呢？答案是我，那恰恰是我曾说过的话。在几天前，我曾劝做梦者说："那些童年时期的记忆，你可能'再也找不到了'，它们在精神分析的过程中被'移情'，被梦境取代了。"[②]所以，梦中的肉贩其实象征着我，而她之所以拒绝购买另一种推荐品，也不过是她心中无法接受"过去的回忆和感觉会移情到当下情景"的说法。"*我不知道那究竟是什么，我想我还是不买更好。*"这句话又从何而来呢？为方便分析，我们不妨将这句话分成两半。"*我不知道那究竟是什么*"这句话来自她当天与厨师因某件事争吵时说的气话，而且她当时还接着强调了一句"*你行为检点一点儿！*"在这里，我们可以看出又一个移置过程的发生，在她对厨师说的两句话中，真正有意义的那句话被她压抑了，并在梦中被另一句

---

① 请参阅我在第六章中有关梦中话语的论述。似乎只有一位作家发现了梦中话语的来源，即德尔伯夫（1885 年，第 226 页），他将其比作陈词滥调。该梦被简要记录于弗洛伊德的短文《论梦》（1901 年 a）第 7 节中。

② 这段话在弗洛伊德案例史《狼人》（1918 年 b）一书的第 5 节被引用，作为关于童年记忆论述的注释。

较无意义的话代替。而这句被压抑的话"你行为检点一点儿"才真正符合梦想表达的一些内容：对于那些胆敢提出不合理的要求或"任由肉铺大门敞开"（没拉好裤子拉链）的人，这样的评价再恰当不过了。到这里，我们差不多已经找出梦的真正含义了。接下来让我们再用那个女菜贩的相关内容来印证一下。**"一种很特别的蔬菜，黑色的，成束地捆着"**（随后她还补充说明是长形的），这种梦中出现的奇怪蔬菜到底是什么呢？我想只可能是芦笋和（西班牙）黑萝卜在梦中的结合体。我想，无论男女，但凡有一点儿经验常识，都不会追问这些蔬菜的隐意了吧。但黑萝卜（Schwarzer Rettig）也可以有另一种解释，那就是"Schwarzer, rett' dich!"（走开点，你这个小黑！）[1]。相应地，肉铺早已关门的故事所解析出来的内容，也基本上印证了我们最初所猜测的与性有关的主题。在这里，我们并不打算探讨这个梦的整体意义，但分析进行到这儿，有一点已经十分清晰，即这个梦是有独特含义的，它绝不像看起来那样简单、坦率。[2]

---

[1] 这看上去有可能是对《落叶飞扬》和类似漫画书中常见情景的拼凑回忆。

[2] 如果有人想知道，我可以补充一点，这个梦掩盖了一种幻想，即做梦者幻想我会对她做一些不正当的带有性挑逗意味的事情，并且她想要对这种行为进行防御。如果你难以相信这种解释，我想告诉你的是，事实上曾有许多医生被癔症女患者以这样的罪名指控。但在这种情况下，幻想往往以妄想的形式毫不掩饰地出现在意识中，而不只在梦中以伪装的形式出现。增写于 1909 年：这个梦发生在患者（做梦者）刚开始进行精神分析治疗时。直到后来我才知道，其引起神经症的最初创伤一直在不断重复。自那以后，我在其他患者身上也遇到过同样的情况：他们曾在童年时期遭受过性侵，因此，他们试图在梦中让这种遭遇重演。

（二）

　　接下来是同一位患者做的另一个梦，就某种意义来说，这个梦几乎与上一个梦有相同的特征。**梦中，她的丈夫问她："我们的钢琴该找人来调音了吧？"她回答说："不需要了，反倒是那个琴锤该换新的了。"**

　　与其他梦相似，这又是当天白天事件的重现。当天，她丈夫的确问过她这样的话，而她也的确这样回答过。问题是，她为什么会梦到这件事？她告诉我，那架钢琴已经是一个"令人反感"的旧木"箱子"，专门制造一些难听的声音，而那是他们结婚前她丈夫就已拥有的东西[①]……但真正关键的句子是**"不需要调了"**。这句话来自前一天她的一位女性朋友来访时两人的对话。那位朋友进门时，她想去接朋友的大衣，但朋友拒绝道："谢谢，但我一会儿就要走，不需要了。"分析到这里，我联想到昨天她在接受我的精神分析时，曾突然抓紧自己的大衣，因为她注意到自己有个纽扣没扣好，那意像像在说："请你不要乱瞄！不需要这样。""箱子"象征着胸部，而对这个梦的解析让我发现，自她发育那天起，直到现在，她始终对自己的身材不满。如果我们再把"令人反感"与"难听的声音"也考虑进去，我们会发现，无论在双关语中，还是在梦中，女性身体的小半球会频繁地被用来替代大半球，或是被拿来对比。当我们能考虑到这一点，对这个梦的解析便可以追溯到更早的时期。

[①] 随着分析的深入我们会发现，最后这句话表达了相反的含义。

（三）

　　到这里，我先暂时中断那位少妇的梦，而穿插着为大家解析另一个年轻男人的梦。**他梦见自己又把冬季的大衣穿上了，而那实在是一件恐怖的事。**表面上看来，做这个梦的缘由是气温骤降。但如果我们细细推敲，会发现构成这个梦的两个片段其实并不协调，也不存在因果关系。为什么在冬天穿上厚重的大衣会是一件恐怖的事呢？在接受精神分析时，他本人马上就联想到，前一天有一位妇人毫不遮掩地告诉他，她最后生的那个小孩完全缘自一次意外，是因为当时她先生所戴的安全套破裂。这一联想说明这个梦一定不单纯。所以至今，他自己借助这件给他留下深刻印象的事演绎出以下推论：薄的安全套可能有危险（容易破裂，无法避孕），但厚的安全套又不好。安全套和外套一样，都是一种"套着用的东西"，用大衣来代表安全套是非常合适的。对一个未婚的男人而言，听女人露骨地讲出这些事，也几乎是"一件恐怖的事"，所以很显然，这个梦也没有看起来那样简单、无邪。

　　下面让我们再分析一个那位少妇做的简单、纯洁的梦吧。

（四）

　　她正将一支蜡烛插进烛台，但蜡烛断了，因而无法立直。同校的女生责备她笨手笨脚，但老师说这不是她的错。

　　这个梦的起因也是一件真实发生过的事。做梦的前一天，她真的把一支蜡烛放在了烛台上，但蜡烛并没有像梦中那样断掉。这个梦里出现了一个明显的象征。蜡烛是一件能引起女性性兴奋的物品，但它断了，不能好好地立起来，也就意味着男人"性无能"——**"这不是她的错"**。但这位少妇是在精心呵护下长大的，她的成长环境为她屏蔽了所有下流、猥琐之事，这样的她有可能知道蜡烛的这类用处吗？碰巧，她回想起了自己偶然听过的这类事。有一次他们正在莱茵河上泛舟，另一条船与他们擦肩而过。船上的学生正在情绪高涨地唱歌，或者说吼歌更恰当一些。其中一句歌词是这样的：

瑞典的皇后，躲在紧闭的窗帘内，拿着阿波罗的蜡烛……①

关于歌的最后一句，她当时要么没有听见，要么并未听懂，为此她还问她的丈夫那是什么意思。随后这些歌词进入梦中，并且被另一种纯洁、无邪的情节代替。她以前住宿舍时，曾因"关窗帘"关得不好而被人嘲笑笨手笨脚。或许正是"关窗帘"这一共同要素使得她的梦出现了移置作用。自我抚慰和性无能之间的联系是显而易见的。潜在梦中的"阿波罗"又让她联想起了更早的一个梦，那个梦中出现了女神雅典娜的形象。因此梦中的无邪内容一经解析，就再也不能被认为纯洁、无邪了。

（五）

如果就这样确定梦境的真实目的，未免有些草率。为此，接下来

---

① 阿波罗蜡烛是一个著名的蜡烛品牌。这首歌在学生当中非常流行，其中有许多类似的小节。

我想再分析一个表面看似单纯的梦，做梦者还是这位患者。她说："我梦到一件昨天确实做过的事情：我把很多书装进一个小木箱里，我装得太满了，以至于盖子都无法盖上。这个梦与现实完全一致。"关于这个梦例，做梦者再三强调梦与真实经历的吻合。所有这一类做梦者本人对梦的评判，虽然都属于清醒时的想法，但实际上往往都构成了梦的潜在内容，我们将在之后的另一个梦例中找到证明。我们已经知道，梦的确叙述了白天发生的事。但如果要求我用英语来解析清楚这一点，那将要绕一个大弯子。我只能说这个梦的重点在于"小木箱"装得太满（具体意义请参照第四章"木箱"里躺着去世孩子的梦），以至于再也装不下别的东西。不过幸好，这次的梦里没有出现那种可怕的元素。

在以上这一系列纯洁、无邪的梦中，很明显，性因素是驱动稽查机制的动因。虽然我现在不得不把这一主题搁置，但这的确是一个重要议题。

第二节　梦的来源之童年经验

几乎每一个研究梦的学者（罗伯特除外）都发现，梦所包含的印象可以回溯到童年早期那些早就记忆模糊的事件，这也是我在前文中所指出的梦的内容的第三个特征。因为我们所讨论的这种梦元素的源头，本就难以在醒来后记清，所以我们自然很难确定这种情况发生的频率究竟有多高。我们想求证梦是否来自童年印象，就必须找到客观的证据加以证明，但现实中要找出这种实例也不容易。莫里所举的例子（1878 年，第 143 页起）大概是最鲜明的一个了。他写道，有一个人决定要回他那已离开 20 年的老家，就在出发的当晚，他梦见自己置身于一个完全陌生的地方，正和一个陌生人交谈。等他一回到老家，他才发现，梦中那奇奇怪怪的景色正是老家附近的景色，而梦中的那个陌生人事实上也确有其人！那是他父亲生前的一位好友，目前仍住在当地。这个梦当然明显地证实了他在童年时期曾见过的老家的景色及人物，同时，这个梦也可以解释为他是那么迫不及待地想要回家，就像那位已经买了音乐会门票的少女，以及那个已经和父亲约定去哈密欧旅行的小孩。当然，至于做梦者只梦到了童年的某一特定事件而不是其他的事件，不经过分析是无法发掘其动机的。

我的一位讲座听众曾向我炫耀，他的梦很少经过伪装。他告诉我，他曾梦见他以前的家庭教师和女佣同床睡觉，而这个女佣曾在他家工作，一直到他 11 岁时才离开。在梦里，他能清晰地辨认出那个事件发生的地点。他觉得很有意思，于是把这个梦告诉了他哥哥，没想到哥哥笑着对他说，那是真的。当时他哥哥 6 岁，清楚地记得这对男女真的有过苟且之事。在夜里，只要条件许可，这两个人就会合伙用啤酒把他哥哥灌醉，使他迷迷糊糊，而对于这个弟弟，也就是当时只有 3 岁的做梦者，他们认为他并不构成障碍，便任由他继续睡在女佣的房间里。

此外还有些梦，即使不经分析，也可以充分确定来源。这是一种所谓"循环出现的梦"，即儿时就做过的梦，在成年后仍一再地出现。[①]我虽然并没有做过这类梦，但可以从我的患者记录里找出很多实例。例如一位 30 多岁的医生告诉我，他从小到现在，经常梦到一头黄色的狮子，甚至可以清楚地描绘出狮子的形象。直到后来有一天他终于发现了狮子的"原型"——一个早已被他遗忘的陶瓷装饰品。他母亲告诉他，这是他童年最喜欢的玩具，他自己却一点儿也记不起这个东西的存在了。[②]

　　如果我们将注意力从梦的显意转移到经过解析才能挖掘出的梦的隐意上，我们会很惊奇地发现：有很多从表面上看找不出什么头绪的梦，一经解析，依然有童年经历在其中扮演角色。我特别感谢告诉我"黄狮子之梦"的那位同行，他的梦对于这个议题太具有指导意义了。

　　有一次，他读完南森北极探险的故事后，梦见自己在浮冰上用电疗法为那位患有坐骨神经痛病症的探险家治病。在分析的过程中，他回想起童年时的一段经历，若不是他想起了那段经历，这个梦的荒谬性将永远无法得到解释。

---

① 关于这类梦，我们能在弗洛伊德的《少女杜拉的故事》（1905 年 e）第 2 节中关于杜拉第一个梦境的综述的结尾里找到一些评论。

② 以下关于梦境的进一步叙述只出现在第一版（1900 年）此处。盖斯·施里分在一处标注中说，在随后所有版本中的省略处理是正确的。他说："这类梦具有一种典型的特征，它不是对记忆的反应，而是对幻影的反应，我们不难猜到它们的含义。"以下是被省略的句子："我的一位女患者在她 38 岁时做了四五次同样的梦——那是一个非常令人焦虑的场景。她被人跟踪，逃到了一个房间，她关上门，但钥匙还插在门上，于是她又开门去取。她感觉如果自己哪里做得不对，一些可怕的事情就会发生。她拿到了钥匙，然后从屋里锁上了房门，终于松了一口气。我不能说我们应该确定这个小场景是在女患者什么年龄时发生的，当然，在这个场景中，她只扮演了观众的角色。"

在他大约三四岁时，有一天他正饶有兴致地听着大人们讲述探险之旅中的种种趣事，由于当时他仍然无法分清德语"航海"（Reisen）和"腹痛"（Reissen）这两个非常相似的单词在发音上的不同，他就问父亲："航海是一种很严重的病吗？"他的哥哥和姐姐的嘲笑令他永远无法忘记这么尴尬的事情。

还有一个类似的例子可以说明这一点，那就是当我在解析那个植物学专著的梦时，我的童年回忆也闯入脑海。我 5 岁时，父亲把一本带有彩色插图的书递给我和妹妹，让我们撕碎。讨论到这儿，也许仍有人会怀疑，这种回忆真的会出现于梦中吗？它们会不会是在后续解析的过程中才进一步建立起联系的呢？但我深信这种解释的准确性，它可以由以下这些相互交织的丰富联想来印证：仙客来—最喜爱的花—最喜爱的食物—洋蓟，像洋蓟那样一片一片的—植物标本—书虫—整天都以"啃食"书本为生的"书呆子"。在后面的章节中我会进一步向读者说明，梦的终极意义多半与儿童时期的经历密切相关。

我们在对其他系列的梦解析的过程中发现，引起梦的欲望及梦中欲望的满足因素均来自儿童时期。由此，我们一定会惊奇地发现，童年时期的自己和当时的冲动依然存在于我们的梦中。

下面我会继续讨论之前提过的那些被证明有特殊意义的梦，比如"我的朋友 R 被看成我的叔叔"。通过梦的解析，我们已经清晰地看到了其中的动机，即我希望自己被选聘为教授。我们也解释了，梦中我对朋友 R 所表现出来的情感，其实是我对两位同事的诋毁的抗议。因为这是我自己的梦，所以我可以说前面所做的解析并没有让我自己满意，接下来我打算做更进一步的解析。我深知，梦中的我虽然对这两位同事有这样或那样的苛刻的批评，但现实里我对他们评价很高。并且我认为，虽然在职称晋升方面，我不希望自己的命运像这两位同事一样，但这并不足以使我在梦里与清醒状态下对他们产生差距这么大的评价。如果我真的如此渴望这个头衔，我倒认为梦中内容反映出我自身存在的一种未被自己察觉的病态野心，可是我完全不认为自己以追求这种目的为乐。当然，也许有人觉得我是个把仕途看得很重的人，毕竟我无法知道别人对我抱有怎样的看法，但如果真是那样，我想区区一个所谓的"教授"职称应该也不足以满足我的野心，我可能早就另谋高就了。

那么，梦中我表达的那份"野心"又从何而来呢？到这里，我想起了一件童年时常听到的轶事。在我出生那天，曾有一位老农妇向我母亲（我是她的第一个孩子）预言："你给这世界带来了一个伟大的人物。"这预言也并没有什么罕见的，毕竟天下哪位母亲不喜欢听这种话呢？尤其那些三姑六婆又有哪个不会应景地说几句让人心里舒坦的话呢？那些把自己的生活过得惨淡的老农妇已然无法掌控当下的生活，便只能以这种"掌控未来"的方式寻求弥补。所以那位老农妇之所以这样说，不过也只是在恭维我母亲而已。

难道这句俗不可耐的祝福会成为我现在企求功名利禄的动机来源吗？且慢！此时我又想起另一个童年时代的印象，也许其更能说明我这份"野心"的来源。在我十一二岁的时候，我父母常常带我去布拉特①玩。一天晚上，我们在饭店里看到了一个潦倒的诗人，他正一桌

———————————————————
① 维也纳郊外的一个著名公园。

一桌地向顾客讨钱，任何人只要给他一点儿钱，他就能按照对方出的题即兴赋诗一首。于是，父亲叫我去请他来表演一下，他也很礼貌地对我的带路表示感谢。但在父亲给他出题之前，他主动为我念了几句诗文，大意是如果他的预感不出错的话，我将来必是一个至少部长级的大人物。一直到今天，我都清楚地记得当晚我作为"杰出的部长级人物"有多么得意。那时候还是"公民部长"[①]的时代。在这件事发生前不久，我父亲带回了一些这类中产阶级人士的肖像，有赫布斯特、吉斯克拉、昂格尔、伯杰等，他把这些肖像挂在了客厅以增加门第光彩，这些杰出人物中也有犹太人。从此以后，每个犹太学校的学生总要在书包里放一个部长式的公文夹子以勉励自己。很可能正是受这个印象的影响，我在步入大学前一直立志攻读"法律哲学"（直到最后一刻我才改变了主意）。毕竟如果投身医学，我将永无登上部长宝座的一天！

现在，我们再回头看看这个梦，它把我从不甚如意的当下带回了对成为"公民部长"的美好憧憬中。而要实现这个愿望，恐怕只能回去重活一遍了。至于那两位我非常尊敬、学识渊博的同事，因为他俩都是犹太人，所以在我的潜意识中我与他们有激烈的竞争，我十分刻薄地给他们一个冠以"书呆子"、另一个冠以"罪犯"之名，仿佛我是个大权在握、主管赏罚的"部长"。我想，很可能因为那位真正的部长大人拒绝授予我教授的头衔，所以梦中我就以这种荒谬的手段代替了

---

① 中产阶级部长——这是 1867 年奥地利新宪法制定后选出的一个具有自由主义情结的政府。

他的角色①，为的就是在这位部长大人面前报复性地扭转局面。

我再举一个鲜明的梦例，尽管触发这个梦的欲望是现在产生的，但继续向前追溯，我们会发现童年记忆极大地强化了这一欲望。我将在下文列举一些由"我很想去罗马"的欲望产生的梦。

因为每年一到我有空旅行的季节，我都会因身体欠佳而不能去罗马②，所以多年来我一直唯有以"梦游罗马"来满足心中的期盼。

有一天，我梦见自己坐在火车车厢内，向车窗外望去，看到罗马的泰伯河及圣安基罗桥。没过多久火车就开动了，而我也从梦中醒了过来。事实上，我根本没有踏足过这座城市，而梦中那幅罗马的景色也不过是前一天我在某位患者的客厅里注意到的一幅有名的雕刻画作品。

在另一个梦里，某人把我带上一座小山丘，向我遥指那远在云雾中半隐半现的罗马城。我清晰地记得，我当时还为能够在这么远的距离下看到那么清晰的景物而感到惊奇！

由于这两个梦涉及的内容太多，所以此处我并不会一一解释。但我希望就此展示，"去那心仪已久却遥不可及的罗马城"在我心中有多么明显又强烈的动机。现实中，我第一次在云雾中看到的那座城其实

---

① 弗洛伊德在 1902 年 3 月 11 日写给弗利斯的一封有趣的信件（弗洛伊德，1950 年 a，152 号信件）中提到，在这本书出版的两年后，他真的被授予了教授头衔。

② 1909 年加注：我很久以前就发现，对于那些一直被认为无法满足的欲望，我们缺乏的其实只是一点点勇气，跨出那一步后，我就成为罗马的常客了。在与弗利斯的通信（弗洛伊德，1950 年 a）中，我们多次看到弗洛伊德对于罗马的向往。他首次实现这一愿望是在 1901 年的夏天（146 号信件）。

是吕贝克城，而那座小山丘的原型则是格莱先山。[①]

　　终于在第三个梦里，我真正进入了罗马城。但我很失望地发现，那根本不是我想象中的城市景象："那里有一条流着污水的小河，河的一边是一大堆黑石头，另一边是一片草原，还有一些大白花长在里面。我碰到了促科尔先生（我们并不是太熟），我决定问问他怎样才能到达城市。"很明显，我根本无法在梦中看到这座我实际上没去过的城市。如果我对看到的景色一一分析来源，那我会发现，梦中的大白花是我在自己所熟悉的拉维纳看到的，并且这座城市一度差点取代罗马，成为意大利的首都；在拉维纳四周的沼泽地带，美丽的水百合长在那一摊摊的污水中，因为它们长在水中，我们往往只能远观而无法采摘，所以在梦中，我就让它们长在了大草原上，就像我自己老家的奥斯湖中所长的水仙一般。至于"河的一边是一大堆黑石头"，则让我突然想起那是在卡尔斯巴德矿泉疗养地的铁布尔谷，而卡尔斯巴德矿泉疗养地则使我可以解释梦中向促科尔先生问路的情境。我可以看出，这情节混乱的梦里蕴含了两件滑稽的犹太轶事，其中也包含了许多深刻而酸涩的世间智慧，这些都是我们在交谈或书信[②]中热衷讨论的。第一件轶事是关于体力的，梦中出现了一个贫穷、多病的犹太人，他一心想去卡尔斯巴德矿泉疗养地治病，却因为没钱买票，只好想法混进开往

[①] 那是一处位于奥地利斯蒂里亚的矿泉疗养地，离格拉茨并不远。

[②] 弗洛伊德在1897年6月12日写给弗利斯的一封信（弗洛伊德，1950年a，65号信件）中提到，他正在收集这些轶事用于构思一本有关玩笑的书（弗洛伊德，1905年c）。他在信中不止一次地提到文中的第一件轶事，罗马和卡尔斯巴德在其中就象征无法实现的目标（112号信件和130号信件）。

那里的快车，每次查票被抓，他都会被勒令下车，列车员对他的态度也越来越糟。后来，在其"受难之路"的某一站，他碰到了一位朋友。被问及"你要到哪里去"时，这个可怜的家伙有气无力地回答："到卡尔斯巴德矿泉疗养地——如果我的体力还撑得下去的话。"

然后我又联想到了另一件轶事。有一个不懂法语的犹太人初到巴黎，人们推荐他一定要去黎塞留街看一看，于是他就找人问了路。事实上，巴黎也是我近几年来一直想去的地方，当我第一次走在巴黎大街的人行道上时，那种幸福感似乎在向我保证，我的其他愿望也一定能实现。此外，"问路"这件事完全是从"罗马"引申出来的。因为俗语常说"条条大路通罗马"，所以"路"与"罗马"显然有明显的联系。接着，"促科尔"（在德语中意思是"糖"）这个名字则是由"卡尔斯巴德矿泉疗养地"联想而来的，因为我们常送身体衰弱的"糖尿病[1]人"去那里疗养。触发这个梦境的契机是我的一位柏林朋友的邀约，他约我在复活节时到布拉格碰面，而我们去那里所要讨论的内容之一就涉及"糖"和"糖尿病"。

第四个梦发生在上一个梦之后不久，梦中我又回到了罗马城……我站在街角，惊讶地发现街上竟然有那么多用德语写的公告[2]。就在前一天，我写信给这位朋友时曾猜测说，布拉格这种地方可能对从德国来的旅游者来说不太舒适吧。所以在梦中，我们相约见面的地方就

①"糖尿病"的德语是"Zuckerkrankheit"，即"糖病"。
②这个梦在弗洛伊德1897年12月3日写给弗利斯的信（弗洛伊德，1950年a，77号信件）中讨论过。布拉格的会面可能发生在当年更早的时候（见1897年2月8日，58号信件）。

从这座有波西米亚风情的小镇换成了罗马，而这同时也满足了我从学生时代就拥有的另一个欲望——希望德语在布拉格变得更加通用！顺便说一句，因为我出生在莫拉维亚的一个小镇，那里生活着一些斯拉夫民族的人，所以在幼年时，我应该能听懂一些捷克语。至今我还记得 17 岁那年，我很偶然地听到别人哼着捷克语的童歌，那种语调深深印刻在我的记忆中，直到今天我依然能够哼唱（尽管我完全不明白歌词的含义）。因此，这每一个梦里都能捕捉到我的早期童年生活的影子。

在最近一次前往意大利的旅途中，我经过了特拉西梅诺湖，出于种种原因，在看过了台伯河后只能悻悻折返，而那时我距离罗马只有区区 80 公里。自那以后，我愈发渴望去这座年轻时就心心念念的"永恒之城"。我开始制订第二年的出行计划，打算在前往那不勒斯的途中经过罗马，这时我的脑海里突然出现了一句我曾经在某位文学大师的作品中读过的话[①]："在决定去罗马以后，我感到无比焦躁，只能不耐烦地在房间里踱来踱去，徘徊于两个选项之间——是去当像温克尔曼这样的副手呢，还是去当汉尼拔这样独当一面的大将军？"我似乎步了汉尼拔的后尘，像他一样注定到不了罗马，每个人都以为他会到达罗马，却不成想他竟折往坝帕尼亚。不过汉尼拔一直是我学生时代的偶像，能与他有这些共通之处对我而言也算慰藉。和那个年龄段的许多男孩子一样，想到布匿战争，我都站在迦太基人这边，而将罗马人视作敌

[①] 1925 年加注：这位作者无疑是让·保罗，他访问罗马的决定成为 18 世纪古典考古学奠基人温克尔曼职业生涯的转折点。

人。那时，我第一次理解了作为一个外族人是什么感觉，作为生活在德国的犹太人，其他孩子投来的反犹太的目光告诫我必须明确自己的位置。这些经历让我愈发崇拜这位犹太将军。在我年轻时的印象里，汉尼拔与罗马的战斗象征犹太教与天主教之间久久无法平息的冲突，而此后愈演愈烈的反犹太运动对我们造成的情感创伤，也让我早期经历中的那些想法和感受变得根深蒂固。所以，对罗马的憧憬其实还包裹着其他热切的愿望——像迦太基人那样不顾一切，勇往直前！即便到现在，这个愿望就像汉尼拔的命运那样渺茫，我也不愿就此放弃。

在那一刻，我又想起了一件童年往事，这件事至今深深触动着我的情绪和梦境。当时我 10 ~ 12 岁，父亲每天带我散步，并与我谈些他对世事的看法。有一次，他给我讲了一个故事，想让我知道，我现在的生活比他年轻时的那个时代的生活幸福多了。他说："我年轻那会儿，在一个周末，我穿着整齐，戴上皮帽，来到我们老家的街道上散步。这时迎面走来了一个基督教徒，他毫无理由地就一巴掌把我的新帽子打到了泥浆中，还骂道：'别挡路！犹太佬！'"我忍不住问父亲："那你怎么对付他的？"想不到他只是冷静地回答："我走过去把那个帽子捡了起来。"小小的我看着面前这个魁梧高大的男人，看着我心目中英雄一般的父亲，失望席卷而来。我不禁对比起汉尼拔的父亲哈米尔卡·巴卡①，那才是我心目中的父亲形象：他曾把年幼的汉尼拔带到祖坛上，要求他发誓此生必将向罗马人报仇雪恨。从那时起，汉尼拔就

---

① 1909 年加注：在第一版中，此处是"哈斯德鲁巴"（Hasdrubal），这是一种"令人费解的笔误"，我在《日常生活的精神病理学》（1901 年 b）第 10 章中对此进行了解释。

成为我崇拜的偶像。

我对这位迦太基大将军的崇拜还能追溯到更小的时候，或许这只不过是一种移情，即我把曾经形成的情感关系转移到了一个新的客体上。我会认字后看的第一本书就是提尔斯所著的《执政与帝国》。我清楚地记得看完那本书后，我把元帅拿破仑的名字贴在了我的木头小兵背后。那时候，马塞纳（他的犹太名字是 Manasseh①）是我公开承认的最敬仰的人物。而且我的生日又恰好和这位犹太英雄同一天，我们的年龄刚好差了 100 岁！或许这也是我偏爱他的原因之一（如同拿破仑也因为和汉尼拔一样都翻越过阿尔卑斯山，而感觉自己与汉尼拔并肩作战过一样②）。也许这种对军事偶像的崇拜心理还可向前追溯到我 3 岁时，当时我的身边有一个比我大一岁的小男孩，我们时而亲密、时而敌对，一定是这种关系使当时身为弱者的我产生了这样的欲望。③

可以说，梦的分析工作越深入，我们就越会相信在梦的隐意里，童年经验确实是很多梦境材料的来源。

前文我们说过，回忆很少会在不经过任何修改、修饰的情况下以原貌重现于梦中，从而构成梦的显性内容。尽管这种情况也确实发生过，而在这里我也可以再附加一个与童年记忆有关的梦。有一次，我的一位患者告诉了我一个梦，这个梦几乎没有伪装，连他自己都一下子看出了该梦是有关性的真实回忆。这段记忆在清醒状态下也没有完全消逝，只

---

① 1930 年加注：顺便说一句，人们曾对这位元帅的犹太血统表示过怀疑。

② 此句增写于 1914 年。

③ 更详细的解释见后文。

是变得有点儿模糊，它的重现正是我们在前一天的精神分析所产生的效果。他记得那是他 12 岁时，他去探望一位住院的同学，那位同学躺在床上，翻身时不慎掀开了被子，衣不蔽体地示于人前。而我这位患者当时不知怎的，一看到这个情景，竟不由自主地抓住了对方的性器官。同学看着他，眼神中满是愤怒和惊愕，而他也顿觉尴尬，松开了手。万万没想到，23 年后，所有的细节和感觉又在梦中重现了！只不过内容稍稍改变了一下，他在梦中不再是主动的角色，而成了被动的角色，那位生病的同学也被另一位现在生活中的朋友替代了。

一般而言，童年场景只会间接地出现在梦的显意中。现实中，我们很难找到使人信服的关于这类梦的例证，因为这种童年经验的存在与否是根本无法找到验证物的。如果它们发生在更早的时候，我们的记忆更是根本无法将它们辨认出来。因此，如果我们要推断梦中的内容是否曾在童年发生过，我们需要通过精神分析来挖掘更多可以相互印证的事实。而一旦这种方法被用在梦的解析中，我们往往容易把某一个童年经验有选择地从整体经验中挑出，这样做所得出的结论很难让人信服，尤其是，有时出于种种原因，我无法把精神分析时得到的所有资料全部补充进去。无论如何，我还是会继续在它们之间寻找联系。

（一）

我的一位女患者经常在梦中呈现出一种"匆匆忙忙"的情绪基调，例如急着去赶火车等。有一次，她梦见自己想去拜访一位女性朋友，她的母亲劝她不要走路去，而是坐出租车去，但她还是选择跑过去，并且一路上不停地摔倒。通过分析，这个梦让她回忆起了小时候跑来跑去嬉闹的场景。她做的另一个梦则使她回忆起小时候跟小伙伴最喜欢玩的游戏，玩这个游戏时小孩子会大喊一句口令："奶牛一直跑，一直跑到摔倒！"这句口令往往喊得很快，以至于小孩子像在"胡言乱语"，事实上这也表现出了另一种"匆忙"的特点。这些孩子间的嬉戏内容之所以能够被她记起，是因为它们有时替代了另一些并不天真的童年经历。

（二）

另一位患者做了这样的一个梦。

她发现自己正待在一个大房间里，这里有各种奇怪的机器，使她有一种恍如待在骨科康复中心的感觉。她梦到我告诉她，我时间有限，不能单独接见她，因此我需要她与另外5位患者一同接受治疗。她拒绝了，而且不愿意躺在床上（也可能不是床，总之在梦里那是专门为她准备的设备）。她独自站在一个角落里，盼望着我能对她说："刚刚我说的话并不是真的。"这时另外那几位患者一起嘲笑她，并且说这就是她"进行分析"的方式。（而且就在同一时刻）她又仿佛一直在不停地画小方格。

这个梦最开始的部分是关于治疗的，那是关于我的移情；而第二部分则涉及了童年时的一个情景，这两部分以"床"衔接起来。"骨科康复中心"是我说过的内容。我曾说精神治疗的性质和它所需的时间像骨折治疗一样，要求人们必须有耐心。在治疗开始时，我曾对她说："目前我只能拿一点点时间给你治疗，但之后，我应该可以确保给你留足每天一小时的治疗时间。"正是这句话刺激到了其敏感的内心——这往往是具有癔症倾向的孩子所具有的主要特征。他们对爱的需求是永远无法得到满足的。

这位患者是 6 个兄弟姐妹中最小的一个（所以她会梦到"与另外 5 位患者一同……"），因此她也是父亲最宠爱的孩子。尽管如此，她仍不时觉得父亲花在她身上的时间和对她的关注还不够。而她等着我说"刚刚我说的话并不是真的"，可用以下这件事情来解释。曾经有位裁缝学徒送来定做的衣服，她当场付钱托他带给老板。之后她问丈夫，万一这个孩子在路上把钱弄丢了，她是不是还得再付一次。她丈夫开玩笑说，那是当然。（就像梦中她被"嘲笑"了）。结果她信以为真，焦虑地一再问丈夫怎么办，期待丈夫说一句"刚刚我说的话并不是真的"。

也许这个梦的隐意可以用以下思路串联起来。"如果我肯花两倍时间治疗她，她是否必须付两倍治疗费呢？"在她看来，这是一种肮脏的想法（儿童时期的不洁思想，在梦中往往被对金钱的贪婪代替，这两者之间的联系就是"肮脏"这个词[1]），如果梦中所提"盼望着我能对她说：'刚刚我说的话并不是真的。'"，其实是隐晦地暗指"肮脏"的话，那么"站在一个角落里"及"不愿意躺在床上"均可用另一个童年经验来解释——她曾因尿床被罚站在一个角落里，害怕父亲会因此不再爱她，害怕她的兄弟姐妹会因此嘲笑她。

---

[1] 弗洛伊德在后来的文章（1908 年 b）中进一步阐释了这一观点，但早在 1897 年 12 月 22 日写给弗利斯的一封信（弗洛伊德，1950 年 a，79 号信件）中已经表达过这种观点。

至于那些小方格，来自她和侄女玩的方格算术题。那是一种数独游戏，需要把数字放在 9 个方格内，让它们在各个方向上加起来都等于 15。

（三）

这是一个男人做的梦。

他看见两个孩子扭打在一起，从周围散落的工具来看，他们大概是箍桶匠的孩子。一个孩子把另一个摁倒在地，倒地的孩子戴着蓝宝石的耳环，他一个起身，抓起棍子朝对方打去，对方拔腿就跑，躲到一个站在篱笆旁边的女人身后，她看起来像孩子的母亲，是一个女工。最初她背对着做梦者，后来转过身来，恶狠狠地看了他一眼，把做梦者吓得撒腿就跑。他可以看到那个女人的下眼皮外翻，鲜红的眼睑格外显眼。

这个梦在很大程度上选取了做梦者白天遇到的一些琐碎小事作为材料。当天他的确曾看见两个孩子在街上打架，其中一个被打倒。但等他跑过去劝架时，两个孩子又都马上跑掉了。至于"箍桶匠的孩子"这个意象，一直到他后来分析另一个梦时才得以明朗，梦里他用到一句谚语"打破砂锅问到底"。而关于"戴着蓝宝石的耳环"，据做梦者自己解释，这多半是妓女的打扮，所以他想到一句坊间流传的打油诗："……另一个男孩叫玛丽（也就是一个女孩子）。"关于"一个站在篱笆旁边的女人"，可以这样解释：当天在那两个孩子跑掉后，他曾到多瑙河畔散步，并趁着四下无人，在篱笆旁边小便，没想到刚解完手不久，迎面就碰到一位衣着华丽的老妇人，她友好地向他打招呼，还给了他一张名片。

因为梦中那个女人所站的位置与他解手时所站的位置一致，于是这里一定是关于"女人小便"的问题，所以她可怕的样子和外翻的红色眼睑可能与性器官有关。他曾在童年时看到过这个场景，而且这个场景后来一直在他的记忆中重现。

这个梦把他儿童时代能够看到女性性器官的两个场景混淆了，一个是她们摔倒在地时，另一个则是她们小便时。从梦境的另一部分内容来看，他记得自己曾因在这些场合所表现出的性好奇而受到父亲的惩罚和训斥。

（四）

在一位老妇人的梦里，我们可以看到许多童年记忆共同编织了一个幻想。

她匆忙赶着去购物。在格拉本①里，她整个身体突然像瘫痪了一般，跪在地上站不起来，一大堆人围在她周围，其中不乏一些出租车司机，但他们一个个都只是袖手旁观，没人肯扶她一把。她想站起来，试了好几次都无济于事，但最后她应该是成功了，因为她发现自己被出租车拉回家。在她上车以后，还有人从车窗扔了一个又大又重、装满物品的篮子（就像那种市场购物用的篮子）进来。

首先要告诉读者的是，这位老妇人就是那位总是梦见自己"匆匆

---

① 维也纳最大的购物中心之一。

忙忙"的女士，也就是那个儿童时期常常奔跑嬉闹的女士。上述梦境的开头显然源于她骑马摔下来的经历，而梦中的"瘫痪"（broken-down）则指她赛马时马累瘫了。

年幼时她骑过马，更年幼时的她简直就像一匹马。这个摔倒在地的梦境内容与她的一段童年记忆有关，即在她很小时，她家门卫的 17 岁儿子在外面癫痫发作，被路人用出租车送回了家。当然，她并没有目睹发作情景，但这种因昏迷而摔倒在地的念头充斥在她的想象中，以至于影响到了她后来的癔症。

当女性梦到自己摔倒时，多半会涉及"性"的欲望，比如意味着她想象自己变成了一个"堕落的女人"（fallen woman）。在这一点上，这个梦是强有力的证明，因为她摔倒的地方是格拉本，这是维也纳尽人皆知的风月场所。至于"市场购物用的篮子"（shopping-basket）则一语双关 ①。这让她想到年轻时自己拒绝的追求者及自己被拒绝时的感受。这也和梦中"他们一个个都只是袖手旁观"联系了起来，她自己也解释这是一种"拒绝"。此外，"市场购物用的篮子"还让她想起了分析过程中出现的另一种幻想，她曾想到自己因为错嫁给一个穷光蛋，以至于沦落到去市场卖货，所以，"市场购物用的篮子"也可理解为仆人。这时，更早的童年记忆也浮出了水面——她家的女厨师因为偷东西被开除，当时女厨师双膝跪地乞求原谅（这时做梦者只有 12 岁）。接着，她又联想到另一个回忆，有个打扫房间的女佣因和家里的车夫有不正当关系而被辞退，但后来这个车夫还是和女佣结了婚。

---

① 德语中篮子为 korb，往往也有拒绝求婚的意思。

这个记忆也是梦中车夫（出租车司机）^①的由来（与实际情况不同的是，梦里的司机没有把倒下的女人^②扶起来）。"从车窗扔了一个又大又重、装满物品的篮子进来"这一点仍有待解释。这让她想起了火车站送行的场景，想到情侣们为了见爱人一面从窗户爬进来。她还想起了在乡村生活时的其他生活场景：一位先生从窗户扔了几颗李子到一位女士的屋里，这时屋里的妹妹恰好望向窗口，被这个乡野莽夫的粗鲁举动吓了一跳。10岁时的模糊记忆慢慢重现，那是村里的一个女佣和家里的仆人相恋的场景（她当时可能看到了些什么），然后女佣和仆人都被扫地出门（被"扔了出来"，而不是梦中的"扔了进来"）。我们也已经通过其他途径了解了这个故事。在维也纳，仆人的包裹或行李被轻蔑地称为"仨瓜俩枣"——"收拾好你的仨瓜俩枣滚吧！"

我所列举的这些梦，虽然都来自不同的神经症患者，但这些分析结果证明很多梦的材料确实可以追溯到童年时期的经历，甚至是并不清晰的3岁之前的记忆。

但我们的当事人往往患有神经症，尤其是癔症，因而这些梦中出现的童年经历可能是由神经症而非梦的本质决定的，所以如果我们由此就得出释梦的一般性结论，恐怕难以让人信服。不管怎样，我没有严重的病理症状，但在解析自己的梦时，梦的显性内容中经常重现某个童年场景，于是突然间，我的一系列梦境都与童年经历联系在了一起。这样的情况并不比我的患者们少。

---

① 这两个词在德语里都是"kutscher"。
② 译者注："倒下的女人"被弗洛伊德解析为"堕落的女人"。

以前我曾举过这种例子，但我还是要再举一些例子。我想，如果不在这里列举一两个自己的梦境，以说明近期的生活场景与遗忘已久的童年经历会相互关联地出现在梦中，那么这一节内容将难以圆满结束。

1. 一次旅途之后，我又饿又累，刚躺在床上就呼呼睡了过去，这时一些重要的本能需求开始影响我的睡眠，于是我的梦中出现了如下场景：

我跑到厨房，想找一些布丁蛋糕充饥。厨房里站着3个女人，其中一个是旅舍女主人，她手上正在揉捏某种东西，看起来很像汤圆之类的。她告诉我还要等上一会儿才能做好，我必须等着（或许她没有明确地说出这些话），我不耐烦地走开了，并且感到有一丝受伤。我想要穿上大衣，但我拿到手的第一件太长了。我决定脱掉它，这时我惊奇地发现这件大衣上居然有一层贵重的毛皮。接着我又拿起另一件绣有土耳其纹样的外套，这时来了一个长脸短胡子的陌生人阻止了我，说那是他的衣服。于是我把衣服给他看，告诉他这是一件印有土耳其纹样的衣服，他回应道："管它是不是土耳其的，这关你什么事？"但没过多久，我们的谈话又变得友善起来。

在开始分析这个梦时，我竟想起了自己读过的第一本小说（那时我大概13岁），这完全出乎我的意料，实际上我是从第一卷的结尾处开始读那本书的。我至今都不知道这本书的名字和作者，却对它的结尾印象深刻。那个故事的主人公最后发疯了，一直狂喊3个女人的名字，他一生的幸福与悲伤都围绕着她们。我记得其中一个女人叫贝拉姬，我至今搞不清楚为什么分析到这儿时我会想到这本小说。"3个女人"，这使我联想到执掌人类祸福的3位命运女神。我知道，梦里的那个旅舍女主人是一位已经生了孩子的母亲，于我而言，母亲也是第一个为生命提供营养的人，爱与饥饿都融汇在女性的怀抱中。顺便一提，曾经有个年轻的男人告诉我，他非常倾慕女人的美，当年他的奶妈特别漂亮，可由于他当时太小，并没有意识到这一点。我常常引用这则轶事来说明心理机制中的"延时效应"[1]。

再来看搓汤圆的命运女神。一位女神做这种事太奇怪了，我们必须再探讨一番。这可能与我的另一个童年经历有关。在我6岁时，母亲教会了我人生第一课，她让我相信，人类由泥土制成，因而最后也将回归泥土。我一开始不相信这种说法并表达了自己的疑惑。于是母亲揉搓双手——正如搓汤圆的样子，只不过她的手上没有面团，她让我看搓下来的黑色泥团，以此向我证明人是由泥土做成的事实。眼前的证据让我惊讶，也让我默认"生命最后要复归自然"。[2] 小时候，每当我感觉肚子饿就会跑到厨房去偷吃，而每次总会被坐在灶旁的母亲斥骂，她叫我一定要等到饭菜做好了才可以用餐——所以出现在我梦

---

[1] 参考弗洛伊德早期的《科学心理学计划》（弗洛伊德，1950年a）第二部分后面关于癔症机制的取代理论。

[2] 德语原文直译是"你欠大自然一死"。这显然对应了哈尔王子在《亨利四世》第一卷中对法尔斯塔夫的一句回忆："你欠上帝一死。"弗洛伊德在1899年2月6日寄给弗利斯的一封信中写了同样的词句，并将其归于莎士比亚之作（弗洛伊德，1950年a，104号信件）。这两种与童年场景有关的情绪——惊讶和对不可避免之事的屈服，都在此前不久我的一个梦中出现过，这让我想起了童年的这件往事。

中厨房里的，真的是命运女神。

现在再来看看"汤圆"是什么意思。它使我联想到大学时代教我们"人体组织学"的一位老师，他曾控告一位名叫克诺德（Knödl，在德语中有"汤圆"的意思）的人剽窃他的作品，而"剽窃"意指即便知道物品属于他人，依然占为己有的行为。这显然对应了梦的第二部分——我被当成偷大衣的小偷，还在偷窃的过程中被抓了个现行。

写下"剽窃"这个词并不是我思考后的结果，它主动跃入了我的脑海中。然而此刻我才发现，是它架构起了一座桥梁，将梦的各种显意串联起来，具体联想过程如下：

贝拉姬（Pélagie）—剽窃（plagiarizing）—横口鱼（plagiostomes）[①]或鲨鱼（Haifische）—鱼鳔（fischblase），这一系列的联想从一本旧小说引出克诺德事件和外套（德语中"überziener"有安全套的意思），所以很明显这里暗示了性事用具（也可参见莫里的梦）。我们看到，这一连串的词牵强附会、毫无意义，若不是梦的运作构建了它们之间的关系，我是绝不可能在清醒生活中将它们联系到一起的。而我们强制联想的需要似乎想把任何可以联系到一起的东西都串联起来，于是布吕克[②]（德语"Brücke"、英语"bridge"指桥梁）这个名字又让我想起了一所学校，正是在那里，我度过了学生时代最快乐的日子——

[①] 我故意不深入描述有关横口鱼的事情，因为这让我想起了一件不愉快的事，只能说这也是和那位大学老师有关的事，并且那件事让我感到很羞耻。

[②] 关于布吕克和弗莱雪，请参见后文。

那段快乐时光，每天孕育智慧的宝藏，

无为而有为的追求，有无限享乐的欢畅。

那种无欲无求的状态刚好与现在梦中折磨着我的欲望形成强烈对比。最后，我又联想起另一位受人尊敬的老师，他的名字叫弗莱雪（Fleichl），这名字的德语发音听起来就像可以食用的"肉"（fleisch），像克诺德一样。这时我的思路开阔起来，众多景象同时涌出：我母亲、旅舍女主人、小说及药店①里可用来充饥的药物——可卡因。

我本可以将此复杂的思路就这样继续推演下去，将梦中各部分一一予以阐释。但我不得不到此为止，否则我的个人牺牲就太大了。所以在这纷杂的思绪中，我将只执其一端，跟着这条线索去揭开这个梦的谜底。梦中出现的那个长脸短胡子、不让我穿外套的陌生人，他与斯巴拉多一家商店的老板很像，我妻子在他的店里买下了很多土耳其风格的物件。而他有一个特别奇怪的名字：波波维奇②。幽默大师史特丹汉姆曾开他的玩笑说："他道出了自己的名字以后，握手时脸都羞红了！"我又发现自己在拿别人的名字开玩笑了，就像贝拉姬、克诺洛、布吕克、弗莱雪一样，我总是不由自主地从名字的发音产生种种联想，我得承认这是一种孩子气的玩闹。但我如果沉溺其中，那么可以说这是一种报复，因为我自己也曾是这种玩笑的受害者③。歌德也曾经关注人们对自己名字的敏感性，它们仿佛已经与我们融为了一体，

---

① 德语是"lateinische küche"（字面意思是"拉丁厨房"）。

②"波波"是小朋友说"屁股（bottom）"时的童言童语。

③ 弗洛伊德（Freud）在德语中是"快乐"的意思。

而赫尔德就曾以歌德名字的发音作为题材，写了一段打油诗：

你是谁的后裔？是神明（Göttern）？是哥特人（Gothen）？还是粪便（kote）？尽管你的形象高贵，最终也不过化作尘土。①

……我注意到，我把话题转移到名字的滥用上只是为了抱怨一下。现在我们必须回到之前的话题。想到我妻子在斯巴拉多的那次购物，我又记起了在卡塔罗②做的另一次买卖。当时我因为太谨慎，与一笔大买卖失之交臂。由饥饿引入梦境的隐意之一是："当机会来临时，我们就要好好把握，即便在其中犯一些小错误也在所不惜。我们不可轻易放过任何机会，因为生命是短暂的，死亡是注定的。"因为这种"及时行乐"的主张可能有"性"的意味，而且它表达的欲望并不符合正确逻辑，所以它有理由害怕稽查作用而不得不把自己藏在梦里。于是所有带着负面情绪的声音找到了出口：所有给予做梦者精神满足的记忆、各种抑制性思想及对人们最厌恶的性惩罚的威胁等，都在梦中呈现了出来。

2. 这个梦需要更长的"前言"：

---

① 其中前几句来自赫尔德写给歌德的一封信，信中赫尔德请求借一些书："你是谁的后裔？是神明？是哥特人？还是粪便？（歌德，把它们寄给我！）"后面是弗洛伊德进一步做的自由联想，取自歌德《伊菲格妮亚在陶里斯岛》中的著名场景。伊菲格妮亚从匹拉第兹那里听说了特洛伊一战有那么多英雄阵亡，她惊呼道："所以你们这些神圣的人物也已化为尘土！"

② 斯巴拉多和卡塔罗都是达尔马提亚海岸的城镇。

为了度过几天的假日，我选择了奥斯湖作为度假目的地，于是当天我驱车前往西站（在维也纳）搭火车，由于到得早了一点，刚好开往伊施尔的火车还没开走。这时，站在那里，我看到了要去伊施尔晋见皇帝的图恩伯爵[1]。尽管天在下雨，他还是坐着敞篷车来到车站。他径直朝区间车入口处走去，检票员没认出他，于是要求他出示车票。但他粗鲁地将对方推到一边，没有一句解释。

没过多久，开往伊施尔的火车离开了站台，按理说，我应该离开站台，回到候车室重新等待检票；我费了一番口舌后才被允许继续留在站台。之后的一段时间里，我一直观望着是否有人过来，是否有人通过行贿来预订包间。我甚至做好了大声抗议的准备，万一出现这种情况，我将大声为自己争取平等的权利。同时，我又在嘴里哼着一首歌，那是《费加罗婚礼》中的咏叹调：

如果我的主人想跳舞，

那就跳吧！

我愿在旁为他伴奏。

（我不知道别人是不是听出了这个曲调。）

整个晚上我一直心浮气躁，甚至想找个人斗斗嘴。我乱开那些侍者、车夫的玩笑（但愿这些行为没有伤害到他们），此刻我的心中涌动着各种冲动的革命性念头，就像费加罗的台词，又像法兰西剧院上演

---

① 奥地利反对派政治家（1847～1916年）；波西米亚自治政府的拥护者，德国民族主义反对者；奥地利总理（1898～1899年）。伊施尔位于上奥地利州，庭审员常常去那里度假。

的博马舍的喜剧，我想起了那些自命不凡的伟大绅士，想起了阿尔马维瓦伯爵试图动用其君主权力来获得苏珊娜。我也想到了不怀好意的反对派记者如何对拿图恩伯爵的名字开玩笑，他们称他为"不做事的伯爵"①。其实我并不羡慕他，因为现在他很可能正战战兢兢地站在皇帝面前听训，而我现在才是那个真的悠闲规划假期的"不做事的伯爵"。

这时走进来一位绅士，我认出这家伙是管理医药事务的政府监管员，并且凭借他的能力和表现，他为自己赢得了一个"政府的枕边人"②的绰号。这家伙蛮不讲理地坚持想用他的政界地位弄个一等包厢的位置，我听到一名列车员对另一名列车员说道："我们要把这位拿着半张一等座车票的先生安排在哪里呢？"③我心想，这种特权做派实在令人受不了，毕竟我付了整个一等包厢的钱呀！其实我已经买到了一个包厢，却不是通廊的，因此到晚上就不能使用厕所了。因为这事我向列车长抱怨过，却最终无果，于是我愤怒地说道："那你们为什么不在每个包厢的地板上开个洞呢，乘客尿急怎么办？"事实上我确实在凌晨两点三刻时因尿急而从梦中惊醒过来。以下便是这个梦的内容：

有一群人，是一群学生。一位伯爵（好像是图恩或塔夫④）正在为这群学生演讲。当被要求谈谈对德国人的看法时，他以轻蔑的姿态不

---

① Thun 在德语中是"做事"的意思，nicht 是"不"的意思，于是他们把图恩伯爵（Count Thun）改了 Count Nichtsthun，即为"不做事的伯爵"。
② 德语 beischläfer，字面意思是"和某人睡觉的人"，因为他往往不是去监管，而是去睡觉的。
③ 作为一名政府官员，他可以半价买到票。
④ 奥地利政治家（1833 ~ 1995 年），于 1870 ~ 1871 年及 1879 ~ 1893 年任总理。和图恩伯爵一样，他赞成德国非德意志血统的那部分人获得一定程度的独立。

着边际地回答道，他们喜欢的花是款冬花。接着他又将一片残损的叶子，准确来讲是一片枯萎的叶子插进了自己衣服的纽扣孔里。我跳了起来——我跳了起来①，但马上为自己的这种突然的动作感到吃惊。

（接下来的梦有些模糊……）我发现自己似乎置身于一个大学的礼堂里，入口被封锁了，人们必须马上逃离。我跑入了一间装修高档的套房内，这很明显是一个部长级的高级房间，里头的家具全是一种特别的颜色，介于棕色与紫色之间。最后我跑到一条走廊里，一个看门人坐在那儿，她是一个上了年纪的矮胖女人，我想尽量不开口，以免产生不必要的麻烦，但她显然并没有要阻拦我的意思，因为她还主动提出陪我过去，好帮我点灯照着点路。我暗示她在楼梯口等着就行，具体是用语言暗示的，还是打手势暗示的，我记不太清了。我自认为非常巧妙地躲过了这次检查，随后我开始走下楼梯，而后又走上一条狭窄陡峭的小路。

（更模糊了……）我从大厅逃了出来，剩下的问题就是如何从这座城市逃离，就像我刚刚所述的需要急速离开那个礼堂一样。我坐在一辆马车内，并告诉车夫火速送我去火车站，车夫看起来非常累，不耐烦地抱怨了几句，我告诉他："我没让你到铁路上去赶车。"然而，我们似乎是在沿着铁路走。所有的车站都戒严了，我在去克雷姆斯还是赞

---

① 这是我在梦境记录中无意识出现的重复，这显然是我的粗心大意造成的。但我决定保留下来，因为分析表明它很重要。这句话的德语表达是"ich fahre auf"，"fahren"也有"开车"或"旅行"的意思，这一词义在后面的梦中会反复出现。

尼姆①之间徘徊。但我后来一想，很可能官方会派人在那儿窥伺，于是我决定去格拉茨一类的地方……现在我置身于一个车厢内，仿佛是电车内吧！而在我的纽扣孔内有一条长形瓣状的东西插着，旁边有一朵假花，它是由一种较硬的贵重材料做的紫棕色紫罗兰，非常显眼。（到这里，梦中景象又中断了。）

接着我又回到了站台，但这次，我是与一位老绅士一起。我有了一个不被别人认出的计划，然后我又觉得这个计划已经被付诸实践了，仿佛思维和实际在这里实现了统一。他好像是盲人，至少有一只眼睛看不见，我递给他一个男用的玻璃尿壶（这不是车上免费提供的，我们必须出钱买或自己从镇上带来）。于是我顺理成章地成了帮他排尿的护工，因为他是什么都看不见的盲人。若检票员看到我们这个样子，一定会准许我们通过，而不会检查我们。在这一场景下，老者的姿态及他的排尿器官栩栩如生地出现在我眼前。（此时我醒了过来，感觉急需排尿。）

这整个梦似乎是一种幻想，使我重回 1848 年的革命时期。我之所以会想起那一年，可能是由 1898 年弗朗西斯·约瑟夫皇帝的庆祝大典和在瓦赫河的短暂休假引起的，当时我曾顺道去伊玛尔村玩了一趟，而据说那里正是当年革命时期学生领袖费休夫避难的地方②。而费休夫

---

① 克雷姆斯在下奥地利，赞尼姆在摩拉维亚，它们都不是官邸所在。格拉茨是施蒂利亚省的首府。

② 瓦赫河是多瑙河的支流，位于维也纳以北约 80 千米处。1925 年加注：这一次是一个错误而不是失误。我后来才知道，瓦肖的伊玛尔村与革命领袖费休夫避难的地方不是同一个。关于这个错误的参考，可以参阅《日常生活的精神病理学》（弗洛伊德，1901年 b）第 10 章（3）。

式的人物似乎也在这梦的显意中出现过多次，所以这次乡村小游也可能是促成此梦的伏笔。这一联想又使我想起了在英国和我哥哥的住所。他总是用"50年前"（出自丁尼生勋爵的一首诗的标题[①]）来戏弄妻子，而孩子们则总会在一旁纠正道："是15年前。"之所以会有关于这一革命的联想，是因为我看到了图恩伯爵，这两者之间的关系正如意大利式教堂的正面和背后的结构之间不存在有机的联系。但与有序的教堂正面外观不同的是，这个梦十分无序，布满裂痕，并且大部分的内部结构都暴露在外面。

　　这个梦的第一部分包括好几种景象，在此我打算逐步一一阐释。梦中伯爵狂妄的态度，几乎复制了我15岁那年在学校的经历。当时我们的老师非常傲慢自大，不受人欢迎，因此我们酝酿了"叛变"，带领我们"起义"的是我的一位同班同学，他似乎把英格兰亨利八世作为学习的典范。他安排我领导进攻，我们商定好在一场关于多瑙河对奥地利的重要性的讨论会上公然开始行动。在我们这些"叛变"的伙伴中，有一位贵族出身的同学，由于他长得又高又瘦，我们叫他"长颈鹿"，有一次被"暴君"似的德语教授训斥时，他站着的样子就像我梦中的伯爵一样。关于喜欢的花及纽扣孔内所插的某种花一样的东西这两个元素的解释（使我想起那天我曾送兰花给一位朋友，同时我又送了一朵耶加哥玫瑰[②]），我很自然地联想到了莎士比亚的历史剧《亨利

---

① 丁尼生的诗似乎没有这样的标题。这可能是指他的颂歌《维多利亚女王盛典》，其中反复出现"50年"这个词（尽管不是"50年前"）。或者，这个典故可能出自《洛克斯利大厅》的"60年后"。

② 这是一种会复活的植物，只要浇水，其干枯的枝条就能重新舒展。

四世》第一幕第一场中上演的玫瑰战争（正是亨利八世打开了这扇回忆之门）。如此，由玫瑰联想到红白相间的康乃馨，只有一步之遥了。此时，有德语和西班牙语的两段小诗分别被引入我的分析中：

玫瑰，郁金香，康乃馨；

所有花都会凋零。

伊莎贝拉，请不要

为花儿的凋零而哭泣……

第二段西班牙语诗又让我回想起《费加罗的婚礼》。在维也纳，不同颜色的康乃馨代表不同的含义，白色康乃馨是反犹太人的标志，而红色康乃馨则是社会民主党人的象征。我由此想到了我在乘坐火车前往美丽的撒克逊旅行时遭到反犹太运动挑衅的经历。这个梦的第一段使我追溯到另一个情景。那是早年学生时代，我参加了一个德国学生俱乐部，讨论哲学与自然科学的关系。初生牛犊不怕虎，我以彻底的唯物主义观点拥护了一种十分偏激的看法，这使得一位博学睿智的学长忍无可忍，站了起来，对我们进行了训话。我记得他是一位很会领导人们、组织团体的青年（顺便说一句，他也有个来源于动物王国的名字①），同时，他向我们讲述，他养过猪，后来悬崖勒马，回到了父亲身边。我瞬间勃然大怒，无理地反驳道，就因为他曾经是个小混混，刚刚发表那番言论也就不足为奇了（梦里，我对自己的德国民族主义态度感到很意外）。这引起了一阵骚乱，人们纷纷要求我为刚刚说的话

---

① 或许是奥地利社会民主党领袖维克多·阿德勒（Alder，鹰）。

道歉，我拒绝了。还好，这位受辱的学长相当理智，并没有把这件事当作一次挑战，因此争执没有演变成冲突。

第一个梦的其余元素来源于更深层次的内容。伯爵所说的款冬花是什么意思？为了找到答案，我开始了一系列联想：款冬花（"huflattich"，字面意思是"马蹄生菜"）—生菜（let-tuce）—沙拉（salad）—占着茅坑不拉屎（salathund）；接着是对绰号"长颈鹿"的联想，"gir-affe"，affe 在德语中是猩猩的意思，于是我想到了"猪""狗"——如果我从另一个名字开始联想去侮辱另一位老师，我联想到"驴"。对于"款冬花"，可以用法语"pisse-enlit"①来解释（我不知道是不是正确）。这一信息来源于左拉的《萌芽》，在该书中，一个孩子被叫去摘一些这种植物做沙拉。法语中"狗"（chien），让我想起了人的本能（法语中的"chier"是小孩子说到小便时的用词）。我想我应该很快就能在这本书里集齐三种不雅的例子了——包括固体、液体和气体。《萌芽》与即将到来的革命有很大关系，其中描述了一种非常特殊的竞争，涉及一种被称为"胃肠气"（Flatus）②的气体排泄物，即屁。现在，我发现通往胃肠气的道路已经铺设完毕：从鲜花到西班牙语诗歌、伊萨贝利塔、伊莎贝拉和斐迪南、亨利八世、英国历史，再到与英格兰作战的西班牙舰队，战败后，被授予刻有"Flavit et dissipati sunt"（他吹了一下，它们便溃不成军）字样的奖章，因为风暴

---

① "pissenlit"指蒲公英。
② 事实上不是在《萌芽》里，而是在《大地》里：这是我在完成分析后才发现的错误。请注意，"hu flattich"（款冬花）和"flatus"中出现了相同的字母。

已经摧毁了西班牙舰队。我曾半开玩笑地想用这些词作为有关"治疗"那一章的标题（如果我能顺利地写到详细描述癔症的治疗方法和理论的那一章的话）[①]。

下面我们再来看梦的第二个场景。由于无法完全通过我自己意识中的"稽查"，所以我没能做较详细的解析。我似乎把自己置于革命时期某位杰出人物的地位，这个人物曾与一只鹰（Adler）有过一段传奇的事迹，并且听说他患有肛门"失禁"的毛病……尽管这个故事的大部分内容是霍夫拉特告诉我的，我仍认为自我稽查作用在这方面没能充分发挥。梦中出现的那些房间是那位伯爵的一等车厢。然而梦中"房间"（zimmer）的含义常常是女人（frauenzimmer[②]）——这里特指妓女。梦中的那个看门女人，其实是一位谈吐风趣且曾在她家好意招待过我的老妇人。我却在梦中丝毫不带感激地给予了她这种角色。"灯"则暗示着《情海惊涛》，这是格里帕泽[③]结合自身经历撰写的一段关于希罗和黎安德的感人肺腑的故事，也使我想起了西班牙的勇猛舰队和风暴[④]。

[①] 1925 年加注：一位不请自来的双语作者弗里茨·维特尔斯（Fritz Wittels）（1924 年，第 21 页）指责我在上述名言中省略了神的名字。1930 年加注：那块英格兰奖章的背景是云，上面用希伯来语刻着神的名字，可以视为背景或铭文的一部分。[有关在"治疗"一章中使用这一名言的想法在 1897 年 1 月 3 日弗洛伊德写给弗利斯的一封信中提到过）（弗洛伊德，1950 年 a，54 号信件）。]

[②] "frauenzimmer"的字面意思是"女人的房间"，在德国常常被当作"女人"的贬义词。

[③] 一位著名的奥地利剧作家（1791 ~ 1872 年）。

[④] 1911 年加注：在一篇有趣的论文中，西尔伯勒（1910 年）试图用我的梦的这一部分说明，梦的运作不仅可以再现梦的潜在想法，还可以复制梦形成过程中发生的心理过程。（这就是他所说的"功能现象"。）但我认为，他忽略了一个事实，即"梦形成过程中发生的心理过程"和其他过程一样，是我思维材料的一部分。在这个自吹自擂的梦中，我显然因为发现了这些过程而感到自豪。

由于我最初选择此梦的目的是谈论童年回忆，故在此我不再详细探讨这个梦的另外两部分[1]，而只列举其中两处与童年有关的部分来进行讨论。人们会理所当然地认为我是因为这个梦涉及与性有关的材料，而不愿放开手脚讨论，事实却不全是这样。毕竟一个人可能会对别人隐瞒一些事，但他对自己是完全坦诚的。我们应当追究的问题不是我知而不言，而是我为了隐瞒梦的真实内容而采取内部自我稽查的动机。因此我必须解释，梦的这三个景象有一个共同的特征，即都表现出一种脱离实际的自夸（例如"我认为自己非常巧妙地躲过了检查"），是在清醒生活中被压抑，而只能在一些梦的显意中获得满足的狂妄自大。这种自夸延伸至方方面面，比如在提到格拉茨时说"格拉茨值几个钱！"，就好像自己是一个富豪。如果想到伟大的拉伯雷对高康大和他儿子潘塔格鲁的生平事迹的描述多么无与伦比，我们就会在梦的第一部分同样发现这种自夸。

　　现在我要兑现承诺，来说说与话题有关的两个童年场景。我曾为了旅行买过一个新的行李箱，是那种紫棕色的。这个颜色在梦境中出现过不止一次：一种较硬的贵重材料做的紫棕色紫罗兰，位于一种"少女饰品"（girl-ornaments）[2]类的东西旁边，还有部长级高级房间里的家具。我们都知道，小孩们认为"人们总是被'新'（new）的东西'打动'（struck）"。现在我要告诉各位一件我童年发生的轶事，这件轶事是由家人后来讲给我听的，因此我现在对它的印象源自家人的讲述，

---

① 事实上，我在后文对其中一部分内容进行了详细分析。
② 这个词多为"放荡"之意，在这里似乎是某种扣眼的俗称。

而我对它的真实记忆早已荡然无存。家人说，我在 2 岁时仍常常尿床，而当受到责罚时，我便会对父亲说："等我长大后，我要在 N 市（最近的一座大城市）给你买一张新的红色大床。"这就是梦中出现的"尿壶必须出钱买或自己从镇上带来"的来源——这是一种承诺的实践。（我们也许可以更深入地发现男用尿壶与女人的行李箱、盒子之间的联想。）我许的这个承诺体现了我童年时的自以为是和狂妄自大。我们已讲过儿童小便困难在梦中的重要作用，我们也通过对神经症患者的精神分析了解了尿床和野心之间有着密切的联系[1]。

在我七八岁时发生的一件家庭琐事让我至今仍记忆犹新。一天晚上，临睡前，我违反了家规，缠着父母让我睡在他们的卧室内，结果我被父亲责备："这个孩子将来不会有什么出息。"这句话如当头棒喝，它一定极大地伤害了我的自尊心，因为我之后的梦里总会出现这幅景象，而且与之一起出现的往往还有我细数成就的画面，仿佛我想说："看，我是有出息的。"而这童年的景象也为梦的最后一部分提供了材料——为了报复，我将人物关系颠倒过来。那位老者明显代表我父亲，因为他患有青光眼，有一只眼睛失明了[2]。现在轮到他在我面前撒尿了。梦到青光眼也是我在提醒他，在他的手术中我研究的可卡因帮了大忙，这似乎也是我从另一方面兑现了自己的承诺。我还取笑他，因为他看不见，我必须用玻璃尿壶服侍他小便，而我心中却愉快地想着我那引

---

[1] 这句话增写于 1914 年。首次提及这种联系的地方似乎是弗洛伊德的论文《性格与肛欲》（1908 年 b）的最后一段。

[2] 我通过给他买了一张童年场景中所承诺过的新床给了他慰藉。这里还有另一种解释，他可能是费利克斯·达恩的神话小说《奥丁的慰藉》中的众神之父独眼奥丁。

以为傲的有关神经症的理论①。

　　两次童年的小便场景之所以会出现，很大程度上要归因于我的狂妄自大。而我在游奥塞湖时回忆起它们，是因为一个偶然事件——我所在的包厢里没有洗手间，因此我理所当然地担心让我从梦中惊醒的那种尴尬处境。我因这种生理上的需要醒来，我想，一定有很多人以为我尿急的感觉就是这个梦的真正刺激来源。但我有相反的看法。我认为"梦里的念头才是因，而尿急反而是果"，因为我平时很少晚上起来小便，尤其是在这种三更半夜的时刻更不可能发生。即使在一些设施条件更好的旅途中，我也不曾有过因尿急而惊醒的经历。不过无论

---

① 以下是一些进一步解析的材料。递给他玻璃尿壶让我想起了一个农民在眼镜店试了一副又一副眼镜，但仍然认不出字的故事。这可以理解为从农民捕手联想到前一段梦中的"女孩捕手"——左拉《大地》中的父亲失智后在农民中受到的待遇。我父亲在生命的最后几天会像个孩子一样弄脏自己的床，因此我在梦中的形象是一名护工。"思维和行动在这一刻仿佛合二为一"这让人想起了奥斯卡·潘尼查的一部极具革命意义的文学戏剧《爱情会议》（1895 年），在这部戏剧中，上帝被当作一个瘫痪的老人。意志和行为完全相同，他不得不被一位大天使约束，他不能诅咒或发誓，因为他的诅咒会很快应验。我制订的计划是后来对父亲的一种指责。事实上，这个梦中所有的反叛内容，包括对权威的嘲笑，都指向我对父亲的叛逆。王室贵族就是其领地臣民之父，父亲是最年长的，是第一位的，是孩子眼中的唯一权威。在人类文明史上，除母系社会外，其他社会权威都是从父亲的专制权力中发展起来的——"思维和行动在这一刻仿佛合二为一"是对癔症的解释，而"男性尿壶"存在同样的联系。我不需要向维也纳人解释"Gschnas"原则。那是用琐碎、滑稽、毫无价值的材料构建的看起来罕见而珍贵的物品（例如用平底锅、稻草和餐巾做成的盔甲）——这是在维也纳的波西米亚派对上最受欢迎的消遣活动。据我观察，这正是癔症患者会做的事：他们无视身边真正发生的事，将生活中最无用的日常琐事构建为可怕且反常的事件。无论他们的病情是严重还是相对一般，其症状都是这些幻想附属的，而不是对真实事件的回忆。这一真相帮我解决了很多难题。而我为什么能通过"男用尿壶"联想到这些？请看下面的解释。有人告诉我，在最近的"Gschnas"之夜上将展出一个属于鲁克蕾齐亚·波吉亚的毒圣杯：它的主体部分是一个男用尿壶，就是医院使用的那种。

如何，这个悬而未决的问题都不会给我们造成太大的影响。^①

　　结合在梦的解析中累积的经验，我注意到，一些乍一看已经完全解释清楚的梦其实也能追溯至童年早期，因为我们总能轻松地找到其来源和触发点。所以，我总是强迫自己扪心自问，这一特征能否构成做梦的另一个重要前提。如果这个设想是正确的，那么我们可以说：与梦的显意相关的是近期的印象，而梦的隐意则要追溯至童年早期的印象。其实，在对癔症的分析中我已有所收获，这些早期的人生经历在患者记忆中有清晰的印象。要找到设想中的证据非常困难，后文将从另一个角度来讲解童年早期经历在梦的形成中可能发挥的作用。

　　在这一章的开始，我已经讲到梦中记忆的三个特征，其中一个是梦的内容通常是无关紧要的琐事，我们已经通过梦的伪装把这一点解释清楚了。对于另外两个特征（近期及早年的材料），我们虽然已经证实了其存在，但仍很难基于做梦的动机解释清楚。现在让我们暂且假定其正确性，但这两个特征仍有待进一步的解释与检验。我们得寻找其他更适合的角度来探讨这个问题，比如在讨论睡觉时的心理状态或研究心理机制的结构时。然而它的实施有相当大的难度，因为只有当我们认识到梦的解析就像一个可以窥见精神内部机制的窗口时，我们才能重视并冲破阻碍去探讨它。

　　但是，通过对后来列举的几个梦例的分析，我们还可以得出另一个结论：通常来看，梦有多个意义。正如我们所举出的例子那样，它们不仅涵盖了一个接一个欲望的满足，而且还包括了一系列可以相互

---

① 这个梦境将在后文进行详细讨论。

叠加的意义或欲望，而最底下的那个便是来自童年最早期的欲望。这样一来，就冒出一个问题：如果要形容这种现象的发生频率，是否用"总是"比"经常"来得更准确呢？①

第三节　梦的躯体刺激来源

如果我们想让那些接受过基础教育的普通人对梦的解析产生兴趣，我们不妨问问他所认为的梦的来源是什么。关于这个问题，一般而言，他们往往认为自己的回答是对的，例如他们多半马上想到胃肠（梦是由消化不良引起的）、睡姿、睡眠过程中的小意外等。他们从来没有想过，除了这些肉体上的因素，梦还可能有其他方面的材料来源。

在前文，我已详细地就科学家们对躯体刺激对梦形成的作用的态度做了讨论，现在来看看他们的研究成果。我们很容易就注意到有三种完全不同的躯体刺激来源：一是外部世界的客观感觉刺激；二是对内部感官兴奋状态的主观感觉；三是内部躯体刺激。我们还注意到，与这些躯体刺激相比，主流专家试图忽视精神来源的重要性。在结合了与躯体来源方面相关的观点后，我们可以肯定地说：在这几个因素（包括睡眠过程中的偶然刺激，以及部分影响睡眠的心理兴奋）中，客

---

① 1914 年加注：梦的意义是相互叠加的，这是梦的解析中最微妙的问题之一，也是最有趣的问题之一。如果我们忘记了这种可能性，就很容易误入歧途，并且对梦的性质的判断也将经不起推敲。然而，事实上我们对这个问题的调查依然非常欠缺。迄今为止，唯一完整的研究是奥托·兰克于 1912 年对膀胱压力引起的梦境象征意义的分层研究。

观感觉刺激的重要性是经多次观察后得出的共识；主观感觉刺激所起的作用似乎可以通过催眠来实现感觉图像在梦中的重现加以证明。至于内部躯体刺激的影响，虽不能明确证明梦中的场景与其有关，但由众所周知的消化、泌尿及性器官的兴奋状态对梦产生的影响，我们大致可以得出肯定的结论。

一些人认为梦的躯体刺激来源仅仅包括神经刺激和躯体刺激两种。另一些人对此提出疑问，他们倒不是质疑上述理论的正确性，而是认为证据不够充分。

无论支持这一理论的人如何确信这个理论的依据（尤其是考虑到外部神经刺激，因为很容易就能在梦的内容中找到它们），他们都不得不承认，仅仅将梦中丰富的思维材料归因于外部神经刺激是解释不通的。卡尔金小姐（1893 年，第 312 页）曾用了 6 周的时间，对她自己和另一位实验者的梦进行了研究。她发现，他们两个人的梦与外界刺激的相关性百分比分别只有 13.2% 和 6.7%，而且在他们收集的梦例中仅有两个是由机体感觉引发的。这些统计数据证实了我们怀疑的正确性。

还有人提出干脆就将梦分为两种，并分别对其进行深入的研究。其实这个想法早在 1882 年就由斯皮塔实践了，他将梦分为两种，分别是源于神经刺激的梦和源于联想的梦。然而，这种区分的成果也未能使人满意，它并不能交代清楚躯体刺激与梦的联想内容之间的关系。"外来刺激的来源并不多见"是对上述提到的"梦的躯体刺激的来源论"的第一个质疑，还有第二个质疑，即这种来源对于梦的解释力不够。我们希望这一理论的支持者能对以下两个问题进行解释：第一，为什么外来刺激在梦中不是以真面貌示人，而是被别的形式取代？第二，为什么我们的精神世界对这种错误感受到的刺激所产生的反应如此变幻莫测？

对于这些问题，斯特姆佩尔（1877 年，第 108 页起）解释道：人处在睡眠状态时，精神是从外部世界抽离回来的，因此它不能给客观感官刺激以正确的解释，并且只能在综合了多方面不确定的印象后形成歪曲的知觉。他说：在所有睡眠状态中，在外部和内部神经刺激的作用下心灵中会产生一种感觉或复合感觉，形成一种感情或全部精神过程，其被心灵感知，这个过程会不断地从清醒时遗留给梦的经验范围内搜集与之相关的感知体验，这些早期感知体验或是直白的感觉，或是伴随着适当的精神价值的感觉。这一过程的产生不可避免地伴有这类景象的出现，并借由这些来自神经刺激的景象体现出自身精神价值。我们在生活中常信奉睡眠状态下的心灵会对由神经刺激引起的感知印象做出解释。这一解释的结果被我们称为"源于神经刺激的梦"，也就是说，神经刺激在心灵上产生精神效果，而按照"复现的原则"在梦中重现出来。

冯特（1874 年，第 656 页起）的主张在主要观点上与这一理论是相同的，他认为梦中出现的想法绝大部分来自感官刺激，尤其是全身性的刺激，引发的基本上是不真实的幻象——只利用小部分的真实记忆扩展成幻觉的程度。斯特姆佩尔曾用一个恰当的比喻来说明梦境内容和刺激之间的关系："就像一个不懂音乐的人，用他的十根手指头在琴键上乱弹一般。"意思是，梦并不是一种由精神动机引发的精神现象，它是生理刺激的结果，只是由于受到刺激后，心灵无法以生理的方式表现其反应，而不得不以精神上的症状来表现而已。此外还存在其他相似的假设，例如，迈内特在试图解释这种强迫性观念时也用到了这样的类比：他把钟面作为类比，在钟面上，一些数字由于雕刻感更重而比其他数字更加醒目。[①]

尽管梦的躯体刺激理论非常盛行，看起来也非常吸引人，但都不足以掩盖它的缺点。每一个躯体梦刺激都需要睡眠精神装置通过幻觉构建来实现对它的解释，这就意味着一种躯体梦刺激会导致有无限种可能的解释。也就是说，一种躯体梦刺激在梦的内容中会有多种不同的表现形式[②]。

然而斯特姆佩尔和冯特主张的理论却无法产生所有的动机，去解决外部刺激与为了解释外部刺激出现的梦的思想之间的关系。换句话说，这些理论不能解释利普斯（1883 年，第 170 页）所说的这些刺激"在其创造性活动中常常做出的非同寻常的选择"。

多数反对意见针对的是这个理论的基本假设，即人在睡眠中无法识别客观感官刺激的实质。老一辈的生理学家布达赫曾告诉我们，即

① 这句话并没有在迈内特的公开出版文献中出现过。
② 1914 年加注：莫里·沃尔德（1910 ~ 1912 年）撰写了一部两卷本的作品，其中包含了一系列在实验环境中的梦及其详尽报告。如果有人认为这本书中描述的实验条件难以支撑对个体梦境内容的了解，认为这些实验对理解梦的问题难以提供很大的帮助，那么我建议他去看一看这部研究作品。

使在梦中，心灵仍能正确地解释那些由感官捕获的印象，并且正确地予以反应。他同时指出，某些对个人较重要的印象在睡梦中往往并不会和其他刺激一样受到忽视。相反，它们常常脱颖而出，引起做梦者的特别重视。例如一个人在睡觉时听到别人叫他的姓名，他往往会马上惊醒，但听到其他声响时可能仍照睡不误。所有这些都表明心灵在睡眠状态下仍能分辨不同的感觉。所以布达赫就这些观察结果推断，我们在睡眠状态下并不是无法对周围的感官刺激做出反应，而是对这些刺激缺乏兴趣。

1830年，利普斯又把布达赫的这一套理论照搬出来，以批评梦的躯体刺激理论。在这些争论里，心灵这个东西就犹如一段趣闻中的睡眠者一般。别人问他："你在睡觉吗？"他回答："不是。"而再问他："那么你借我10个弗洛林吧！"他却找借口逃避："我睡着了！"

对于梦的躯体刺激理论的不完善之处，还可以在其他方面找到证明。首先，观察表明，外部刺激不一定会使我们做梦，即便这种刺激确实出现在梦中。譬如，当我在睡觉时感受到触摸或压力的刺激，我的反应可能会有很多种：我可能根本不理它，而直到醒来时，才发觉腿上没盖被子；或因为侧卧而压住了自己的一只手臂。事实上，在精神病态的研究中，我发现有很多例子均是各种相当兴奋的感觉或运动方面的刺激在梦中不能引起丝毫反应。其次，我可能在睡眠状态中一直能感受到这种刺激的存在，就像平常睡眠时体会到的痛感一样，但在梦中却没有把这痛感加在内容里头。再次，我也可能为了逃避这种刺激而从梦中惊醒①。最后，梦可能由这种神经刺激产生，也可能还有其他可能性。因此，如果说在躯体刺激之外找不出其他引起做梦的动机，那实在是欺人之谈。

其他一些作者，包括施尔纳（1861 年）和认同他观点的哲学家弗尔克特（1875 年），曾对我上述的解释（梦源于躯体刺激中出现的幻象）做过公正的评价。他们试图更加准确地界定躯体刺激对多变的梦境的影响。也就是说，他们在努力尝试再一次将梦当成一种类似精神主导的东西，即一种心理活动。施尔纳不仅用充满诗意的话语生动地描绘了梦形成时人所表现出的所有心理特征，还确信自己发现了心灵在接受刺激之后的处理机制。按照他的说法，梦是一种无拘无束的幻象，它是从白天所受到的桎梏中解放出来的，并尝试用象征手法将感知到刺激的器官的特性表现出来。因此他提出了"梦书"的想法，以此作为释梦的指南，这样人们就能够根据梦中情景推导出躯体感觉、器官及刺激的状态。例如在"梦书"中，猫被视为坏脾气的象征，一块光滑、浅色的面包暗指赤裸的人体（弗尔凯特，1875 年，第 32 页）。在梦的幻象中，整个人体可以用一间房屋代替，各个器官则分别以房屋的各部分代替。在牙痛引起的梦中，一个圆形拱顶的大厅象征嘴巴，而一座往下走的阶梯象征由咽喉下至食道。在头痛引起的梦中，房间的天花板上爬满了蟾蜍般恶心的蜘蛛，即象征着头脑中的困扰。

---

① 1919 年加注：参考兰道尔（1918 年）关于睡眠行为的研究。任何人都可以观察到他人睡着时所做的动作，这些动作显然是有意义的。一个睡着的人并不会退化到完全无知的状态；相反，他依然拥有逻辑和思维能力。

甚至在梦中，同一个器官也往往使用不同的象征。呼吸胀缩的肺部会以烈火熊熊的火炉作为象征，心脏会以空心的盒子或篮子作为象征，膀胱则以圆形包裹似的物品作为象征，或只是用空心的东西代替。而最重要的是，在梦结束后，这些感受会真的在做梦者的肉体上表现出来，所以，牙痛的梦往往会在最后会以做梦者梦见自己被拔掉一颗牙而告终。

　　这一梦的解析理论很难赢得其他研究者的支持，因为它可能除夸张性之外再无别的重要特征。甚至连一些我本身也认为有道理的观点，都因为内容太牵强而难以被接受。正如我们所见，它主要是运用象征方法来重新演绎梦境——这种方法在古代就曾被使用，区别只是在于其所引用的象征仅限于人体。由于缺乏具有科学性的解释方法，施尔纳的理论的应用范围受到了极大的限制。按照施尔纳的理论，同一种刺激可以使用各种不同的象征符号出现在梦中，这似乎导致对同一个梦的解释毫无标准、完全随意。因此，即使施尔纳的学生弗尔克特也无法证明房屋象征人体的说法。还有另外一个反对的理由：根据施尔纳的观点，梦的活动根本上是一种无用、无目标的心灵活动，心灵本身只能围绕于刺激而进行幻想，对处理刺激的本质提供不了任何帮助。

　　关于施尔纳的躯体刺激象征理论，还有一种特别强烈的质疑，其极大地破坏了施尔纳的这一理论。既然这些躯体刺激一直存在，而且相比于清醒时，人们在睡眠中会更容易感受到它们，那么他就无法解释：为什么我们不是一整晚都在做梦？为什么我们不会每天都梦到与器官有关的梦？为什么不是所有器官都会进入梦中？想要驳斥这样的质疑，就需要一个附加条件，即梦的唤醒必须借助于眼、耳、手、肠等器官所引发的强烈兴奋。但问题是，想要证明这些兴奋在客观上增加非常难，因为只有在个别梦例中这一点才有可能被证明。如果梦中的飞翔代表肺部的起伏，那么如斯特姆佩尔（1877年，第119页）指出的，要么这种梦出现得更频繁，要么就需要证明这种梦发生时，人的呼吸变得更强烈。当然，还有另一种可能，而且它的可能性是最大的，即一种特别的动机暂时将注意力引向了恒定存在的内部感觉。但是，这种可能性不包含在施尔纳的理论范围内。

施尔纳和弗尔克特的理论意义在于，他们将人们的注意力引向一些有待解释的梦的特征，而这也预示着梦的解析似乎能有新的发展。梦确实包含身体器官和功能的象征，例如梦里出现的水往往代表尿意，直立的棍棒或柱状物代表的是男性性器官……一些梦在视觉上动感十足、色彩明艳，与其他梦的单调形成对比，这便是有"视觉刺激的梦"；一些梦里充满噪声，那我们可以推测幻想在梦的内容中的存在。施尔纳（1861年，第167页）描述过一个梦，梦里有两排漂亮的金发男孩在桥上面对面站着，他们互相攻击，然后回到原来的位置，最后做梦者发现自己坐在桥上，正在从下牙里拔出一颗很长的牙齿。同样，弗尔克特（1875年，第52页）也描述过一个梦，梦中有个两排抽屉的橱柜，这个梦最终也是以做梦者拔下一颗牙齿告终。这两位作者记录了许多类似的梦，这让我们无法片面地将施尔纳的理论视为一项无聊的发现，而应该研究其理论中有价值的核心部分。因此，摆在我们面前的任务是为所谓的牙齿刺激的象征找到另一种解释。[1]

---

[1] 这些梦将在后文进行进一步论述。

在与梦中材料的躯体刺激来源相关的讨论中，我一直没有引述我们由梦的分析所得的论断。如果我们可以应用一种未曾使用的其他方法，证实梦是一种有精神价值的活动，梦形成的动机是欲望的满足及梦的内容源于前一天所发生的近期印象，那么，其他所有忽视研究方法重要性的理论及单单将梦作为一种由躯体刺激引起的精神反应的理论，无须进行细致批判便可以直接否定了。否则，就等于说有两种完全不同的梦，一种是我观察到的梦，而另一种是只有那些早期学者观察到的梦（实际上，这几乎是不可能的）。因此，接下来我们要做的就是在我有关梦的理论中为当前梦的躯体刺激理论找到一席之地。

当我们意识到梦的工作必然会把同时进行的所有刺激联系起来时，我们已经开始了这个方向的探索。我们发现梦的工作是基于一个前提的，即梦的工作是把同时活跃的所有梦的刺激结合成一个整体性产物。我们已经知道，如果当天遗留下来两个或两个以上的印象深刻的心灵感受，那么由这些感受产生的欲望便会凝聚成一个梦；同样，这些具有精神价值的感受又能与当天另外一些没有关系的生活经验（只要是有可能建构出联系的生活经验）结合成为梦的材料。因此，梦似乎是对睡眠中当前活跃的一切材料的反应。我们迄今为止所分析的梦境材料，是由留存的精神和记忆痕迹构成的，由于梦偏好新近的、童年早期生活材料，因此梦的材料都被赋予了一种目前还无法定义的特性，叫"当前活跃度"。如此，不需太多的努力，我们就能预见，若梦中有新的元素以感觉的形式浮现，那么它就是当时活动的记忆再现。由于这些感官刺激是当前活跃的，这又一次证实了它们对梦极其重要，它们与当前活跃的其他精神材料相结合，共同构建了梦。换句话说，睡眠过程中产生的刺激和我们熟悉的"当天精神残余"共同组成了梦中想要被满足的欲望。然而，这种结合并不一定会发生，因为据我们所知，对梦中所受的同一生理刺激，可以有多种不同的行为反应。当它真的发生时，这意味着我们有可能在这类梦的内容中找到思维材料，这样梦的材料便有了两种来源：躯体材料和精神材料。

梦的本质并不会因为躯体材料与精神材料的结合而有所改变，梦仍旧是对欲望的满足，无论受当时材料支配的这种欲望会以哪种形式表现出来。

在这里，我要对几个特殊因素做一下讨论，因为它们对梦的躯体材料具有不同的重要性。做梦者在睡眠时受到剧烈刺激的反应取决于受当时环境影响的各种个体因素的组合，包括生理因素和一些偶然事件导致的变化，如当时的外部刺激强度、睡眠深度（可能是习惯性的，也可能是偶发的）、个体对刺激的反应差异等。对于一个睡眠中的人来讲，当突然有一定强度的刺激渗入时，他可能继续睡，也可能醒来，也可能在睡眠中将刺激编入梦中以抵抗这种刺激对生理的干扰。对不同人而言，外部刺激所引发的反应要结合个体的具体情况来考虑。对我个人而言，我的睡眠质量很好，即使在有干扰的情况下，我也能照旧睡着，因此较少有外部刺激能渗入我的梦，我的梦大部分都是由精神动机引起的。现实生活中，我记得自己只有一个梦能反映出客观痛苦的外部刺激的侵扰，而且我认为通过这个梦，我们可以看清外界刺激是怎样影响梦的。

我坐在一匹灰色的马的背上，战战兢兢，小心翼翼，像在硬着头皮练习马术。我的同事P在我身旁，他也骑着马，但他端正地坐在马上，腰杆挺得笔直，与我形成了鲜明的对比。他穿着花呢制服，提醒我调整自己的姿势，于是我越来越稳当、越来越轻松。骑在这匹聪明的马上，我感觉越来越自在，也越来越熟练。所谓的马鞍是一种长垫枕，整个铺满了马颈到马臀间的空隙。就这样，我骑在两驾篷车之间，在骑了一段距离后，我掉头准备下马。起初我想停在附近一个开着门的小教堂前，最终我在附近另一个教堂前下了马。我的旅馆就在附近，我原本可以骑着马一直到旅馆再停下的，可我还是提前下了马，选择牵着它走，因为我不愿意骑着马回去。在旅馆的门口，店里的服务人员交给我一张纸条。那是我的纸条，被他找到了，他因此而嘲笑我，纸条上的字下面都画有双线，有一句"没有食欲"，还有一句"不想工作"（比较模糊），此外还有一些关于我在这个陌生小镇没有工作的模糊想法。

　　乍一看，这个梦不会被认为源于痛苦刺激的影响。但从做梦前几天开始，我就一直饱受疮疖之苦，每动一下都疼痛难忍。最后，我发现自己长了个苹果大小的疖子，这让我每走一步都痛苦不堪。我发了烧，全身酸疼，不想吃东西，加上一直以来的高负荷工作，这些痛苦使我非常沮丧，我已经没有能力继续履行医生的职责了。因此，在这种情况下，骑马对我来讲比进行其他任何活动都艰难。于是，骑马的活动进入我的梦里，这可能是我能想到的对疾病的最坚决的反抗。事实上，我根本不会骑马，在这之前也不曾做过骑马的梦。有生之年我也只骑过一次马，并且是在没有马鞍的情况下骑马，那种体验实在让人无法享受。但在梦中，我却骑着马，仿佛我根本没长疖子——或者说，是因为我希望自己没长疖子。综上所述，马鞍可能是让我入睡的安抚剂，在它的作用下，刚开始的几小时睡眠中我没有感知到自己的疼痛。但药效过后，痛苦的感觉随即显现，想要将我叫醒，因此我做了这个梦，以此安抚自己："不要醒，继续睡吧！你没有生疖子，你现在正骑在马背上，若是你的屁股上长了疖子，你是绝对不能这样做的。"梦发挥了作用，它成功地压抑了痛感，使我得以继续睡下去。

　　然而，与实际不符的顽抗意念并不能在梦面前蒙混过关，梦才不会只是用一个根本与现实不符的幼稚意象来掩盖疖子的痛楚，就像痛失爱子的母亲或突然宣告破产的商人的疯言疯语[①]。梦中常常会再现被否定了的感觉细节和压制此感觉的画面细节，梦将脑海中正在活动着的其他材料与梦里的情形联系起来，共同构建起呈现于梦中的材料。我骑的马是灰色的，这种颜色正是我最后一次在乡下见到 P 时他穿着的花呢套装的颜色。而我之所以会长疖子是因为我吃了特别辛辣的食物——至少这比糖（糖尿病）更有可能导致这个结果，当然这也可能与疖子的发病有关。P 自从接收了我的一位女患者之后，便喜欢到我面前来炫耀。事实上，在接受了我的医治后，那位患者的病已经有了好转。但就像"周日骑手"[②]中的那匹马一样，这位患者把我带到了她想去的地方。因此梦

---

① 参见格里辛格（1861 年）的论文及我在第二篇关于神经 - 精神性防御的论文中的观点（弗洛伊德，1896 年 b）。实际上，这似乎是弗洛伊德有关该主题的第一篇论文末尾的一段话（弗洛伊德，1894 年 a）。

② 弗洛伊德在 1898 年 7 月 7 日写给弗利斯的一封信（弗洛伊德，1950 年 a，92 号信件）中写到了"周日骑手"伊齐格的座右铭："伊齐格，你要去哪里？""别问我！去问马吧！"

中的马就代表了这位女患者（在梦里，它很聪明）。"我感觉越来越自在"源于我被 P 取代前对于在女患者家里的地位的感受。近期我的一位城里很出名的医生朋友也跟我提到了这个家庭，他对我说："你像稳坐在马鞍上。"而在经受疼痛折磨时，我仍坚持每天工作 8 ～ 10 小时，这也是有很大功劳的。但我自己也深知，如果没有理想的健康状态，我是无法再将这繁重、吃力的工作继续干下去的，而且梦中又充满了一大堆如果我的病继续发展下去将会导致的恶果。（那纸条就像神经衰弱患者拿给他们的医生看的："不想工作，没有食欲。"）

在进一步的分析中，我发现这个梦通过骑马的欲望，追溯到我童年的一段回忆。幼年的我与年长我一岁的侄子（他现住于英国）发生争执。还有，这个梦也采撷了一些我去意大利旅行时的片段：梦中的街景正是我对威洛纳与西恩那两座城市的印象。更深一层的解析引向了性方面的梦意，这使我想起了一位从未去过意大利的女患者梦到这个美好的国家的含义：gen Italien（去意大利）——genitalien（性器官）。同时我曾提到在 P 取代我前我是到她"家"给她看病的，还有我那疖子所长的位置，均隐约与"性"有关。

在另一个梦里①，我也同样成功地避开了侵扰我睡眠的刺激。这次是来自感官的刺激。其实，这次的意外刺激与梦的内容的关系也是偶然发现的，正因如此我才对此梦有所了解。"在一个仲夏的清晨，当时

---

① 本段增写于 1914 年。这个梦已经被短暂记录于弗洛伊德 1913 年，在《精神分析引论》（1910 ～ 1917 年）第 5 讲中也有阐述。

我住在提洛尔的别墅里，醒来时我只记得梦见'教皇死了'。"面对这短短的、毫无画面的一个梦，我竟完全无法解析，唯一扯得上关系的是，我曾在前几天读报时看到有关他老人家身体微恙的报道。但当天早上我妻子问了我一句话："今天清晨你可听到教堂的钟声大作吗？"事实上，我完全没听到钟声，但妻子的这句话使我恍然大悟。这是虔诚的提洛尔人的钟声，他们想把我叫醒，而我需要睡眠！于是为了报复他们扰人清梦，我竟构建了这种内容的梦，不过也正是因为这样，我才得以继续沉睡而不再为钟声所扰。

我之前引用的梦例中也有几个可以拿来做神经刺激的研究。例如我大口喝水的梦，口渴的感觉由躯体刺激引起，并且躯体刺激明显是唯一的动机。

类似的情况不胜枚举，在梦中，似乎躯体刺激本身就能构建一种欲望。一个生病的妇女，梦见自己扔掉了脸颊上的冷敷器具，这是一个因疼痛刺激而产生的反应，其目的也是欲望的满足，只是采用的方法不太寻常。这种做法似乎使做梦者暂时忘却了痛苦，并将其病痛放到他人身上。

我那三位命运女神的梦很明显与饥饿有关，只是它成功地将对营养的渴求转化为对母亲乳房的期待，并且它以这种无害的欲望来掩盖某种不能公之于众的欲望。在那有关图恩伯爵的梦里，我们可以看出躯体需求如何与最强烈（同时也被最大限度抑制着）的精神冲动联系在一起。加尼尔也提到过一个梦例（1872年，第476页）：在炸弹声中醒来之前，拿破仑正做着一个打仗的梦，梦中出现了爆炸声。这个梦明确地证实了其仅有的动机是在睡眠中将精神活动引到对感觉的影响上。一位年轻律师①刚刚办完了一件破产案，这是他第一次经手此类重要案件，下午他做了一个梦，这个梦与拿破仑的如出一辙。他梦见了一个来自胡塞廷镇的人，他名叫赖希，他们是在一件破产案中相识的，梦中他不断地受到"胡塞廷"这个名字的干扰，醒来时才发现患有支气管炎的妻子正剧烈地咳嗽（德语为"husten"）着。

我们再将拿破仑（他凑巧是个睡眠很好的人）的梦和我那位贪睡的医生同事的梦做一下比较。房东叫他起床去医院，他反而继续大睡。他梦到自己正睡在医院的床上，梦境的假象让他认为自己已经在医院了，于是他也不必特意起床过去了。这显然是一个图方便的梦，做梦者的动机显露无遗，但同时他泄露了一个秘密。通常来讲，任何梦都带有图方便的属性，它们的目的是使做梦者继续酣睡而不必醒来。"梦是睡眠的维护者，而非扰乱者。"在后文中，我们还有机会从清醒状态的精神因素来证明这一观点。但就目前而言，我们可以用这个观点解释外部客观刺激与梦的关系。这里存在三种可能性：一是心灵完全没有注意外部刺激，不管这种刺激是多么强烈，也不管其是否有所暗示；二是通过梦来否定外部刺激；三是当心灵不得不承认外部刺激时，它总是会寻求一种解释使当前活跃的感觉变得合理，从而使这种感觉与睡眠状态保持一致。将活跃的感觉编织进梦境是为了剥夺其现实感。拿破仑得以继续沉睡，是因为他相信试图干扰他的声响只不过是阿尔克的爆炸声在梦中回荡。

---

① 此句及下一句增写于 1909 年。

所以，在任何情况下，睡眠欲望（这也是意识自我的所在，它和梦的稽查及后续我们还将提到的"润饰作用"构成了梦中的自我意识部分）都可以看成引发梦的动机之一，而所有成功的梦都满足了这个欲望。[①] 在后文中，我会对这个具有一般性、未曾改变过的欲望和不断更新的、总能被梦的内容满足的欲望之间的关系做讨论。但我们发现睡眠欲望中存在一种因素，它可以填补斯特姆佩尔与冯特理论的不足，并且可以解释心灵对外部刺激的解读为何偏颇、随意。其实，睡眠中的心灵能够对外部刺激予以正确的解释，表现出主动的兴趣，也可以决定终止睡眠。所以，在所有这些可能的解释中，外部刺激只有能通过睡眠欲望那至高无上的稽查机制，才能于梦中显形。"这是夜莺，不是百灵鸟。"因为如果是百灵鸟，那么这就意味着爱人之夜的结束。面对外部刺激，我们会在相对可接受的所有解释中选择一种与内心潜在的理想冲动最一致的解释。这样一切都会清晰明确，不存在任何武断的决定。有人可能会说，错误的解释不是一种错觉，而是一种逃避。然而在这里，我们必须再一次承认，我们正在面对偏离正常心理过程的行为，正如在配合梦境稽查的过程中，会受到移置作用的影响。

　　若心灵真的会关注外部神经刺激和内部躯体刺激，而两种刺激又只产生梦，不打扰睡眠，它们就会成为梦的核心；如同在两个精神刺激之间寻找中介观念般，材料的核心也能成为一种欲望的表达。从这

---

① 在本书的第一版和第二版（1900 年和 1909 年）中没有出现括号内的部分。其中 1911 年增加的是"这也是意识自我的所在，它和梦的稽查共同构成了意识自我对梦的贡献"这句话。1914 年版的脚注中增加了"润饰作用"的部分，其于 1930 年纳入正文。

种意义上来说，许多梦的内容确实取决于躯体因素。在一些极端案例中，有时候欲望并不活跃，它只是为了形成梦才会被唤起。然而梦只能是欲望在特定情境中的表达。梦的任务就是通过当下的刺激产生的感觉寻找被满足的欲望。若这些材料是不快或悲伤的，它们也依旧能够构成梦。心灵可以支配欲望，而满足欲望也可以造成不快。这种说法似乎自相矛盾，然而当我们考虑到有两种内部精神机构的存在以及它们之间的自我稽查机制时，我们就可以理解这种矛盾了。

我们已经知道，心灵中积压着一些"被压制"的欲望，这些欲望属于原发系统，而继发系统不允许对它们进行满足。我这样说并不意味着它们曾经存在过而现在被剔除了。压抑理论是研究神经症的关键，它认为，尽管受到了一个与之共存的制约力量的压制，这些欲望依旧存在。在谈到对这些冲动的"压抑"时，文学中的用法切中要害——把冲动"按捺"住。所以，能使这种冲动强行实现的精神准备其实仍然存在并随时可以运作起来。而这些受压制的欲望一旦脱缰，并且"继发系统"（可进入意识的系统）抑制失败，此时这种挫败就会表达为"不快"的感觉。总之，我们的结论是：如果在睡眠时感觉到了躯体来源的不快，梦的运作就会利用这一事件（或多或少在稽查制度的影响下）来代替某些欲望的满足，而这些欲望在通常情况下是受压制的 [①]。

基于这样的观点，一种焦虑梦才有可能形成（基于欲望理论的视角，这种梦的结构本是不切实际的）。另一种焦虑梦则受到不同机制的

① 这一主题将在后文做进一步讨论。

管制，因为梦里的焦虑情绪是神经症性焦虑，它是心理性兴奋的产物，在此种情形下，焦虑与被压抑的力比多相对应。所以这种焦虑就像焦虑梦一样，具有神经症的意义，而我们所面临的难题就是梦中欲望满足到什么程度才会受到限制。

有些焦虑梦（第一种焦虑梦）的焦虑感来自躯体，例如心肺疾病导致的呼吸困难。在此种情况下，焦虑可以通过梦的工作来使那些受到压抑的欲望得到满足，若这些欲望是因为心理因素而入梦，焦虑就会被缓解。这两种看似迥异的焦虑梦并不难调和。

这两种焦虑梦都包括两个密切相关的精神因素：一是对"情绪"的偏好，二是"观念内容"的倾向。如果这二者中有一个是非常活跃的，它就会在梦中唤醒另一个。在一种情形下，受躯体掌控的焦虑唤醒了被抑制的观念内容；在另一种情形下，受压制的带有性兴奋的观念内容获得解放，从而使焦虑得到缓解。

我们能够判断，在第一种情形下，被躯体左右的自我获得了精神上的解释；在第二种情形下，尽管精神是决定性因素，与焦虑相符的躯体因素却可以代替被抑制的内容。然而所有这些理解方面的困难与梦没有关系，这些困难之所以产生，是因为我们已跨入了焦虑的演变与"潜抑"问题的讨论范围。

身体的共感（或普遍感受性）包含在内部躯体的刺激里，内部躯体的刺激控制了梦的内容。这并不是说它自身提供了梦的内容，而是说它会操控梦的思想去选择梦的材料，并能对其做取舍。此外，前一天留存下来的身体普遍感受性还会将自身与对梦有重要影响的精神残余物结合起来。在梦中，这种普遍的情绪可能一成不变，也可能有所改变。因此，不快的也可能变成愉快的。

因此，在我看来，除非睡眠时的躯体刺激源十分强烈，否则它们对梦的形成所产生的影响基本等同于前一天所遗留下来的无关印象。也就是说，如果它们正好与梦境的精神来源所产生的观念内容相符，它们就会被引入来助力梦的形成；反之，它们则不会进入梦中。它们就像一些便宜的现成货物，只要需要，随时都可以取用，而不像一些珍贵的材料，本身有特定的使用方式。例如，一位艺术爱好者交给艺术家一块玛瑙石，请他雕刻出一件艺术品，这块材料的形状、颜色、纹理都分别体现了某种主题，艺术家将它们结合起来才能进行设计。如果材料是寻常可见、货量充足的普通大理石或砂岩，艺术家只需遵循自己的想法去设计即可。所以，我们现在能够明白了，为什么一般强度的躯体刺激引发的梦不会在每晚或每个梦中都出现[1]。

下面我将用一个例子来更好地说明这个问题，这也将使我们重新回到释梦上。有一次，我想弄清楚为何梦里会出现四肢动弹不得、被禁锢、无法做成某事的情况，这些都是梦里经常会上演的情景，与焦虑梦非常相似。然后当晚，我梦到以下内容。

我衣冠不整，用一种近乎跳跃的方式，每次跨三级台阶地上楼梯，我为自己能迈这么大的步子感到高兴。忽然，一位女仆迎面向我走来，

---

[1] 1914年加注：奥托·兰克在许多论文中表明，由躯体刺激产生的某些被唤醒的梦特别适合用来说明睡眠需求和躯体需求之间的斗争，以及后者是如何对梦的内容产生影响的。

刹那间我感到十分尴尬，想立刻躲开。然而我的脚一下子僵住了，我竟在楼梯上动弹不得。

分析——梦中情境取自现实材料。我在维也纳的家是一套两层的楼房，上下层的唯一连接是一座公共楼梯。一层是我的诊室和书房，二层是卧室，每天晚上工作结束后，我就会上楼休息。做梦前一天晚上，我上楼时的衣着确实有些凌乱——我将衣领解开，领带和袖扣也都被取了下来。但在梦中，我却近乎衣不蔽体，但和平时的梦一样，梦中的画面也是模糊不清的。通常，我上楼时总是跨两三级台阶，一大步跑上去，这在梦中被认为是一种欲望的满足——我能轻而易举地完成这个动作，表示我的心脏功能十分不错。此外，这种轻快的上楼方式使之后动弹不得的感觉变得更加鲜明。它让我知道，梦里要做出完美的行为并不困难（只需想想飞翔梦便会同意这一点）。

然而，我上的楼梯却不是通往我自己家的。最初我并没有意识到这一点，直到我认出了迎面走来的那个人，我才意识到自己要往哪里去。她是我的一位女患者家的仆人，这位患者是一位老太太，我每天要去看望她两次，给她打针。而我所上的这座楼梯确实是我每天必须上下两次的通往她家的楼梯。

现在我们要想一想，这些楼梯与这位女仆怎么会进入我的梦境呢？梦中衣冠不整的羞耻感显然是关于性的，然而梦中的那位女仆非常老，脾气暴躁，对我构不成任何吸引。我能想到的唯一的答案可能是这样的：每天早晨我去老太太家时，总是习惯在上楼时清清喉咙，我把痰吐在阶梯上，因为这两层楼连一个痰盂也没有。我认为保持楼梯的清洁不应以牺牲我的自由为代价，而是应该由主人去买个痰盂。那位女仆是位忠诚的老妇人，生性爱干净，所以她看不惯我的行为。她总是会在那里看我是否又将楼梯弄脏了，一旦发现，她便会大声抱怨，并且在接下来的几天里对我不理不睬。前一天，在我匆匆诊治了我的患者后，这位女仆拦住了我，对我说："你的靴子应该擦一下了，我们的红地毯又被你搞脏了。"这便是我梦到女仆和楼梯的原因。

我上楼的方式和吐痰之间还有一种内在的联系。咽喉炎和心脏病常见于吸烟者，也被视作对吸烟恶习的两大惩罚。我也吸烟，再加上连我自己的女管家也嫌我不够卫生，所以我在两家都不被喜欢，而这在梦中被混合成一件事。

在将衣冠不整的部分解释清楚之前，整个梦的解析需要延后。我们姑且可以相信，只在有特殊需要时，梦中才会出现动弹不得的感觉。总之，梦中之所以会产生这种现象一定不是因为我的运动能力在睡眠中发生了一些特殊变化，因此就在片刻之前，我步伐轻盈（这仿佛就是让我确认这个事实的证据）。

第四节　典型的梦

通常来讲，如果做梦者没有将隐藏在梦背后的潜在思想告诉我们，我们就无法解析他的梦。因此释梦方法的实际应用是受到严重限制的①。众所周知，根据自身的特点随意地组建自己的梦是每个人都有的权利，而这一点其他人无从知晓。然而现在我们发现，还有一些情况完全相反，有些梦几乎每个人都做过，我们也习惯于认为这些大同小异的梦对每个人的意义也近乎一致。人们对这类典型的梦也表现出了特别的兴趣，因为无论做梦者是谁，几乎都能找到同样的来源，所以对这类梦的研究特别适合用于探讨梦的来源。

我们希望这些典型的梦能成为我们的研究对象，让我们的释梦方法更好地发挥作用。同时，我们也愿意承认，在一些情况下，我们的释梦方法并不管用。当我们对一个典型的梦进行解释时，做梦者往往不能像往常一样提供让我们得以理解的联想，又或者他们的联想太过模糊且不够充分，对我们的解释工作没有什么用处。为什么会这样？这一问题将会在后面的内容中得到解决，借此我们也会知道该如何完善释梦方法。而后续读者们也会明白，为什么目前我只能提到少数典型的梦，而必须将其他内容延后讨论。

一、尴尬的赤裸梦

有时人们梦到自己衣衫不整或赤身裸体地出现在陌生人面前时，不会感到害羞。然而接下来我们要讨论的那些赤裸梦中，做梦者是会感到羞耻尴尬并试图逃避的，但他会被一种奇怪的力量禁锢，以致动

---

① 1925年加注：我们必须获得做梦者的联想材料才能运用释梦的方法，这一说法还需要进一步补充。在一个案例中，如果做梦者在梦境中应用了象征性元素，我们的解释是独立于这些联想的。严格地说，在这种情况下，我们使用的是继发的、辅助的释梦方法。1911年加注："除了做梦者使用我们熟悉的符号来表达他潜在的梦的思想。"

弹不得，无法改变自己的窘态。只有有这类现象的梦才能被称为典型的梦，否则梦境的核心要点可能会混杂在各种因素中，也可能会被个体修饰裁剪，因而不具有代表性。这类典型的梦的本质是因羞耻而感到痛苦，并产生逃避的愿望，而行动时却发现心有余而力不足。我想多数读者都做过这种尴尬的梦。

梦中衣衫不整的图像往往是不清晰的。做梦者也许会说："我穿着内衣呢。"然而图像并不清晰，因此关于它的描述很主观，可能是"我穿着内衣或衬裙呢"。而通常，做梦者口中的衣服的厚度并不足以解释梦中那么深的羞愧。对于一个穿着皇家军服的人来说，他不一定是真正的裸体，也可能是做出了一些违反着装规定的行为："我在街上遇到一群军官，这时我发现自己没有带佩剑""我没有系领带""我穿着平民的格子裤"等。

这种羞愧通常发生在彼此不熟悉的人之间，做梦者甚至根本就不能看清对方的脸。在典型的梦中，做梦者多半不会因自己的尴尬着装而受到外人的斥责，甚至并没有得到人们的关注；相反，旁人都呈现出漠不关心的样子。在我注意过的一个梦中，旁人是一副僵硬且不苟言笑的表情，这种情况就值得推敲。

做梦者的羞愧与旁人的漠视正好形成了梦中常出现的矛盾。其实旁人多少应该会惊讶地看一眼，或讥笑几句，或驳斥，这才更符合做梦者的感受。在这种情况下，欲望的满足抵消了反感的情形，但做梦者本身的尴尬却可能因某些理由而保留下来，最终导致梦的这两部分比重失衡。这类梦由于欲望获得了满足，在一定程度上做了伪装，因此人们对梦境的理解往往并不准确。正是基于这种类似的题材，安徒生写出了著名的童话《皇帝的新装》，最近类似的桥段也被福尔达用在了他的喜剧《护身符》之中。在安徒生童话里，有两个骗子为皇帝编织一种号称只有德行高尚者才能看到的新衣，于是皇帝就信以为真地穿上这件自己看不见的衣服，而人们由于忌惮这人心的试金石，也都只好装作并未发现皇帝的赤身裸体。

这就是我们的梦的真实写照。我们可以这样假设：梦中内容在记忆中是不可理解的，但它借着梦境重新塑造成了可以被理解的形式，只不过在这一过程中，这些内容已失去其原有的意义而变成了一些细枝末节。后面我们会看到，这种由"继发系统"在意识形态下"曲解"梦境内容是很常见的，并且这种"曲解"是决定梦的最终形式的因素之一。[1] 还有，在强迫症、恐惧症的形成过程中，这种"曲解"也起到了重要作用（当然，这是指对有同一精神人格而言）。

就我们的梦境而言，我们可以找出误解的源头材料。梦就像那个骗子，做梦者就是皇帝，梦的教化目的让我们看到一种模糊的现实，即梦的隐意与被禁止的欲望有关，而这些欲望已经成了被压抑的受害者。根据我对神经症患者的分析经验，童年早期记忆是这类梦的基础。只有在幼年时期，我们才会光着身子站在家人、佣人或访客面前而不会感到害羞[2]。我们可以观察到，即便是更大一些的孩子也不一定会因

---

[1] 继发系统的工作是第六章第一节的主要内容。在 1897 年 7 月 7 日写给弗利斯的信中，弗洛伊德也提到了这个童话故事中的应用（弗洛伊德，1950 年 a，66 号信件）。

[2]《皇帝的新装》中也出现了孩子的角色，一个孩子突然喊道："可是他什么也没穿呀！"

此感到羞耻，他们会笑着拍打自己裸露的身体，欢快地跑来跑去，引得他们的母亲（或在场的其他人）面红耳赤，告诫他们道："别这样！多丢人啊！"孩子通常都有裸露欲，我们经常能看到一些两三岁的孩子在大庭广众之下掀开自己的衣服，这也许是在表示友好。

我的一位患者清楚地记得自己 8 岁时的一个场景，睡觉时他吵着要穿着睡衣跑到隔壁妹妹的房间跳舞，却被佣人禁止了。在神经疾病病症的早期特征中，向异性暴露自己占据了重要位置。在对妄想症的观察中，我们可以追溯到这种在别人面前穿脱衣服的经历。有偏执性妄想症的人也会有对异性裸露自己的倾向，他总认为有人在偷窥自己。当这种幼稚行为发展成病态时，便成了"暴露狂（癖）"。[①]

在日后回忆起来显得纯洁的童年，总令人感觉"当时犹如身在天堂"，而天堂本身也是童年时期的幻想。这也就是为什么人们在这天堂里总是赤身裸体，哪怕面面相对也毫无羞耻感，直到有一刻我们的羞耻和焦虑被唤醒，我们便被逐出这天堂的幻境，由此也就产生了性生活和文化生活。然而梦依旧可以让我们回到天堂。我在之前已经提过，最早的童年印象（即从出生前到 3 岁时）不考虑现实情况而使其本质得以重现，这种重现将作为欲望的满足。因此，裸露梦就是展示梦。[②]

做梦者自身的形象（不是他小时候的样子，而是他现在的样子）

---

① 这种将性反常作为婴儿性活动残余的暗示，也预示着弗洛伊德在《性学三论》（1950 年 d）中对性本能的分析。

② 1911 年加注：费伦齐（1910 年）记录了许多由女性报告的裸露梦，其中很容易追溯到婴儿期的展示欲望；但它们与文中的典型裸体梦还是有所不同。上一段倒数第二句似乎预告了 20 年后弗洛伊德在《超越快乐原则》一书中所提出的一些想法。

和他的衣衫不整（这种画面往往是模糊的，可能是由于后来记忆中无数次裸露画面的叠加，也可能是内部稽查的结果）构成了展示梦的核心；除此之外，还包括那些使做梦者感到羞耻的旁观者的形象。然而据我所知，梦中从未真正出现过婴儿时期的旁观者，所以梦绝不是过去记忆的简单回放。奇怪的是，幼年时的性兴趣和对象都不会出现在梦中，也不会出现在癔症和强迫症的症状中，只有在偏执症症状中，这些旁观者才会出现，尽管他们的样貌依然不清晰，但他们的存在是可以从幻想的信念中推断出来的。在梦里，他们被"一群根本不在意这一景象的陌生人"替代了，这只不过恰好与做梦者在某一个熟悉的人面前暴露自己的情况相反而已。梦里的"一群陌生人"与其他方面有着紧密联系，他们通常代表的是一种与欲望相反的"秘密"。[1] 我们会发现，即便在偏执症症状中，当所有事物都恢复了原样，这种混乱的情况也依然存在。患者觉得自己不再是一个人，他很确定周围有很多人在看自己，但这些人的身份依然不明确。

"潜抑作用"也在这种裸露梦里插了一脚，由于那些为稽查制度所不容许的暴露场景均没法清楚地呈现于梦中，所以，我们可以看出梦所引起的痛苦是继发系统对场景内容所产生的反应。而唯一避免这种不愉快的办法，就是尽量不要让那些情景重演。我们稍后会再次讨论那种被禁锢的感觉，它在梦中代表着欲望的冲突或否定的意志。潜意识要继续暴露，而稽查制度则要求它立刻停止。

---

[1] 1909 年加注：这一点弗洛伊德也在《屏蔽记忆》（1899 年 a）的结尾处提到过。出于显而易见的原因，梦中的"全家人"也具有同样的意义。

典型的梦与童话、小说及诗歌的关系并非巧合或偶然产生的。有时富有创造力的作家会敏锐地意识到这种关系，但他们只是习惯性地将其视作一种工具。这时，他会反向追溯到梦境本身，将奇幻的梦境注入作品。

我的一位朋友向我推荐了戈特弗里德·凯勒的《年轻的海因利希》中的一节："李，我亲爱的，我希望你永远都不会像奥德赛那样，赤裸着身躯、满身泥泞地出现在瑙西卡和她的朋友面前。你想知道这种情况因何而生？让我们看看这个例子。如果你曾背井离乡，远离你的家和珍视的一切；如果你曾历尽沧桑；如果你曾饱经忧患；如果你曾感到困苦与孤独，那么可能有天晚上，你会梦见你即将回家，你看到那熟悉的场景熠熠生辉，那最可爱、最思念的亲人朋友正向你奔来。而就在这时，你忽然发现自己光着身子、满身尘土，一种无名的羞耻与恐惧席卷而来，你想找个遮挡物来掩护自己。你急得满头大汗，最终醒来。一个饱经忧患、颠沛于暴风雨中的人，只要还有人性，一定会做这种梦，而荷马就由这人性最深入的一面挖掘出这感人的题材。"

读者会对诗人产生心灵的共鸣，这些引起读者共鸣的诗篇正是源于那些烙印在心底已成为记忆的儿童时期的冲动。那些来自童年的被压制或被禁止的欲望冲破重重阻碍进入流浪者的梦中，最终成为意识的一部分，正因如此，在瑙西卡的传说中，顺理成章地变为一种"焦虑的梦"，给人带来不快。

我的那个轻快上楼而又在中途不能动弹的梦，因为具有这些主要特征，所以也是一个暴露梦。那么我们也能从童年经历追溯其来源。

若深入地剖析那段记忆，我们就能判定那位女仆的所作所为（埋怨我弄脏了她家的地毯）对我产生了多么严重的影响，也正是这种影响使她出现在了我的梦里。我可以详细地说一下，在精神分析中，人们有一个习惯，即给临近时间的事件冠以相同的主题。它们看上去没有什么联系，却共同构成了一个整体。这种关系就像我们先写了一个"a"，又写了一个"b"，但发音时我们会统一成一个音节念"ab"，梦亦是如此。阶梯梦就是这类梦的其中一种，并且我也能够理解这一系列梦中有关它们的解释。而既然阶梯梦也是其中的一分子，那么它们应该是在处理同一个主题。同一系列的其他梦都是有关一位保姆的记忆，从我出生到两岁半，都是她在照顾我，我甚至还对此保留着一种模糊的记忆。前不久母亲告诉我，这妇人又老又丑，但却十分聪明伶俐，而从我做过的有关她的梦看来，她绝不溺爱我，如果我不够整洁，她就会严厉斥责我。由于那位女仆也在相同的方面教育了我，所以她在梦中成了我记忆中的保姆。同时，我们还能够确定，孩子对教育他的人是有喜欢成分的，尽管他被粗鲁地对待了。[①]

二、亲人去世的梦

另一类典型的梦是指父母、兄弟、姐妹或孩子等亲人去世的梦。

---

① 以下是对同一个梦的过度解读。由于"闹鬼"（spuken）是一种精神活动，"在楼梯上吐痰"（spucken）可能被粗略地渲染为"楼梯上的鬼魂"。最后一句话相当于缺乏准备好的回应——应该承认自己的错误但我没有。我想知道，我的保姆是否也同样缺乏这种素质？弗洛伊德在《日常生活的精神病理学》（弗洛伊德，1901 年 b）第四章结尾处曾经提到这位女仆，在其 1897 年 10 月 3 日、4 日、15 日写给弗利斯的信中也进行过更详细的说明（弗洛伊德，1950 年 a，70 号及 71 号信件）。

这类梦可以分为两种：一种是做梦者明明觉得很悲痛，却没有表现出该有的悲伤，他醒来后会为自己的情感缺失感到震惊；另一种是做梦者在梦中感到悲伤至极甚至失声痛哭。

在此我们不考虑上述第一种梦，因为它们其实不算典型的梦。一旦分析这种梦，必可发现其实梦的内容是在暗示另一种表面上看不出来的欲望。例如，那个梦到自己小侄子死去躺在棺材里的梦，这个梦并不意味着她希望小侄子死去，它只是掩饰了一个欲望，即她希望见到她无比思念的、深爱着的人。很久之前，在另一个侄子的葬礼上，她曾见到过他——这才是促成这个梦的真正动机。这种欲望才是梦的真实内容，因此梦里没有悲伤和苦楚。我们可以看出这个梦所蕴含的感情属于梦的隐意而非显意，只是"情绪的内容"并没有经过"伪装"而直接呈现于"观念的内容"。

第二种梦则完全不同。在这种梦中，做梦者会梦见自己的亲人逝去，并且感到悲伤。正如梦境内容所表达的那样，这种梦表达了一种欲望，那就是梦中的那个人可能确实会死去。我很理解读者看到这里的感受，做过这种梦的读者可能会反对我的论断，因此我要努力寻找更多事实来说明。

我们曾经讨论过一个梦，它证明了梦中所表达的欲望并不一定是目前的欲望，它们可能是过去某一时刻的，而现在已经被放弃、掩盖、压抑而深藏的欲望，但因为它们重现于梦中，我们不得不承认它们依然存在于我们记忆的某处。它们并未完全消逝，就像《奥德赛》中的那些鬼影那样，在喝到鲜血后，它们又会苏醒。那个孩子躺在木箱中死去的梦就与 15 年前的欲望有关，而且做梦者也承认这种欲望真实存在过。我补充一点（这可能与梦的理论有关），即使在这种欲望的背后，也有做梦者童年最早期的记忆。

当做梦者仍是一个小孩时（具体是几岁已无从考证），她听人家说，她母亲在怀她时，曾患过严重的抑郁症，并且曾拼命地盼望她胎死腹中。等到她长大了，自己有了身孕，她的梦只不过是重复她母亲当年的想法。

如果人们做了痛苦的梦，比如父母、兄弟姐妹逝去，我一定不会据此认为做梦者现在希望那个人死去。梦的理论无法证明这一点，也不需要证明这一点，它只需要证明做梦者曾在儿童时期或某个时刻产生过这种愿望。然而，恐怕这一保守说法依然会遭到反对者的批评。他们不会承认自己曾这样想过，就像他们坚称自己现在没有这样的想法一样，所以我需要做的，是以现有的证据为基础，再现时隔多年的童年时期的那种心理。①

让我们首先考虑一下孩子与其兄弟姐妹的关系。我不知道为什么我们总是把这种关系预设为爱。关于成年兄弟姐妹之间的敌意，我们常常会看到这种矛盾和隔阂在童年时就一直存在。当然也有很多人与自己的兄弟姐妹保持着亲密关系，并随时愿意为他们提供支持，但童年时的他们也可能矛盾不断。年长的孩子会欺负弟弟妹妹，说他们的坏话，抢他们的玩具；而年幼的孩子只能被无力的愤怒吞噬，他嫉妒

---

① 1909 年加注：参见《一个 5 岁男孩的恐惧症分析》（1909 年 b）和《儿童性理论》（1908 年 c）。

着哥哥姐姐，也害怕着他们，面对这种压迫，他第一次感受到了对自由和正义感的向往……父母常常抱怨孩子们总是发生矛盾，却不知道为什么。从这里我们不难看出，即使是一个乖巧端正的孩子也不同于成年人。孩子完全是以自我为中心的，他们会强烈地感受到自己的需求，然后不顾一切地去满足这些需求。特别是当他们面对竞争者，比如其他孩子尤其是兄弟姐妹时，他们会更加毫不留情。但是我们不会把他们当成坏孩子，只是觉得他们很淘气。无论是以我们自己的判断还是从法律的角度来看，他们都不用为自己的恶行承担任何责任。但这也是正常的，按照我们的预期，在童年期结束之前，利他冲动和道德感会在这些"小功利主义者"的心中生根发芽，按照梅涅特的话说（Meynert，1892 年），处于第二阶段的继发性自我会发展，并且会抑制第一阶段的原发性本我冲动。毫无疑问，儿童的道德感并不会同时全面发展，不同个体的道德发展水平也各不相同。如果儿童道德水平并没有提升，我们通常称之为堕落，但实际上这是一种发展的抑制。当第一阶段本我的特征被后续的发展覆盖后，某种程度上本我还是会被暴露出来，譬如癔症患者发病时，其症状和一个顽皮的孩子表现出来的特征之间有着惊人的相似。相反，强迫症则会在本我特征蠢蠢欲动时给它施加一种强烈的道德力量来抑制它。

所以，许多人深爱着自己的兄弟姐妹，并且会因为他们的逝去感受到深刻的悲伤。但是如果追溯到童年，他们的潜意识当中仍然存在一些邪恶的想法，并且这些想法很有可能在梦中出现。

不过，观察一个两三岁的孩子是如何对待自己的弟弟妹妹的还是比较有趣的。比如，当一个独生子突然被告知有一只鹳鸟为这个家庭带来了一个新生儿，他会上下打量一番这个小宝宝，然后果断地说出自己的想法："鹳鸟也可以再把他带走！"[①] 我非常认真严肃地认为，一个儿童能够预料到他眼前这个陌生的婴儿会给他带来怎样的障碍。我认识一位女士，她与小她 4 岁的妹妹关系很好，她告诉我当她第一次见到妹妹时，还不会把自己的红帽子送给妹妹戴。即使儿童在后来才会意识到新生儿的到来意味着什么，他的敌对意识也会从一开始就出现。我知道一个案例，一个还不到 3 岁的女孩曾试图勒死睡在摇篮里的婴儿，因为她感觉婴儿的存在对她来说没有任何好处。处于这个年龄阶段的儿童会产生一种特别明显的、强烈的嫉妒。再次说回前面的案例，如果这个婴儿真的消失了，那么这个小女孩又会重新赢得全家人对她的关注。如果在那之后，鹳鸟又带来了一个婴儿，那么最合理的就是这个小小的受到全家人关注和欢迎的孩子会想着，如果这个新来的"竞争者"能够遭遇和之前那个婴儿同样的命运，那么她就还会像新生儿没有出生时或者消失后那么快乐[②]。当然，通常情况下，儿童对待弟弟妹妹的态度因年龄差距不同而有所不同。如果他们之间的年龄差距足够大，这个年长的女孩就会滋生出一种对无助新生儿的母性关怀。

在童年时期，儿童对兄弟姐妹出现敌对情绪的次数比成年人观察

[①] 1909 年加注：三岁半的汉斯在得知自己有了一个妹妹之后，从喉咙里发出了短促的尖叫："我可不想要个小妹妹！"（弗洛伊德，1909 年）

[②] 1914 年加注：在童年时期以这种方式经历的死亡可能很快就会被遗忘，但是精神分析研究表明，这对于神经症的发展有着重要的影响。

到的要多得多^①。

对于我自己的孩子来说，因为他们一个接一个地出生，所以我忙于照看他们，失去了观察的机会。但是我现在已经找到了另一个观察对象来弥补，那就是我的小侄子。在他独占家人的关注 15 个月后，这种情况被他新生的妹妹颠覆了。有人告诉我，小侄子真的对他的妹妹表现出了最具骑士风度的做派，他亲吻她的手，还轻轻抚摸她。但我还是坚信，甚至不用到第二年结束，他就会行使他的话语权来批评这个在他看来非常多余的人了。无论什么时候，只要话题转向她，他就会阻止谈话进行下去，然后大叫道："太小啦！太小啦！"而在过去的几个月里，婴儿逐渐健康成长起来，他也没办法再以"小"来蔑视她。而这个小男孩又从其他方面寻找理由来坚持证明她不值得关注：只要一有机会，他就会说她一颗牙也没有。^②而我们大家都记得，我姐姐的大女儿，一个 6 岁的小女孩，花了半小时的时间让她的每一位姨妈都认同她的想法："露西还没办法理解那件事，对吧？"露西就是那个小她两岁半的"竞争者"。

---

① 1914 年加注：自打这篇文章发表以来，人们对儿童对兄弟姐妹和父母的敌对态度进行了大量的观察研究并形成了心理分析文献。瑞士作家和诗人斯皮特勒（Spitteler）对他自己童年时期的幼稚天真的态度做了一个非常真实的描述（1914 年）："除我之外，这儿还有第二个阿道夫，他们都说这是我的兄弟，可我看不出他有什么用，也不理解为什么他们像对待我一样，也对他的事情大惊小怪。就我而言，我一个人就已经足够了，为什么我还得有个弟弟？他不仅毫无用处，还总是妨碍我。当我纠缠祖母的时候，他也想纠缠祖母；当我被放到婴儿车里时，他就坐在对面还占了一半的空间，所以我们不得不互相踢打对方。"

② 1909 年加注：小汉斯三岁半时，用同样的话对他的妹妹发泄不满，他嘲笑她因为没有牙齿，所以不能讲话（弗洛伊德，1909 年）。

举例来说，这种暗含着敌意的有关兄弟姐妹去世的梦，我在每一位女患者身上都曾见到过，我只遇到过一个例外。这也很好地为这类规律提供了一个佐证。有一次出诊时，我向一位女士解释了相关的话题，因为在我看来这对她来说会有很好的借鉴意义，但令我惊讶的是，她说她从来没做过这种梦。然而，她曾经做过另外一个表面上看起来与这个主题无关的梦，她从 4 岁开始就一直反复地做这个梦，那个时候她还是家里最小的孩子。她梦到她的兄弟姐妹和堂兄弟姐妹一大群孩子在草地上嬉笑打闹，突然之间他们都长大了，然后就飞走消失不见了。她不知道这个梦意味着什么，但是不难看出，这个梦的原型就是有关她兄弟姐妹死亡的梦，只不过潜意识的影响不大。我斗胆在此进行一点分析：在这一大群孩子中，有一个孩子已经去世了（兄弟俩的孩子是放在一起抚养的，就像一个大家庭一样）。而那时才 4 岁的做梦者一定是问了某个智慧的成年人，人去世之后会变成什么。她得到的回答一定是他们长出了翅膀，变成了小天使。我们能够在这个梦境中找到有关这一信息的蛛丝马迹，就是做梦者的所有兄弟姐妹都长出了翅膀，并且最重要的是他们都飞走了。而我们这个小小的做梦者被留在了原地，说来奇怪，她是这群孩子里唯一留下来的人！我们基本可以确定，孩子们飞走前在草地上玩耍的意象来自蝴蝶。好像孩子也会受到观念联想的影响，因为自古代起，人们就认为灵魂都拥有和蝴蝶一样的翅膀。

在这一点上，也许有人会说："就算儿童会对自己的兄弟姐妹有敌意，但一个孩子的思想怎么会如此堕落，以至于竟然会希望自己的竞争者或比自己更优秀的玩伴死去，就好像死亡才是唯一的惩罚？"任何有这种想法的人都忘记了，儿童脑海里的"死亡"与我们所认为的"死亡"除了是同一个词外，没有任何共同之处。正如人们对所有关于未来神秘生活的故事都无感一样，孩子们对成年人需要花费大力气才能够承受的痛苦概念一无所知，比如对堕落的恐惧、对冰冷坟墓的害怕、对永恒虚无的恐慌。孩子们对死亡没有丝毫的恐惧，因为他们并不理解死亡的含义。所以他们在玩笑期间也会用一些与死亡有关的话来攻击自己的玩伴："如果你再这么做的话，你就会像弗朗茨一样死掉！"听到这话的可怜母亲也会不寒而栗地想到，人类有一大半都没能活过童年时代。而事实上，一个刚过 8 岁的男孩在参观完历史博物馆回家后，对他妈妈说道："妈妈，我真的好爱你，你死了以后，我会把你做成标本放在这个房间里，这样我就能时时刻刻见到你了。"由此可见，儿童脑海中有关死亡的概念与成年人几乎没有相似之处 ①。

此外，对于那些没有亲眼见过死亡前的痛苦场景的儿童来说，"死"与"走"的意义大致相同，死去的人不会再对还活着的人产生困扰。儿童分不清离开和缺席到底是旅行还是距离的增加或死亡带来的。如果在一个孩子拥有记忆之前，照顾他的保姆就被解雇了，并且不久之后他的母亲也去世了，那么这两件事就会像我们之前分析的那样，**叠**加在一起成为一个独立的事件。当人们消失时，孩子们不会感受到非常强烈的思念之情。许多母亲会对此感到伤心，因为当她们度假离开

---

① 1909 年加注：当自己的父亲去世后，我非常惊讶地听到这个聪明的 10 岁男孩说："我知道父亲已经去世了，但我不明白他为什么不回家吃晚饭。"

家几周后再次返回时，她们的孩子在此期间没有一次提到有关母亲的事情。如果母亲真的去了那个"没有任何旅行者能够回来的逝者的国度"，起初孩子似乎已经忘了她，但是后来，他就会重新想起她。因此，如果一个孩子有希望另一个孩子消失的动机，那我们就没有办法控制他要另一个孩子死去的想法。有关包含死亡愿望的梦的心理反应证明，尽管这些愿望在儿童身上的表现不同，但它们在某种程度上与成年人用相同措辞表达的愿望是一样的 ①。

然而，如果我们用"幼稚的利己主义"观点来解释儿童有关兄弟姐妹死亡的愿望，这种利己主义使得他们将自己的兄弟姐妹视为竞争者。那我们该如何解释儿童希望父母死亡的愿望呢？父母可是对他们有着满满的关爱，还会满足他们的需求，同样的利己主义也会让他们产生类似的愿望吗？

这个问题的答案可以通过观察父母去世的梦得出，这种梦主要发生在与做梦者同性别的父母一方身上：如果做梦者是男性，他可能就会梦到自己的父亲去世；如果做梦者是女性，她可能就会梦到自己的母亲去世。不能说这种梦都是这样的，但是大部分情况下如此。因此我认为，其中一定暗含着一个重要的普适规律，能够解释这种现象 ②。坦率来讲，人们似乎在小的时候就会有一种明显的性别偏好：男孩会将父亲视为情敌，女孩则将母亲视为情敌，而消灭情敌对自己来说肯

① 弗洛伊德在《图腾与禁忌》（1912～1913 年）第二篇第 3（c）节、《三个盒子》（1913 年）和《战争与死亡思想》（1915 年）第二部分更详细地讨论了成年人对死亡的态度。

② 1925 年加注：这种情况往往被自我惩罚的驱动所掩盖，这种冲动会通过道德反应使做梦者知晓，这样的想法会使他失去他所爱的父母。

定是有利的。

在这种分析被贬斥为荒谬可怖之前，我们也应该考虑一下当下父母与孩子之间的真实关系。我们一定要将文化背景对于亲子关系的道德要求与现实中的实际情况区别开来。不止一种敌意隐藏在父母与孩子的关系之中，这种亲子关系为那些无法通过潜意识稽查的欲望提供了充分的表达机会。

我们首先考虑一下父子关系。在人类社会的最底层和最高层中，孝道都会让位于其他的利益。原始神话传说就为我们展示了这种模糊隐晦且令人不快的信息，它们都描绘了这样一幅画面：人类社会中父权专制且冷酷无情，克罗诺斯吃掉了自己的孩子，就像公野猪吞掉母野猪生下的幼崽；宙斯阉割了自己的父亲①，然后篡位成为诸神之王。在古代家庭中，父亲的专权地位越膨胀，作为指定接班人的儿子就越会发觉自己正处于被敌对的位置，就越迫不及待地想要通过父亲的死亡来成为新的统治者。即便在我们现在的中产阶级家庭中，通常情况下父亲也都会倾向于拒绝让儿子独立来确保自身的地位，而这又加速了父子关系中固有的敌对情绪的滋生。医生们通常都会注意到，在儿子的心中，失去父亲的悲伤远无法超过他们在父亲离世后赢得自由的满足感。在当今社会，父亲也常倾向于紧抓着过时的父权不放，而易卜生笔下的剧作突出了父子之间那些引人注目又根深蒂固的斗争，这些剧作也产生了一定的影响。

---

① 1909 年加注：相传他是这样做的；但也有一说，阉割是克罗诺斯对他的父亲天王星所做。

当女儿长大并开始渴望性自由，却又发现自己始终处于母亲的监视下时，母女间的冲突就开始升级。此外，母亲也会被提醒，她的女儿已经开始成长，而她自己则已经到了必须放弃满足性需求的年龄阶段。

这一切对每个人来说都是显而易见的，但是对于那些对自己的父母抱有无懈可击的孝心的人来说，这没有办法解释他们为什么还会做父母去世的梦。除此之外，先前的讨论能够让我们了解到，梦到父母去世的原因，能够追溯到最早的童年时期。

就神经症患者而言，他们在接受诊疗分析时，这一假设得到了毫无疑问的肯定。我们能够了解到，早在他们处于胚胎期的时候，他们的性愿望就已经开始萌发了。而父母也提供了有关性别偏好的规律：男性似乎天生就十分宠爱自己的小女儿，而女性则十分袒护自己的儿子；但是他们在没有受到这种性别偏好的干扰时，对孩子的教育也是非常严格的。孩子们对于这种偏好的感知是非常清楚的，并且他们会对反对这一点的父母表现出反抗行为。对儿童来说，被一个成年人关爱并不仅仅意味着他的特殊需要会得到满足，还意味着他们能够得到其他想要的一切。因此，儿童会遵循自己的本能，同时，如果他们的选择倾向与父母的选择倾向相符，就会进一步增强这种倾向。

这些幼稚的迹象在很大程度上都被父母忽视了。然而，其中一些在童年早期也能被我们观察到。有一个 8 岁女孩，当她的母亲从餐桌上被叫走时，她就会趁机说"我现在是这个家里的妈妈了。卡尔，你还想要一些蔬菜吗？那就请自便吧！"之类的话。

而儿童的这种愿望与他们对母亲温柔的依恋一点儿也不冲突。一个小男孩在父亲不在家时能够睡在母亲身边，如果他的父亲回家了，他就要到自己的屋子和保姆睡觉，或者去一个他并不喜欢的人身边睡觉，那么他又很容易产生一个愿望：希望父亲永远离开，这样他就能睡在他深深依恋的母亲身边了。然而很明显，能够实现这个愿望的一种方法就是他的父亲去世。儿童在这个阶段所能了解到的事情就是，这些被称为"去世"的人，比如他的祖父，就是消失了并且永远不会回来的人。

尽管对儿童的观察结果完全符合我的主张，但这并不像对成年人神经症的心理分析一样，能够让医生完全信服。我们将神经症患者的梦引入这样一种背景中进行分析，那就是这种梦是一种以欲望满足为前提的梦。

有一天，一位情绪低落的女患者泪流满面地说道："我再也不想见到我的那些亲戚了！他们一定觉得我非常可怕。"然后，她几乎没有任何铺垫地开始讲述她的一个梦，她弄不懂这个梦的意义何在。她说在她4岁时，她做了一个梦，*她梦到一只猞猁或者狐狸①那样的动物在房顶上走来走去；接着，有什么东西掉了下来——也有可能是她自己掉了下来。然后，她母亲的尸体就从房间里被抬了出去。*之后她就哭得更伤心了。我告诉她，这个梦一定意味着当她还是个孩子的时候，她想要看到母亲死去。也一定是因为这个梦，她觉得自己的亲戚一定会认为自己非常可怕。我刚说完，她就又给我提供了一些能够使这个梦境的意义变得更加明晰的佐证。在她很小的时候，街上的一个流浪儿曾经用"猞猁眼"这个词语来辱骂她；而且在她3岁时，房顶上掉下

---

① 这些动物的名字在德语里非常相似，分别是"luchs"和"fuchs"。

一块砖头，砸到了她母亲的头，导致母亲流了好多血。

　　我曾经有机会对一位经历了各种心理疾病的年轻女性进行详细的研究。在发病的初始阶段，她表现出了一种混乱的兴奋状态。在这种状态下，她对她的母亲表现出了一种非常特别的厌恶感。每当母亲靠近她的床时，她都会殴打虐待母亲，而与此同时，她对一个比她大很多岁的姐姐又表现得很温顺、深情。随后，她进入了清醒但有点冷漠的状态，并且出现了严重的睡眠紊乱。正是在这个阶段，我开始对她采取一些治疗手段并且分析她的梦，而这些梦或多或少都与她母亲去世有关。例如有一个梦是她参加一位老妇人的葬礼，而另一个梦是她和她的姐姐坐在桌旁，穿着丧服。这些梦的含义都是毋庸置疑的。随着她的病情进一步好转，她出现了癔症中的恐惧症状。其中最折磨她的是她总是担心有什么不好的事会发生在母亲身上，无论她在哪儿，一旦想起这件事，她都会马上赶回家亲自确认母亲还活着。

　　这个案例加上我从其他地方积累的经验，可以给我们很多启发：这表明心理机制对同一个令精神兴奋的意念会做出不同的反应，就像同一段文字被翻译成了各种语言。在这种混乱的状态下，我认为原始的本我的精神力量压制住了后来的自我的精神力量。她潜意识里对母亲的敌意找到了一个更加强有力的表达方式。而当患者趋于平静时，这种精神上的动乱得到了平息，潜意识的稽查机制又重新占领了统治高地，获得了精神的控制权。她对母亲的敌意让她希望母亲死掉，而唯一能够使这种敌意获得宣泄的方式就是做一个母亲死亡的梦了。而当她的正常状态趋于稳定的时候，癔症的逆反应和自身的一种防御手段又造成了她对母亲的过度担忧。鉴于此，身患癌症的年轻患者会对母亲有着如此夸张的过分依赖也就不再难以解释了。

在另外一个案例中，我对一个小伙子的潜意识有了更加深入的观察和研究，他患有强迫症，这严重影响了他的正常生活。他没办法正常上街，因为他害怕他会杀掉每一个他在街上遇到的人。他整天都在设想，如果他真的被指控在镇里杀了人，他该怎么制造不在场证明。不用多说，他是一个具有一定道德水准且受过良好教育的人。据我分析，这种令人痛苦的强迫性思维基于他对父亲的态度——顺便说一句，针对这一原因的分析诊疗使他最后康复了。令人惊讶的是，这种冲动早在他 7 岁的时候就已经有意识地表现出来了，当然这种冲动源于他童年期更早的时候。父亲因病去世时他刚 31 岁，由此这个小伙子出现了很严重的自责，并将这种自责以恐惧症的形式转化到他对陌生人的态度上。在他看来，如果一个人想要把自己的父亲从山顶上推下去，那么他对那些没有亲近关系的人的生命还能保持热爱与尊重，也是没人能够相信的。为此，他只好把自己关在房间里，谁也不见。

根据我广泛的验证，在那些后来患上神经症的孩子的心中，他们的父母扮演了最主要的角色。对于自己的父母，爱一方、恨一方是他们当时就形成的一种精神冲动，这种精神冲动是他们精神生活的主要构成部分，而这成为他们后来患上神经症的重要原因，且具有很大的影响。然而，我并不相信神经症患者在这方面与常人有很大的不同——他们也没法创造出一些很新、很独特的东西。我们偶然间对正常儿童的观察证实了这一点：这更可能是他们仅仅通过一种较为夸张的方式来表现自己对父母的爱和恨，但是在大部分儿童的心灵中，这些感觉往往并不是那么明显和强烈。

有一个传说证实了这一发现——只有当我提出有关儿童心理学的假设具有普适性时，才能够感受到这个故事所蕴含的深刻且普遍适用的道理，那就是索福克勒斯（Sophocles）的悲剧《俄狄浦斯王》。

底比斯国王拉伊俄斯和王后约卡斯塔的儿子俄狄浦斯尚在襁褓之中就被抛弃到了野外，因为神谕在他还未出生时就向国王拉伊俄斯示警，这个尚未出世的孩子将是杀害他父亲的凶手。然而，这个孩子被人救回来，并在一个陌生的王宫中以王子的身份逐渐长大成人。渐渐地，他对自己的出身产生了怀疑，也为神谕的内容所困扰，因为神谕警告他注定要弑父娶母，所以他离开了家。在离开的路上，他遇到了国王拉伊俄斯，并在突发的争执中将其杀害。之后，他来到底比斯王国附近，解开了拦路的斯芬克斯给他设下的谜题。出于感激，底比斯人将他拥立为王，并让他迎娶王后约卡斯塔。在他的统治下，底比斯王国保持了长期的和平和繁荣，但是他并不清楚他的王后就是他的母亲，并为他生下了两个儿子和两个女儿。后来，一场大瘟疫暴发，底比斯人再次请示神谕。索福克勒斯的悲剧就从这里缓缓拉开了序幕。神谕显示，只有当杀害老国王拉伊俄斯的凶手被赶出这个国家时，瘟疫才会停止。

但是，凶手在哪里？底比斯人该从哪里寻找这桩古老罪行的蛛丝马迹呢①？

接下来，这一剧作的情节无非是揭露罪恶与秘事的过程，一些巧

----

① 刘易斯·坎贝尔（Lewis Campbell）译于1883年，第108行。

妙的悬疑和转折很像心理分析的过程。结局是众人发现俄狄浦斯本人就是杀害拉伊俄斯的凶手，并且更让人惊讶的是，他也是老国王拉伊俄斯和王后约卡斯塔的儿子。俄狄浦斯对自己不知情时所犯下的罪行感到无比震惊，于是刺瞎了自己的双眼，逃离了自己的国度。至此，预言实现。

《俄狄浦斯王》是一部广为流传的悲剧作品。它的悲剧性建立在众神的至高无上的神谕以及人类在逃离这些会威胁到他们自身的邪恶力量时所做的徒劳尝试。而深受震撼的观众从中所能得到的教训就是，人是无能为力的，只能服从神的旨意。因此，在现代剧作中，作家们也都尝试通过在自己的作品中编造同样的冲突情节来达到类似的悲剧效果。但是，观众对这种无辜者为了防止诅咒预言所做的种种努力无动于衷，这些有关命运悲剧的现代剧作也没有达到作者真正想要的效果。

如果《俄狄浦斯王》对现代观众所产生的影响不亚于对古希腊人民产生的影响，那我们只能将其解释为，它对人产生的影响并不在于描绘不可抵挡的命运与人类意志之间的斗争与冲突，而在于从这种冲突中所找到的某种特质。我们的内心一定存在某种东西，它与俄狄浦斯的传说中所包含的某种令人顺服的力量产生共鸣，然而我们对格里尔帕泽（Grillparzer）的《祖先》以及其他现代命运悲剧作品中的情节安排却不屑一顾。实际上，俄狄浦斯的故事中就已经有了一个答案。他的悲惨命运如此打动人心，就是因为我们与他一样，一出生就被种下了同样的"命运诅咒"。也许我们所有人的命运都是如此。

我们的梦境也让我们相信事实就是如此。俄狄浦斯王弑父娶母，就是在某种意义上满足了我们的童年愿望。但是，我们比他幸运得多，因为我们没有成为神经症患者，我们将自己的性冲动成功地从母亲身上分离了出来，并就此遗忘了我们对父亲产生的嫉妒情绪。在这个故事里，我们从童年时期就有的原始欲望得到了满足，这些欲望一直压抑在我们的潜意识中，而以这个故事作为出口，我们用尽全力压制住了我们本身的欲望。虽然作者逐步揭露了俄狄浦斯的罪恶，但同时他也迫使我们看清了自己的内心世界。在我们的内心深处，有些冲动虽然被一直压抑着，但是它们仍然存在并等待人们发现。在最后一幕的合唱中，有这样一段：

看，这就是俄狄浦斯。

是他，解开了黑暗的秘密；是他，高贵的斗士；是他，智慧的化身；

是他，拥有的财富，像星星一样多得数不清；

然而现在，他沉溺于痛苦的汪洋之下，被汹涌的真相所压垮，窒息沉沦[1]。

自儿时以来，我们就认为自己是那么智慧、那么强大，而这就是我们的骄傲所做出的警告。就像俄狄浦斯一样，我们对本能赋予的欲望一无所知，这本能却与道德相悖。我们蒙着眼，生活在无知中，而当这一层窗户纸被捅破的时候，这些埋藏在心底的欲望又让我们看到

---

[1] 刘易斯·坎贝尔译于 1883 年，第 1524 行。

了我们不愿直视的童年场景①。

索福克勒斯的这部悲剧明确地表明，俄狄浦斯的传说源于一些原始的梦境材料，这些梦的内容就是儿童的初次性冲动使亲子关系受到了痛苦的干扰。尽管当时俄狄浦斯还没有开始了解自己的真实身份，但他仍然会为神谕内容所困扰。为此，约卡斯塔就给他讲了一个很多人都曾做过的梦来安慰他，尽管她认为这个梦没有任何意义：

许多人都会梦到自己与母亲结合，而做了这种梦的人也没有遇到什么烦恼②。

而如今，很多男性也都会梦到自己与母亲发生关系，并且会对此感到震惊和愤怒。这完全表明了俄狄浦斯悲剧的关键，同时也是对做梦者梦到父亲去世的补充。俄狄浦斯的故事是潜意识幻想对于这两种典型梦境的显现。就像成年人在做这样的梦的时候会伴随着排斥和厌恶一样，这个故事里也会包含恐怖的元素和自我惩罚的情节。它对梦境中所出现的内容进一步做出修正，使梦境的最终内容符合神学教义。

---

① 1914年加注：没有一项心理分析的研究能够激起人们如此激烈的否认与反对，那就是这些人认为这表明童年时期对于乱伦的冲动在潜意识中持续存在。在所有前人总结的经验之下，最近还有人试图表明，乱伦行为只能被看作一种"象征行为"——费伦齐（1912年）根据叔本华一封信中的段落，对俄狄浦斯故事做出了一种新颖的过度解读。1919年加注：后续研究表明，《梦的解析》中所提到的"俄狄浦斯情结"为人类历史的发展及道德宗教的发展演变带来了意想不到的重要影响（见《图腾与禁忌》，1912～1913年）。事实上，弗洛伊德早在1897年10月15日写给弗利斯的一封信中就进行了有关"俄狄浦斯情结"以及之后出现的"哈姆雷特情结"的讨论。而1897年5月31日的一封信则早已展示了弗洛伊德有关俄狄浦斯故事的思考。"俄狄浦斯情结"在其著作《爱情心理学》中被首次提出（1910年）。

② 刘易斯·坎贝尔译于1883年，第982行。

另一部伟大的悲剧作品就是莎士比亚的戏剧《哈姆雷特》，哈姆雷特与俄狄浦斯有着同样的悲剧内核[1]。但是，对同一梦境内涵的不同处理方式，揭示了在这两个相去甚远的文明时代人们精神生活的整体差异：压抑在人类内心深处的情感，在世俗生活的推进中不断演变。在《俄狄浦斯王》的剧情里，孩子们一厢情愿的幻想找到了宣泄的出口，并在梦境中实现。而在《哈姆雷特》中，它仍然是被压抑着的，就像神经症的病因一样，我们只能从它被压抑后产生的症状来了解它的存在。奇怪的是，现代悲剧所产生的巨大影响与人们对剧中主人公的性格实际上一无所知这一事实是保持一致的。在这部戏剧中，哈姆雷特完成复仇任务时是非常犹豫不决的，但是戏剧中并没有说明他如此犹豫的原因和动机是什么，也没有人能够将其解释清楚。至今仍广为流传的是歌德的观点，歌德认为，哈姆雷特实际上代表了一群由于智力过度发展而自身活跃度降低至麻痹状态的人（他总是病恹恹的，面色苍白地思考着什么）。而另外一种观点是作者试图塑造一个类似于神经衰弱症状的、病态的、犹豫不决的主角。然而，这部戏剧的情节表明，哈姆雷特远不是那种无力采取任何行动的人。我们能够看到，在两个场景中，他是这样表现的：一个是当他发现躲在挂毯后面偷听的人时，他突然暴怒，一剑杀死了那个人；另一个是他狡猾谋划，像文艺复兴时期作品中的冷漠王室一般，设计处死了两名大臣。那么，究竟是什么阻碍了他去完成他父亲的鬼魂给他下达的任务呢？

这个答案就是，这项任务具有其特殊的性质。除了向那位杀了老

---

[1] 在1900年版中这一段是脚注，自1914年开始被纳入正文。

国王然后篡权夺位而又娶了自己母亲的仇人复仇，他什么都能做。而这个男人所做的一切都实现了压抑在他潜意识中的最原始的童年愿望。因此，驱使他复仇的实际上是他的自我谴责，他的良心不断地提醒他，他比那个杀父娶母的凶手好不到哪里去。在这里，我把哈姆雷特脑海中注定一直埋藏在潜意识之下的东西翻译成了能够表达出来的东西，如果有人认为他是癔症患者，那我只能说，我只认可我分析出来的事实。哈姆雷特在与奥菲利亚的对话中表达了对性的厌恶，这与我的分析结果是一致的。而在接下来的一段时间里，作者开始越来越多地表现出对性的厌恶，这在《雅典的泰门》这一作品中达到了顶峰。当然，在《哈姆雷特》中，我们所面对的只是作者内心的所思所想。

我在格奥尔格·布兰德斯（Georg Brandes，1896 年）的一本关于莎士比亚的书中发现，《哈姆雷特》这部作品是莎士比亚在自己的父亲去世后（1601 年）立即创作出来的。也就是说，正如我们所猜测的那样，在丧亲之痛的直接影响下，他又重新体验到儿时那样对父亲的孺慕之情。众所周知，莎士比亚的儿子在很小的时候就夭折了，他的名字叫"哈姆内特"，与"哈姆雷特"听起来完全相同。正如《哈姆雷特》中所描绘的父子关系一样，《麦克白》（大约在丧子的同一时期所写）则是关注父母与子女的问题。但是，就像所有的神经质症状一样，梦也会被过度解读。可要想完全理解它们，我们确实需要对此进行"过度解读"。所以，所有真正有创造力的作品都是作家头脑中很多个动机和冲动的组合产物，并且可以有多种解读。但在我的书中，我只试图解读这位富有创造力的作家心中最深层次的那种冲动①。

关于这类亲人去世的梦，我必须再阐明一下其对于梦的理论的意义。在这类梦中，我们能够发现一种不同寻常的情况，那就是这种由压抑在潜意识深处的欲望所形成的梦的思想，完全能够避开意识稽查，并且不加掩饰地进入人的梦境。这是必须在某种特殊因素的影响下才会发生的。而我认为，有两种因素能够促进这种情况发生。一是一定有某个欲望埋藏在我们的内心深处，而这个欲望的内容在现实生活中一定是最令我们感到不可思议的："我就算做梦也梦不到这种事儿！"因此，潜意识里对梦境内容的稽查无法对这样的欲望做出反应，就像梭罗人的法典中没有立下有关弑父罪名的法条一样——他们想不到还会有人犯下这种罪行。二是在这样的特殊情况下，这种被压抑着的没能被察觉到的欲望，总是会与白天残留下来的心理波动混合在一起，然后以担忧亲人情况的表现出现。而这种担忧只能通过相应的欲望来进入梦境，这种欲望则会隐藏在白天经验所唤醒的担忧背后。我们可

---

① 1919 年加注：欧内斯特·琼斯对上述对哈姆雷特的心理解读进行了进一步的分析，并对那些反对该主题的文学中提出的观点进行了反驳。

1930 年加注：顺便一提，在此期间我不再认为莎士比亚是斯特拉特福人了（弗洛伊德，1930 年）。

1919 年加注：在我（1916 年）和杰克尔斯（1917 年）发表的文章中，可以找到我们对《麦克白》所做的尝试性分析。

该部分脚注的第一部分收录于 1911 年版，但自 1914 年起被删减：欧内斯特·琼斯曾进行了一项广泛研究，研究结果证实了上述段落中有关哈姆雷特问题的观点（1910年），他还指出了《哈姆雷特》中的素材与奥托·兰克所研究的英雄诞生的神话之间的关系（1909 年）。

弗洛伊德还在《舞台上的精神病人》一书中进一步探讨了有关哈姆雷特的问题，这部作品于他逝世后出版（1942 年）。

能更倾向于把这件事想得简单一些，那就是人们只不过是在夜深人静时分及睡梦中继续处理他们在白天所遇到的事而已。但如果事实果真如此，那我们有关做梦者梦到深爱之人去世的分析就像空中楼阁一样，与我们有关梦境的普适性解释没有任何联系，而我们也没必要再紧抓住这个能够被轻松解开的谜题不放了。

　　思考这些梦与焦虑梦的关系也是很具有启发意义的。在我们所讨论的那些梦境中，被压抑的欲望找到了一种躲避潜意识稽查机制的方法，并在一定程度上扭曲了它们的表现形式，但是不变的是人们在梦境中体验到的痛苦。同样，只有在潜意识的稽查机制被完全或部分压制的情况下，焦虑梦才会出现。此外，当焦虑已经作为一种由躯体来源引起的即时性感觉产生的时候，对于潜意识稽查机制的压制就会变得更加轻松。因此，我们可以清楚地了解到，进行稽查并导致我们的梦境扭曲也有其目的，那就是防止我们产生焦虑或者被其他形式的痛苦影响。

　　我在前文提到了儿童心理上的利己主义，现在我将对这两个事实之间可能存在的联系进行补充说明，那就是梦境其实是具有相同特点的，所有的梦都是绝对的利己主义：每个人都深爱着自我，尽管人们可能会用一些伪装来掩盖；在梦中所实现的愿望都是自我的愿望，如果一个梦看起来像由一种无私的情感激发，那它也一定是经过伪装的，我们被这个梦境的表现欺骗了。以下是几个看起来似乎与这一论断相矛盾的梦例的解析。

（一）

　　一个还不到 4 岁的孩子报告说，他梦到自己看到了一个很大的盘子，上面放满了大块的烤肉和蔬菜，而烤肉还没被切好就一下子全被吃掉了，可他没看到是谁吃掉的[1]。

　　这个吃掉烤肉的人会是谁呢？这个小男孩梦境的主题就是这顿丰盛的大餐吗？他当日白天的经历一定会对我们的问题有所启发。在过去的几天里，他根据医嘱一直只喝牛奶。而在做梦的那天晚上他一直很淘气，家里人就罚他不许吃晚饭，为此他饿着肚子就上床睡觉了。而在这之前，他经历过一次绝食疗法，然后表现得很勇敢。他知道自己什么吃的都没有了，可他又不允许自己表达出饿的意思。他接受的家庭教育已经对他产生了影响：他的欲望在这个梦中显现了出来并产生了一定变形。毫无疑问，他的欲望就是吃一顿丰盛的烤肉大餐，而梦中一口吞下烤肉的人就是他自己。但他又知道自己不被允许吃饭，所以他不敢真的坐下来吃（参见我的女儿安娜吃草莓的梦），因此，梦里吃掉烤肉的人是没有形象的。

---

[1] 1899 年 8 月 8 日和 20 日，弗洛伊德写给弗利斯的信中提到了他儿子罗伯特做的梦。（弗洛伊德，1950 年，114 号和 116 号信件）——梦中出现体积大、数量多的，又或者夸张的东西可能是儿童梦境的另一个特征。孩子们最热切的盼望莫过于长大成人，然后获得和成年人一样多的东西。他们很难满足，也不知道"足够"这个词的意义，还会不断重复索要他们喜爱的东西并且贪得无厌。只有通过教育才能让他们明白何为节制、满足和服从。我们都知道，神经质的人同样有过度贪婪的症状。（弗洛伊德在其所著《论诙谐及其与潜意识的关系》中的第七章第六节结尾处提到了儿童对于重复的热爱，并且在《超越快乐原则 1920》的第五章开头再次做出讨论。）

（二）

有一天晚上，我梦到我在一家书店的橱窗里看到了最新出版的鉴赏家丛书，我总是习惯买一些有关伟大的艺术家、世界历史或名胜古迹的书。这本新发行的书叫作《著名演说家》或《著名演讲集》，第一卷是以莱歇尔（Lecher）的名字命名的。

当我开始分析这个梦境时，我认为，我不太可能会在自己的梦中担心莱歇尔的名声，他是德国国会反对党的发言人，总在议会中滔滔不绝。实际情况是这样的：在做这个梦的几天前，我接诊了一些做心理治疗的患者，现在我每天都要花费 10 ～ 11 小时和他们交流。所以，我自己就是一个不停地讲话、发表言论的"演说家"。

（三）

还有一次，我梦到一个我认识的大学教员 M 教授对我说："我的儿子近视了。"接着就是一些简短的对话，这就是梦的前两个部分。然而在梦的第三部分中，我和我的儿子出现在梦里。

就这个梦的隐喻而言，M 教授和他的儿子代表着我和我的儿子，这是一种影射。稍后我会重新对这个梦进行分析，因为它还有另外一个值得分析的特点。

（四）

这个梦有关隐藏在深切关怀背后非常低级的利己主义情绪。在这个梦里，我的朋友奥托·兰克看起来像生病了，他的面色暗黄，眼球突出。

奥托·兰克是我的家庭医生，我对他的付出无以报答：多年来，他一直照看着我的孩子们，而且他医术精湛，无论遇上多么棘手的病情，他都能及时将孩子们治好。在我做梦那天，他曾来拜访我们，然后我的妻子注意到他有些疲惫。当晚我就做梦了，梦到他有巴塞杜氏病（甲状腺功能亢进症）的症状。不了解我的释梦理论的人可能会觉得，我实在是太担心朋友的健康了，而这种担心通过梦境表现了出来。但这与我认为的"梦是欲望的满足""梦是利己主义冲动的实现"矛盾。但是我很乐意看到有人按照这种方式释梦，因为顺着这样的思路就会想去解释我为什么担心奥托·兰克会患上巴塞杜氏病，毕竟他的实际外表与巴塞杜氏病的症状没有任何联系。此外，在我分析梦境的过程中，我想到了 6 年前发生的一件事。我们一小群人，还有 R 教授一同乘车在夜色中穿过了 N 森林，离我们度假的目的地有几个小时的车程。然而，由于司机打了个盹儿，我们连人带车翻下了坡，所幸大家都没事。这样一来，我们只能在附近找个旅店休息，我们的不幸遭遇也得到了很多人的同情。有着明显的巴塞杜氏病症状的 L 男爵向我们走了过来，问我们是否需要帮助，他的症状和我梦到的一样，面部肤色是暗黄的，眼球也很突出。然后 R 教授非常果断地回答："没有其他需要，但是可以借我一件长睡衣吗？"而这位好心的 L 男爵回答道："哦，抱歉，那不行。"然后离开了房间。

当我继续分析梦境时，我突然想起来，"巴塞杜"好像除了是一种疾病的名称，还是一位著名的教育家的名字（现在我又不那么确定了①）。我曾经拜托过我的朋友奥托·兰克，如果我出了什么事，希望他能够负责孩子们的生理教育，尤其是在青春期这段时间（所以，我的梦中出现了长睡衣）。我在梦中把那位热心的 L 男爵的症状转移到了奥托·兰克的身上，这很显然是想表达，就算他给予了很多善意的帮助，但他还是像 L 男爵一样不会为孩子们做什么。这充分证明了这个梦里的利己主义。②

但是在这个梦里，有什么欲望被满足了吗？虽然看起来奥托·兰克是在我的梦里遭受了不幸，但我并不是想要报复他③。但接下来，我想到，这个梦的关键在于，在梦里，我把 L 男爵当作奥托·兰克的化身，而把 R 教授当作我自己的化身；正如 R 教授对 L 男爵提出了需要帮助的请求，现实中我对奥托·兰克也提出了需要帮助的请求。R 教授，这位被我在梦中十分冒昧地当成我自己的人，他的经历与我十分相似，他在他的研究领域里另辟蹊径，直到晚年才获得了他应得的荣誉。所

---

① 事实上确有其人，巴塞杜是 18 世纪卢梭的支持者。
② 1911 年加注：当欧内斯特·琼斯在美国开展有关梦的利己主义色彩的讲座时，有一位有学识的女士站出来反驳了他。她说写出这本书的人只分析了奥地利人的梦，跟美国人的梦无关，她觉得自己做过的所有梦都完全没有私心的。1925 年加注：借着这位爱国女士的发言，我想谈论一下有关梦的利己主义色彩的理论是一定不能被误解的。由于前意识中发生的任何事情都能够进入梦境中（无论是成为梦的内容还是变成梦的潜在逻辑），利他主义冲动同样存在出现的可能性。同样，在潜意识中对他人的热烈感情和性欲的冲动，也会出现在梦里。为此，上述论点的真实性只限于一个事实：我们经常在由潜意识欲望引起的梦境中发现的利己主义冲动，似乎在我们清醒的状态下被解决掉了。
③ 参见第二章中伊尔玛打针的梦。

以这又一次表明我想获得教授职称。而"晚年"这个词实际上也是一种欲望的满足，因为它暗示我还能活很久，我能够亲眼看着我所有的孩子安稳度过青春期。

三、考试的梦

每一个参加过毕业考试并最终顺利毕业的人，总是抱怨他们常做一种噩梦，即梦见自己的考试成绩不及格或者必须参加某一门课的补考。而对于那些已得到学位的人，"考试的梦"则有另一种表现形式：他们梦到自己未能通过大学的毕业答辩，尽管现实中的他们已经成为大学讲师或律师多年，所以他们对自己重返答辩现场感到困惑。这就像我们儿童时期因为淘气遭受处罚一样，"考试焦虑"会被和儿时的恐惧相似的情绪激发。神经症患者的"考试焦虑"之所以加剧，是因为他们儿时也有过同样的情绪。唯一不同的是，学生时代过去后，惩罚我们的就不再是父母或教师，而是现实生活中无情的因果关系。现在，每当我们做错事、害怕被惩罚时，每当我们感觉责任在身时，那些曾令我们极度紧张的考试梦就会出现。（即使已经为考试做了充分的准备，谁又没对那些场合感到恐惧过呢？）

对此，我的同事斯特克尔还有进一步的解释[①]，他认为，考试梦只会出现在顺利通过考试的人身上。事实证明，当做梦者第二天有一些重要活动并担心失败时，焦虑的考试梦就可能出现。我们会看到，这

---

① 本段及下一段增写于 1909 年。在 1909 年和 1911 年的版本中的表述是"真正的解释"，而在其他版本中都是"进一步解释"。

种梦似乎是在寻找过去的某个时候，在那个时候，强烈的焦虑是不合理的、与当时事件相互矛盾的。那么这就很好地证明了梦的内容被清醒的意识误解了。那些被视为对梦境的愤怒抗议（"我已经是医生了！"）实际上是梦境带来的安慰（不要担心明天的事情，想一想你曾经在考试前多焦虑，但后来不也成功了吗？你已经是一位医生了！）。这都是我们从梦境中寻得的安慰。

虽然我对考试梦的解析样本数量并不是很多，研究也不够深入，但我总结出来的判断及解释方法还是十分有效的。比如，期末考试中我的法医学成绩不及格，但是我从来没梦到过这件事，反而常常梦到参加植物学、动物学和化学考试。我为这些考试焦头烂额，焦虑透顶，但由于命运的眷顾和阅卷老师的仁慈，我都顺利通过了。在有关中学的考试梦中，我总梦见自己去参加历史考试，因为现实中我这门课的成绩非常好。但实际上，在口试时，我那位和蔼的老师注意到了我在递给他试题时，在三个问题中的第二个问题上用指甲划了一道痕迹，暗示他不要在那道题上刁难我。我的一位患者起初想放弃参加升学考试，但是后来去参加并通过了；他想报名参军，却没有通过。他告诉我，他总是会梦到前者，但是一次有关后者的梦也没有做过[1]。在解析

---

① 1909 年的版本叙述如下：我前面提到的同事斯特克尔注意到了我们在描述 "matriculation"（升学考试）时所采用的表达方式，"matura"（熟）就是 "maturity"（成年）的意思。他报告说，当第二天有性行为的时候，这种 "matura" 梦出现得就非常频繁了。在 1911 年的版本中，增添了以下叙述：我的一位德国同事对此表示反对，他认为在德语中这个考试被称为 "abiturium"，不包括双重含义。自 1914 年起的版本，整个段落都被删去。在 1925 年的版本中，本段被替换为本章结尾的最后一段。这个讨论主题由斯特克尔于 1909 年提出。

考试梦时遇到的困难我已经在介绍典型梦的特征时提到过了①。做梦者为我们提供的有关释梦的材料通常比较少，只有大量收集这些梦例才能更好地解读其中的奥妙。前不久我发现，"你已经是一位医生了"这句话不仅是一种安慰，同时也意味着一种责备，可能有这样一种含义：你已经足够年长，经历了很多事情，却依旧会做那些愚蠢又幼稚的事情。这种混合着自我责备与安慰的意味与考试梦的潜在内容相对应。如果事实如此，那么有关"愚蠢""幼稚"的自我责备是对应着受谴责的性行为，就不足为奇了。

威廉·斯特克尔②是第一个将升学考试（matriculation）解释为"matura"（成熟）的人。他认为，这种梦与性经验和性成熟有关。而我的研究证实了他的这一主张③。

四、其他典型的梦

对于其他典型的梦，比如梦到自己飞到空中，并感受到愉快或焦虑，我没有体验过，我对这类梦的分析是基于相关的精神分析④。精神分析得到的信息也迫使我相信，这些梦同样源于童年印象，而且涉及大幅度动作的运动游戏。

---

① 本段增写于 1914 年。

② 本段增写于 1925 年。

③ 在 1909 年和 1911 年的版本中，这一章继续讨论了其他类型的典型梦境。但从 1914 年起，在引入关于梦境象征主义的材料之后，这一讨论被移到了第六章。

④ 本段第一句曾出现在 1900 年的原始本中，后来被删除，直到 1925 年又被添加。本段的其余部分及下一段增写于 1909 年，并于 1914 年移到了第六章第五节。在 1930 年的版本中，上述的两处均有收录。

那些突然跌落之类的典型梦境多半是童年记忆的重现，例如许多叔叔或舅舅都曾将孩子举到空中，同时在房间里奔跑，让孩子有种飞翔的感觉；或是将孩子放在腿上，伸直腿，让孩子滑下去；或是将孩子举高，假装松手，让孩子误以为会跌落。孩子们很喜欢这样的游戏并总是希望再来一次，特别是当他们感觉到有一丝恐惧或晕眩时。因此，很多童年时期的游戏，飞速旋转、摇晃、跌落等，都会频频出现在我们的梦中。

　　孩子们对这类游戏（包括荡秋千和坐跷跷板）的喜爱是众所周知的，当他们在马戏团观看杂技演出时，有关那些游戏的记忆又会重新出现。一些男孩在癔症发作时的动作也是这些游戏动作的再现，他们在做这些动作时都会表现得极其敏捷。这些运动游戏本身很单纯，但会引发性冲动，而这一点并不罕见[①]。让我用一个通俗的词语来描述这些活动，那么在梦中不断重复的飞翔、跌落、眩晕等都是幼稚的"嬉戏"。而这些活动所带来的愉悦感都会转化为焦虑。正如每一位母亲都知道的那样，孩子之间的嬉笑玩闹往往会以争吵和眼泪告终。

　　因此，我有充分的理由来驳斥这种理论——引发飞翔和跌落的梦的是睡眠过程中的皮肤触觉或肺部状态。在我看来，这些感觉都是梦

---

① 一位没有任何神经疾病的年轻医生同事曾经给我提供过以下信息："我记得我童年时期体验到性快感的一段经历，当时我正在荡秋千，当我荡到顶点时，我体验到了那种快感。虽然不能说我对这种感觉很享受，但是它确实让我体验到了一种快感。我的患者们也常常告诉我，他们记得自己第一次产生性冲动是小时候在地上乱爬的时候。"精神分析表明，人类的第一次性冲动通常都在童年时期的嬉戏和摔跤游戏中出现。（弗洛伊德在其专著《性学三论》1905年版的第二章最后一节讨论了这个话题。）

境对记忆的再现，换句话说，它们都是梦境内容的一部分，并不是梦的来源。

　　但由于我掌握的资料不足，我对这类典型的梦还不能做出充分解释。我认为，无论受到何种心理动机的召唤，这些典型的梦中触觉、运动感觉都会被某种心理动机唤醒，而在不被需要的时候，又重新隐匿。在对神经症患者的分析中，我发现这类典型的梦与童年记忆有关。但在每个人的成长过程中，这些体验又被赋予哪些意义就因人而异了。对于这些尚未解决的问题，我非常期望有机会深入了解分析。也许看到这里有人会问：飞翔、跌落、拔牙的梦谁都做过，为什么你还说资料不足呢？那是因为从我开始研究释梦起，我就没有做过类似的梦。虽然我能接触到很多神经症患者的梦，但我没法把所有梦都解析透彻，何况其中的很多梦都隐藏着难以挖掘的深层意义，因为那些神经症症状的致病因素往往会在症状消失后遗留下来，阻碍我们对梦境的解析。

品成

阅读经典　品味成长

请允许我保留在梦中自由思想的权利。

梦是欲望的满足。

梦是我们现实生活的延续，因为我们总能从梦境中发现和
近期现实情绪状态相延续的证据。

梦中不仅有那些最重要的事情，还有那些无足轻重的细枝末节。

第六章

梦的工作过程①

---

① 弗洛伊德的《精神分析引论》第 11 讲较为简略地讨论了梦的工作过程。

迄今为止，人们每次尝试释梦都是直接处理记忆中呈现的显性内容。所有尝试都试图从梦的显意中得出对梦的解释，或者对有的梦没有任何解释，直接根据梦的显意形成对梦的判断并得出结论。然而，我们要考虑另一种现象。我们在梦的显意和结论之间引入了一种新的心理材料：梦的隐意或梦的思想。正是从梦的隐意，而非梦的显意中，我们才解开了梦的意义。因此，我们面临着一项前所未有的任务，即探究梦的显意和隐意之间的关系，并追溯后者是怎样由前者蜕变而来的。

梦的显意和梦的隐意就像同一文本的两个翻译版本，用不同的语言将同一主题的内容表达出来。详细地说，我们所见的梦的显意是梦的隐意转换后的表达模式，而要了解其所采用的字符和句法规则，需要先比较原文和译文。若能掌握这些规律，理解梦的隐意就并不是困难的事情了。梦的显意恰如用象形文字来表达和解释的内容，需要逐一译成梦的隐意的语言。若只是就其呈现的字符来解释它，而没有对其象征意义进行破译，那么我们的认识必然是错误的。例如，我的面前有这样一幅画，画上有一所房子，房顶上有只木舟，还有一个单一字母、一个奔跑的人，人的头被变戏法似的拿走了……乍一看，我会认为这幅画荒唐至极且没有任何意义：房顶上怎么会有木舟？没了头的人怎么可能会跑？人怎么会比房子还高？还有，如果这整幅画描绘的是风景，那么那个字母又意味着什么？自然界会出现这样的景象吗？准确解释这幅画的唯一策略是承认部分或整个画面真实存在、每个景象都有意义，之后竭尽所能地挖掘每一个可能有关联的文字，再将这些文字整合，它们或许可以组成一句整齐且富有深意的格言，而不再像先前那样毫无意义。事实上，梦就是一个拼图游戏，然而却被前人曲解成毫无意义、没有价值的画面，这才导致他们一直没有掌握正确的释梦方法。

第一节　凝缩作用

在比较梦的隐意与显意时，首先引人注意的便是梦的工作包含大量的凝缩作用。梦的隐意范围广、内容丰富，而梦的显意就显得贫乏、粗略。如果梦境的记述需要半张纸，那么解析梦的隐意就需要 6 倍、8 倍甚至 12 倍多的纸才行。这个倍数因梦的不同而有所差异。但就我的经验来看，基本是这样的倍数。通常情况下，我们低估了梦境的凝缩程度，以为由一次解析得到的隐意就包含了梦境的所有意义，但实际上，如果继续分析梦境，往往会在梦境中挖掘出更深的含义。所以我们必须声明，一个人永远无法确定地说他已将整个梦完完全全地解释清楚了。也许做出的解释已经到了无懈可击的地步，但他仍有可能在这个梦境中发现另一层含义，因此凝缩程度无法确定。

梦的显意和梦的隐意之间没有确定的比例，这意味着精神材料在梦的形成过程中经历了一个广泛的凝缩过程。对这个问题的争论还有一种看似合理的观点：我们整晚做了很多梦，醒来时却忘记了大部分，被人记住的只是整个梦境的片段，梦的内容若能全部记下来，那就会和梦的隐意范围相当。这种观点似乎是合理的，若我们做梦后立刻醒来，就有可能精确地回忆起这个梦。随着时间的流逝，记忆会渐渐模糊，到最后我们会完全记不得梦的内容。然而，我们需要知道，梦的内容多而记住的内容少只是一种错觉。针对这种错觉，我会在后文中详细讨论。此外，释梦工作中的凝缩作用并不受梦被遗忘的可能性的影响，保留在记忆中的与梦相关的观念数量可以证实这一观点。若真是关于梦的大部分记忆都消失了，那么我们如何能对梦的隐意进行新的探究呢？我们并不能保证，被遗忘的梦境片段与所隐含的梦中欲望有着相同的联系。[①]

许多读者在逐步分析每个部分的梦时，都会产生的大量联想，不禁生出疑问：难道在分析这个梦境时，每一种联想都是梦的隐意的一部分吗？换句话说，我们岂不是先假定所有的意念在睡眠状态下活动，并且均参与了梦的形成？在释梦时，一些梦境形成时没有参与的新意念是否很有可能产生呢？对于这个问题，我只能给予条件性的回答。当然，这些意念是直到分析时才第一次出现的。但我们可以看到，只有各种意念之间在梦的隐意里已经有某种联系时，才会互相产生联系。因此，只有在更基本的联系存在的情况下，才会产生新的联系。我们

---

① 1914 年加注：许多研究者都暗示过梦中的凝缩现象。杜普里尔（1885 年，第 85 页）有一段话："可以肯定的是，在梦中存在着一种思想组合的凝缩过程。"

必须承认一个事实，即大部分意念在梦的形成过程中就已经十分活跃了。因为，我们在对一连串看似无关梦的形成的意念进行分析后，会突然发现一个与梦的内容有直接联系而且又是梦的解析中必不可少的关键因素，只是这需要通过一系列联想才能实现。在此我会再次提及我的那个关于植物学专著的梦，它包含的凝缩作用已经达到了惊人的程度，尽管仍有些尚未被发现的部分。

那么，我们该如何描绘做梦之前睡眠期间的精神状态呢？所有梦的隐意是并列地出现在脑海里还是相继出现呢？还是各种不一样的意念，同时从不一样的制造中心涌现到心头而形成一个整体呢？我认为现在所讨论的梦的形成的精神状态，还不涉及这种无法确定的观念。然而，需要清楚的是，我们正在讨论的是一种潜意识过程，它不同于我们在有意识的情况下有目的的自我观察过程。

既然梦的形成确实经过凝缩，那么这一过程又是如何进行的呢？

在大量梦的隐意中，只有极少部分可以以"观念元素"表现于梦中。因此，我们可以得出这样的推论，凝缩作用是以省略的形式来体现的。也就是说，梦并没有忠实地翻译隐意或将它原封不动地投射出来。相反，它对隐意进行了删减和概括。随后，我们就会发现，这种观念其实是不太正确的。但我们暂且以此为起点，先自问："如果梦的隐意中只有少数元素可以进入梦的显意，那么究竟是什么条件决定了这种选择呢？"

为了解答这个问题，我们将研究对象锁定为梦的内容中已经符合条件的元素，它们在梦形成时经过凝缩作用，成为最便捷的材料。所以，我选用了之前提及的植物学专著的梦。

一、植物学专著的梦

我梦到我写了一本关于某种植物的专著。此刻，书就放在我面前，我正在翻看的是一页折叠起来的彩色插图，里面夹着一张风干了的植物标本。

这个梦最显著的元素就是植物学专著。这是由做梦当天的实际经验所得，当天我的确在一家书店的橱窗里看到一本有关仙客来的植物学专著。但是，梦中并没有提到科属，只有专著与植物学这两个元素遗留下来。植物学专著马上使我想到我曾发表过的一篇有关可卡因的研究成果，而由可卡因构成的一条思想链，一方面让我想起了那本纪念文集和发生在大学实验室里的几件事，另一方面让我联想到了我的挚友科尼希斯坦。科尼希斯坦又使我联想起我与他在昨天晚上进行的不连贯的谈话，以及我们谈到的同事间如何支付医疗报酬的问题。这个谈话才是触发这个梦的因素。尽管我对有关仙客来的植物学专著印象深刻，但这其实是无关紧要的琐事。植物学专著在当天的两个经验之间起到了"中间的连接体"的作用：它由无意义的印象引出，又将许多联想与有价值的精神事件联系起来。

然而，并非只有"植物学专著"这一复合意念才有意义。将"植物学""专著"等词语分开，逐层展开联想，也能深入具有迷惑性的隐意中。"植物学"使我联想到许多人：加德纳教授及其漂亮的妻子，一位名叫弗洛拉的女患者，以及另一位因丈夫忘记买花而哭泣的妇人。加德纳教授再度使我想起实验室及自己与科尼希斯坦的谈话。我们的谈话涉及了我的两位女患者。与花有关的妇人让我联想起了两件事：我妻子钟爱的花及当天我所瞥见的那本专著的名称。此外，"植物学"还让我想起了中学时的一段小插曲，也想起了大学时的一场考试。与科尼希斯坦的谈话中还出现了一个新话题——我的喜好，由我喜欢的花是洋蓟联想到忘记送花的事件。而且洋蓟一方面使我回想起在意大利旅游的事情[①]，另一方面使我忆及童年第一次与书产生联系的景象。所以，"植物学"就是这个梦的关键核心，成为各种思路的交会点。并且，我能证明这些思路与当天的谈话内容均有联系。现在，我们就仿佛在各种思想的工厂里，正如"织工的杰作"中所写：

一踏足就牵动千丝万缕，

梭子飞一般来去匆匆，

纱线目不暇接地流动，

一拍就接好千头万绪。[②]

出现在梦中的专著涉及两个主题——我研究工作的片面和我的喜好的奢侈。

由此初步来看，"植物学"与"专著"之所以被用作梦的内容，是因为它们能使人联想到绝大多数的隐意，它们成了许多隐意的交会点，也因此在释梦时具有多种意义。还可以用另一种形式来对这一基本事实做解释：梦的内容中的每一个部分都具有多重意义，它们代表的不

---

① 这似乎是以前的梦中没有出现过的元素。

② 歌德：《浮士德》上册，钱春绮译，上海译文出版社，1982 年。

单单是一种隐意。

如果我们仔细检验梦的隐意是如何转化梦境中的每一个元素的，那我们可以了解得更多。由彩色插图引入新的主题：同事对我的研究所做的批评，以及梦中所涉及的我的喜好，还有更远至童年时将有彩色插图的书撕成碎片的记忆；干枯的植物标本与我中学时收集植物标本的经历有关，特别予以强调。

梦的显意与隐意之间的关系已经十分清晰了：梦的内容的各个成分分别代表了不同种类的隐意，同时每个梦中欲望又代表了多个元素。一个隐意会被联想的路径引向多个梦的元素，所以在梦的形成过程中，参与梦境构造的不只是一个隐意，而是一组隐意。像按人口比例选派优秀代表一样，梦的内容也采用了这样的方式。在整个过程中，所有梦的隐意被改装润色，唯有那些被强烈依赖、得到最多拥护的元素才有资格出现在梦中，这个过程就像投票选举。结合我解析过的所有梦例，我总结出一个基本原则：梦的各个成分都是由整个梦的隐意构成的，而每一个成分又集合了多种梦的隐意。

为了进一步说明梦的内容和梦的隐意之间的关系，确实有必要再多举一个例子，从以下这个例子中可以更清楚地看出两者错综复杂的关系。这是一位患者的梦，他患有幽闭恐惧症，至于为什么我会如此欣赏这个梦的结构并给它取以下这个名字，读者很快就能明白。

二、"一个美梦"

做梦者与很多朋友正开车前往 X 大街，这条街上有一家普通的旅馆（但事实上并没有）。这家旅馆里的一个房间内正上演着一出戏剧，最初他是个观众，但后来竟然成了演员。最后大家都开始换衣服，准备回城里去。一部分人被带去了一楼，而另一部分人被带上二楼。因为楼上的人已经换好了衣服，楼下的人却还没换好，所以楼上的人无法下楼，就生气了。他在楼下，而他的哥哥在楼上。他对哥哥很生气，因为哥哥太着急了。并且，他们早就决定好楼上楼下的次序。接着，他独自走向城镇。他的脚步十分沉重，甚至到了走不动的程度。一位年老的绅士走到他跟前，开始大骂意大利国王。后来，到达坡顶后，他走起来轻松多了。

脚步沉重的印象尤其清晰、真实，以至于在他睡醒后，他仍然分不清刚刚的经历是真实的还是梦境。

由梦的显意看，这个梦的内容平平无奇，但这次我要一反往常，从做梦者所认为的最清晰的部分着手解析。

在梦中，做梦者所感受到的那种艰难——步履维艰并喘着粗气，是做梦者在几年前确实有过的症状，当时的诊断结论是肺结核。这种梦中运动受阻碍的感受，我们在裸露梦中就已熟知。在这里，我们又发现它可以代表其他的含义。由梦中爬山艰难的部分以及做梦者当时的感受，我联想到了阿尔封斯·都德的名作《萨福》中的一个故事，一位年轻人抱着他心爱的女生上楼，最初佳人轻如鸿毛，但爬得越高，这位年轻人逐渐感到不堪重负，这一景象其实就是他们的关系进展的象征。而作家借此劝诫年轻人切勿四处留情，空留满身风流债。[1] 虽然

———————————
[1] 1911 年加注：我在下文所写的关于攀登之梦的意义中阐释了作家所选择的意象。

我知道这位患者最近正处于与一位姑娘热恋后不欢而散的境地中，但我仍不敢说我这种解析是非常正确的。《萨福》中的情形正与此梦"相反"，梦中的爬山过程是最初困难、后来轻松，但小说中是最初轻松、后来困难。令我感到意外的是，我的解析正与他当天晚上所看的一部剧的剧情吻合。这部剧叫作《维也纳巡礼》，讲述的是一位起初受人尊敬的少女沦为妓女，借着攀附上层人物，得以进入上流社会，但最终仍落得悲惨下场的故事。他还提到，他多年前看过一出名为《步步高升》的戏，而这部戏的广告宣传画上就出现了一截楼梯。

接下来的分析表明，最近和他热恋了一段时间的姑娘就住在 X 街上，但是这条街上并没有旅馆。不过，他和这位姑娘在维也纳消磨了大半个夏天后，就住进了附近的旅馆。他在离开旅馆时对司机说："谁会喜欢住在这儿！这哪算旅馆啊，充其量就是一个客栈。"

受到"旅馆"的启发，他立刻又联想到一句诗。

我最近在一家客栈里做客，

主人非常温柔！

乌兰德的诗所歌颂的主角却是一棵苹果树，顺着这条思想链，第二段诗涌现出来。

浮士德（与年轻魔女跳舞）：

从前我做过一个美梦，

一棵苹果树出现在梦中，

两个美丽的苹果亮光光，

我被它吸引，爬到树上。

美丽的魔女：

苹果是你们喜欢的东西，

从乐园以来早就如此。

我真觉得高兴非常，

我的园中也有它生长。①

苹果树与苹果的象征意义是毫无疑问的——那姑娘丰满诱人的乳房，正是令做梦者神魂颠倒的"苹果"。

由分析来看，这个梦可追溯到做梦者童年时期的某个印象。如果所料不错，一定涉及做梦者的奶妈。在儿童时期，奶妈柔软的乳房是让每个孩子轻易入眠的旅馆。奶妈以及都德的《萨福》，似乎都暗指做梦者最近抛弃的姑娘。

做梦者的哥哥也出现在梦里。他哥哥在"楼上"，而他在"楼下"。但这与事实恰恰相反，因为据我所知，他哥哥目前穷困潦倒，而他的状况反倒维持得很不错。做梦者在叙述这段梦的内容时，一度避而不谈"上有其兄，下有其弟"。而这句话正是奥地利人常用的口语，当一个人名利尽失时，我们会说"他被放到楼下去了"，就像说他"垮下来了"一样。现在我们应该看到，梦中的某件事故意以"颠倒事实"的情况出现时，就一定有其特别的意义，而这种颠倒恰恰能够说明梦的隐意和梦的内容之间的关系。颠倒的规律在梦中可以发现，在这个梦的结尾，有一个明显的颠倒结果，《萨福》中的描述也是一例。这种颠

---

① 歌德：《浮士德》上册第一部第 21 场"瓦尔普吉斯之夜"，钱春绮译，上海译文出版社，1982 年。

倒的用意我们可以借由下面的分析看清楚：《萨福》中，男人抱着与他有性关系的女人上楼；而在梦的隐意中，位置则发生了颠倒，换成了女人抱着男人。如此，这种情形只可能发生在童年时期，奶妈抱着婴儿上楼。所以，梦的结尾同时影射了萨福与奶妈。

都德提出"萨福"这个名字是有所暗示的。同样，梦里提到"楼上"和"楼下"的人的片段也暗示了患者在性方面的幻想。而这些性幻想作为被压抑的欲望，与做梦者的神经症有很大的关系。（梦的解析无法告诉我们，这些只是幻想，而非真实的记忆。它只能提供给我们一套想法，而让我们自己去判定其中的真实价值。在这种情形下，真实与想象乍看有同等的价值。除了梦，其他重要的心理结构也类似。）[1]

正如我们早已知晓的，"很多朋友"象征着"一个秘密"。而梦中的"哥哥"，利用对童年时代景象的"追忆"加上"幻想"[2]，代表所有的"情敌"。"一位年老的绅士大骂意大利国王"与最近发生的一件无关紧要的事有关，意指低阶层的人闯入上层社会后发生的不和。这看来倒有点像都德笔下年轻男人所受到的警告一样，而这同样也可用在吃奶的小孩身上。

为了研究梦在形成过程中的凝缩作用，我将分析第三个例子。我要感谢一位正在接受精神分析治疗的老妇人。她饱受焦虑的折磨，她的梦中包含了大量的性想法。当意识到这一点时，她感到非常震惊。

---

[1] 弗洛伊德在这里可能指的是他最近的一个发现，即在他对神经症患者的分析中明显揭示的婴儿性创伤实际上经常是幻想。

[2] 弗洛伊德曾在《屏蔽记忆》（1899 年 a）的后半部分讨论过这种幻想。

由于我无法彻底地解释这个梦，因此关于这个梦的材料散落在不同主题下，缺乏明显联系。

三、五月甲虫之梦

她想起她在一个盒子里放了两只五月甲虫，她必须把它们放出来，否则它们会窒息而死。但是当她打开盒子时，两只五月甲虫已经奄奄一息了。其中一只从开着的窗户飞了出去，但是另一只在别人让她关闭窗户时被压碎了（厌恶的表情）。

这位患者的丈夫暂时不在家，14 岁的女儿和她在一个床上睡觉。前一天晚上，患者注意到一只飞蛾掉进了她的水杯里，但是第二天早上她没有把它拿出来，她为这个可怜的生物感到难过。晚上，她读的那本书讲述了一些男孩如何把一只猫扔进沸水里，还描述了这只猫的抽搐过程。这是梦境的两个触发因素，但是它们本身无关紧要。然后，她进一步探讨了虐待动物的话题。几年前，当他们在一个地方避暑时，她看到她的女儿对动物非常残忍。当时，女儿正在收集蝴蝶，并向她要了一些砒霜杀死蝴蝶。有一次，一只飞蛾被女儿穿了一根针后在房间里飞了很长时间；还有一次，要变成蛹的毛毛虫被女儿活活饿死了。在更年幼的时候，女儿常常扯下甲虫和蝴蝶的翅膀。但是现在，女儿会被这些残忍的行为吓到，因为她已经变得非常善良了。

患者对前后的反差进行了思考。这使她想起乔治·艾略特在《亚当·比德》中描写的外表与性格之间的一种矛盾：一个女孩很漂亮，但虚荣、愚蠢；另一个女孩很丑，但品格高尚。有一个引诱愚蠢姑娘的贵族，也有一个善良正直的工人。她说，以貌取人是不可取的。谁能想到，现在她被欲望折磨?

就在患者的女儿开始收集蝴蝶的那一年，他们所在的地区五月甲虫泛滥成灾。孩子们对甲虫感到非常愤怒，毫不留情地将它们碾碎。那时，这位患者曾见过一个人扯下五月甲虫的翅膀，然后吃了它们的尸体。她自己是在 5 月出生，也是在 5 月结婚的。结婚 3 天后，她就写信给家里的父母，说自己非常幸福。但事实并非如此。

在做梦的前一天晚上，她在一堆旧信中翻找着，并大声地给她的孩子们读了一些信上的内容，有些内容很严肃，有些内容很滑稽。其中有一封非常有趣的信，是一位钢琴老师写的，这位钢琴老师在患者还是个小姑娘的时候就追求过她；还有一封信是一位出身贵族的爱慕者写的。①

她开始责备自己，因为她的一个女儿读了莫泊桑的一本"坏书"。②女儿要的砒霜让她想起了都德的《富豪》中使莫拉公爵返老还童的砒霜丸。

"把它们放出来"使她想起莫扎特歌剧《魔笛》第一篇终曲：

不要害怕，为了爱，我永远不会强迫你；

但现在让你自由还为时过早。

---

① 这才是梦的真正刺激源。

② 在这一点上需要补充一句："那种书对一个女孩来说是毒药。"这位患者年轻时曾大量翻阅禁书。

"五月甲虫"还让她想起了小凯蒂的话："你像甲虫一样爱上我了。"①

她又想起了瓦格纳的歌剧《汤豪舍》中的一句话："因为你被这种邪恶的欲望征服了。"②

她一直生活在对丈夫不在身边的忧虑中。她担心丈夫在旅途中会发生什么事，这表现在许多次清醒后的白日梦中。前不久，她在做精神分析时，无意中开始抱怨丈夫越来越衰老。对于她现在做的梦所隐藏的欲望，可以从下面的细节中得知。在她做这个梦的前几天，她在做家务活时，被自己脑子里冒出的一句命令式的、针对她丈夫的话吓坏了："去上吊吧！"原来，几小时前她在看书的过程中了解到，一个人在上吊时会产生性兴奋。性兴奋的欲望是在这种可怕的伪装下从压抑中浮现出来的。"去上吊吧！"相当于"不惜任何代价让自己兴奋！"。《富豪》中，詹金斯医生的药可能在这里比较适用。但我的患者也知道，最有效的春药斑蝥素（俗称"西班牙蝇"）是由碾碎的甲虫制成的。这是梦境内容的主旨。

此外，开窗和关窗是她和丈夫争吵的主要话题之一。她习惯在空气流通的环境中睡觉，而她的丈夫并不喜欢。在睡梦中感到疲惫是她做梦时的主要症状。

在我刚才记录的三个梦里，可以清楚地发现其中的多重联系。然而，由于对这些梦的分析都不够全面，因此我将对一个梦进行详细分

① 引自克莱斯特的《海尔布隆的小凯蒂》第四章第二节，进一步的联想引向诗人的另一首诗《潘塞西里亚》及对恋人的残酷。
② 歌剧最后一幕中汤豪舍报告了教皇的谴责。这句话是"因为你分享了这种邪恶的欲望"。

析，以证明梦的内容是如何被多重确定的。基于此，我将引入伊尔玛打针的梦。从这个例子中很容易看出，凝缩作用在梦的构造中使用了不止一种方法。

梦的主角是我的患者伊尔玛，在梦中她看起来和平常一样，所以，她无疑是代表她本人的。然而，当我在窗口给她检查时，她的态度却是我在另一位妇人身上所观察到的，而这位妇人，在梦的隐意里，我宁可用她来取代这位患者。伊尔玛在梦中患有白喉黏膜，这使我联想起大女儿得病时的焦急，所以她又代表着我的女儿。而又因为和我大女儿的名字雷同，一位因服用可卡因而病逝的患者被引入我的分析。之后，梦中伊尔玛的形象又代表了我在儿童医院神经科诊治过的一个孩子，而在这个过程中，我的两位同事表现出了不同的风格。我的大女儿在这里起到了连接的作用。伊尔玛不愿张开嘴巴，这可以和我曾检查过的另一位女性联系起来，同时也暗指我的妻子。此外，由她喉部的病变，我又联想到了其他人。

伊尔玛引发了我对许多人的联想，而这些人本身并没有出现在梦中，他们隐藏于伊尔玛的身后。因此，伊尔玛是一个集合意象，她身上有各种矛盾的特征。伊尔玛代表了在凝缩作用中被省略的人，我将想到的特征优先归到她身上。

为了明确梦境的凝缩过程，我用另一种方式，即把至少两种印象融入梦境的意象中，创造出"集合意象"。梦中 M 医生的出现就是此法的应用。他名为 M 医生，言行也与平时的 M 医生一致，但他的身体特征与症状却完全属于另一个人——我的哥哥。面色苍白是他们的共同特征。

梦中的朋友 R 同理，是现实中朋友 R 与我叔叔的复合人物，但这个复合人物却是用另一种方式编造出来的。这次我并没有将两个人物的特征予以合并，我采用了高尔顿制造家族肖像的方法——将两个人物重叠在一起，使两人的共同特征更趋明显，他们的不同之处反倒互相抵消，变得模糊。在这个梦中，漂亮的胡子得以出现，就因为这是朋友 R 与我叔叔两人面相上的共同特点。至于胡子渐渐变成灰白色，则可以引申为我父亲与我。

集合意象和复合意象的产生是梦的凝缩作用的手段之一。我会继续分析这一手段。

伊尔玛打针的梦所提到的"痢疾"（dysentery）这个名词也有多重性：它的发音与"白喉"（diphtheria）的发音相近；它可能与我送到东方的患者有关，她的癌症被误诊。

此外，梦中出现的丙基（propyls）也经过了有趣的凝缩。在梦的隐意中真正有作用的是戊基（amyls），然而在梦的形成过程中，它们之间很可能发生了简单的移置，事实也的确如此。在此处发生的移置完全是凝缩的结果，我们可由以下的分析来证明这点：如果我对丙基这个词多考虑一段时间，那么它的同音字"神殿门廊"（propylaea）一定会自然浮现出来，而神殿门廊并不只在雅典才找得到，在慕尼黑①也可以看到。大约在做这个梦的一年前，我曾去慕尼黑探望一位病重的朋友，而这位朋友就是曾对我提过三甲胺这种药物的人，所以梦中紧接

①以雅典门廊为模型的礼仪性门廊。

着出现三甲胺，这种说法因而能够得到佐证。

分析这一梦境和分析其他梦境一样，不同的联想的重要性各不相同，但在被用于连接时具有同等价值。我们可以先忽略这一点，梦的隐意中的戊基被梦的显意中的丙基代替。

一方面，这个梦牵涉有关我的朋友奥托·兰克的一些观念——他不了解我，他认为我有错，他送了我一瓶有杂醇油（戊基）怪味的酒；另一方面，我们又看见了一组与前者形成鲜明对比的观念——我的那位住在柏林的朋友弗利斯，非常了解和认同我，他还给我提供了一些非常有价值的与性过程有关的化学研究资料。

在有关奥托·兰克的观念中，特别让我注意的都是一些引发梦的近期事件，而戊基则是属于占有一席之地、较为明确的内容。有关弗利斯的观念则多半由弗利斯与奥托·兰克两人之间的对比所激发，有关弗利斯的观念均与有关奥托·兰克的观念有所呼应。在这整个梦里，我一直有种明显的趋向——疏远那些令我不愉快的角色，和其他让我高兴的人亲近。因此，有关奥托·兰克观念中的戊基被慢慢转换成同属于化学领域的三甲胺。受到各方面力量的推动，三甲胺才得以入梦。戊基原本可以以原有的面目大方地进入梦的显意，却因为有关弗利斯观念的存在而失败。我在戊基一词的记忆范围内寻找某个可以为其提供双重限定的元素，发现"丙基"与"戊基"是两个很相似的词，而且有关弗利斯观念中的慕尼黑又与"丙基"相关，因此两组观念之间便以某种形式建立了联系。而在双方都妥协之后，梦境的内容中出现了这一中间产物。这样就产生了一个中间元素共同体，它的含义是多重的。也只有透过多重含义，才能对梦之内容的真相窥见一二。所以，为了形成这个中间元素共同体，必须把注意力转移到某些在联想范畴内就近的目标上。

结束对伊尔玛打针的梦的解析后，我们对梦形成时凝缩作用所扮演的角色已经多少有了一些了解。我们发现凝缩作用的特点就是在梦的内容中找出那些一再复现的元素，并将其组成新的组合（集合意象、复合意象）及产生中间元素共同体。至于凝缩作用的目的及其采用的方法，须待我们讨论梦的形成的所有心理过程以后再做更深入的研究。目前，且让我们先对所得的结果加以整理，我们的结论是这样的：梦的隐意和梦的显意由梦的凝缩作用联系起来。

梦的凝缩作用在处理词语和名称时最为明显。一般来说，人们在梦中确实会把词语当作具体的事物来对待，正因为如此，其组合方式与事物的呈现相同。[1] 这类梦产生了最有趣和最奇怪的新词。[2]

1. 一位同事寄来了一篇他的论文，在我看来，他在论文中高估了生理学的最新发现，且用词过于浮夸。所以那天晚上，我梦见了一句话："这篇文章写得非常具有 norekdal 风格。"初看，我对这个新词感到为难，它是对德语形容词 "kolossal"（巨大的）、"pyramidal"（出众的）等的诙谐模仿，但它的词源我还不能确定。后来，我发现这个新词竟

---

① 弗洛伊德在他关于潜意识的论文（1915 年 e）的最后几页讨论了词语的表现和事物的呈现之间的关系。

② 弗洛伊德在他的《日常生活的精神病理学》（1901 年 b）的第五章（10）中报告了一个包含许多口头概念的梦。下面的例子大部分是能意译的。

可以分成"Nora"（娜拉）和"Ekdal"（埃克达尔）两个名字，而这两个名字分别来自易卜生的两部名剧，不久前我曾读过一篇有关易卜生的评论，而这篇评论的作者正是我在梦中批评的对象。

2. 这是我的一位女患者的梦，结尾是一个无意义的复合词。**她梦到她和丈夫一起参加一个农民举办的宴会，她说："这将以一般的'maistollmütz'结束。"**

她有一种模糊的感觉，那是一种玉米做的食品。经过分析，这个词可以分解为"maize"（玉米）、"toll"（疯狂）、"mannstoll"（慕男狂），还有"Olmütz"（奥尔米茨镇），这些内容在她与亲戚的交谈中都能找到。"mais"的背后有以下几个词（除了暗指刚刚开幕的周年展览）："meissen"（一个产于迈森市的鸟形瓷器形象）；"Miss"（她的亲戚的英国女教师刚刚去了奥尔米茨镇）；"mies"（犹太俚语，开玩笑地表示"令人厌恶"）。这个词的每一个音节都能引出一长串的思想和联想。

3. 一天深夜，年轻人家中的门铃响了，是他的一位熟人要送他一张名片。那天晚上，年轻人做了一个梦：**有一个人在他家修理电话，一直到深夜。他走了以后，电话铃声还在响，不是连续地响，而是断断续续地响。于是仆人把他喊了回来，电话那头说："有趣的是，即使是'tutelrein'的人也完全无法处理这样的事情。"**

可以看出，这个诱因只是一个无关紧要的要素。这段经历之所以变得重要，只是因为做梦者把它与先前的经历联系在一起，先前的经历本身虽然同样无关紧要，但被他的想象赋予了替代意义。当他还是个孩子的时候，他和父亲住在一起，他曾在半睡半醒的时候把一杯水打翻在地上。家里的电话线湿透了，连续不断的铃声将他的父亲从睡梦中惊醒。连续的铃声对应着淋湿，"断断续续的铃声"被用来表示水滴下落。而"tutelrein"（监护）一词可以从三个方向进行分析，并由此得出梦的隐意中的三个主题。"tutel"是"监护"的法律术语，"tutel"（也可能是"tuttel"）是对女性乳房的粗俗说法。这个词的其余部分"rein"（纯洁）与"zimmertelegraph"（家用电话）的第一部分结合在一起，便形成了"zimmerrein"（保持房间整洁），这个词与把地板弄湿密切相关。此外，这个词听起来很像做梦者家庭成员的名字。[①]

4. 这是我做的一个冗长而混乱的梦，主要情节是航海旅程。梦中，**我突然想起下一站为"Hearsing"，而再下一站为"Fliess"。**后者正好是

[①] 在现实生活中，这种对音节的分析与合成，实际上是一种音节游戏，在许多笑话中起着作用。例如："获得银子最方便的方法是什么？你走在一条种满银色白杨树（pappeln，意思是'白杨树'和'沙沙声'）的林荫道上，要求大家安静。然后，沙沙声停止，银子被释放出来。"这本书的第一位读者和评论家及他的后继者很可能效仿他抗议说："这个做梦者似乎太天真了。"这是完全正确的，只要它指的是做梦的人；只有当它被扩展到释梦者身上时，它才会成为一个异议。在现实生活中，我没有资格被视为一个聪明人。如果我的梦看起来很有趣，那不是我的原因，而是因为梦是在特殊的心理条件下被构建的，这个事实与笑话和喜剧理论紧密相连。梦变得巧妙而有趣，因为表达它们思想最直接、最简单的途径被阻断了：它们是被迫的。读者可以说服自己，我的患者的梦似乎像我自己的梦一样充满笑话和双关语，甚至更多。尽管如此，这种反对意见使我将笑话的技巧与梦境作品进行了比较，结果可以在我出版的《论诙谐及其与潜意识的关系》（1905 c）一书中找到，特别是在第六章末尾，我指出梦中的笑话是不好的笑话，并解释了原因。同样的观点也出现在《精神分析引论》（1916 ~ 1917 年）的第 15 讲中。上面提到的"第一位读者"是弗利斯。

我的一位朋友的名字，他住在柏林，而我经常去柏林旅行。"Hearsing"是一个复合词，它采用了一般维也纳近郊的地名所惯有的"ing"字尾，如 Hietzing，Liesing，Möedling（米提亚语，"meae deliciae"意为"我的快乐"，而德语"快乐"就正是我的名字"弗洛伊德"）。然后再拼凑上另一个英语单词"hearsay"，意为诽谤、谣言，而借此与另一个白天发生的无关紧要的经历产生关联———首在 *Fliegende BläEtter* 的刊物上讽刺中伤侏儒"Sagter Hatergesagt"（He-says Says-he）的诗。还有，由"Fliess"与字尾"ing"凑成的词"Vlissingen"（弗利泽恩）是一个真实存在的港口，是我哥哥从英国来看望我们时所经过的港口。而"Vlissingen"在英语中是"Flushing"，意为脸红，这使我想起一些患有脸红恐惧症的患者，还想到最近别赫切列夫发表的关于此病的叙述让我感到烦恼。

5. 还有一次，我做了一个由两个分离的片段构成的梦。在第一个片段中我想起了"autodidasker"这个词，梦境生动。第二个片段重复我几天前的一个幻想。这个幻想的大致内容是，当我再次见到 N 教授时，我必须对他说："最近我向您咨询的那位患者，正如您所怀疑的那样，实际上只是患有神经症。"因此，"autodidasker"这个词必须满足两个条件：第一，它必须承载或代表某种复合意义；第二，这个隐意必须与我在现实生活中产生的向 N 教授赔罪的意图紧密相关。

"autodidasker"这个词可被简单地分成德语"autor"（作家）、"autodidact"（自学者）及"Lasker"（拉斯克），而后者可使我联想到

Lassalle（拉萨尔）这个名字。① 第一个词是梦的诱因，是有一定意义的。那时，我给妻子买了几本我哥哥的朋友——奥地利著名作家 J.J. 戴维的书，据我所知，此人是我的同乡。一天晚上，妻子告诉我，书中的主人公天赋被埋没使她深受触动。之后我们聊到如何发掘孩子的天赋这个问题，我安慰她说，她所惧怕的问题可以通过训练来解决。当晚，我的思路走得更远，满脑子交织着妻子对孩子的关怀及其他杂事。这位作家告诉我哥哥他对婚姻的看法，这也将我的思路引到一条支路上，因此引发梦中的种种象征。这条思路引至布雷斯劳，一位我们熟悉的朋友就是在那里结婚并定居，我找到爱德华·拉斯克和斐迪南·拉萨尔两个例证来证实我的担心：我的子女将会被一个女人毁掉一生。这是我的梦的隐意的核心。这两个例证分别代表了两种导致男人毁灭的路。② 追逐女人，又使我想到了我至今还单身的弟弟亚历山大（Alexander），他的名字简写（Alex）的发音和 Lasker 的发音相似。这个因素在把我的思路引到布雷斯劳的过程中起了作用。

然而，我对这些名字、音节的解读工作还另有一种意义。这代表了我内心的某种愿望——希望我哥哥能享受天伦之乐，而用以下方法展示出来。左拉（Zola）的一本描述艺术家生活的小说《作品》，与我的梦的隐意有关联。左拉借着书中主角桑多兹（Sandoz）描绘了他

---

① 斐迪南·拉萨尔是德国社会民主运动的创始人，1825 年出生于布雷斯劳，1864 年去世。爱德华·拉斯克（Eduard Lasker，1829～1884 年）出生于距离布雷斯劳不远的雅罗茨兴，是德国民族自由党的创始人之一。两人都有犹太血统。

② 爱德华·拉斯克死于脊髓痨，他被一名妇女感染了梅毒；斐迪南·拉萨尔因为一个女人在决斗中摔倒。

个人及其幸福的家庭生活。而这个名字很可能经由以下步骤变形而来：Zola，若颠倒前后顺序便为 aloz，可能是因为嫌隐蔽得不好，于是左拉将 al 做了改变，并因为 al 与 Alexander 的第一个音节相同，而将其变为第三个音节 sand，最终变成了 Sandoz。而我刚提及的复合词 "autodidasker" 也经历了这样的变形过程。

至于我的幻想 "我要告诉 N 教授，我们共同诊断过的患者确实患上了神经症" 可以由以下方式产生。就在我要开始度假时，我碰上了一个棘手的病例。我当时以为他患的是一种严重的器质性疾病，可能是脊髓病变，但无法确定。这其实大可被诊断为神经症而省去一大堆麻烦，但因为患者否认有性病史，所以我不愿意草率地给出诊断。我不得不求助于一位我最佩服的权威医生。听完我的疑问，他对我说："你再观察一下吧，一定是某种神经症！" 我知道，对于我的神经症病源理论，这位医生始终不认同，所以我还是不完全相信他，尽管我并没有反驳他的诊断。几天后，我对患者说，我已经无计可施了，让他另请高明。令我始料未及的是，他向我道歉，说他撒了谎。他向我坦白了他得过性病的事实，接着如实地讲出了性问题的症结。此前，正是受这一点所限，我不能诊断他为神经症。得知真相后，我大舒一口气，然而同时我又受到遗憾和惭愧的双面夹击。我所请教的那位医生果然技高一筹，他并没有被患者缺乏性病史误导。因此，我决定在再与他碰面的时候，就立刻告诉他，事实证明他是正确的。

以上便是我这梦中所做的事。但如果我承认了我的错误，又能满足什么欲望呢？我真正的欲望便在于证明我对子女的担心是多余的。

也就是说，我想证明在梦的隐意中我认同妻子的恐惧是错误的。梦中所叙述事实的对错与梦的隐意的核心并没有脱节。由女人引起的器质性或机能性损坏，要么是性问题引起的梅毒性瘫痪，要么是性问题引起的神经症。

在这个看似复杂、分析后又一清二楚的梦里，N 教授的出现不仅解释了这种类比，同时还代表了我希望自己错了的欲望。他不仅使梦与布雷斯劳建立了联系，还联系到了我那位婚后在那里定居的朋友，同时也将我们会诊后发生的小插曲引入其中。在诊治那位患者后，除了给出我上文已交代的建议，他还问了我几个私人问题。他问："你现在有几个孩子？""6 个。"他以一种关切的、长者般的神态再问我："男孩还是女孩？""男女各 3 个，他们是我最大的骄傲与财富。""嗯！你要当心，女孩还比较好说，男孩教育起来可不是那么容易哦！"我回了他一句："至少到现在，他们都还是非常听话的。"显然，他对我儿子日后表现的这番表态让我很不是滋味，正如他当时诊断我的患者时所说的。而在我将神经症的故事编入梦中后，我便用它代替了与孩子教育有关的谈话，这一点和梦的隐意联系紧密，而我妻子担忧的孩子的教育问题与梦的隐意的联系更加紧密。我对 N 教授认为教育男孩很难的焦虑一齐入梦，它也隐藏于"我是错的"这一欲望中。因此，一直未变的同一个幻想代表了两种相互矛盾的选择。

6. 今天清晨 [1]，在半梦半醒之间，我获得了一个非常好的语言凝缩

---

[1] 引自 马洛夫斯基（1911 年），本段增写于 1914 年。

的例子。在一大堆我几乎记不清的梦的碎片中，我突然想起了一个词，它就在我面前，仿佛一半是写的、一半是印的。这个词是"erzefilisch"，它是一个句子的一部分。这个句子是："这对性感有一种 erzefilisch 的影响。"但是它脱离了语境，完全孤立地进入了我的意识。我立刻知道这个词应该是"erzieherisch"（教育）。有一段时间我怀疑"erzefilisch"中的第二个"e"是否应该是"i"。[①] 在这方面，我想到了"syphilis"（梅毒）这个词，在我半睡半醒的时候，我开始绞尽脑汁地分析这个梦，试图弄清楚这个词是如何进入我的梦的，因为我无论是个人还是职业上都与这种疾病毫无关系。于是我想到了"erzehlerisch"（另一个无意义的词），这就解释了"erzefilisch"第二个音节中的"e"，因为这使我想起前一天晚上我们的女家庭教师（Erzieherin）要求我就卖淫问题对她说些什么，我把黑塞关于卖淫的书给了她，希望能影响她的情感生活——因为她在这方面发展得不太正常，之后我就这个问题和她谈了很多（erzählt）。我突然意识到，"梅毒"这个词不能从字面上理解，它代表"毒药"，当然是指性生活。因此，梦里的这句话翻译过来就相当合乎逻辑："我的谈话（erzählung）旨在对我们的家庭教师（Erzieherin）的情感生活产生教育（erzieherisch）影响，但我担心它同时可能产生了一种有毒的影响。""erzefilisch"是由"erzäh-"和"erzieh-"合成的。

梦中将词汇扭曲的情况与妄想症表现出的症状相似，但有时也会

---

① 这个巧妙的凝缩作用的例子是无意义单词的第二个音节（重音音节）的发音。如果是"ze"，它的发音大致像英语中的"tsay"，因此类似于"erzählen"和后文的"erzehlerisch"的第二个音节。如果是"zi"，它的发音大致类似于英语中的"tsee"，因此类似于"erzieherisch"的第二个音节及"syphilis"的第一个音节（不太接近）。

出现在癔症或强迫性观念之中。儿童玩文字游戏[①]常常会把一个词当成真实的客体，也会有造出新的词和新的句法形式的时候，它们都将会是梦和神经症现象的材料。

对梦中奇形怪状的新词加以解析，尤其适合探讨凝缩作用在多大程度上有助于释梦工作。[②]读者不应从我所举的极少例子中得出结论，认为这类材料是罕见的。相反，这种梦例比比皆是，可惜在精神分析治疗中，梦的解析工作很少能记录下来形成报告，而且所能报告出来的解析的大部分也只有神经病理学者能领会。因此，冯·卡尔平斯卡医生（1914 年）报告的这类梦包含了"svingnumelvi"这个无意义的语言形式。同样值得一提的是，在某些情况下，梦中出现的词本身并不是没有意义，但它已经失去了它应有的意义，却结合了其他意义，最后便是没有意义。例如，陶斯克（1913 年）记录了一个 10 岁男孩关于"category"（类别）的梦。在这种情况下，"category"指的是"女性性器官"，"to categorate"指的是"排尿"。

释梦工作中凝缩作用的一个明显体现是对梦中不重要的词语进行分析。若梦中出现的话与他的思想相悖，那么，这些话的原型就是对梦境材料中的话的记忆。这些话可以保持不变，也可以稍做改动。出现在梦中的话通常都是由回忆组合而成的，甚至上下文之间的联系也不大，但传达的意思可有多种，或与原来的话有截然不同的意思。出

---

① 参见弗洛伊德《论诙谐及其与潜意识的关系》（1905 年 c）的第四章。
② 本段增写于 1916 年。

现在梦中的话通常是分析所讲的话的线索。[①]

第二节　移置作用

在为梦的凝缩作用搜集证据的过程中，我们注意到了另一个与凝缩作用的重要性不相上下的因素。我们注意到，在梦的显意中充当主要成分的某些元素，在梦的隐意中并不是那么不可或缺。与之相反的情况也比比皆是，即梦的隐意的核心内容不会清晰地呈现在梦的内容中。梦就是这样让人捉摸不透，梦的隐意能以任何元素为中心。例如，在前面提到过的植物学专著的梦里，梦的内容中最重要的部分显然是"植物学"，但在梦的隐意里，我们主要关切的问题却是同事间的冲突与矛盾，以及对我自己耗费太多时间在个人嗜好上的不满。至于"植物学"，除了用来做对照以与梦的隐意发生一点点关联（因为植物学一直不是我喜欢的科目），并无法在梦的隐意中占有一席之地。我的患者做的那个关于"萨福"的梦，主要说的是地位上的上升下降和现实中的上楼下楼；而梦的隐意则一直都围绕着与地位卑微的人发生性关系的危险性。所以，能够融入梦的内容的隐意似乎仅有少之又少的一部分，而且还被做了过分夸张的润饰。同样，在五月甲虫的梦中，主题是性与残酷。残酷的确

[①] 1909 年加注：不久前，我发现了这条规则的一个例外。那是一个年轻人，他饱受强迫症的折磨，但他高度发达的智力却完好无损。他在梦中所说的话并不是他自己听到或说出来的。它们包含着他的强迫性思想的原貌，在他清醒的生活中，这些思想只是以一种经过润饰的形式进入他的意识。

出现在梦的显意之中，但它表现了另一种联系，并没有提及性的内容。也就是说，它脱离了语境，并因此变得无关紧要。在关于我叔叔的梦中，胡子是梦的重要内容，却与我们分析后找出的梦的核心隐意——追求功成名就的欲望完全没有关系。这些梦使我们不得不相信移置作用的存在。和上述情况相反，在伊尔玛打针的梦中，我们发现，这个梦的内容中的每一个元素都保持了在隐意中的原有地位。在分析过这种梦境之后，再与上述所举的梦例相遇，我们不禁惊讶于这种全新的、不可调和的梦的隐意与梦的内容之间的关系。如果我们在正常生活中的心理过程发现，一个意念从一大堆意念中被挑选出来，并在意识中表现得尤为活跃，那我们就会认为这个意念被赋予了特别高的精神价值。但是，我们却发觉梦的隐意中的每一个元素的价值在梦形成时并非一成不变。由于梦的隐意中的各种意念事实上也无法在价值上分出高下，我们往往要靠自己的判断决定。在梦形成的过程中，那些有着最高精神价值的核心元素通常成了无意义的部分，取而代之的是隐意中的其他次要元素。照这样的情形看来，梦在对形成材料的选择上，似乎没有对精神强度加以关注①，而是只参考了其所含意义的多寡。我们很容易认为，能在梦境中表现出来的内容并非隐意的重要部分，而仅仅是出现过多次而已，但这一假设对我们认识梦境并没有多大的帮助。多重决定性和自身精神价值两个因素必须在同一意义上起作用才有可能影响梦的选择。那些在隐意中最重要的意念往往也是在隐意中出现的，因为每一个隐意的元素都是

---

① 一个观念的精神强度或价值或对一个想法的感兴趣程度，当然要与感官强度或所呈现意象的强度区分开来。

由它们发散出来的。但是，梦境可能还是会拒绝这些既被特别强调过又被强力增援过的元素，而其他仅被强力增援过的想法则会被纳入梦境的内容中。

这一困难，或许我们可以通过研究梦的内容的多重决定性来解决。对这方面已有些了解的人，也许会以为梦中元素的多重决定性并不是什么伟大的工作，因为这是显而易见的。在梦的分析工作中，我们通常由梦的各个单元出发，然后将它们各自引发的联想分别记录下来，由此得到的梦的材料中容易有相同的元素。若就这点提出反对意见，我是可以接受的，尽管我还保留了自己的一些看法。在分析工作中找出的意念里，有些已十分偏离梦的核心，似乎是为了某种特定目的而编造出来的添加物。猜测出这种目的不是什么难事，正是它们的存在才使梦的隐意与梦的内容联系起来，尽管这可能是一种牵强的、强制性的联系。如果我们的分析工作没有找出这些元素，那么梦的内容的各部分不但不能具备多重决定性，甚至连满意的决定性也无法具备。因此，我们能够得出这样的结论：在梦的选择中的多重决定性，存在着不是形成梦的决定性因素的可能，它可能只是一种尚未被人们认识的精神力量的副产品。然而，就得以入梦的元素来讲，具备多重决定性依然是必要的因素。如我们所看到的，某些时候，若它在孤立的梦境材料中缺失，我们必须费一番周折才能使它出现。

现在，我们大概可以这样假设：在梦的工作中，一种精神力量在发挥作用，一方面将自身所含较高精神价值的元素的精神强度予以解除，另一方面利用多重决定性，于精神价值较低的元素中塑造出新的价值，进而借着这种新形成的价值融入梦的内容。如果这个假设是正确的，那么我们可以这样认为，在梦的内容和梦的隐意的差异形成的过程中，各元素之间一定存在一种精神强度的转移或移置。我们所假设的这种心理运作，也正是梦的工作重要的步骤，我们称它为"梦的移置"。梦的移置与梦的凝缩构成了解析梦的结构的主要力量。

我以为利用梦的移置来解析梦中所含的精神力量并非难事，而移置的结果无非是梦的内容不再与梦的核心隐意看得出有所关联，而梦只以这伪装的面目复现潜意识里的欲望。[①]而关于梦的伪装，我们已经很熟悉了。我们可以将之视为心灵中某种精神动力对另外一种精神动

---

① 1909 年加注：由于我说我的梦的理论的核心在于从稽查制度中推导出梦，我将在这里插入林克斯的《一个现实主义者的幻想》（维也纳，第二版，1900 年）的最后一个故事，在其中我发现我的理论的主要特征再次得到了阐述。（见上文；也见弗洛伊德，1923 年 f 和 1932 c）。这个故事的标题是"虽梦犹醒"：

"这个人拥有从不做无意义梦的非凡属性……

"'你的这份天资——虽梦犹醒，是你的美德、你的善良、你的正义感和你对真理热爱的结果；正是你在道德上的宁静使我了解了你的一切。'

"对方回答说：'但当我仔细考虑这件事后，我几乎相信每个人都像我一样，没有做过荒唐的梦。任何一个梦，只要你记得清楚，事后还能描述出来——就是说，任何一个梦，只要不是发烧的梦——都一定是有道理的，不可能有例外。因为相互矛盾的事物不可能组合成一个整体。事实上，时间和空间经常陷入混乱，但这并不影响梦的真正内容，因为毫无疑问，它们对梦的本质而言都没有意义。在现实生活中，我们经常做同样的事情。想想童话故事和许多想象力大胆的产物，它们充满了意义，只有智力低下的人才会说：'这是无稽之谈，因为这是不可能的。'

"'要是有人知道怎样正确地释梦就好了，就像你刚才一样！'他的朋友说。

"'这当然不是一件容易的事，但是，只要做梦者自己稍加注意，总是会成功的。你会问为什么它在很多人身上没有成功，而在你们这些人身上，似乎总有某种东西隐藏在你们的梦中，某种不纯洁的东西，这就是为什么你的梦经常看起来毫无意义。但从最深层的意义上讲，情况并非如此；因为无论他是醒着还是在做梦，始终是同一个人。'"

力所实施的稽查，梦的移置就是完成这种伪装的主要方法之一。我们可以假设，梦的移置是在这种稽查制度的影响下生成的一种内在防御。

在梦形成时，移置、凝缩及多重决定性究竟何者居首、何者为副，且留待下文再讨论。但同时，我们要顺便指出的是，使梦的隐意中的元素入梦的另一个必备条件是：它们必须能通过稽查。[1] 这样，我们在研究工作中就可以把梦的移置作用当成既定的事实来使用。

第三节　梦的表现方法

我们发现在梦的隐意转化为梦的显意的过程中，有两个因素在运作，即梦的凝缩作用和移置作用。继续探讨下去，我们还将发现其他关键因素，它们对选何种材料入梦起着决定性作用。

尽管我们进行的研究有可能中止，但我还是决定在这里就梦的解析过程做一下大致的介绍。我知道，要彻底解释清楚这一过程并得到批评者的认同需要经历这些步骤：选取一些特殊的梦例—予以详细分析—将现有的所有梦的隐意集中到一起—依据它们找出此梦的形成过程。也就是说，要用将梦集中在一起的方法来做梦的解析。其实，我已经在好几个梦例中演示过这种方法了。但在这里，我不能对它们进行重新表述和解释。有关这一点的真实性已无须再在这里证明，因为这牵涉到有关精神材料的性质问题，原因是多方面的，而且每一个理

---

① 第一个条件是它必须是多重决定性的。

智的人都不会反对。这些顾虑在解析梦时并不会造成太大的影响，因为解析并不全面，虽然它并没有深入梦的内容，但仍旧能保有其价值。但对梦的合成来说，就不是这么一回事了。我认为，如果解析的结果不完整，它就不会具有说服力，因而我只能将人们不熟悉的人所做的梦展示给大家，但我可以提供的只有我的神经症患者的梦例。因此，对这个问题的讨论暂时搁置，直到我可以在另一本书里将神经症患者的心理与这个问题联系起来。①

我试图从梦的隐意中合成梦，这让我明白，在解释过程中出现的材料并不都具有相同的价值。隐意只是梦的一部分——移置作用将其他部分置换了，如果没有稽查作用，它们本身就是整个梦的核心。其他材料则往往被当成无意义的，我们也不能够提供证据来支持后者在梦的形成中也发挥了作用的观点。相反，梦境与梦后发生的事件之间也可能存在关联。这部分材料包括了所有由梦的显意指向隐意的连接路径，以及中介的、有连接作用的联想，而通过这些联想，我们在解释的过程中发现了这些连接路径。②

---

① 1909 年加注：自从写了前面的话，我已经在我的《一个癔症案例分析片段》中发表了对两个梦的完整分析和整合。1914 年加注：奥托·兰克的分析——《自我解析的梦》是已出版的对长梦的最完整的解释。

② 最后 4 句话现在的形式可追溯到 1919 年。在更早的版本中，这段话是这样写的："材料的另一部分可以'附属'的方式汇集在一起。作为一个整体，它们构成了真正的欲望在成为梦的隐意之前所经过的路径。第一组的这些'侧枝'存在于梦的隐意的衍生物中；示意性地认为它们是从本质到非本质的转移。第二组包括将这些无关紧要的元素（由于移置作用而变得重要）彼此联系起来，并从它们延伸到梦的内容。第三组是联想和思路，解释工作通过它们把我们从梦的内容引向第二组。不需要假设，整个第三组也必然与梦的形成有关。"

我们现在只对基本的梦的隐意感兴趣，这些梦的隐意往往以复杂得多的思想结构和记忆合成体的形式呈现出来，它们都具有我们清醒时熟知的联想的属性。它们通常是自一个中心点出发的彼此相连的思想链。每一条思想链都有与其相冲突的想法，并与其构成联结关系。

当然，这繁杂构造的各个部分相互间就有很多的逻辑关系。它们可以表示前提、背景、离题、说明、条件、证据、反驳等各种情况。不过当整个梦的隐意处在梦的运作压力下时，这些元素就像碎冰被挤成一堆那样，被扭转、压碎——这就引发了一系列的问题。例如：构成其基础框架的那些逻辑关系变得怎样了？"若是""由于""就像""尽管""要么……或者"以及其他一些连接词在梦中是如何表现的？若缺少了它们，任何理解都将是天方夜谭。

我们最先想到的回答便是，梦并没有任何方法来表现梦的隐意之间的逻辑关系。一般来说，梦会忽视这些连接词，只抓住想要表达的内涵加以处理。而分析梦的工作即是要把这个被梦的运作破坏了的联系重新建立起来。

梦不能将这些关系表达出来的原因在于，构成梦的精神材料具有特殊性质。正如与诗歌相比，绘画和雕塑在语言方面存在局限性一样。而受材料方面的限制，绘画和雕塑也不能自如地表达事物。在形成现在的表达原则以前，绘画曾试图弥补这一缺陷。在古代的绘画中，画中人物旁边都写着一些说明，用来解释画家无法用图画来表达的想法。

在这一点上，也许会有人提出异议，认为梦不能代表逻辑关系。因为梦中发生着最复杂的智力活动，如对某种观点的反对或证实，甚至取笑与比较，如同在清醒生活中一般。然而，这只是欺骗人们的表象。因为若深入分析，我们就会发现，这类思想不过是隐意材料的一部分，而非在梦中进行的智力活动。我将提出一些有关这方面的事实。最简单的是，梦中好像是思想的东西不过是一些没有改变或稍有变动的隐意材料而已。这种语言往往不过暗示了包括在梦的隐意中的一些事件，而梦的意义和它相去甚远。

但我得承认批判性的思想活动——并非梦的隐意材料的重现，确实在梦的形成中扮演重要的角色。在完成本主题的讨论后，我将阐述这一因素的作用。那时，我们就会了解到，这种思想活动只是梦的产物。

因此，暂时可以说，梦的隐意之间的逻辑关系在梦中没有任何单独的表现。例如，如果一个矛盾出现在一个梦中，它要么是梦本身的矛盾，要么是某个隐意材料派生而来的矛盾。梦中的矛盾只能以非常间接的方式与隐意之间的矛盾产生联系。正如绘画找到了一种方式取代说明性文字来表示感激、威胁、警示等意思一样，梦亦可能创造出某种方式来阐述隐意之间的逻辑关系，即改变梦的表现方式。实验显示，不一样的梦（由这一观点看）在表现方式上都有不一样的改变。有些梦完全不理会材料之间的逻辑关系，另外一些则尝试尽量加以考虑。所以，梦有时与其处理的材料相差不远，有时却又相差巨大。同样，如果梦的隐意在潜意识中确定了前后的时间顺序，梦对它们的处理亦有着相似的变异幅度（如伊尔玛打针的梦一样）。

梦的工作用什么手段来表示梦的隐意中这些难以表现的关系？我将逐一列举。

首先，粗略地考虑存在于梦的隐意之间的相关材料，把它们连成一个事件。它们因时间上的同步形成逻辑关系。这就像雅典学派画家帕纳萨斯在一幅画上把所有时期的哲学家和诗人集中体现一样，尽管他们未曾同时在一个场景里出现过，然而画的主题却证明他们在某种概念上确实属于同一个群体。

梦很小心地遵循此法则，以至于不放过任何细节。不管什么时候，只要梦把两个元素紧拉在一起，这就表示在相关的隐意之间必定存在某些特殊的紧密关系。这就如同我们的文字一般，"ab"表示的是一个音节，虽然它是由两个字母组成的；若"a"和"b"不是直接连接的，那么"a"就是前一个词的最后一个字母，而"b"则是后一个词的第一个字母。[①] 所以，梦中元素的组合并非毫无联系的隐意材料借着概率随机连接在一起，其实在隐意中各部分密切相关。

为了表现因果关系，梦有两种本质相同的方法。假设一个梦的隐意是这样的："既然如此，就一定会发生什么。"通常来讲，梦的表现方法是以从句作为梦的起始，而后以主句作为梦的核心。而时间的前后关系可以倒过来。但通常梦的重要部分是和主句对应的。

我的一位女患者的梦可以很好地表现梦的因果关系，我将在后面把它完完整整地写出来。梦的构成是：一个简短的序梦后面跟着一个详细的主梦，其主要内容也许可以称为"花的语言"。

序梦：她走入厨房，那时有两位女佣正在那儿。她挑两位女佣的毛病，责备她们还没有把她想要吃的食物准备好。在同一时间里，她

---

① 这是弗洛伊德最喜欢的一个比喻。

看到厨房里有一大堆常用的瓦罐，口朝下摞着，为了让内壁变干。接着，两位女佣出去挑水，她们要步行到那条流经房子进入院子的河。

主梦：她从高处下来，越过一些构造奇特的栅栏。令她感到高兴的是，她的衣服没有被栅栏缠住……

序梦和她父母的房子有关联。毫无疑问，梦中的话是她母亲常挂在嘴边的。而那堆瓦罐源于同一建筑物内的小店（卖铁器的）。梦的其他部分说的则是与她父亲相关的事。父亲经常调戏女佣，最后他在家附近的那条河里溺水身亡。因此，序梦的隐意是："我出生在这样一个有着不良影响的家庭里，贫困、处境艰难……"主梦认同了这个想法，不过以一种欲望的满足将它加以改变："我出身高贵"。所以隐藏的真正观念是这样的："因为我的出身这样卑微，所以我的一生就是这样了。"

一个梦分为两个不等的部分，并非永远存在着因果关系。相反，我们能看到好像同一材料从不同的角度在这两个梦中体现出来。这两个梦的同一材料来自不同角度，但表述的却是相同的内容。（这肯定是在一个晚上的一系列梦中，以肉体需求找到了逐渐清晰表达的方式结束。）[1]因而梦的中心在另一个梦中只是作为线索存在，而在这个梦中不重要的部分却是另一个梦的中心。但是在某些梦中，分为一个较短的序梦和一个较长的续梦正表示这两者有着很强的因果关系。

另外一个表现因果关系的方法则牵涉较少的材料，它把梦中的一个影像（不管是人还是物）转变成另外一个。因果关系的存在，只有

----

① 这句话增写于1914年。

当这种转变确实发生在我们眼前，而不是我们仅仅注意到一件事物代替了另一件事物时，才会被认真对待。

前文中我已讲过，表现因果关系有两种方法，这两种方法在本质上是相同的，都是用时间序列来表现的：一种是用梦的顺序来表现，另一种是将一个意象直接转变为另一个意象。当然，也存在着这样的事实：大部分的梦都没有表现出这种因果关系，它们已在梦工作的过程中各元素必然产生的混淆中消失了。

"或者……或者……"的选择无论如何都不能在梦中表现。它们常常各自插入梦里，似乎二者一样有效（其实只有其中的一项能够成立）。关于伊尔玛打针的梦就是一个典型的例子。显而易见，它的隐意可表述为："伊尔玛现在还要忍受疼痛的折磨不是我的责任。她的痛苦不是因为她不配合我的治疗，而是源于她并不顺利的性生活，这些是我无能为力的。或者她的病痛是器质性病变，而非癔症导致的。"这个梦完完全全地满足了这些可能（其实它们是互相排斥的——是不一样的存在）。如果合乎梦的愿望，它也会毫不考虑地加上第四个可能。在分析完这个梦后，我才把"或者……或者……"加入梦的隐意中。

但是，若在构造一个新梦时，做梦者用到了"或者……或者……"（非此即彼），例如"或者在花园，或者在客厅"，那么，它在梦的隐意中的表达就是"和"————一个简单的内容联结而已。在对梦元素进行描绘时，"或者……或者……"通常指的是一个模糊的梦元素，但分辨出这个梦元素也是能够做到的。在这种情况下，解释的原则是：把两种情况看成同样有效，用"和"把它们串联起来。

例如，有一次我的朋友在意大利停留，那段时间我不清楚他的地址。那时，我做了一个梦，梦到自己收到了写有他地址的电报。电报字体是蓝色的，第一个词可能是"via"（经由），或"villa"（别墅），或者"casa"（房子）。第二个词很清楚，是"secerno"，这个词念起来有点像意大利的人名，这让我想起和这位朋友讨论过的词源学题目。梦里还有我的愤怒，我责怪他这么久之后才告诉我他的地址。而在分析后，我却得出了第一个词的三种可能情况可能各不相连，且都能独立串起一条思想链的结论。[①]

在我父亲葬礼的前一天晚上，我梦见一张告示，或是招贴，或是海报，有点像禁止在铁路候车室吸烟的告示，上面印着：

"你需要闭上两只眼睛。"

或者

"你要闭上一只眼睛。"

这两个不一样的说法有各自的意思，在分析的时候引向不同的方向。我那时选择了最简单的送殡仪式，因为我很清楚家父对这种仪式的看法，但是家里的其他成员并不赞同这种清教徒式的简朴，他们认为这样可能会被他人轻视。所以，"你要闭上一只眼睛"的意思是，忽视他人。于是在这里我们轻易地分辨出了"或者……或者……"的含义。梦的工作中不能用单一字眼来表达梦呈现的模糊含义。梦的工作不能为梦的隐意建立统一的措辞，而梦的隐意也是模棱两可的，因此，

---

① 这个梦在弗洛伊德于 1897 年 4 月 28 日写给弗利斯的信中有详细的描述（见弗洛伊德，1950 年 a，60 号信件）。

两种主要的思想路线甚至在梦的显意中也开始出现分歧。①

在少数情况下，通过把梦分成两个长度相等的部分，就能够克服这个选择的困难。

梦处理相反意见以及矛盾的方法是值得注意的——它干脆不予理会。对梦来说，"不"似乎是不存在的。②它很喜欢把相反意见合在一起，或者把它们当作同样的事件来表达。它甚至有足够的自由将原来的因素与其对立面调换，这就导致了我们在看到梦的隐意中被允许出现的一个相反的元素时，不能立即对其意义做出正面或反面的判定。③

在前面提到的一个梦里，我们已经解析过它的第一个句子（"因为我的出身这样卑微"）。在这个梦里，患者梦见自己正从一些高低不一的木桩上步行下来，而手里握着开花的枝条。因为这个意象，她想起了那手持百合宣告耶稣诞生的天使画像——而她的名字恰好又是玛丽亚。同时她也回忆起当街道用青色树枝装饰，举行"耶稣圣体游行"时，那些穿着白袍步行的女孩子。所以，梦中这开花的枝条无疑暗示着贞洁，枝条上长着红花，看起来像山茶。梦是这样进行的，当她走

---

① 弗洛伊德在 1896 年 11 月 2 日写给弗利斯的信中提到了这个梦。（见弗洛伊德，1950 年 a，50 号信件。）据说是在葬礼后的晚上发生的。

② 在其第一句话中，梦指的是闭上死者的眼睛是一种孝道。

③ 1911 年加注：我很惊讶地从 K. 阿贝尔的一本小册子《原始词的对偶意义》（1884 年）中了解到这一点（参见我对它的评论，1910 年 e），其他语言学家已经证实了这一事实，即最古老的语言在这方面表现得与梦完全一样。在第一种情况下，它们只有一个词来描述一系列性质或活动的两个极端（例如"强壮 - 虚弱""年老 - 年轻""遥远 - 接近""组合 - 分裂"）；它们只是通过对共同单词进行简单修改的次要过程，为两个相反的词构成不同的术语。阿贝尔尤其利用古埃及语证明了这一点，但他表明，闪族语和印欧语也有明显的相同发展过程的痕迹。

下来的时候，大部分花已经枯萎了。这无疑是关于月经的暗示，看来，这个纯洁少女握着同样的像百合（纯洁的意思）般的枝条。这影射的是茶花女，她平时戴着白色的山茶，但在月经来临的时候，则戴着红色的。这开花的枝条（参见歌德的诗《磨坊主的女儿》中的"少女之花"）代表了贞洁及其反面。而这个梦表现她对这一生纯洁无瑕的欣悦，但是某几个部分也反映出相反的思想（如花的凋谢），提示她因为各种有关贞洁的过失而引起的罪恶感（即在她儿童时期发生的）。在分析梦的过程中，我们能够很清楚地把这两种思想分开，自我慰藉的那部分比较表面化，而自责的那部分深藏。这两种思想是全然对立的，不过相反但性质相似的元素却在梦的显意中以同样的元素表现。

较为常见的梦的形成机制的逻辑关系只有一种，即相似、相同或接近——"恰似"关系。关系的不同将会导致它在梦中呈现出的关系也不同。构成梦的原始基础的是隐意材料本就存在的平行性与"恰似"关系。梦的运作大部分都是在创造新的不受稽查作用阻碍的平行关系。因为那些早已存在的平行关系不能够通过稽查而顺利进入梦中。在"恰似"关系的表现上，梦的凝缩作用起到了促进的作用。

相似性、一致性具有相同的属性——在梦中却以统一化来表现。这些关系或者早就存在于梦的隐意，或者是被新建构出来的。第一种被称为"认同作用"，第二种则被称为"复合作用"。认同作用的使用对象是人，而复合作用的使用对象是所有材料。不过有时候复合作用也适用于人，即把地点和人同等对待。

在认同作用里，只有和共同元素相连的人才能够表现于梦的显意中，其他人则被压抑了。但是梦中这个单一的人具有覆盖性，他出现于所有的关系及环境中——不仅是他自己，也概括了其他人。在复合作用里，这种关系扩展到好几个人，梦中的景象包括了这几个人的特征，但这些特征并不具有统一特性，因此它们的组合产生了一个新的单元，即一个新的组合体。复合作用的过程可以有好几种方式。有时，出现在梦中的人可以叫与他有关系的某个人的名字，我们在清醒生活中的认知也相似，我们想要找的人，他的外貌都像另一个人。有时，梦中的人体现出的外观特征，可以一部分属于一个人，而另一部分属于另一个人。或者，这第二个人的参与并不体现在外貌上，而是体现在梦中出现与其相似的姿势、语言或处于同一种情境中。在后一种情况下，并不容易区分出认同作用与复合作用的人物样貌。但是，制造一个像这样的复合作用的人的尝试可能遭遇失败。在这种情况下，梦中的景物就像只属于其中一个有关的人，别的角色（通常是最重要的）则变为附属，而不具有什么功能。做梦的人有时会用这些词句来形容该种情况："我还看到了我妈妈。"梦的内容中的这类元素可以类比为象形文字手稿中的"决定性因素"，它存在的意义并不在于发音，而在于说明其他符号。

　　使两个人物结合的共同元素也许会表现在梦中，也许会被删除。一般来说，认同作用或构造复合作用人物的理由是为了避免表现出共同元素。为了避免说"A 仇视我，B 亦是这样"，我在梦中将 A 和 B 构造成一个组合体，或想象 A 做着 B 所特有的一些举动。如此构造的梦中人物就有了新的联系或呈现于新的情境中。而建立起 A 和 B 的这种联系后，我就可以在需要的时候将这一共同元素巧妙地嵌进梦中，即对我的仇视态度。运用这一方法的结果是，梦的内容发生了显著的凝缩。若我能借助另一个人把相同的情况清晰地表现出来，那么，我就不必去直接表现某人的情况了，其中的繁杂自然也就可以省去了。显而易见，这一做法——利用认同作用，有效地躲避了苛刻的稽查作用对梦的工作的稽查。稽查制度所反对的，也许恰好落在梦的隐意中某一特殊人物的特定意念上。所以我就寻找另外一个人，他也和被反对的材料有关，不过涉及较少。由于这两人无法通过稽查的共同点，得以构造复合作用人物——"他"具有两人其他无关紧要的特征。这个由认同作用或复合作用加工而成的人物就可以顺利地通过稽查而入梦。于是，我就可以借助凝缩作用躲避梦的稽查作用了。

当两个人之间的一个共同元素在梦中被表现出来时，这通常是在暗示我们去寻找另一个隐藏的共同元素，这个共同元素由于稽查制度而无法表现出来。共同元素常常利用移置作用来达到顺利表现的目的。在梦中，与复合作用人物相伴而生的常常还有一个无关紧要的共同元素，因此我们可以这样推断：必定还有另一个并非不相关的共同元素隐含在梦的隐意中。

因此，识别或构造复合作用人物在梦中有各种目的：一是代表两人的共同元素，二是代表转移的共同元素，三是只表示所欲求的共同元素。因为欲望中有一个共同元素常常符合二人的互相变换，后一种关系也在梦中通过相互认同的方式表现出来。在伊尔玛打针的梦里，我希望把她换成另一位患者。也就是说，我希望另一位患者和伊尔玛一样也成为我的患者。梦满足了这个欲望，梦中出现了一位名为伊尔玛的妇人，但我为她检查的方式却是之前我为另一位妇人检查时使用的。在有关我叔叔的梦里，梦是以这种转换为中心展开的，我像部长一样严厉地处置我的同事，我把自己当成了部长。

根据经验，我发现了这样一个事实，几乎所有的梦都是关系到自己的，梦是纯粹自我的东西。如果梦的内容中没有出现自我，而是围绕一些无关的人展开的，那么我可以十分肯定地得出一个结论：自我一定利用认同作用关系隐藏在这些无关的人的背后，因而能够把本人的自我加入梦的内容。在别的情况下，如果本人的自我确实出现于梦中，那么亦可知道别人的自我亦借着认同作用而隐匿于本人的自我后面。所以在分析这种梦的时候，常常得注意我和此人共同具备的隐匿元素（而这元素是连接在此人身上的）。在别的梦里，自我起初附着在别人身上，不过当认同作用消失后，又再度回到本人身上。这些认同作用使我得以细察在自我的意念中哪些部分是不能通过稽查的。几番这种经历后，许许多多的梦境材料就能够凝缩起来。[1] 做梦者的自我在梦中会数次呈现，并且表现为不同的形式，这不足为奇。因为我们在清醒的思考中，自我也会出现在不同时间、不同地点或不同关系中，它们的情形是类似的。例如，我们可以说："我想到我以前是一个很健康的孩子。"[2]

---

[1] 当我思考在梦中出现的人物背后是否有我的自我时，我会遵循以下规则：在梦中感受到我在睡眠中经历的情绪的人就是隐藏我的自我的人。

[2] 这句话增写于 1925 年。这一点在弗洛伊德，1923 年 c，第 10 节中有进一步的阐述。

用于地点名称的认同作用要比用于人的更容易了解，因为在梦中具有重大影响力的自我没有牵涉在内。我做的那个关于罗马的梦提到，我发现自己身处罗马，然而那里的街道却贴有大量的德语公告。这是某种欲望的满足，它立刻使我想到布拉格；而这种欲望也许源于我童年时代经历的德国民族主义时期，而这已经是过去的事情。在梦里，我和一个朋友约好要在布拉格会面。所以，我们可以这样解释罗马和布拉格二者的认同作用，即将其解释成一种隐意的共同元素：我愿意在罗马遇见朋友，而不想在布拉格。而且这会见的目的使我乐于将布拉格和罗马交换。

在能引起想象的特征中，创造复合结构的可能性是最为有效的因素，因为它导入梦中的是一种感官感受不到的东西。[①] 这种创造复合意象的心理过程，与清醒时想象出来的半人半神的怪兽或龙之类的东西很相似。唯一的区别是，在现实生活中，这些想象的形象取决于意欲创造的新结构自身；而在形成复合结构时，起决定性作用的因素和实际形状无关。梦中复合结构的形式可以是多种多样的，其中最简单的表现方法是使一个事物的属性附着到另一个事物上。更耗费精力的方法是把两个事物的特征合成一个新的形象，并在合成的过程中巧妙地利用两者在现实中的相似点。新的产物也许怪诞离奇，也许是高明的想象，这要看原来的材料是什么，还要视其拼凑的技巧而定。如果凝缩成一个单元的对象不和谐，梦的工作往往仅满足于创造一个复合结构。那么梦的运作常常制造一个相当明显的核心，但伴随着一些不明

---

① 弗洛伊德关于梦的短文（1901 年 a）的第四部分末尾给出了一些有趣的例子。

显的特征。在这种情况下，我们可以说，把材料统一为单个意象的过程已经失败。这两种表现方法重复出现，产生一些性质相当于两种视觉影像竞争的东西。就绘画而言，若画家想要把许多个别的视觉形象统一成一个总体概念，也会有同样的表现。

梦当然是一系列复合结构。在前述的梦的分析中，我已经提出了许多例子，下面我将多补充几个。下面这个梦是以"花的语言"来描述患者的生命过程：梦中的自我握着开花的枝条。而我们说过，这代表着圣洁以及性的罪恶。做梦者由于花朵的排列情况，由枝条想到了樱花。而这些花儿，个别像山茶，给人的总体印象是外来植物，是组装后的植物。这一点也得到了隐意的证实。开花的枝条代表了想要俘获她芳心的人所送的各种礼物。在年幼时，她得到的是樱花，之后是山茶，而那"组装后的植物"则象征着一位常常四处旅行的自然学者，他为了得到她的青睐而画过一些花朵给她。我的另一位女患者梦到了这样一个地方：它像一座海滨更衣室，又像乡村的露天厕所，也可能是城市房子顶楼上的建筑物。前两个形象都是关于亲密关系中的人的，而第三个形象的出现使我们可以进行组合，进而能够推断出她在童年时期有过在顶楼脱衣服的经历。

另一个男人[①]的梦中产生了两个地点的复合作用，其中一个是我的诊疗室，另外一个则是他第一次邂逅太太的娱乐场所。一个女孩，在她哥哥答应请她吃一顿鱼子酱后，梦到哥哥的脚沾满了鱼子酱般的黑色颗粒。这"感染"的元素（道德上的）使她回忆起小时候布满双脚

---

① 这句话增写于 1909 年。

的红疹（而不是黑的），它又与鱼子酱的颗粒组合成一个新的概念，即她从哥哥那里得到一些东西。在这个梦（别的梦也一样）里，人体的一部分被当作物来看待。在费伦齐报告的一个梦中①，那个复合作用的影像由医生和马组成，并且穿着睡衣。那位女患者曾向我坦白，睡衣源于她童年时期看到过的一幕与父亲有关的景象。其实，这是她好奇心的体现。幼时，她经常被保姆带去军队的种马场，也就是在那里，她活跃的好奇心得到了极大的满足。

我在前面已经说过梦没有办法表达矛盾或者相反的关系——即"不"。我现在将首先提出反对的意见。一类能够归属在"相反"前提下的例子是利用认同作用的，在这些梦中，交换或者取代的意念和相反情况关联。关于这一点，我已经举过许多例子。另外一类则归为一种我们可称为"刚好相反"的类属，它以一种奇特的方式呈现在梦中——似乎可以把它形容为玩笑。"刚好相反"不会直接呈现于梦里，而是通过已经构成的某个梦的片段，或（出于某种原因）接下来发生的梦境内容（类似于事后的回想）出现反转这样的事实来彰显自己的存在。为了避免描述得太复杂难懂，我们可以借助例证来简单清晰地说明这一过程。在那个有趣的"上楼与下楼"的梦中，对于爬的呈现事实上违背了隐意的原型——正如都德的小说《萨福》序言中的描写，在梦中向上爬是先难后易，而都德的小说所描写的则是先易后难。更进一步说，代表做梦者与哥哥关系的"楼上"和"楼下"关系在梦中也是颠倒过来表现的，这足以说明，在隐意中两段材料的关系是颠倒

---

① 本段的其余部分增写于 1911 年。

的。而且我们发现做梦者所拥有的渴望被妈妈抱着的童年幻想，也和小说所描写的对应部分是颠倒的——在小说中，主人公是抱着女生上楼的。而我的关于歌德攻击 M 先生的梦，也呈现出类似的"刚好相反"。要想正确解析梦，就有必要先将这部分阐释清楚。在梦中，歌德抨击了一位年轻的 M 先生。而梦的隐意所指的却是另一个重要人物（我的朋友弗利斯），他被一个不知名的小作家抨击。在梦里，我在计算歌德逝世的日子。实际上，我在计算一位瘫痪的患者的生日。将这个想法颠倒过来，便是梦的核心隐意。"刚好相反"，梦的隐意这样说："如果你不明白书里在讲什么，那么你（评论家）便是白痴，而非作者。"另外，我认为所有这种意义颠倒的梦都隐含着一种意味深长的暗示，即"反向思考某件事"（譬如在"萨福"的梦中，做梦者把他和哥哥的关系颠倒过来）。另外，值得特别提及的是，这种相反手法在梦中的使用常常源自潜抑的冲动。[1]

顺带来说[2]，"逆转"或反向表达是梦的工作最喜欢的表现方法，同时也是最多样化的表现方法。它的第一个好处乃是能表达对梦的隐意某些特殊元素的欲望的满足。"如果这件事是相反的情况的话，那该多好！"这常常是对记忆中那些不如意部分的自我反应最好的表达方法。"逆转"也是逃避稽查制度的有效方法，因为它为想要表达的梦境内容制造了大量伪装，能够有效干扰任何企图对梦的理解的尝试。正是基于这个原因，如果梦很顽固地不愿被揭露其真实意义，那么我们反向

---

[1] 这句话增写于 1911 年。
[2] 本段和下一段增写于 1909 年。

来分析梦的显意之中的某些特殊元素是非常有意义的，因为经过这一历程后，整个情势就明朗起来。

除了主体颠倒，我们还要注意时间的倒置。梦的伪装最常见的方法是把事情的结果或者思想串联的结论置于梦的开始部分，而把结论的前提及事情的原因留在梦境结尾处。因此，如果不把这一原则放在脑海里，解析梦就无所适从了。[①]

的确，在某些情况下，只有在对梦的内容在各个方面进行了大量的颠倒之后，才有可能理解梦的意义。[②]例如，一位强迫性神经症患者的梦中欲望是希望父亲死亡——这是隐藏在梦的背后的做梦者儿时就已产生的欲望，因为父亲对他很刻薄。梦大致是这样的：**他因为晚回家，而被父亲责备**。在精神分析治疗过程中，结合梦的内容的前后关系和做梦者的联想，这句话的原意可表述成：他对他父亲很恼火，他觉得父亲回来得太早了。他不希望父亲回家——这正是做梦者的梦中欲望。因为在他童年时期，在一次父亲的外出中，他对另一个人进行了性侵犯而深感愧疚，并被恐吓会受到父亲的惩罚："等你爸爸回来，让他收拾你！"

---

① 1909年加注：癔症发作有时会利用同样的时间颠倒法，以掩盖其真实意图。例如，一个患有癔症的女孩在她的一次发作中表现出短暂的浪漫，即一段她在郊区铁路上遇到某人后在无意识中幻想的浪漫。她想象着那个男人是如何被她美丽的脚所吸引，在她读书的时候和她说话；于是她就跟他私奔了，并有了一段热烈的爱情。她的癔症发作开始于表现这一爱情场面：她的身体抽搐着，伴随着嘴唇的动作，代表亲吻，她的手臂收紧代表拥抱；然后她匆匆走进隔壁房间，坐在椅子上，掀起裙子露出一只脚，假装在看书，跟我说话（也就是回答我）。1914年加注：参考阿尔特米多鲁斯在这方面说过的话："在解释梦中看到的图像时，人们有时必须从头到尾，有时从尾到头……"（克劳斯译，1881年，卷1）

② 本段增写于1911年。

如果我们要更深一层地研究梦的隐意和梦的内容的关系，最好的方法便是把梦本身作为起点，然后研究梦的表现方法中的形式特征究竟和底下的思想有什么关系。在梦的这些形式特征中，给我们留下深刻印象的最突出的特征，是特定梦境图像之间感觉强度的差异，以及梦境中特定部分或整个梦境之间相互比较的清晰度的差异。

各种梦的特殊图像之间的强度差异，涵盖从我们所期待的但不太可能的比现实更清晰的描述的清晰度，到我们在现实中体会不到的、可视为梦境特征的令人恼火的模糊性整个范围。此外，我们通常把在梦中对一个模糊物体的印象描述为"稍纵即逝"，而我们认为那些更清晰的梦境图像已经出现了相当长的时间。现在的问题是，材料中的什么因素决定了特定内容的清晰度。

尽管在分析这个问题时，我们会不可避免地表现出某些预期设想，但我们必须杜绝这种现象。因为梦的材料可能包括一些睡眠时所觉察到的真正感觉，所以也许有人会这样假设，这类元素及其衍生元素在梦的内容中会强度更大、更突出，或者反过来说，在梦中特别鲜明的，一定源于睡觉时的真正感觉。然而，根据我的经验，这一点从未得到证实。源自睡觉时真实印象（如神经刺激）的梦境元素并不会因其更为生动而与源自记忆的梦境元素存在差异。真实因素在决定梦境图像的强度方面起不到任何作用。

另外，或许可以这样猜想，梦境图像的感觉强度和对应的梦中愿望的精神强度挂钩。就后者而言，精神强度就是精神价值——强度最大的元素便是最重要的元素，也就是梦中愿望的核心所在。我们很清楚，这些重要元素并不能顺利地通过稽查而成为梦的内容。也许它们的直接派生物可能会在梦中占据突出位置，但这也不能说它们就是梦的内容的核心。而通过梦与其构成材料的比较研究，我们的设想再度落空。此元素在这个领域的强度和在其他领域的强度并无关系；隐意材料和梦本身之间的真实关系正如尼采所言，"所有精神价值的完全转换"。在梦的隐意中占据主导地位的元素，往往只隐藏在梦的某些转瞬即逝的元素中，而这些短暂元素往往被强度更大的图像所掩盖。

梦中各元素的强度是由两个独立的因素决定的。第一，表达欲望满足的元素是以特别大的强度表现的。第二，分析表明，梦中最生动的元素乃是产生最多联想的起始点——那些最鲜明的元素亦是那些起重要决定作用的因子。我们可以用如下文字来描述这个基于经验的断言：在形成中被最大化凝缩的梦境元素蕴含着最大的强度。我们希望最终可以有一个公式，将这两个决定因素和其他因素（与梦的欲望满足有关）的关系表达出来。

前述问题——决定梦中某一元素的强度或清晰度的因素——不能和下面这个关于梦各个段落以及整个梦的清晰或混乱的问题混为一谈。在前一个问题里，清晰和模糊是相对的，而后者的清晰则和混乱相对。但是毫无疑问，这两种尺度的进退关系是相互平行的。梦中给我们留下清晰印象的部分通常包含强度大的元素；反之，一个模糊的梦总是由强度小的元素组成。然而，梦的清晰或模糊的尺度问题却要比梦元素的清晰度问题复杂得多。因为后文还会出现关于这一问题的探讨，此处便不再赘述。

在少数案例中，我们很惊奇地发现梦的清晰与否和梦的构造没有关系，而是由隐意材料产生的，并且是隐意的一部分。我有一个梦，在我醒来时，觉得它结构完美、清晰无比、毫无瑕疵——因此在我还未完全清醒时，我就急于介绍这一新梦类型，它不受凝缩和移置作用的影响，可以称为"梦的幻想"。但是进一步仔细观察后，我发现这类罕见的梦依然和其他梦一样存在漏洞。因此，我放弃了分出"梦的幻想"这一类型的想法。① 在分析后，我发现了梦的内容长期追寻及困扰（我和我的朋友弗利斯）的两性理论，而梦所蕴含的满足欲望的力量使我认为这一理论（顺便说一句，它没有出现于梦中）是清楚而毫无瑕疵的。由此，我曾坚信的完整的梦的判断其实不过是梦的内容的一部分而已，只是梦的内容的基本组成部分。在这个梦例中，梦的运作扰乱了我清醒时的思想，使我对此梦做出判断，隐意材料并没有准确、成功地呈现在梦中。有一次，在分析一位女患者的梦时，我遇到了和这个梦例相同的情况。开始的时候，她拒绝跟我讲，只是说"因为它非常不清楚，很混乱"。后来，她在反复声明自己所说不一定正确后终于步入正题。她说，她梦见了好几个人——她本人、丈夫和她父亲，但是她却不能分清丈夫和父亲，以及诸如此类的问题。把梦和她分析过程中的联想合起来就很清楚地看出这是一个常见的故事，那就是一个女佣怀孕了，但不能确定"孩子的父亲到底是谁"。② 所以这再度表

---

① 1930 年加注：我现在不确定是否正确。弗洛伊德在《梦与心灵感应》（1922 年 a）中对他的第一个例子的讨论结束时，在一些评论中支持存在这样一个类型。

② 这位患者的癔症症状是闭经和极度抑郁。

明，梦缺乏清晰度其实只是促成梦的刺激材料的一部分，材料是以梦的形式来表现。梦的形式或梦见的形式，常被用来表示隐藏的主题。[①]

对梦境的观察或表面上看似善意的议论，往往以一种微妙的方式掩饰了梦的一部分内容，尽管事实上这么做是对梦的背叛。例如有做梦者说"梦已经被忘得精光（wiped away）"，而分析勾起了他的一个童年回忆：他正在大便，有大人告诉他要自己擦屁股（wiping）。另一个值得详细记录的例子是，一位年轻的小伙子做了一个清晰的梦，这个梦使他重拾一段依旧清晰的回忆。他梦见傍晚时分，他在夏季游览胜地的旅馆里。他记错了房间号码，结果走入一间客房，里头的一位老太太正和两个女儿解衣就寝。然后他说："梦在这里有个空当，少了某些东西，最后出现了一个男人，他想把我赶出去，于是我就和他打了起来。"他试图回忆这个梦所指向的天马行空的童年幻想，但徒劳无功；最后，真相大白，他想找寻的其实就在他对梦的隐蔽部分的叙述中。这"空当"其实是这些准备睡觉的女人的性器官状态；而"少了某些东西"，则是对女性性器官的形容词。在他年少时，他有着窥视女性性器官的好奇心，同时固执于认同女人具有男性性器官的儿童性理论。

我想起了另外一个类似的梦。[②]做梦者梦见："我和 K 小姐一起步入公园餐厅……然后就是个含糊的部分，一个中断……之后发现自己置身于妓院，那里有两个或三个女人，其中一个只穿着内衣裙。"

分析——K 小姐是他之前的老板的女儿，他告诉我，K 小姐就像他

---

① 最后一句增写于 1909 年，下一段增写于 1911 年。
② 本段和以下两段增写于 1914 年。

妹妹一样，但是他们很少有机会说话。有一次，似乎他们双方都察觉到了彼此的性别差异，他好像说过"我是男人，而你是女人"之类的话。梦中出现的那个餐厅，他仅去过一次，是和他姐夫的妹妹一块儿去的，而他对她并不感兴趣。有一回他和三个女人走过此餐厅大门，分别是妹妹、小姨子以及刚提到的姐夫的妹妹。三个女人对他来说都没有吸引力，但都是他的"妹妹"。他很少逛妓院，一生中大概只有两三次。

对这个梦的分析主要建立于梦中"含糊的部分"及"中断"的基础上，分析如下：在儿童时期，他因为好奇，曾经看到过小他几岁的妹妹的性器官。于是后来，他就做了这个梦，有意识地回忆起了这个错误的行为。

整个晚上做的全部的梦，是同一个整体的不同部分。而它们的段落划分和这些段落的不同组合及数量都是有意义的，并且可以当成了解隐蔽的梦的隐意的信息。[①] 在分析这种包含几个主要部分的梦或发生在同一个晚上的梦的过程中，我们绝对不应该忽视这些分开的片段可能有相同的意义，并且对于同一冲动的传达可以采用不同的材料。如果这个思路是正确的，那么在有着相同来源的这些梦里，第一个梦往往是最不清晰并且进行了一定程度伪装的，而之后的梦会越来越真实、清晰。

荣格在其作品《谣言心理学的贡献》中，讲到了一位女学生的经过伪装的性梦如何在没有任何解释的情况下被她的同学轻易识破，以

---

① 增写于 1909 年，这一段的其余部分以及后面的三个部分都是 1911 年增写的。弗洛伊德在他的《精神分析引论》（1933 年 a）第 29 讲即将结束时再次谈到了这个问题。

及它是如何被进一步阐述和修改的。他对一个与此梦相关的梦进行了下述评论:"在一系列的梦中,最后一个梦境图像所表达的思想完全和这个系列中第一个图像所表达的内容雷同,稽查制度利用一连串不同的象征、移置、无邪的伪装等,尽可能地与情结保持距离。"施尔纳(1861年,第166页)对于这种梦的表现方法非常熟悉。他曾经描述过,并且把它与自己的器质性刺激理论联系在一起,当作一种特别的定律:"最后由某一特殊神经刺激引起象征性的梦的构造皆遵循此原则:在梦开始的时候,它是以一种最遥远、最不正确的暗示描绘着产生刺激的对象,但是最后,当所有可能的图像来源枯竭后,它就赤裸地表现出刺激本身,或者是(依梦例而不一样)有关的器官或该器官的功能,所以,梦指出了其真正的器质性原因,达到了目的……"

奥托·兰克(1910年)巧妙地证实了施尔纳的定律。他报告的一个女孩的梦是由两个独立的梦组成的,梦之间有间隔,在同一个晚上,第二个梦以情欲高潮结束。即便做梦者不配合提供更多信息,我们也有可能对第二个梦进行详细的解释;而两个梦的内容之间联系的数量使得我们有可能分析出第一个梦以一种更羞怯的方式表达了与第二个梦相同的东西。所以这第二个达到情欲高潮的梦使我们能给予第一个梦完整的解释,奥托·兰克在这个梦例的基础上讨论了情欲高潮梦对释梦理论的意义。

然而,根据我的经验,我认为人们很少有机会用梦境材料所表现的内容的明确或含糊来判断梦的清晰或混乱。在后文,我势必揭示梦的形成中一个重要的影响因素,在前文中我一直未提及,而且我认为它对于任何特定梦的清晰或混乱程度有着决定性意义。

有时，在一个梦里，同样的情况和背景已经持续了一段时间，然后就会突然中断，正如下面这句话所描述的："但似乎在同一时间里出现了另一个地方，在那里发生了某件事情。"一段时间后，梦的主线可能会恢复，而干扰主线的内容看上去像整个主线梦的一个附属句子、一个突然窜进脑海的想法。在梦里，表达隐意的条件从句是用"时间词"来表现的：以"当……时（when）"来替代"如果（if)"。

那个经常出现在梦中，而且近似焦虑的被抑制的运动感觉，到底有何意义呢？在梦中，一个人明明想向前走，但却迈不开步；想要做的事由于种种困难办不成；眼看着火车要开了，但就是赶不上；受了别人的欺辱想回击，但手就是举不起来……诸如此类，不胜枚举。我们在前面关于裸露梦的讲解中提到了这种感觉，但没有真正地对它进行分析。一个容易理解但理由并不充分的答案是，我们在睡觉时常常有运动麻痹的感觉，因而就产生这种受抑制的感觉。但是为什么我们不会一直梦见这种被抑制（麻痹）的行动呢？对此，我们可以很合理地想，这种睡眠中任意时刻都可以被唤起的麻痹感有利于某些表现方式的轻松呈现，但只有在需要以这种方式表现隐意材料时才会被唤起。

在梦中，这种"无法做任何事"的感觉并非常常以此种受抑制的感觉呈现，有时它就是梦的内容的一个组成部分。在我看来，这类梦例特别适合用来阐明梦的这一特征的意义。下面是我曾经做过的一个被羞辱的梦的缩略版："我看到的建筑是一家私人疗养院和其他建筑物的混合体，有一个男佣叫我去接受检查。我知道有些东西丢了，而叫我去接受检查是因为怀疑是我偷的。（分析表明，检查一词具有双重含义，包括身体检查。）我知道自己是无辜的，而且我在这个机构里担任顾问的职务，所以我很坦然地跟在男佣后面走。在门口，我们遇到了另一个男佣，他指着我说："你为什么把他带来？他是个值得尊敬的人。"然后，我一个人走进了一个大厅，大厅里摆着机器，这使我想起了地狱以及它恐怖的刑具。其中一个机器上躺着我的一位同事，他完全有理由注意到我，但他没有理会我。然后我被告知可以走了。但是我找不到我的帽子了，也根本没办法走动。

这个梦的"欲望满足"无疑表现在我"被认为是诚实的，并且被告知可以走了"。所以，在梦的隐意的各个材料中，必定有与之矛盾的材料。"我可以走了"是得到宽恕的标志。所以，梦的末尾某些事情发生而阻止我的离开不就可以被看作那含着阻碍的潜抑材料正在这一时刻表现出来吗？因此，"找不到我的帽子"暗示的就是"我还不是个诚实的人"，而梦里的"也根本没办法走动"表示的是一种反意，即"不"。因此，我早前的梦不能表现"不"的言论是需要更正的。①

---

① 完整的分析提到了我童年时的一个事件，通过以下思想链达到。"Der Mohr hat seine Schuldigkeit getan, der Mohr kann gehen."（"摩尔人已经完成了他的职责，摩尔人可以走了。"（席勒，Fiesco，III，4.）"schuldigkeit"（职责）实际上是一个对"arbeit"（工作）的错误引述。然后出现了一个滑稽的难题："摩尔人完成任务时多大了？"——"1岁，因为那时他可以去（'gehen'，既有'to go'之意，也有'to walk'之意）。"（看来我是带着一头乱七八糟的黑头发来到这个世界的，以至于我年轻的母亲宣称我是一个小摩尔人。）——我找不到我的帽子是一个清醒生活中的事件，用于多种意义。我们的女仆，一个善于收拾东西的天才，把它藏起来了。——这个梦的结尾也隐藏了对一些关于死亡的忧郁想法的拒绝："我离完成我的职责还很远，所以我不能离开。"——生与死的问题在此得到了处理，就像我不久前在歌德和瘫痪的患者的梦中所做的那样。

在其他梦中，"无法行动"并不是单纯的一种情况而是一种感觉，而这种被抑制的感觉是一种更强有力的表达，它表达出一种意志，一种被反意志所反抗的意志，所以受抑制的感觉代表的是一种意志的矛盾。而我们稍后将提到，睡觉中所伴随的运动麻痹恰好是做梦时精神过程的基本决定因素之一。因此，运动神经传导的冲动只是一种意志力，而我们在睡眠中体验到冲动遭到阻碍的事实，也不过是为了使整个过程显得更能适当地代表一种意志动作，以及反意志的行为——"不"。根据我对焦虑的解释，也很容易看出为什么受抑制的感觉与焦虑如此相似，并且经常在梦中与它联系在一起。焦虑是一种力比多冲动，它起源于潜意识，并受到潜意识的抑制。[①] 因此，当抑制的感觉与梦中的焦虑联系起来时，这一定是一种意志行为的问题，这种意志行为可以在任何时间产生性冲动。也就是说，这一定是性冲动的问题。

我们在梦中经常会说这样一句话："毕竟这只是一个梦。"[②] 我将在下文讨论这一判断的意义和心理意义，在这里我只想说它的目的是贬低所梦事物的重要性。一个有趣且相关的问题，即当梦的某些内容在梦中被描述为"梦"时（"梦中之梦"）意味着什么。这个问题已被斯特克尔以类似的方式解决，他解析出一些非常令人信服的例子。这样做的目的是再次贬低梦中"梦"的重要性，剥夺它的真实性。从"梦中之梦"中醒来后，梦中"梦"到的是隐意试图取代被抹杀的现实。因此，可以肯定地说，梦中的"梦"是现实的再现，是真实的回忆，

----

① 1930 年加注：根据后来的知识，这种说法不再成立。

② 本段（除倒数第二句和最后一句的部分内容外）增写于 1911 年。

而梦的延续恰恰相反，只是代表了做梦者的欲望。因此，将某事包含在"梦中之梦"中等同于希望被描述为梦到的事情从未发生过。换句话说①，如果一个特定的事件被梦的工作本身作为梦插入梦中，这意味着对事件真实性的最明确的确认——对它的最强烈的肯定。梦的工作将做梦作为拒绝的一种形式，从而证实了梦是欲望的满足这一发现。②

第四节　梦的表现力

至此，我们已经研究了许多梦对隐意材料的表现方式。但在我们研究的过程中，一个更为深层次的题目不止一次地出现在我们面前，即在梦形成之前，经历了改造的隐意材料的一般性质。我们也知道，这些材料被剥离了许多逻辑关系后，还要经过凝缩的程序，同时由于元素间强度的移置，材料间势必会发生精神价值的转换。我们此前所考虑的移置作用只限于将一个特殊的意念与一个和它非常相近的意念相互交换，进而促成凝缩作用，于是两个独立的元素通过此方式合成一个介于二者间的单元化元素，得以顺利进入梦境。而关于其他的移置作用，此前并未论及。然而分析表明，还存在另一种移置作用，它是通过改变思想的语言表达来表现的。这两种移置作用都是沿着一条联想链进行，这一过程可以出现在不同的精神领域。在一种情况下，移置结果可能是一个元素与另一个元素相互调换；而在另一种情况下，

①② 增写于 1919 年。

移置结果可能是一个元素与另一个元素的语言表达发生调换。

第二种移置作用不但在理论上有很大的吸引力，而且可以解释发生在梦的形成中极其荒谬的伪装。移置的结果常常是将隐意中一个单调、抽象的表达变为形象、具体的表达。这种改变的好处及目的一目了然。从梦的角度来看，一个形象的事物才是具有表现力的事物，当抽象事物在表达上存在困难时，它可以直接被引入情境去生动表达思想。正如报纸上的政治主题文章都需要配图一样，抽象事物也为梦的表现制造了同样的难题。这种置换不仅有利于梦的表现，同时也为凝缩作用和稽查作用的实现提供了便利。抽象形式的隐意是不能为梦所用的，而一旦被转化成形象化的语言，这种新的表现形式和其他材料之间的对比和等同就更易于建立，这是梦的工作所需的。如果这种联系不存在，梦的工作也会将它们创造出来。由每种语言的发展可知，较之概念名词，具体的名词能引发更多联系。我们可以这么想，在形成梦的中间过程中，大部分精力花在使隐意转变为适当的语言形式，使得杂乱、有分歧的隐意变得简洁、统一。任何一个想法，如果其表达方式因为别的原因而固定的话，就会对其他想法的表达方式产生决定性和选择性的影响，而这种影响从一开始就存在了。就像诗歌创作一样，如果想要将诗写得押韵，对偶诗句中的后一句就要满足两个条件：它必须是作者最初意愿的表达，而这个表达又要与前一句的韵律相符。最好的诗歌无疑是那种没有刻意求韵痕迹的诗。诗歌的文字，始终都切合其要表达的思想，这样的文字再经过润色调整就可以体现出诗的韵律。

在某些情况下，表达方式的移置直接促进了梦的凝缩，因为含糊的字眼可以表达出许多隐意，而语言的智慧就这样为梦的运作所用。我们不用对文字在梦形成中的作用感到惊奇。文字是许多意念的交会点，因此它注定是含糊多义的。神经症（如强迫观念、恐怖症）也很好地利用了文字的含糊多义，以达成凝缩和伪装的目的。[①] 我们也能够注意到，梦的改造会毫不客气地利用这种表现方式的移置。在用一个模糊的字眼来替代两个有着确定词义的字眼的情况下，一定会发生混乱；如果我们用形象化的表达方式替代我们清醒生活中的常规表达方式，那么，我们就难以理解它。梦从来不会言明它使用的是显意还是隐意，以及其内容与隐意材料之间是直接联系在一起，还是通过一些中介语句间接联系在一起。[②] 在解释每一个梦元素时，我们要考虑：

1. 是否要看它的正面或反面意思（作为对立关系）；

2. 是否要当作历史来说明（作为回忆）；

3. 是否以象征的方式来说明；

4. 是否按照字面意思来说明。

然而，尽管含糊的因素很多，我们依然可以说，梦的工作之产物给其解析者制造的困难，仍要比古代象形文字书稿给它的翻译者带来的少得多。我们需要记住的是，梦的形成并不试图让人理解。

我已经给出了几个梦中表现的例子，这些表现只是由于措辞的模糊性而结合在一起。例如，伊尔玛打针的梦中"她配合地张开了嘴"，

---

① 1909 年加注：参见我的《论诙谐及其与潜意识的关系》（1905 年 c）和在消除神经症症状时使用的"言语桥梁"。[参见弗洛伊德 1905 年 e 第二节结尾关于杜拉第一个梦的综述，以及弗洛伊德 1909 年 d 第一节（G）中"鼠人"对老鼠的迷恋。]

② 本段的其余部分于 1909 年作为脚注添加，于 1914 年纳入正文。

以及我上次引用的梦中"也根本没办法走动"。下面我将记录一个梦，内容大部分是把抽象意念转变为图像，这种梦的分析法和利用象征方法来分析梦的区别仍然是清楚的。在使用象征方法时，释梦者可以任意选择象征是释梦的关键所在，而在用文字伪装的梦中，关键线索通常是已出现的，而且隐藏在日常所使用的语法中。若释梦者在适当的时机做了恰当的处理，那么他将可以部分地或完整地解析此梦，而不用依据做梦者提供的信息。

我的一位熟人的太太做了下面这个梦：她在剧院里，剧院正在上演瓦格纳的歌剧，到早晨 7 点 45 分才结束。剧院正厅里摆着餐桌，人们在那里大吃大喝。她的表哥刚蜜月旅行回来，和他的年轻的太太坐在一起，旁边还有一位贵族。在这样的公共场合，这对新婚夫妇大秀恩爱。有一座高塔矗立在正厅的中央，其顶端有个平台，四周有铁栏杆环绕着。形似汉斯·里希特的指挥正站在平台上来回走着，对位于塔下的乐队进行指挥，他已是满头大汗。她和她的女伴待在一个包厢里，她坐在正厅的妹妹试图递给她一大块煤炭。因为没料到这场歌剧会这么长，她已经快冻僵了。

虽然梦是集中在一个情境中，但是从别的角度看，它却是荒谬的。譬如说位于正厅中央的高塔，以及站在上面的指挥。最不可思议的是她妹妹竟然从正厅递给她一块煤炭。我特意不要求她分析这个梦，因为我对她十分了解，即便她不解释，我也能够对梦的某些片段做出正确分析。我知道，她对一位音乐家非常同情，这位音乐家因为精神问题而结束了自己短暂的音乐生涯。因此，我将梦中的高塔视为一个隐喻。她希望那位音乐家能像汉斯·里希特一样，凌驾于乐队其他成员之上，对自己的乐队进行指挥。其中的高塔是一个复合图像：上面的铁栏杆以及他在里面像一位囚犯或牢笼里的野兽团团转——这也是那位音乐家的名字的暗示，他叫 Hugo Wolf（雨果·沃尔夫），而"Wolf"也是狼的意思。[①]

在发现了这个梦的表现方法后，便可以基于此解释另一个反常行为——她妹妹递给她一块煤炭。此处，"煤炭"必定代表了"秘密的爱"：

> 没有火，没有煤，
>
> 烧得那么猛烈，
>
> 就像是秘密的爱，
>
> 没有人晓得。[②]

她和这位女伴都没有结婚。她年轻的妹妹（仍然有结婚希望）递给她煤炭，因为"不知道它会这么长"，梦并没有特别指出什么会这么长。若"它"是故事，则指的是演出时间；但因为"它"是梦的内容，我们可以将"它"当成一个独立的实体，认为"它"是一个模糊的表达，并且为之添加"在她结婚之前"的内容。梦里做梦者的表哥和他的太太正坐在正厅中，以及这对夫妇公开的秀恩爱场景都进一步证实了我们的"秘密的爱"的解释。这个梦被秘密的爱和公开的爱，以及做梦者自己炽热的爱和年轻妻子的冷漠之间的对立所主导。而在这两

---

① 字面意思是"愚人塔"——疯人院的旧称。

② 德国民谣。

种情况里，都有人被看重——这是指那位贵族以及被寄予无限期望的音乐家。

前面的讨论使我们发现了第三种因素，它在将梦中所想转变为梦的内容的过程中起着不可估量的作用[①]：梦对自身将利用的精神材料的表现力的考虑——而这大部分指的是视觉影像的表现力。在那些主要梦中愿望的附属思想中，先入梦的是那些具有视觉表征的内容；而梦的工作在将不恰当的思想转换成一种新的文字形式方面可以做到全力以赴，只要这个过程对梦的表现有一定促进作用，并且解除或者减轻被约束思想所造成的精神压力。在思想内容转换成另一种模式的同时，凝缩作用也可能会被激活，并且还有可能与另一种思想建立起一种新的联系。事实上，第二种思想为了与第一种思想联系起来，可能早就改变了它的原始表现方式。

赫伯特·西尔伯勒（1909 年）曾经就梦的形成提出了许多将梦中所想转变为图像的直接观察办法，因而可以单独研究梦的运作的因素。他发现，人在很困、很疲倦的情况下，如果做一些理智性的工作，那么思想往往会脱离，而代之以图像。这一替代物被西尔伯勒用了一个不太恰当的词"自我象征"（auto-symbolic）来形容。这里，我将引用西尔伯勒论著中的三个梦例，由于它们的特殊性，我们将会在后文再次讨论。

梦例一：我想修改一篇论文中自己不满意的部分。

象征：我发现自己正在试图将一块木板刨平。

---

① 前两种因素分别是凝缩和移置。

梦例二：我致力于熟悉自己即将做的关于形而上学的研究。我认为这些研究的目的是使人在追寻存在的本质时，发奋克服困难，以达到意识与存在的更高境界。

象征：我正把一把长刀插入一块蛋糕下面，好像要切出一块。

我用长刀插入蛋糕下的动作象征"发奋克服困难"，以下是对这一象征的解释。我常常在聚餐时切蛋糕，帮忙把它分给每个人。切蛋糕所用的是一把长而会弯曲的刀子——所以需要小心。将切好的蛋糕取出来更是一个艰巨的任务，我必须自蛋糕的底层格外小心地插入长刀。然而这个图像包含的梦的象征远不止这一点，这个蛋糕是一个"千层糕"，切它的长刀要切过许多层。

梦例三：我正在努力地寻找已丢失的一系列思想的线索，然而却毫无头绪，因为这思想的起点已经彻底找不回来了。

象征：排字工人的一块版。不过末尾几行的铅字掉了。

考虑到笑话、引语、歌曲和警句在有知识的人的精神生活中起到的作用，我们希望它们能用来代表梦的隐意以实现伪装的意图。我很惊讶，这个梦只被报告给我一次①。只有在个别题材中，才能找到普遍有用的梦的象征，而它以普遍熟悉的暗示和文字的替代物为基础。此外，这种象征绝大多数都为梦和神经症、传说和习俗所共有②。

如果我们对这个问题进行更深入的探究，那么我们可以发现，梦境的运作在构造这个代入物的过程中，并没有什么新意。为了达到目

---

① 1925年加注：事实上，我再也没有遇到过这种意象，所以我对解释的正确性失去了信心。
② 下一节将详细讨论梦的象征意义。

的——在这种情况下，也许是不被稽查作用阻隔——它用的是潜意识中早就存在的一些方法。这些隐藏的材料通过对神经症幻想中存在的材料进行置换，可以在笑话或暗示中呈现出来。因此我们理解了施尔纳解析梦的方法，大体上来讲，他解析梦的方法是正确的，我曾论证过这点。

不过这种对自己身体想象的先入为主的概念并非梦所特有，亦非其特征。我的分析表明，它习惯性地存在于神经症患者的潜意识思想中，并且源于性好奇——对于成长中的年轻男女来说，是指向异性及自己的性器官的。施尔纳及沃克特坚持认为房屋并非用来象征身体的唯一来源，这同样适用于梦和神经症的潜意识幻想。我知道确实有许多患者用建筑物来象征身体以及性器官。对这些人来说，柱子或圆柱代表着脚（就像所罗门的歌中的象征），门代表着身体的每一处开口，即洞，水管代表的是泌尿器官，等等。而与植物生命和厨房里的事相关的各种观念也常常被用来掩盖性的意象①。对前者而言，已存在许多语言学上的用法，例如一些可上溯到远古时代的想象。在思想或者梦里，最丑陋和最神秘的性生活的细节，都可以在看似纯洁无邪的厨房活动中找到原型。如果不切记性的象征在最普遍、最平常的事中都可以找到，我们就难以理解癔症的症状。患有神经症的孩子无法忍受鲜血或生肉，或者看到鸡蛋和通心粉就呕吐；较之正常人对蛇的畏惧，神经症患者会夸大表现；等等。所有这些现象的背后都藏匿着性因素。神经症患者实施伪装的途径源于人类早期文明，这可以在语言习惯、迷信、习俗等方面搜集到充足的证据。

----

① 1914年加注：在富克斯的三个补充卷（1909～1912年）中可以找到大量这方面的证据。

现在我将记录一位女患者所做的关于"花"的梦。在听完我的解释后，她就觉得索然无味了。

序梦：她走进厨房，看到两位女佣。她故意挑她们的毛病，责备她们没有将食物准备好。同时，她还看见一大堆倒放着的坛子摞着，这样可以倒净里面的水。接着，两位女佣出去打水，她们要步行到那条流经房子进入院子的小河那里。①

主梦：②她从一些排列奇特的篱笆的高处向下走③，这些篱笆由小方形的木板架构成大格子状④，它们并非做来让人攀爬的。要找个落脚的地方也有困难，但是她却很高兴衣裙没有被什么勾到，所以她一边走一边仍能保持值得尊敬的样子⑤。她的手里握着一根大树枝⑥，这根树枝更像是一棵树，上面开有红花，枝条交错向外延伸。这些花仿佛是樱花，但也有可能是山茶，尽管它们不是长在树上的。在她向下走的过程中，起先她只拿了一枝，而后就突然增至两枝，再后来又变回一枝⑦。当她走下来的时候，下面的花朵很多已枯萎。走下来后，她看到一位男佣。她想和他说话，而他正在梳着同样的一棵树，即他在用一块木头拖曳出一些像苔藓一样从上面垂下来的浓密的发状物。别的工

---

① 对于序梦，它将被解释为因果关系从句。

② 描写她的人生历程。

③ 她的出身高贵：与序梦恰好相反。

④ 这是复合画面，把两个地方连在一起：一个是她家里的"阁楼"，她曾经在那里和她的哥哥玩耍；另一个是一个坏叔叔的农场，他过去经常戏弄她。

⑤ 对她叔叔农场的真实回忆是一厢情愿的对立面，她过去常常在睡梦中脱掉衣服。

⑥ 就像天使报喜的图片中拿着百合的小枝一样。

⑦ 指的是她幻想中涉及的人的多样性。

人亦从树上砍下相同的枝条，把它们随意丢到路上。所以，许多人各自拾取一些。她问他们是否可以拾取一株花朵①。花园里站着一位年轻的男人（她认识但不熟悉），她走向他，并向他询问如何才能将这种树枝移植到自家的花园中。②他拥抱了她，她挣脱开来，并责问他想干什么，难道他认为她是随便什么人都可以拥抱的。他回答说这是无妨的，是被允许的。③之后，他说他可以带她到另一座花园去，给她示范如何移植花木，还说了一些她听不太懂的话："不管怎么样，我需要三码块（后来她说：三平方码）或三块土地。"这似乎是在为教她而向她索要报酬，又像是要她给他花园里的一块地，或者像是某种能逃过法律制裁的好处，而又不损害到她的利益。后来，他有没有示范移植过程，她一点都不记得了。

这个梦可以称为"自传梦"，而我是因为其象征元素才把它提出来的。这种梦常常出现在精神分析期间，其他时候则很少出现。④

---

① 那就是她是否可以拉下一个，即自我抚慰。"Sich einen herunterreissen"或"ausreissen"（字面意思是"拉下"或"拉出"）是粗俗的德语用语，等同于英语中的"to toss oneself off"。弗洛伊德在《屏蔽记忆》（1899 年 a）的结尾注意到这一象征。

② 枝条代表了男性性器官；此处也简单地提到了她的姓氏。

③ 这一点以及接下来的内容，都与避孕措施有关。

④ 这一段增写于 1925 年。1911 年作为脚注加入。类似的"自传梦"将在下面的例子中找到，作为我的梦象征的第三个例子。兰克于 1910 年详细记录了一个"自传梦"，斯特克尔（1909 年，第 364 页）写了另一个，必须"倒着读"。——在弗洛伊德的《精神分析运动史》（1914 年 d）的结尾，可以找到对"自传梦"的引用。

我有大量这类材料[1]，但却没有一一报告的必要，因为那样做的话，有关神经症病症的研讨就太过冗长了。所有这些都指向同一个结论，即我们没有必要假定，心灵在梦的工作中有任何特殊的象征活动。梦只是利用了潜意识思维中已经存在的象征，因为它们更符合梦的构建的要求，更因为它们具有表现力，并且通常可以逃避稽查。

第五节　梦的象征表现[2]

由上述"自传梦"来看，我从一开始就注意到梦中的象征。但是在慢慢积累经验后，我才逐渐了解其范围和意义。我也是受到威廉·斯特克尔（1911年）的影响。我想在这里提及他。

在精神分析方面，可以用功过参半来评价斯特克尔。他对精神分析的贡献体现在他勇敢地提出了许多象征解释，尽管这些解释在提出

---

[1] 在 1900 年、1909 年和 1911 年的三个版本中，这一段之前有另一段，从 1914 年的版本开始省略。删去的段落写道："我必须提到另一类想法，那就是与换房子有关的想法，它经常在梦境和神经症中作为性素材的伪装。'换房子'很容易被 "ausziehen"（意思是'搬家'和'脱衣'）这个词所取代，因此与'衣服'这个主题联系在一起。如果梦里也有电梯或升降机，我们就会想起英语单词 "to lift"，即'提起（某人的衣服）'。"

[2] 除了两段外，本章第五节没有出现在本书的第一版中。正如编者序言中所解释的那样，1909 年和 1911 年的版本中添加了很多材料，但它们包含在第五章的典型梦例中。本节在 1914 版中首次写成，部分来自先前添加到第五章的材料，部分来源于新材料。在后续版本中添加了更多内容。鉴于这些复杂情况，本节在每一段末尾的方括号中添加了一个日期。从所说的内容可以理解，日期为 1909 年和 1911 年的材料最初出现在第五章中，并于 1914 年移到现在的位置。

之初遭到了人们的质疑，然而最终都因为其合理性而被接受。我并没有贬低他的成就的意思，事实上他的解释被质疑是情理之中的事。因为那些被他引来证实其解释的梦例通常都非常值得怀疑，而他采用的方法亦欠缺科学性。他用直觉解释象征，但这种天赋不具有普遍性，其正确性无从置评。这就像是坐在病床旁，以嗅觉来对患者的病情加以诊断一样。虽然大部分人的嗅觉已经退化，但确实有医生可以通过嗅觉诊断肠热病。

精神分析经验的积累引起了我们的注意，我们可以发现许多患者都具有这种惊人的对梦的象征的直觉。他们多数是精神分裂症患者。因此有那么一段时间，人们倾向于怀疑凡是有这种惊人直觉的人都患有精神分裂症。然而事实并非如此，这种直接理解力只是个人特殊的天赋，在病理上没有意义。[1]

当对梦中代表"性"的象征的广泛利用感到非常熟悉时，我们可能会有这样的问题：这些象征是否大多数都具有固定的意义，就像速记中的缩写符号？而我们甚至会想利用密码来编出一本新的"释梦天书"。因此，我们必须声明：这种象征并不是梦的独有特征，而是潜意识的普遍特征。它除了存在于梦中，还存在于民俗、神话、传说、典故、谚语和幽默故事里。

如果我们一定要找出各种象征的意义，以及讨论这无数的并且大

---

① 弗洛伊德在其他地方（1913 年 a）指出，精神分裂症的存在有助于象征的解释，而强迫性神经症会使象征的解释更加困难。

部分仍然没有解决的和象征关联的问题①，这远远超出了梦的解释范围。因此，我们在这里要说，象征是一种间接的表现方式。但是我们却不能无视它，或将之与其他间接表现方式混为一谈。在许多梦例中，存在于象征和它所代表的事物之间的共性是非常明显的。在其他例子中，会出现更加隐秘的情况，这导致人们对这种象征的选择疑虑重重。正是后一种情况才能揭示象征关系的最终含义，它们表明象征关系具有遗传特征。现代那些以象征关系相连的事物也许在很早以前是以概念及语言的一致性相连的。这象征关系似乎就是一种遗迹，一种之前身份的标志。就像舒伯特指出的②，在许多梦例中，共同象征的利用可比在日常用语中来得更普遍。一些象征和语言本身一样古老，而另一些象征（如"飞艇""齐柏林"）则是在现代不断被创造出来的。

梦用象征来实现伪装的目的。所以，许多象征习惯性地或者近似习惯性地被用来表达同一事物。但我们需要记住梦中精神材料具有的可塑性。虽然我们很少见到象征依据其原始的意义来解释的情况，然而有时，做梦者却可从记忆中获取力量，而将平常事物作为性的象

---

① 1911 年加注：参考布洛伊尔（1910 年）、迈德尔（1908 年）和亚伯拉罕（1909 年）等关于象征的作品，以及非医学界人士（克林保尔等）的作品。1914 年加注：在兰克和萨克斯的作品（1913 年，第一章）中可以找到关于这个问题最重要的观点。1925 年加注：进一步参见琼斯（1916 年）。

② 后一句增写于 1919 年。1914 年加注：根据费伦齐（见兰克，1912 年 a，第 100 页）的说法，一艘在水面上行驶的船发生在匈牙利梦想家的排尿梦中，尽管"schiffen"这个词的意思是"运送"（相当于粗俗的英语俚语"to pump-ship"，意为"小便"），但在该语言中是未知的。在法语和其他浪漫主义语言使用者的梦中，房间被用来象征女人，尽管这些语言中没有与德语中的"frauenzimmer"对应的词。

征。① 若做梦者有机会从一些象征中选择，那么他选择的必定是和梦的隐意中其他材料的主题相关的象征。也就是说，尽管是典型的象征，但个人原因所发挥的作用也不能抹杀掉。

虽然自施尔纳之后的研究均证实了梦的象征的存在，包括哈夫洛克·埃利斯，他说梦确实充满着象征，但我们也应该承认象征的存在一方面有助于梦的解析，而另一方面又对其有所阻碍的事实。通常来讲，在解析梦的过程中，利用自由联想的分析策略来解释梦的内容中的象征是会失败的。科学的批判性使我们不能恢复到古代释梦者的那种随意判断，而斯特克尔的随心解释几乎又使其复活了。由此，遇到梦的内容中的象征性时，我们必须应用综合技巧：一方面依赖做梦者的联想，另一方面依靠释梦者对象征的认识。为了避免对梦的随意判断，我们在解释象征时必须非常小心，仔细追究它们在此梦中的用途。而我们对梦境分析的不确定性，一部分是因为知识的不完全，另一部分则要归咎于梦的象征本身的特色。当然，这在继续进步后会慢慢改善的。它们通常不止一种解释，就像中国的字词一样，正确的答案必须经由对前后文的判断才能得到。象征的这种模糊性与梦的特征——"过度解释"——凝缩作用有关，即单一的梦的内容可以独自代表性质全然不同的思想和愿望。

在这些限制与保留下，我将继续进行讨论。皇帝和皇后、国王和王后，通常是做梦者父母的象征，王子或公主则常常代表做梦者本人。

---

① 仅在 1909 年和 1911 年的版本中，在这一点上出现了以下句子："此外，通常使用的性象征并不总是明确无误的。"

但因为伟人像皇帝一样也有着崇高的权威，因此，像歌德一类的人在一些梦中作为父亲的象征出现。所有细长的物体，如棍子、树干和雨伞都可能代表男性性器官，所有长而锋利的武器，如刀、匕首和长矛也是一样。另外一个常见但却并非完全可以理解的是指甲锉刀，也许和其上下摩擦的动作有关。匣子、箱子、橱柜、烘炉及其他中间掏空的物体，如船和各种器皿，都代表子宫。而出现在梦中的房屋常常被用来指代女人。^① 关于这一点，在梦中关心房门的开或关，就容易理解了（可参见我 1905 年的《少女杜拉的故事》中对杜拉第一个梦的分析）。而什么是开锁的钥匙，自然就不必明确指出了。在爱柏斯坦女爵的歌谣里，乌兰鲜明且生动地借由锁和钥匙的象征描绘出了一幅通奸图。一个走过套房的梦则是逛窑子（妓院）或到后宫的意思，但由沙克斯列举的干净利落的例子看来，它（通过对立）亦可以代表婚姻。若在梦中，做梦者发现原本的一个房间变为两个，或者当他在梦中看到一个熟悉的房间被分成两部分，那么这一定和他幼时对性的好奇有关系。反之亦然。

梦见阶梯、梯子、楼梯，或者在这类物体上走上走下，都代表着

---

① 1919 年加注："我的一位患者住在寄宿公寓，他梦见自己遇到了一位女仆，并问她的电话号码是多少。令他惊讶的是，她回答说：'14。'事实上，他已经开始和这个女孩交往，并在她的卧室里拜访她几次。她生怕女房东起了疑心。这倒不是自然而然的，在做梦的前一天，她提出要在一个没人住的房间里见面。这个房间实际上是'14 号房间'。而在梦中，女孩自己变成了 14 号。几乎不可能想象出更清楚的证据来证明一个女孩和一个房间之间的身份认同。"（琼斯，1914 年 a）参见阿尔特米多鲁斯《梦的象征》第 2 卷第 10 章："因此，例如，卧室代表妻子，如果房屋里有妻子的话。"

性行为。① 而梦见在光滑的墙壁上攀爬，或者很害怕地、僵直着身体从房屋的正墙上垂直着滑下来，则很可能是个体对自己婴幼儿时期爬在父母或保姆身上的回忆的复现。光滑的墙壁指的是男人，因为害怕，紧紧抓住房屋正面的"凸出物"，常常是做梦者自保的措施。桌子，为了餐点准备的桌子、台子，亦是女人的意思。从语义联系来看，"木材"（wood）往往是指女性材料（material）。在葡萄牙语中，"Madeira"（马德拉岛）这个名字的意思就是木头。因为婚姻是由"床和桌子"构成的，所以在梦里桌子常常替代床出现。如此，性观念的复杂性就可能转移到饮食的复杂性上了。

至于衣着方面，女性的帽子常常可以确定为代表性器官，而且是男性性器官。外衣（德语"mantel"）也是如此，虽然不知道这象征有多少是因为发音相似。在男人的梦中，领带常常是男性性器官的象征。毫无疑问，这不仅因为领带具有长而下垂的特征，只有男性佩戴，还因为它可以因人而异，男性可根据自身爱好而选择性佩戴。但由所代

---

① 1911 年加注：我将在这里重复我在其他地方写的关于这个主题的文章（弗洛伊德，1910 年 d）——不久前，我听说一位观点与我们有些不同的心理学家对我们中的一个人说，当一切都说了又做了时，我们无疑夸大了梦中隐藏的性意义：他自己最常见的梦是上楼，当然，这里面不可能有任何色情内容。这种反对意见让我们警觉起来，并开始将注意力转向梦中台阶、楼梯和梯子的外观，我们很快就证明了楼梯（及类似的东西）无疑是性行为的象征。不难发现比较的根据：我们上楼时会伴随一系列有节奏的动作和越来越大的呼吸困难到达顶层，然后，通过几次快速跳跃，我们可以再次达到底层。因此，在上楼的过程中，性行为的节奏模式得以再现。我们也不能忽视语言使用的证据。它向我们表明，"挂载"（德语"steigen"）被用作性行为的直接表达。我们将一个男人说成是"steiger"（"骑行者"）和"nachsteigen"（"to run after"，字面意思是"追着爬"）。在法语中，楼梯上的台阶被称为"进行曲"（marches），而"un vieux marcheur"的含义与德语中的"ein alter steiger"（"an old rake"即"一个放荡的老男人"）相同。

表的对象来看，这种自由是违背自然规律的。[1] 梦中会使用这种象征的男人，一般在真实生活中对领带都情有独钟，并喜欢收集领带。

梦中所有的复杂机械与器具很可能代表着性器官（通常是男性的），在这方面，梦的表征工作同样乐此不疲。[2] 而各种武器和工具无疑都代表着男性性器官，如犁、锤子、来复枪、左轮手枪、匕首、军刀等。同样，梦中的许多风景，特别是那些有桥梁或者长着树林的小山，都很清楚地代表着性器官。马奇诺维斯基（Marcinowski，1912a）曾经出版了一组梦的图画（由做梦者画出来），这些梦表面上呈现了梦境中出现的风景和一些地点，但是也非常清楚地揭示了梦的显意和隐意之间的区别。我们若不对它们细加观察，则会将它们看成设计图、地图之类的东西，然而用心去观察就会发现，它们象征着人体、性器官等。只有认识到这些，才能顺利完成梦的解析（可参见普菲斯特于 1911～1912 年及1913 年发表的关于密码和画谜的系列论文）。而在遇到一些新奇的词语时，我们则要考虑它们是否有许多具有性意义的成分。

小孩在梦中也往往是性器官的象征。事实上，无论男女都习惯于亲密地称自己的性器官是"小东西"。在梦中和小孩玩或打他，通常都是自我抚慰的表现。阉割的象征则是秃顶、剪发、牙齿脱落、砍头等。

---

[1] 1914 年加注：参见《精神分析公报》（罗夏，1912 年，第 2 卷，第 675 页）刊载的一位 19 岁的狂躁症患者所作的画。这幅画画了一个男人，他的领带由一条蛇组成，正在向一个女孩的方向蠕动。另见《人类学报》中的"腼腆的人"的故事：一位女士走进一间浴室，她在那里遇到了一位几乎没有时间穿上衬衫的先生。他非常尴尬，但急忙用衬衫的前半部分遮住喉咙，喊道："对不起，但我没有系领带。"

[2] 参见弗洛伊德《论诙谐及其与潜意识的关系》（1905 年 c），他引入了"诙谐工作"一词（类比"梦的工作"），指笑话产生的心理过程。

如果做梦者的梦中关于性器官的常用象征两次或多次重复出现，那么这就可以解释为做梦者对阉割的一种回避。[①] 梦中如果出现蜥蜴——那种尾巴被割掉又会再长出来的动物，亦具有同样的意义。在神话和传说中有许多代表性器官的动物，诸如鱼、蜗牛、猫、鼠，它们在梦中也有相同的象征意义，特别是作为男性性器官象征的蛇。小动物则代表小孩，例如令自己厌烦的小弟弟、小妹妹。若在梦中受到害虫的侵扰则意味着怀孕。此外，值得一提的是，近期（1911 年）梦中男性性器官的一个象征得到证实：飞艇之所以会产生这样的表征意义，是因为它能让人联想到飞翔，有时则因为其形状。

斯特克尔还提出了一些其他符号，并附有支持实例，但尚未得到充分验证。斯特克尔的著作，特别是他的《梦的语言》（1911 年），包含了对符号的最完整的解释。其中许多都显示出其洞察力，进一步的研究也证明了这些结论的正确性。例如，他关于死亡象征意义的章节。但这位作者缺乏批判性，以及他不惜一切代价泛化的倾向，使人们对他的其他解释产生怀疑，或导致这些符号的解释未被使用。因此，在接受他的结论时非常可取的做法是谨慎行事。正因如此，我满足于只提请注意他的一些发现。

根据斯特克尔的说法，梦中的"右"和"左"具有伦理意义。右手的道路总是意味着正义的道路，而左手的道路意味着犯罪。（斯特克尔，1909 年，第 466 页以下）。梦中的亲属通常也是性器官的象征（同上，

---

① 这一点在弗洛伊德的论文《怪人》（1919 年 h）的第二节中有详细阐述。也见弗洛伊德逝世后发表的关于美杜莎的头（1940 年 c）的论文（1922 年）。

第 473 页）。在这一点上，我只能证实在儿子、女儿和妹妹的身上适用，这只是因为他们属于"小孩子"的范畴。此外，我还遇到一些释义明确的案例，例如："姐妹"象征乳房，"兄弟"则是巨乳的象征。按照斯特克尔的解释，赶不上车的场景表达的是对无法弥补的年龄差距的遗憾之情（同上，第 419 页）。此外，他还认为，旅行时的行李代表着罪恶带来的精神负担，让人饱受压力。但事实证明，行李往往是做梦者自己性器官的明确象征。斯特克尔也为经常出现在梦中的数字赋予了固定的象征意义（同上，第 497 页）。但这些解释似乎既没有得到充分验证，也没有普遍效力，尽管它们在个别情况下似乎是合理的。[1] 无论如何，数字 3 已经从多个方面被证明是男性性器官的象征。[2]

斯特克尔提出的一个概括涉及性器官符号的双重意义。"哪里有这样一个符号，"他问道，"（无论如何动用想象力去赋予其意义）都不能同时用于象征男性和女性的性器官？"（1911 年，第 73 页）无论如何，括号中这一断言消除了这个概括的大部分确定性，因为事实上，想象力并不总是承认这一点。但我认为值得一提的是，根据我的经验，在更复杂的事实面前，斯特克尔的概括便失去了有效性。一些符号在象征男性性器官和女性性器官上的频率是相同的，也有一些符号主要或几乎完全象征其中一种性别，还有一些符号则已知只象征男性性器官或女性性器官，例如长而硬的物体就从来不会用于象征女性性器官，

[1] 在这一点上，仅在 1911 年的版本中出现了以下句子："在威廉·斯特克尔最近出版的《创伤的蔓延》一书中，我发现（1911 年，第 72 页）有一份最常见的性符号列表，旨在表明所有的性符号都可以被双性恋使用。"
[2] 关于数字 9 的讨论将在弗洛伊德（1923 年 d）的第 3 节中找到。

而中空物体如柜子、木箱、盒子等亦不会用来象征男性性器官。这与我们的想象力相符。而梦和潜意识幻想都有两性性器官的表征倾向，这体现出人类的一种原始特性。因为儿童时期，幼儿并不了解两性性器官的区别，而且还认为它们是相同的。我们有时会误认为某一象征具有两性的意义，或忘记在某些梦中普遍存在的性倒错，即男性表现为女性、女性表现为男性，从而做出错误的梦境解释。例如，在梦中女人渴望变为男人，这便是性倒错梦的一种。

在梦中，亦可以用身体的其他部位来象征性器官，例如，手或脚可以象征男性性器官，女性性器官可以用口、耳甚至眼睛来表示。人体的分泌物在梦里可以相互转换。斯特克尔最后的这一断言（1911年，第49页）基本上是正确的，但里特勒（1913年）批判性地认为其正确性需要一些限定条件：事实上，具有重要象征意义的分泌物已被毫不相干的分泌物所替代了。

希望这些非常不完整的提示可以用来鼓励其他人对该主题进行更艰苦的全面研究。[①] 我在《精神分析引论》第10讲中，尝试给予梦的象征更加细致的论述。

下面，我将列举一些有这些象征应用的梦例，目的是使人们了解，若不承认梦的象征作用，那么我们对梦的解析将无法进行下去，且在绝大多数梦中，我们都必须接受这些象征意义。然而，在这里，我还

[①] 1911年加注：尽管施尔纳对梦的象征意义的观点可能与本书所阐述的观点有很大不同，但我坚持认为，他应该被视为梦的象征意义的真正发现者，并且精神分析的研究终于为他那出版于许多年前（1861年）、被认为是幻想的著作带来了认可。

有必要提出声明：绝对不可以夸大梦的象征的重要性，而使梦的解析工作只服务于对象征的解释，却不考虑到做梦者的自由联想。梦的这两个解析工具——象征和自由联想应是相辅相成的。而从理论和实践两方面来讲，占据要位的都是自由联想。因此，做梦者的自我评论起到关键作用。正如我已解释过的，至于符号的象征意义，只是梦的解析的一种辅助手段。

梦例一　帽子是男性（或者男性性器官）的象征[①]

（摘自一名因害怕受诱惑而患有广场恐惧症的年轻女子的梦。）

[①] 这个梦和接下来的两个梦首次发表在题为《释梦的其他例子》（1911 年 a）的论文中。该论文由以下段落开启，这些段落从未以德语重印：

　　"梦的象征的一些实例"——在针对精神分析程序提出的许多反对意见中，看起来最奇怪、最无知的，似乎是对梦和潜意识中象征主义的存在提出的质疑。因为任何进行精神分析的人都无法避免假设这种象征主义的存在，并且从最早的时代就已经实践了通过象征来解释梦境。此外，我愿意承认，鉴于符号的多样性，这些符号的出现应该受到特别严格的证明。

　　"在下文中，我将我最近经历中的一些梦例列举出来：在这些梦例中，通过特定符号来解决问题给我留下了特别深刻的印象。通过这种方式，梦获得了它前所未有的意义；它在做梦者的思想链中就位，其解释也被做梦者自己认可。

　　"在技术上，我可以说做梦者的联想很容易在与梦的象征元素的联系上失败。在我对这几个选定梦例的记录中，我试图在患者（或做梦者）自己的工作和我自己的干预之间划清界限。"

　　该论文以一些较短的梦例结尾，这些梦例将在本章后文再现。在原始论文中，这些介绍如下：

　　"一些罕见的表现形式——我提到过'代表性的考虑'是影响梦的形成的因素之一。在将思想转化为视觉形象的过程中，做梦者显示出一种特殊的能力，而分析者很少能够用他的猜测来跟踪这种能力。因此，如果做梦者——这些表象的创造者的直觉感知能够解释它们的意义，就会给分析者带来真正的满足感。"

"炎热的夏天，我在街上走着，我的头上戴了一项形状有些奇怪的帽子。它的中间部分向上拱起，而帽檐部分则下垂着，"（在这里，患者的叙述稍微犹疑了一下）"其中一边比另一边垂得更低。我兴高采烈，同时深感自信。而当我走过一群年轻军官的时候，我想："你们都不能对我有所伤害。""

分析——对于梦中的帽子，她无法产生任何联想，所以我告诉她："帽子所代表的必定是男性性器官，它的中间部分上翘而两边低垂着。可能你会认为有些奇怪，帽子何以是男性性器官的象征呢？但你要记住这句话，'Unter die Haube kommen'（这句话按字面意思解释是'躲在帽子下面'，而实际意思是'找一个丈夫'）。"我故意不问她帽子两端下垂的程度何以不一样，虽然这种细节一定是解释的关键所在。我继续和她解释，因为她的丈夫具有这样漂亮的性器官，所以她不需要害怕那些军官——对她而言，她并不期望从他们那里得到任何东西。而正因为她有受诱惑的幻想，所以她不敢在没有保护或没有陪伴的情况下独自出去散步。基于其他的材料，我已经多次向她解释其焦虑的原因。

对于我的解释，做梦者感到十分惊讶。她收回了关于帽子的描述，还声明自己未曾提到过帽子两边下垂。但我对自己的听力有足够的信心，所以没有受到她的影响，并对此推论很坚持。她安静了好一会儿，鼓足了勇气才问道，她丈夫的性器官一边比另一边低具有什么意义，是否每个男人都是这样。就这样，此帽子特殊的细节就被解释了，而她也接受了这个解释。

在初听到患者关于这个梦的讲述时，我就已经很熟悉这个帽子的象征了。通过对其他较模糊的梦的解释，我认为帽子也可以是女性性器官的象征。[1]

梦例二　象征着性器官的"小东西"
——"被车碾过"是性行为的象征

（这是广场恐惧症患者的另一个梦。）

她母亲将她的小女儿支开，所以她只能自己一个人出门。之后，她和母亲一起上了一列火车。此时，她看见自己的小东西正在铁轨上走着，于是她猜想小东西一定会被火车碾过。她听到骨头断裂的声音（这让她产生了一种不舒服的感觉，但并不是真正的恐惧），接着她将头探出车窗往回望，想看看是否能看到那些碎片。然后，她母亲责问她为何要让她的小东西独自走开。

分析——要将这个梦解释清楚不是易事。它是一系列连在一起的梦的一部分，必须与其他梦相联系才能被完全解释清楚。要在充分孤立的情况下获得解释一个象征作用的充足材料是非常艰难的事。首先，患者告诉我，火车旅行应该是她过去的一段回忆，这是她被带离神经疾病疗养院的那次旅行的隐喻。由此可知，在疗养院期间，她爱上了为自己治疗的医生。在她母亲前来接她走时，医生到火车站为她送行，

---

[1] 1911 年加注：参见寇契格雷伯（Kirchgraber，1912 年）的一个例子。斯特克尔（1909 年，第 475 页）记录了一个梦，在这个梦中，一根羽毛歪立在帽顶，象征着一个（无能的）男人。[弗洛伊德在后来的论文（1916 年 c）中提出了对帽子象征意义的解释。]

并将一束花作为离别的礼物送给了她。她觉得很尴尬，因为她母亲目睹了这一情况。在这里，她的母亲象征着她爱情路上的阻碍。而在做梦者小时候，严厉的母亲确实曾经扮演过这种角色。她的下一个联想和"她将头探出车窗往回望，想看看是否能看到那些碎片"这个句子有关。由梦的表面意思来看，这使我们想到她的小女儿被碾过而成了碎片。但她的联想却指向另一个方向，她回忆从前曾经看见父亲赤身裸体地站在浴室里面。接着她继续谈论有关两性之间的区别，并强调，男人的性器官即使从后面也能看到，而女人的则不能。她自己的解释是，"小东西"代表着男性生殖器，而"她的小东西""她的小女儿"指的是她自己的性器官。她抱怨母亲曾想要让她无视生殖器的存在，而梦开头的那句话"她母亲将她的小女儿支开，所以她只能自己一个人出门"，就是对此种指责的表达。在她的理解中，"一个人在街上走着"就意味着缺少男人，没有任何性欲望，而这是她所厌恶的。这个梦也表明了一个事实，在她还是小女孩时，她曾因为受到父亲的偏爱而被母亲嫉妒过。[1]

这个梦的更深层次的解释可以从同夜的另一个梦中得到说明。在那个梦中，做梦者把自己认同为自己的弟弟。她其实是个看上去男性化的女孩，别人常常说她应当是个男孩。她把自己认同为弟弟这一点可以清楚地表明，"小东西"意指性器官。她母亲用阉割来威胁他（或她），这只可能是母亲因为她玩弄自己的性器官才给予的处罚，所以男

---

[1] 仅在 1911 年的版本中，在这一点上添加了以下句子：基于自己的一个非常常见的习语用法，斯特克尔认为"小东西"是男性或女性性器官的象征。

性化的自我认同亦证明她小时候曾经自我抚慰过。在我分析之前，她只记得弟弟小时候有自我抚慰经历。由第二个梦的资料看来，她在早年的时候一定见过男性性器官，不过后来忘掉了。更进一步来说，第二个梦暗示着"幼儿期的性理论"。根据此理论，女孩都是阉割的男孩。我向她暗示她曾有过这种幼稚的想法时，立刻得到了她的证实。她告诉我，她听到过一个小男孩对小女孩说："切掉的吗？"而小女孩回答道："不，从来都是这样的。"

因此，第一个梦里的"将她的小女儿（性器官）支开"和那"威胁着的阉割"有关。她对母亲的埋怨根本上是责怪母亲为什么不把她生成男孩。而"被火车碾过"所象征的性行为在此梦里并不能明显看出来，虽然可以由其他许多来源予以证实。

梦例三　建筑物、梯状物、洞状物：性器官的象征 [1]

（一位有着强烈的"恋父情结"的年轻男子的梦。）

他正和父亲去一个地方散步，这个地方肯定是普拉特，因为他看到了圆形大厅。圆形大厅前面有一个小屋，小屋上面绑着一个看起来很软的气球。他父亲问他这些是做什么用的。对于父亲的问题，他感到惊讶，不过还是做出了解释。然后，他们走到了一个广场，上面延展着一大张锡片。他父亲想要割一块下来，他先小心翼翼地四处打量了一番，确认是否有人注意到他。他对父亲讲，跟门卫打一声招呼，就可以毫不费力地取下一些。一组台阶将这个广场引向一个洞穴，洞

---

[1] 弗洛伊德的《精神分析引论》(1916～1917年) 第12讲第7期再现了这个梦及其解释。

穴的四壁附有一些柔软的东西，形似一个皮面的靠背椅。洞穴的尽头与一个长方形平台相连，而平台的另一端则连接了另一个洞穴。

分析——这个做梦者的治疗效果应该不佳：在分析开始的一段时间里毫无阻抗，但自某一点以后，分析工作便变得难以推进。他几乎不需要帮助就自己把这个梦解析了。他说："那圆形大厅就是我的性器官。"通过更加详细的分析，我们可以把圆形大厅解释成臀部（孩子们习惯上把它看作性器官的一部分）。他父亲在梦中问他这些是做什么用的，即等于问他性器官的功能及目的是什么。这里我们似乎应该把角色颠倒过来，即将做梦者变为发问者。因为事实上他从来没有这样问过他父亲，所以我们把这一点当作做梦者梦中的一个欲望，或一个条件从句，"如果我向爸爸请教性方面的启蒙知识……"。在梦的另一部分，我们将看到这个梦的隐意的延续。

至于广场上的那张大锡片似乎不具有任何象征意义，它来源于他父亲的商务景象。出于慎重的考虑，我用"锡片"来替代他父亲真正经营的商品。除此之外，我不对梦的其他表述做任何改动。做梦者加入了父亲的企业，但他对父亲的经营手段不满。由此，我之前所分析的梦的隐意应该这样连接下去："如果我问他，那他也一定会像欺瞒他的客户那样欺瞒我。"而对于那个在梦中代表他父亲经商不诚的"割取"行为，做梦者也有自己的解释：代表着自我抚慰。

对于这个解释，我不仅早已熟知，而且其可以从如下事实得到证实：自我抚慰这个行为的私密性被反向表现出来，即它可以公开进行。他很快地把洞穴解释为女性性器官，这是因为其四壁有柔软的覆盖物。

按照以往的经验来看，我想说，就和往上爬台阶一样，沿着台阶向下走也代表着性行为。

对于连接两个洞穴的长方形平台，做梦者给出了自传式的解释。他有过一段时间的性行为经历，后来因为抑制的关系而停止了。现在他希望借助治疗而再度恢复性行为。然而，此梦到结尾，变得愈来愈不清晰。分析至此，凡是对释梦熟悉的人都会看出梦的内容中有第二个主题，而父亲的生意、他实施的欺骗，以及做梦者对第一个洞穴做出的解释，都指向做梦者的母亲。[①]

梦例四　梦中的人象征男性性器官，梦中的风景象征女性性器官

[B. 达特纳（B. Dattner）报告了一个有着警察丈夫、未受过教育的女人的梦。]

"……然后，有人闯进了房子，她吓坏了，大声叫来警察。但警察悄悄地走进了一座教堂[②]，由两名流浪汉陪同，通向教堂的路上有几级台阶[③]。教堂后面有一座小山[④]，山上有一片茂密的树林[⑤]。警察留着棕色

---

① 这个梦在首次出版时（弗洛伊德，1911 年 a）附加了以下段落："这个梦整体上属于'自传记梦'的常见类别，做梦者在其中以连续叙述的形式概述了自己的性生活。建筑物、地点和风景被用作象征性表现的频率，尤其是（不断重复）生殖器的频率，当然值得全面研究，并借助大量例子加以说明。"

② 象征女性性器官。

③ 象征性行为。

④ 象征女性性器官。

⑤ 象征女性性器官。

的胡子，戴着头盔和黄铜项圈，披着斗篷①。这两名流浪汉腰间系着麻袋状的围裙②，与警察和平相处。教堂前有一条小路通向小山，小路的两边长着草和灌木，越往上越茂密，在山顶变成了一片规则的树林。"

梦例五　儿童的阉割梦

1. 一个 3 岁 5 个月的男孩，很不喜欢他爸爸从前线归来。一天早上醒来时，他处于一种不安和兴奋的状态。他不停地重复："为什么爸爸把头放在盘子里？"昨天晚上他梦到他爸爸用盘子托着他的头。

2. 一位患有强迫性神经症的学生，讲述了他在 6 岁时经常做的一个梦：他到一家理发店理发，一个身形高大、表情严肃的女人走过来将他的头割了下来。这个女人正是他的母亲。

梦例六　排尿的象征

费伦齐在一本名为《菲迪布斯》的匈牙利漫画报上发现了登载的一系列图，他立刻意识到这些图可以用来很好地说明梦的理论。关于这些图，奥托·兰克已经在一篇论文中提到过（1912 年 a，第 99 页）。

这些图的标题是《法国保姆的梦》，但只有最后一幅图显示了保姆被孩子的尖叫声吵醒，这才引导我们认识到前面的 7 幅图代表了一个梦的不同阶段。第一幅图描绘了本应导致做梦者醒来的刺激：小男孩意识到了一种需求，并寻求帮助来应对。但在梦中，做梦者没有待

---

① 根据一位专家的说法，披着斗篷和兜帽的恶魔象征着男性性器官。
② 象征男性性器官。

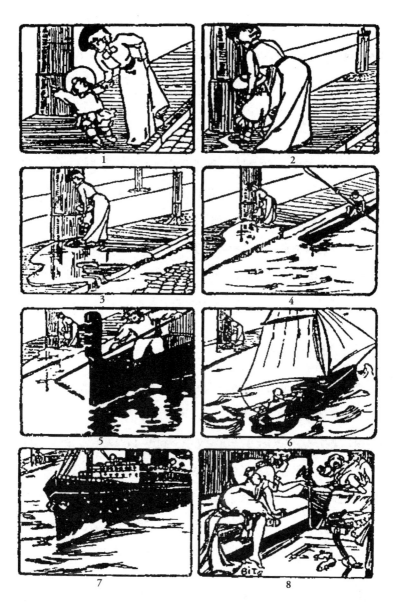

《法国保姆的梦》

在卧室里，而是在带着孩子散步。在第二幅图中，她已经把他带到一个街角，他正在那里小便，这样她就可以继续睡觉了。但唤醒刺激仍在继续，事实上，它越来越强。小男孩发现自己没有人照顾，尖叫声越来越大。他越是专横地坚持让保姆醒来帮助自己，做梦者就越是坚持相信一切都好，她没必要醒来。与此同时，梦将不断增强的刺激转化为各种符号，这表现为这个小男孩的尿液越来越多。在第四幅图中，尿液已经足够多，甚至可以使一艘划艇漂浮，接下来是一艘贡多拉（一种小船）、一艘帆船，最后是一艘客轮。这位别出心裁的艺术家以这种巧妙的方式描绘了对睡眠的渴望与对醒来的无尽刺激之间的斗争。

梦例七　爬楼梯的梦

（由奥托·兰克报告并解释的梦。）[①]

我十分感谢一位同事，他不仅为我提供了牙齿刺激的梦，同时为我提供了这一隐喻明显的梦。

我沿着楼梯冲下去，追逐一个对我做了件什么事的小女孩，我要惩罚她。在楼梯底部，有一个人（可能是一个成年女人？）替我截住了小女孩，我抓到了她，但不知道有没有打她。因为我忽然发现自己和小女孩在楼梯中间发生了性行为（好像飘浮在空中）。在这个过程中，我也看到，我的左上方挂着两幅小画（也像是飘浮在空中），描绘的是有树木环绕的房屋风景。比较小幅的画下端署的不是画家的名字，反

---

① 没有在其他地方发表过。

而是我的名字，好像是要送给我的生日礼物。然后我看见两幅画前面的标签，上面写着还有更便宜的画（然后我非常模糊地看到自己，就好像我躺在楼梯平台处的床上），而后我就醒过来了。

分析——做这个梦的当天傍晚，做梦者曾经在一个书店里，在等待店员招呼时，他望见展列在那里的画。这和他在梦中看到的相似，其中一幅小画他很喜欢，于是他想靠近看看作者是谁，但发现自己根本不认识这个作者。

之后，他和几个朋友聚在一起，有人向他讲述了一个故事——一个波西米亚女佣吹嘘自己有个私生子，是在楼梯上怀上的。针对这个不寻常事件的细节，做梦者进行了细心询问。女佣和她的爱慕者回到了她父母的家里，由于找不到合适的机会，情急之下就在楼梯上发生了性行为。当时，做梦者添加了一个讽刺掺假酒的诙谐引喻，说私生子事实上是从"地窖楼梯上的葡萄酒"里造出来的。

那天傍晚发生的事和他晚上做的梦有密切的联系，而做梦者在梦中毫无障碍地将这种联系呈现了出来。但他很难把梦中属于幼儿期回忆的那部分挖掘出来。这个楼梯是他童年时用来消磨时光的地方，并且他就是在这里第一次有意识地接触到性的问题。他常在这个楼梯上做游戏，此外还经常跨骑在楼梯的扶手上滑下来，这也给他带来了性愉悦。在梦中，他也是很快地冲下楼梯，非常非常快。从他的话看来，他并没有把脚放在台阶上，而是像人们所说的"飞一样地"冲下来。如果考虑到小时候的经验，那么梦的开始部分则表现出性兴奋的因素。做梦者曾和邻居家的小孩在此楼梯以及其他建筑物里嬉闹玩着有关性的游戏，并曾用如同梦中的方式来满足自己的欲望。

弗洛伊德对性象征的研究表明，梦中的楼梯和上楼几乎总代表性行为（1910 年），若我们牢记这一点，那么这个梦就会变得非常清晰。它的动机正如它的结果所表明的那样，是一种纯粹的力比多的释放。做梦者的性兴奋在睡眠中被唤醒，在梦中表现为他冲下楼梯。做梦者基于儿童时期的嬉戏所产生的性兴奋中的虐待倾向，在梦中表现为追逐及控制女孩。力比多冲动不断增加并指向性行为，在梦中表现为抓住女孩，并把她放在楼梯的中间。直到这里，梦中的性欲都是象征性的，而这对没有什么经验的释梦者来讲是难以理解的。然而，此种强度的力比多兴奋还不足以干扰做梦者的安稳睡眠，但这种性兴奋最终导了了性高潮。因此，整个楼梯事实上代表着性行为。此梦很明显是弗洛伊德观点的例证，即它证实了上楼梯象征着性行为，这是因为这两种活动都具有律动性的特征，做梦者在梦中很清楚且很确定的因素便是性行为和上下动作节奏。

而对于那两幅画，除了其实际意义，我还要补充几句。它们还象征着"放荡的女人"（weibsbilder）。很明显，梦中有一幅较大和一幅较小的画，分别象征着一个大女人（成熟）和一个小女孩。而"还有更便宜的画"则代表了娼妓情结；而做梦者的名字呈现在较小的那幅画下端，以及那是自己的生日礼物的联想，则暗示着父母情结。

而梦结尾那不明显的一幕，做梦者看见自己躺在楼梯平台处的床上，同时感到潮湿，似乎指的是幼时性欲期的更早期，可追溯到婴儿期尿床引起的相似的快感。

梦例八　一个变异的楼梯梦

我的一位患者因患有严重的禁欲神经症，他的潜意识幻想被固定在他的某位女性亲属身上，他反复梦见和她一起上楼。我曾对他说，适度的自我抚慰对他的伤害可能比强迫性禁欲要小，这引发了以下这个梦。

他的钢琴老师责备他没有好好练琴，没有练习莫谢莱斯的《练习曲》和克莱门蒂的《名手之道》这两首曲子。

在交谈中，他指出钢琴练习曲也是"楼梯"，琴键本身就是一个楼梯，因为它包含了音阶（梯状物）。

可以说，这个梦中的所有内容都代表了性的事实和欲望。

梦例九　真实感与重复表现

这是一个来自一位 35 岁男人的梦。他记得很清楚，并强调说是自己 4 岁做的梦。

那位被委任执行父亲遗嘱的律师（在他 3 岁时，父亲就去世了）带来两个梨子，其中一个给了他，另外一个被他放到起居室的窗台上。第二天醒来后，他坚信梦中的内容是真的，并固执地要求母亲拿下那个梨子给自己。对此，他母亲很不当回事儿。

分析——这位律师是一位很快乐的老绅士，做梦者似乎记得他真的曾经买来一些梨子。窗台就像他在梦里见到的一样。这两件事一点儿关联都没有，只是他妈妈不久前告诉过他自己做的一个梦，说有两只鸟停在她头上，她想着它们什么时候会飞走。鸟并没有飞走，其中一只还飞到她嘴上吮吸着。

因为做梦者的自由联想并不成功，所以我们尝试用象征隐喻来解释。那两个梨子代表的是他母亲哺育他的一对乳房，窗台则是他母亲前胸的投影，与房屋梦中的阳台含义相同。醒来后，他的真实感是合理的，因为他的母亲真的在他小时候给他喂奶了，他在 4 岁时还在吃母乳。[①] 这个梦可以这样解释："妈妈，再给我（让我看看）那从前我吮吸着的乳房吧。""从前"是以他已经有了一个梨子为代表；"再"则以他索要另一个梨子为代表。在梦中，对某种行为的重复通常以物品数量增加为表现。

在一个才 4 岁的孩子的梦中就已出现象征作用了，这自然令人意外，然而这是规律。我们或许可以这样总结，做梦者从一开始就发挥象征作用了。

下面是一位 27 岁的女士的一段回忆，这段回忆展示了早期象征手法在梦内外的运用。她当时三四岁，保姆带着她、一个比她小 11 个月的弟弟和一个年龄在两个人之间的表妹一起去厕所，随后出去散步。作为老大，她使用坐便桶，而弟弟和表妹用便盆。她问表妹："你也有钱包吗？沃尔特有小香肠，我有钱包。"她的表妹回答说："是的，我也有一个钱包。"保姆听了他们的话，觉得很有趣，就讲给了孩子们的母

---

① 弗洛伊德在其关于詹森的《格拉迪瓦》（1907 年 a）的研究第二章末的一段话中，以及在他对狼人梦的第一次评论中都坚持这一点，即在意识到梦的现实或梦的某些部分后，一种特别强烈的感觉实际上与梦的隐意有关。

亲听，结果孩子们的母亲严厉地斥责了他们一顿。

我将在这里插入一个梦 [阿尔弗雷德·罗比采克（Alfred Robitsek）在 1912 年的一篇论文中所记]，在这个梦中，只需做梦者的稍许帮助，精妙的象征就可以帮我们对梦做出清晰的解释。

梦例十　正常人梦中的象征问题

反对精神分析的人经常提出一种反对意见，最近哈夫洛克·埃利斯（1911 年，第 168 页）也提出了这种反对意见，他认为，尽管梦中象征可能是神经症的产物，但却不会发生在正常人身上。然而精神分析研究发现，正常人与神经症患者的生活之间并没有质的差别，而只有量的差别。的确，梦的分析表明，被压抑在潜意识中的情结在正常人和患者身上是同样的运作方式，运作机制与象征作用完全相同。正常人纯真的梦相比神经症患者而言含有一些更简单、更聪明及更特殊的象征，因为在神经症患者身上，稽查制度更严、梦的伪装更加高级，使象征变得更含糊、不易解释。下面引入的这个梦例正说明了这一事实。

这是来自一个女孩的梦，她并没有患神经症，但她性格拘谨、保守，因此很适合在此列举她的梦。在与她的交谈中，我得知她已订婚，然而某些原因使她的婚期不得不延后。她主动向我讲述了下面的梦。

"为了庆祝生日，我在桌子中央摆上了鲜花。"在回答问题的时候，她告诉我，在梦里她似乎是在家里（她目前并不住在那儿），因而有一种"幸福的感觉"。

基于象征作用的常用解释，我在没有做梦者协助的情况下也能解释此梦。此梦是做梦者渴望做新娘的愿望的表达：桌子和中央的鲜花分别代表她本人和她的性器官。而在梦中她已然实现了愿望（结婚），开始考虑要孩子了，这说明结婚在她的潜意识里早已过去好久了。

　　我向她指出"桌子中央"并不是一种常见的表达方式（她承认了），但我当然不能直接针对这点多加询问。我小心翼翼地避免向她暗示这些符号的含义，只是问她对于梦中的各个部分有什么联想。在分析的过程中，对解释的兴趣使她一改保守的风格，而且通过严肃的谈话，她也变得坦然了。

　　我向她询问桌子上摆放的是哪种花，她开始的说法是"昂贵的花、人们需要付费购买的花"，而后她又说它们是"山谷中的百合、紫罗兰、石竹花或康乃馨"。我假设在她梦中出现的"百合"使用的是通常的意义，即象征着纯洁。这一假设得到了她的证实，因为她由百合产生的联想就是纯洁。山谷通常是女性的象征，所以梦的象征利用两种花的英语名称的偶然配合强调出她贞操的可贵——"昂贵的花、人们需要付费购买的花"，并且表达出她期待丈夫能够重视其价值。而在几种不一样的花的象征中，"昂贵的花"有着不一样的意义。

　　"violets"（紫罗兰）表面看来没有什么性的意义，但在我看来，它似乎有着大胆的寓意，我认为也许可以从这个词与法语单词"viol"（强奸）的无意识联系中找到它隐藏的含义。令我惊讶的是，做梦者联想到英语中的"violate"（暴力）。此梦利用了"violet"和"violate"两个词的偶然相似——它们只在最后字母的发音重点上有差异，以"花的语言"表达出做梦者的想法，显露出她的性格特征。这是利用"词桥"连接到潜意识的一个很好的例子。"人们需要付费购买"指明要成为妻子或母亲就要以自己的贞操作为代价。

关于"pinks"（石竹花），她在后面称之为"carnations"（麝香石竹），我认为这个词可能和"carnal"（肉体的）有关。但做梦者的联想是"colour"（颜色），她说麝香石竹是她未婚夫最经常送她的花。说完以后，她突然承认自己所说并不属实：她联想到的不是颜色而是肉体的——正是我所预测和期望的词。

补充说一下，"colour"（颜色）一词的联想也不是没有理由的，这是由"carnation"（肉色）的意义联想决定的——也就是说，它们是由同样的情结决定的。在这一点上，做梦者的试图隐瞒，表明它就是最大的阻抗。与其相对应的事实是，这一点的象征性最明显。对于她的未婚夫为何常常送她这种花，做梦者的理解是，不仅因为"carnations"这个词具有双重意义，还暗示着它们在梦中象征着男性性器官。"花"这个礼物，是她梦中的一个刺激性因素，这一点源自她当下生活中对花的喜爱。在梦中，它被用来表达的是一种性礼物的交换。她把自己的贞操当成一份礼物，并盼望着得到回报。如此看来，"昂贵的花、人们需要付费购买的花"无疑也有着金钱上的含义。因此，这个梦里的"花"同时代表了女性贞洁、男性暴力性行为。需要指出的是，以花作为性的象征较为普遍，比如花是植物的性器官，被用来象征性器官；现实生活中，情侣之间互赠鲜花，也包含此种潜意识意义。

毫无疑问，她在梦中准备庆祝的生日意味着一个孩子的出生。她把自己认同为未婚夫，并代表未婚夫"安排"自己分娩，也就是说，与她发生关系。她潜在的想法可能是："如果我是他，我就等不及了——我会直接与她发生性行为，而不会问询她的想法。我会使用暴力。"这一点通过"violate"一词也能反映出来。

在梦的更深层次，"我在……"这句话无疑有一种自体性欲的成分，也就是说，具有一种幼儿期的意义。

做梦者还透露了她对自己身体缺陷的注意，而这只能在梦中才得以表达。她把自己看成一张扁平的桌子，没有突起，并且强调着"中央"的可贵——在另一种场合里，她用了"中央的一朵花"这种表述，指自己的贞操。桌子的扁平一定也具有象征意义。

我们应当注意此梦的浓缩特征，没有多余的内容，每个字都是一个象征。

后来，做梦者对这个梦做了补充："我用绿色折纸点缀了花朵……"随后，她又说这是用来装饰普通花瓶的"装饰纸"。她继续说道："……用来掩盖瑕疵或者碍眼的东西，防止被人看见。群花之间有一处间隙，是一个小空当。这些纸看上去有点儿像绒布或苔藓。"由"decorate"（装饰），她想到了"decorum"（体面），和我料想的一样，她选用的是绿色，是关于"hope"（希望）的联想，这是关于怀孕的又一个联想。这部分梦的主题是害羞和自我表现，而不是对男人的认同。为了他，她把自己打扮了一番，并对使自己感到羞耻的身体缺陷坦然承认，还尝试进行矫正。无疑，她的"绒布"和"苔藓"联想都与之相关。

因此，这个梦表达了做梦者在清醒生活中几乎没有意识到的想法——与肉欲及其器官有关的想法。她正在"被安排过生日"——也就是说，她正在被动地与人发生性关系。它亦表露了做梦者的恐惧，也许还有痛并快乐着的心理。她承认自己身体上的缺陷，而对自己的处女身份赋予过高的价值来寻求补偿。她的羞耻心看似是肉欲迹象的借口，但目的在于生一个婴孩。在梦中，与情侣间心意无关的物质考虑也找到了表达的途径。依附于这个简单的梦的感情——一种幸福的感觉——表明那强有力的情绪情结已在梦中得到满足。

费伦齐（1917 年）[1] 恰如其分地指出，象征的意义和梦的意义可以特别容易地从那些不熟悉精神分析的人的梦中获得。

我将插叙一个当代历史人物的梦。我这样做是因为在梦中，一个在任何情况下都能恰当地代表男性性器官的物体在特定情景下能更清晰地象征男性性器官。马鞭无限延长，除了象征性器官正处在兴奋状态，很难被理解为其他含义。除此之外，这个梦也是一个很好的例子，可以说明一种无关性的严肃的想法，能够用幼儿期的性材料来表现。

梦例十一　俾斯麦的梦[2]

在他的《俾斯麦：凡人与政治家》中，俾斯麦引用了他于 1881 年 12 月 18 日写给威廉大帝的一封信："陛下的来信鼓舞我在这最艰难、肉眼看不到出路的日子里禀奏我于 1863 年秋天做的一个梦。第二天早上，我告诉了我的妻子和其他在场的人：*我骑行在一条狭窄的阿尔卑*

---

① 本段增写于 1919 年。
② 摘自汉斯·萨克斯于 1913 年发表的一篇论文。

斯小路上，右边是悬崖，左边是岩石。路越来越窄，马不肯前行，我既不能返回，也不能下马。然后，我左手拿着马鞭，打在光滑的岩石上，呼唤上帝。马鞭无限延长，岩壁如舞台布景般落下，开出一条宽阔的大道，我远眺山林，那里犹如波西米亚的风景；那里有竖着旗帜的普鲁士军队，甚至在我的梦中，我立刻想到我必须向陛下报告。在梦中我的梦想实现了，于是我醒来时欢呼雀跃，备受鼓舞……"

这个梦可以分为两个部分。在第一部分中，做梦者发现自己陷入了绝境，而在第二部分中，他奇迹般地获救了。马和骑马者所处的困境是一个很容易辨认的梦境，反映出这位政治家的危险处境。他可能在做梦的前一天晚上，思考到政策问题时特别痛苦地感受到了这一点。在上面引用的这段话中，俾斯麦本人使用了同样的比喻——没有可能的"出路"，来描述他当时的绝望。因此，梦境的意义对他来说已经很明显了。同时，我们看到了西尔伯勒"功能现象"的一个很好的例子。做梦者头脑中发生的过程——他的思想所尝试的每一个解决方案都会遇到无法克服的障碍，尽管如此，他不能也可能无法摆脱对这些问题的顾虑——用梦中既不能前进也不能后退的骑马者来呈现最为恰当。他的骄傲阻止了他投降或撤退的想法，这在梦中用"既不能返回，也不能下马"这句话来表达。俾斯麦是一个不断努力、为他人着想的实干家，他把自己比作一匹马的想法很容易理解。事实上，他在很多场合都是这样做的，例如他那句经典的名言："好马死而后已。"从这个意义上说，"马不肯前行"这句话的意思，无非是这位过度疲惫的政治家觉得有必要摆脱眼前的忧虑，或者说，他正在通过睡觉和做梦将自己从现实原则的束缚中解放出来。在梦的第二部分，欲望满足的冲动变得如此突出，这已经在"阿尔卑斯小路"这几个字中得到了暗示。毫无疑问，俾斯麦当时已经知道，他将在阿尔卑斯山的加斯坦度过下一个假期，因此，这个梦把他带到了那里，使他一举摆脱了国家事务的所有负担。

在梦的第二部分，做梦者的欲望以两种方式得以满足：毫不掩饰的方式和象征的方式。欲望的满足象征性地表现为作为阻碍物的岩石的消失，以及在它的位置出现了一条宽阔大道——他正在寻找的最方便的"出路"；而且，梦中前进的普鲁士军队的画面也毫不掩饰地体现了这一点。想要解释这种预言性的愿景，我们不需要构建任何神秘的假设，弗洛伊德的欲望满足理论就足够了。在做这个梦时，俾斯麦就已经希望在与奥地利的战争中取胜，以此作为解决普鲁士内部冲突的最佳方式。因此，正如弗洛伊德所假设的那样，做梦者看到普鲁士军队在波西米亚，也就是在敌国领土竖起旗帜，代表着做梦者欲望的满足。这个梦例的唯一特点是，俾斯麦这位做梦者并不满足于在梦中实现自己的愿望，而是知道如何在现实中实现。熟悉精神分析的人都会注意到一个特征，就是马鞭，那"无限延长"的马鞭。鞭子、棍子、长矛和类似的物体是我们熟悉的性器官的象征；但是，当鞭子进一步具有性器官最显著的特征，即延展性时，其象征意义便更加明确了。对这一现象的夸大，即鞭子无限延长，似乎暗示了来自童年时期的精力宣泄①。做梦者手里拿着鞭子，这显然是在影射遥远的童年欲望。斯

---

① 萨克斯使用这个词似乎只是为了表示"额外的贯注"。

特克尔认为，梦中的"左"代表错误、被禁止和有罪的东西，这一解释在这里很重要，因为它很可能适用于童年时期面对禁令进行的自我抚慰。在这个最深层的童年经验层次和最表面的政治家近期计划层次之间，有可能发现一个与这两个层次都有关的中间层。鞭打岩石，同时祈求上帝帮助自己奇迹般地从困境中逃脱的整个情节，与《圣经》中的一些场景非常相似。我们可以毫不犹豫地假设，俾斯麦对《圣经》的所有细节都很熟悉，他来自一个热爱《圣经》的新教家庭。在这个冲突时期，俾斯麦很可能将自己视作一个试图解放人民却被报以叛逆、仇恨和忘恩负义的领袖。那么，在这里，我们应该联系做梦者当时的愿望。我们可能会饶有兴趣地观察将这两幅异质图景（一幅来源于一位天才政治家的头脑，另一幅来源于儿童原始冲动）焊接在一起的修正过程，并以此方式成功地消除所有令人痛苦的因素。

我们应该预料到，在儿童原始冲动幻想（包括禁止这个主题）结束时，儿童会希望他周围的权威人士对所发生的事情一无所知。在梦中则相反，做梦者希望立即向皇帝报告发生的事情。但这种反向表征非常巧妙地融入了包含在梦的隐意表层和梦的部分显性内容中的胜利幻想。像这样的胜利和征服的梦，往往是对希望在性关系征服中取得成功的掩饰。这个梦的某些特征，例如做梦者前进的道路上有障碍，但在他使用可延长的马鞭后，开辟了一条宽阔的道路，可能指向这个方向，但我们要推断这种贯穿整个梦境的确切想法和愿望，还是缺乏充分依据。我们这里有一个梦成功伪装的完美例子。里面所有令人讨厌的东西都经过了处理，因此完全不会透过覆盖在表面的保护层呈现出来，如此可以避免任何焦虑的释放。这个梦是在不违反稽查制度的情况下成功满足欲望的理想案例，因此我们完全可以相信做梦者从梦中醒来时"欢呼雀跃，备受鼓舞"。

下面是最后一个梦。

梦例十二　一位化学家的梦

这是一位年轻男子的梦，他正在努力戒掉自我抚慰的习惯，转而与女性发生性关系。

在做梦的前一天，他负责指导学生做格氏反应实验，即镁在碘的催化作用下溶解在纯乙醚中的化学反应实验。两天前，有人在做这个实验的过程中发生了爆炸，其中一位参与人员的手被烧伤了。

1. 他似乎是要合成苯镁溴化合物。他很清晰地看到了实验器具，但却用自己替代了镁。现在，他发现自己处在一个很不安定的状态。他不断地对自己说："这样是对的，事情进行得很顺利，我的双脚已经开始溶解，膝盖也变软了。"然后他用手抚触着脚。这时他把双脚抬出容器（他不能说出是怎样做的），对自己说："这不会是对的。虽然，应当是这样的。"这时，他已经半醒，不过为了要向我报告，他就重温了一下此梦。他对梦的解决①感到非常害怕，在这半睡状态中，他很激动并重复着"苯，苯"。

2. 他住在一个地方（此地名称以"ing"结尾）②，他与一位女士约好

---

① 德语为"auflösung"，意为解散，用在此处代表溶解。
② 大概是维也纳的郊区，斯卓腾托尔靠近城中心。

11 点 30 分在斯卓腾托尔会面。然而他在 11 点 30 分才醒，他自言自语道："来不及了，12 点 30 分前一定到不了。"然后，他看见全家人都围坐在餐桌边，他母亲的形象格外清晰。之后，他又看见女佣正在端一个汤碗，因此想道："我们都要开始吃饭了，现在出去可能已经太晚了。"

分析——他自己也认同，即使是第一部分的梦也和与他会面的女士有关（这个梦发生在他约会的前一天晚上）。他认为他指导的那位学生是特别令人讨厌的，他曾对学生说："这是不对的。"学生做的实验中镁未产生任何反应，而学生却以一种漠不关心的语调回答："是的，没有反应。"这位学生一定是代表他自己（患者），因为他对自己的分析就像学生对合成反应一样漠不关心。而梦中的"他"则代表我。对于他不关心梦的分析结果，我一定是很不高兴的！

换句话说，他（患者）是我用来分析（合成）的材料。治疗效果是问题关键所在。梦中他的双腿让我联想到前一天晚上的经历。那天傍晚，在结束舞蹈班的练习后，他遇上了他想追求的那位女士。于是，他将她紧紧抱住，因为抱得太紧，她发出了一声尖叫。当他将施于她双腿的压力减小后，他可以感受到她强力的抵抗正施向他的大腿和膝盖。梦中提到了膝盖，由此看来，这位女士正是瓶里的镁。事情终于逐渐清晰。对我来说，他是女性化的，就像他对女人来说是男性化的一样。如果他和那位女士的关系进展顺利，那么他的治疗也能顺利完成。他本身的感觉和膝盖的感受在梦中都指向自我抚慰，这和他前一天的疲倦有关。他和女士的约会事实上是在 11 点 30 分，而他想以睡过头来回避，和他的性对象留在家里（即继续自我抚慰）则对应着他的阻抗。

关于他反复叨的"phenyl"（苯），他的说法是，他一向很喜欢末尾是"-yl"的化学基团，因为它们用起来很方便，如 benzyl（苄基）、acetyl（乙酰基）等。这是一个毫无用处的信息。但当我把"schlemihl"①作为这类基团之一提出时，他露出了开心的笑容，并对我说，在这个夏天，他读了一本马塞尔·普雷沃的书，书中有一章是"被拒绝的爱"，里面涉及对"无能之人"的指摘。当他读到这些文字时，他自语道："就像我一样。"他认为自己错过了约会，就是另一种无能的表现。

梦中的性象征似乎已经被施罗特尔根据斯沃博达的假设所做的实验予以证实，施罗特尔给受试者以指导，使其进入深度睡眠状态，结果发现受试者所做梦的大部分内容是指导语决定的。如果暗示受试者应梦见正常或不正常的性交，那么为了遵从暗示，受试者的梦就会利用那些为精神分析所熟悉的象征来代表性的材料。然而，做了这个实验不久后施罗特尔就自杀了，因此我们无法给这些有趣实验的价值以恰当的评估。而实验的相关记录，也只是出现在《精神分析公报》刊载的一篇初步通讯中。

罗芬斯坦（Roffenstein）于 1923 年有类似的发现。贝特海姆（Betlheim）和哈特曼（Hartmann）于 1924 年进行的一些实验特别有趣，因为他们没有使用催眠。这些实验者将具有粗俗性特征的轶事与患有科尔萨科夫综合征的患者联系起来，并观察当患者在这些混乱状态下重现这些轶事时发生的扭曲。他们发现，我们熟悉的释梦象征（例如，

---

① "schlemihl" 与以 "-yl" 结尾的词押韵，源自希伯来文，在德语中常用来指不幸、无能的人。

上楼、刺伤和射击作为性行为的象征，刀和香烟作为性器官的象征）出现了。实验者们特别重视楼梯的外观，因为正如他们观察到的那样，"没有任何有意识的扭曲欲望会产生这种象征"。

只是现在，在我们正确评估了梦中象征意义的重要性之后，我们才有可能开始讨论前文提及的典型梦。我想应该把这些梦大略地分为两类：一类是永远具有同一意义的，另一类是内容相同但解释意义各不相同的。关于第一类典型梦，我在考试梦的部分已经相当详细地说明过。

错过火车的梦应该与考试梦放在一起讨论，因为它们的作用是相似的，而且对它们的解释表明我们这样做是正确的。它们是对睡眠中另一种焦虑——死亡恐惧的安慰之梦。旅途中的"离去"是最常见、最可靠的死亡象征之一。这些梦以安慰的方式说"别担心，你不会死（离开）"，就像考试梦安慰地说"不要害怕，这次也不会伤害你"。理解这两种梦的困难之处在于要理解焦虑的感觉是与安慰的表达高度相关的。①

关于"牙刺激"梦②的解析经常在治疗患者时遇见，但在很长一段时间里，我都对此感到束手无策，因为分析这种梦的过程中总是出现强烈的阻抗。但有充分的证据使我确信，男性做这些梦的动机都来源于青春期自我抚慰的欲望。我将分析两个这样的梦，其中一个是飞翔

---

① 仅在 1911 年版中出现了以下句子："死亡符号在斯特克尔（1911 年）最近出版的一本书中得到了详尽的阐述。"

② 本段和接下来的 6 段增写于 1909 年。

梦，它们都是同一个人的梦。

第一个梦：他身在一家剧院里，正坐在前排观赏《费德里奥》的演出。他的身旁坐着一位先生，一个与他志趣相投的人，他很想与这位先生成为朋友。突然，他腾空而起，飞向剧院大厅，而后将手放入嘴里，拔下了两颗牙齿。

他在解释"飞起来"时，说像是被"抛"到空中的感觉。因为演的是《费德里奥》，因此，其中比较合宜的台词是：

他获得了一位可爱的女人的青睐。

这看起来似乎是合适的，但即使是获得最可爱的女人的青睐也不是做梦者的愿望。另外两句台词更为恰当：

他做到了伟大的抛弃，成了朋友之友。[①]

事实上，梦的主题正是这"伟大的抛弃"。然而这"伟大的抛弃"一定不是一个愿望的表达，它还包含着痛苦的反思，即在交友方面，做梦者一向都是让人同情的对象，即"被抛弃者"；同时也包含着他的担忧，即他害怕这种悲剧会再次在他与他身旁这位同他一起看《费德里奥》的先生之间上演。

第二个梦：有两位他熟识的大学教授正在为他治疗，其中不包括我。其中一位对他做了些处理，他担心是动了手术。另一位用铁棒将他的嘴顶住，拔掉了他的一两颗牙齿。而他则被 4 条绸布束缚着。

---

① "他做到了伟大的抛弃，成了朋友之友""他获得了一位可爱的女人的青睐"……这是席勒的《欢乐颂》第二节的开场白，贝多芬在他的《合唱交响曲》中为其配乐。但其中的第三句（弗洛伊德在上面首先引用的那句）实际上也是贝多芬歌剧《费德里奥》中合唱团最后一段的开场白——他的剧本作者显然抄袭了席勒。

毫无疑问，此梦具有性意义。那绸布暗示着做梦者的认同作用。做梦者从来没有过性行为，在真实生活中也从来没有想过和男性发生性行为。因此他想象的性行为源于他青春期常有的自我抚慰。

在我看来，有牙齿刺激内容的典型梦的变式（如被拔牙的梦等），都可以按一样的方式来解释。[①] 然而，我们所不理解的是，"牙齿刺激"何以具有这种意义呢？对此，我提醒读者注意，被压抑的性内容常表现为身体部位由下向上的移位。[②] 正因为这一点，癔症中，性器官的感觉和意图在其他身体部位上表现出来。这里有一个例子，在潜意识的象征中，性器官以面孔来替代。在语言学上，屁股和面颊是相似的["hinterbacken"的字面意思是"后面颊"（back-cheeks）]。女性性器官与嘴唇相似，鼻子则被比作男性性器官。只有牙齿没有任何可能的类比，但正因为这种众多相似组合下的非相似性特征，牙齿在性压抑下很适宜用来当作表现的媒介。

然而，我不能就此妄想把牙齿刺激的梦是欲望梦的论断全部解释清楚，尽管这种论断的正确性已毋庸置疑。[③] 我已经尽量解释，尚未解

---

① 1914 年加注：一颗牙齿在梦中被别人拔掉通常被解释为阉割（就像理发师理发一样）。一般来说，必须区分牙科刺激的梦和牙医的梦，例如柯里阿特（Coriat）（1913 年）的记录。

② 这方面的例子可以在杜拉的案例中找到（弗洛伊德，1905 年 e）。下面的比较是弗洛伊德在 1899 年 1 月 16 日写给弗利斯的信中进行的（弗洛伊德，1950 年 a，102 号信件）。

③ 1909 年加注：荣格的一次通信告诉我们，在女性身上出现的牙齿刺激的梦具有分娩梦的意义。

1919 年加注：欧内斯特·琼斯（1914 年 b）已经明确证实了这一点。这种解释和上面提出的解释之间的共同点在于，在这两种情况（阉割和生育）下所讨论的问题都是身体的一部分与整体分离。

决的部分只能暂且放下。在此，我说明一下习惯用语中的另一个相关内容。在德语中，自我抚慰的行为被含糊地称为"拔出来"（sich einen ausreissen）或"拔下来"（sich einen herunterreissen）。[①] 虽然我不知道这些词出自哪里，也不知道它们是基于什么样的想象，但"牙齿"与两个短语中的前者倒是十分对应。

根据大众常识，梦见牙齿掉下来或被拔掉可解释为亲属的死亡，但由精神分析的观点来看，这最多只在玩笑中才能成立（前面已说过）。不过这里，我却想引用兰克提供的一个关于牙齿刺激的梦例。[②]

"我的一位同事一直对梦的解析问题抱有浓厚的兴趣。他在给我的信中讲述了这个有关牙齿刺激的梦。

"不久前我做了这样一个梦：我来到牙科诊所看牙医，牙医在为我下颌的一颗坏牙打钻。结果他钻过了头，致使这颗牙废掉了。而后，他用镊子拔它，没费多大劲就拔了出来，这使我感到很意外。他把牙放到桌子上，然后告诉我不要动它，因为他真正要治疗的不是这颗。这颗牙（此时想来，似乎是一颗上门牙）后来分离成好多层。我从牙科手术椅子上爬起来，好奇地靠近它，并问了一个我很感兴趣的医学问题。牙医一面把我出奇锋利的白牙的各层分开，并用某种器具捣碎，一面回答说：这和青春期有关，因为只有在青春期以前，牙才这么容易掉出来，而如果是女性的话，生孩子后才会这样。

---

① 1911 年加注：参照自传梦。
② 本段和随后的兰克引文首次收录于 1911 年。引文来自兰克 1911 年 c，同一个做梦者的楼梯梦。

"之后（我十分确信我当时处在半醒半睡状态），这个梦同时还伴随着我的自我抚慰，但我不能确定这次自我抚慰与梦的哪一部分有关。

"然后我又梦见一些我完全回忆不起来的事情，不过梦的结尾如下。

"我把帽子和大衣遗留在某个地方（也许是在牙医的衣帽间内），希望有人会赶来还给我。而我那时只穿着外套，正在追一列已经开动的火车。我在最后一刻跳上了末尾的车厢，但已经有人站在那里。虽然我不能挤到车厢里面，不得不忍受旅途的拥挤，最后终于避开了拥挤。火车驶入一条大隧道，而后迎面开来两列火车，并自我们的车厢穿行而过，好像我们的火车就是一条隧道。我由一节车厢的窗户向外望去，好像自己已经置身车厢之外。

"而做梦前一天的经验与思绪提供了解释此梦的资料。

"（1）最近我确实因为牙的问题在接受牙医的治疗，而在做梦当天，我下颌的某颗牙持续地疼着，梦中牙医所钻的正是这颗。事实上，那次治牙持续的时间的确很长。我再度因为牙疼去看牙医，他和我说也许还要拔掉下颌的另一颗牙，因为疼痛也许正源于此处，那是颗智齿。那时我问了一个问题，关系到他的医德。

"（2）当天下午，我因为牙疼而冲一位女士发了火，后来又因此向她致歉。接着，她告诉我，她一颗牙的牙冠几乎全废了，但担心拔掉它时会把牙根拔出来。她认为拔'上颌犬齿'是既疼又危险的事。尽管之前一位熟人曾告诉过她，拔上牙一点儿都不困难，她的坏牙就在上颌，但是她仍旧很担心。这位熟人还对她讲过，有一次他在麻醉状态下被拔错了牙，这更加剧了她对手术的恐惧。然后她又问我'上颌犬齿'是臼齿还是犬齿，以及我对它们的认识。我向她指出所有这些说法都有迷信的成分，虽然同时也强调了某些大家所接受的事实。之后她向我提起一个很古老而流传甚广的传说，即如果孕妇牙疼的话，那么她怀的可能是一个男孩。

"（3）这个说法引起了我的兴趣，因为这让我想到弗洛伊德在《梦的解析》中所提到的'牙齿刺激的梦是自我抚慰的替代'。这位女士说在民间传说中牙齿和男性性器官（或男孩）是相关的，于是当天晚上我就翻阅《梦的解析》的有关部分。我发现下面这些论点和前述两件事均对我的梦产生了影响。弗洛伊德对牙齿刺激的梦的观点是：'对男性来说，这些梦都是由青春期自我抚慰的欲望而来。''在我看来，对于各种有牙齿刺激的典型梦的变体（如牙齿被拔掉等），都可以给出同样的解释。但让我们感到困扰的是，'牙齿刺激'为何会具有此种意义。对于这一点，我想强调对性的压抑常常造成身体从下向上的移位（在这个梦中，是由下巴转到上颌）。''因而，癔症患者才会这样表现：原本是与性器官有关的情感和意愿，却表现在了其他不会惹来非议的身体部位上。'他继续说道：'在此，我说明一下习惯用语中的另一个有关内容。在德语中，自我抚慰的行为被含糊地称为"拔出来"或"拔下来"。'我在青少年时就已经了解到这种关于自我抚慰的表达，而且凡是有经验的释梦者都能轻易地由此种表述发现梦中隐藏的童年期材料。梦中牙齿（之后变成上门牙）如此轻松地被拔出来，这使我记起，我在儿童时期曾很容易地就将一颗松动的上门牙拔出，而未曾感受到疼痛。到现在，我仍清楚地记得这件事。恰好也是在这一时期，我第一次有意识地尝试自我抚慰（这是一种屏蔽记忆[①]）。

"弗洛伊德援引过荣格这样一个观点，女性做的牙齿梦具有'分娩'的意义，加上人们所普遍相信的孕妇牙疼具有特殊意义，构成了（青春期）男女梦的差异的决定性因素。由此，我想起了一个梦，那是从牙科诊所回来后不久做的。梦中，我刚镶上的金牙冠掉了出来，这使梦中的我大为愤怒，因为我已花了很多钱，但是这笔钱竟然没有治好我的牙。现在我已经能了解这个梦的意义了（在获得了许多经验以后），这实际上是在承认自我抚慰相对于客体爱的物质优势。因为从经济的角度来看，后者是无论如何也比不上前者的。我认为这位女士关于孕妇牙疼意义的说法再次唤起了我的这些想法。

"我同事提出的解释到此结束，这是最有启发性的，我认为没有人能对此提出异议。我没有什么要补充的，如果非要补充，也许只是想对梦的第二部分可能的含义进行解释。这似乎代表了做梦者从自我抚慰到发生性行为的转变，这种转变显然伴随着巨大的困难（参见火车从不同方向进出的隧道）以及后者的危险（参见怀孕与大衣）。为了达到这个目的，做梦者使用了词桥'Zahn-ziehen'（Zug）和'Zahn-reissen'（Reisen）。[②]

---

① 译者注：通过回忆一件有关但不痛苦的事来屏蔽对一件痛苦的事的回忆。
② "Zahn-ziehen"="拔牙"；"Zug"（与"ziehen"同根）="训练"或"拉"。"Zahn-reissen"="拔牙"；"Reisen"（发音与"reissen"没什么不同）="去旅行"。

"从理论上讲，这个案例在两个方面对我来说似乎很有趣。首先，它为弗洛伊德的发现提供了证据，即梦中的自我抚慰伴随着拔牙的动作。无论是以什么形式出现，我们都应该把它看作一种不借助任何物理刺激而产生的自我抚慰式满足。此外，与通常情况下不同，这并不指向某个具体对象，哪怕是想象中的对象，甚至可以说没有对象，它是一种完全的自体欲望。

"第二点需要强调的是如下内容。也许有人会反驳，完全没有必要用这个梦例来证明弗洛伊德的理论，因为前一天发生的事就足够使这个梦的内容易于理解了。做梦者见到牙医、和某位女士的谈话以及阅读《梦的解析》，都能清楚地解释他为何会产生此梦，特别是他在睡眠中牙疼的困扰。如果需要，我们也可以这样解释，此梦是怎样处置了那打扰他睡眠的牙齿——利用拔掉牙齿的想法，以及将做梦者所害怕的疼痛感用力比多掩盖。但是，即使我们尽可能地考虑到所有这些，也不能单纯地认为仅仅是阅读了弗洛伊德的理论，就可以在做梦者的梦中建立拔牙和自我抚慰行为之间的联系，除非做梦者自己承认这种联系很早就建立了（表现在'拔出来'这句话里）。这一联系能够复苏，不仅有他与那位女士对话的功劳，还要归功于他随后所报告的一个事件。在阅读《梦的解析》时，他出于某些可被理解的理由，不愿意轻信牙齿刺激的梦的典型意义，并产生了了解此种意义是不是适用于任何牙齿刺激的梦的愿望。这一点得到了证实，至少他的这个梦是这样，同时他对这一问题的怀疑也得到了解答。因此，从这个方面来讲，这个梦也是一种欲望的满足，做梦者想使自己确信弗洛伊德观点的正确性及其适用范围。"

第二类典型梦包括飞翔梦、飘浮梦、跌落梦、游泳梦等。这种梦又有什么意义呢？不能给予笼统的回答。我们会看到，它们在不同的梦里有着不同的意义，而只有这些梦中包含的未经处理的原始感性材料才有同一来源。

精神分析提供的信息使我可以断定这些梦亦是儿童时期印象的再现，即儿童异常着迷的与动作有关的游戏。没有哪位叔叔不曾将孩子高举至半空，并在室内跑动；或让孩子骑在自己膝盖上，而后一瞬间绷直双腿；抑或假装让高举着的孩子落下。这类体验深得孩子们的欢心，他们会强烈地要求再来一遍，特别是那些使他们感到害怕或眩晕的动作。长大以后，这些体验就会在他们的梦中复现，不过在梦中，支撑他们的手却被忽略掉了，他们是没有任何支撑地飘浮着或跌落的。大人们都知道，诸如荡秋千、跷跷板类的游戏是孩子们的最爱。而当他们长大后看到马戏团的杂技表演时，这种记忆又复活了。男孩身上瘾症的发作有时是经过繁杂的技巧润饰的对此种玩耍的重演。这种动作的游戏常常引起性的感觉。如果让我用一个词来形容儿童的这些动作游戏，我会称之为"疯闹"（hetzen），它们常常在飞翔、跌落、眩晕之类的梦中重现，而那些愉快的感觉则变形为焦虑感。这就像每个妈妈都知道的一样，此种顽皮的行为常常以拌嘴和哭泣结束。

因此，我有充分的理由拒绝这种理论，即飞翔梦和跌落梦产生于我们在睡眠中的触觉状态或肺部运动的感觉等。在我看来，这些感觉本身是作为梦所追溯到的记忆的部分再现，也就是说，它们是梦的内容的一部分，而不是梦的来源。①

那么，这些有着同一来源、由各种相似运动感觉组成的梦境材料，就被用来代表各种可能的梦中愿望。因此，对于飞翔梦或飘浮梦（大都带有欢愉的感受）有着各不相同的解释。在一些人那里，这些解释要求带有鲜明的个人特征；而在另一些人那里，这些解释又要求具有典型性。我的一位女患者曾梦到，她飘浮在街上的某一高度。事实上，她个头很矮，并且她认为和别人接触就会使自己受到污染。她的这个飘浮梦满足了她的两个愿望，即远离人群和比别人高。而另一位女患者的飞翔梦则实现的是她想变成一只鸟的愿望；还有一些做梦者在现实中没有得到过"天使"的美称，就在夜里梦见自己变成天使。飞翔和鸟的密切联系解释了为什么男性的飞翔梦具有鲜明的性器官意义。在生活中，我们听到某些做梦者对自己的飞翔能力引以为豪时，丝毫不必惊讶。

保罗·费登（Paul Federn）（在维也纳，后来在纽约）医生曾经提出了一个非常吸引人的理论②，即这种飞翔梦都是具有性器官意义的梦，因为这类常常占据人类想象力的奇特现象是反重力的，这点让人印象深刻。

值得一提的是，那位真正反对任何一种梦的解释的严肃的研究者莫利·沃尔德（Mourly Vold），亦支持飞翔梦或飘浮梦是具情欲的。他

---

① 1930 年加注：这些关于动作游戏梦的评论在这里的重复，是出于当前上下文的需要。
② 在维也纳精神分析学会的一次会议上。请参阅他随后关于该主题的论文（费登，1914年，第 126 页）。

说这种情欲的因素是"飞翔梦最强有力的动机",并且强调这两种梦伴随着的强烈震荡感及性反应。

另外,跌落梦则往往带着焦虑性。这种观点在女性身上很易解释。她们几乎都认为,跌落所代表的就是服从情欲诱惑。关于跌落梦的来源,我们并没有忽略作为绝大多数梦的根源的幼儿期,每个孩子都曾体验过这一过程,即跌倒——被抱起爱抚。若晚上摔下床,则会有保姆将他们抱回床上。

那些经常做游泳梦的人,以及那些梦见在海浪中穿行时感到非常快乐的人,通常都会尿床,并在梦中重复他们早已学会"戒掉"的快乐。我们现在将从不止一个例子中了解游泳梦最易被用来表达什么。

有关火的梦的解析证实了幼儿园禁止孩子玩火的规定是合理的——禁止孩子玩火是为了防止他们在夜间尿床。因为很多孩子也的确有关于儿童时期尿床的回忆。在我那本《少女杜拉的故事》(杜拉的第一个梦)中,我利用做梦者的病症叙述了一个此种梦的完整分析与合成,并且也呈现出此种幼儿期的材料怎样被用来表现成人期的冲动。

如果我们将在不同做梦者的梦里呈现出的同一梦的显意视为"典型"的含义,那么我们所能列举的典型梦将会很多很多。例如,走过狭窄道路的梦,穿行过许多个房间的梦,或是与盗贼有关的梦。顺便一提,神经质的人通常都会在睡前先做好防范。还有些人,他们总会梦见被野兽(野牛、马等)追赶,或者有人拿着刀、长矛等威胁他们(这两类梦是焦虑者梦的显意的特有成分)等。研究这些材料是非常有价值的。不过，在此之前，我要提出两个观察结果①，尽管这些观察结果并不只适用于典型梦。

　　一个人越是急于寻求梦的解释，就越会发现，成年人的大部分梦都与性的材料和表达性欲望有关。这是那些真正的释梦者——那些由梦的显意挖掘出梦的隐意的人才会有的论断，而不是那些只满足于简单记录梦的显意的人能得出的论断（例如纳克的性梦著作）。这个事实并不出人意料，反倒是常见的，并且完全贴合我解析梦的原则。性本能及其各成分是自儿童时期起受到压抑最大的一种本能（参见我的《性学三论》，1905 年），所以，也没有其他的本能会留下那么多及那么强烈的潜意识欲望，以致能够在睡眠状态中形成梦。在解析梦时，我们不应该忘掉情结的重要性，当然也不可以太过夸大它，以致把它作为唯一重要的因素。

　　对于大多数的梦，若详加分析的话，都可以断定它们是具有双重性意义的，因为它们都需要被"多重解释"，以表现做梦者的不同寻常的冲动，即与做梦者的那些正常性行为相反的冲动。因此，我不准备支持斯特克尔（1911 年）及阿德勒（1910 年）的"所有的梦都是双性恋的"这一论调，因为我认为这是不可证实的，也是不太现实的。但是值得注意的是，许多梦都能满足最广义的情欲之外的需求，如饥渴的梦、图方便的梦等，所以我亦认为"每个梦的背后都有死亡的阴

---

① "两个"是 1909 年和 1911 年版本留下来的。在这两个版本中，关于典型梦的整个讨论包含在第五章中。在后来的版本中，由于新材料的增加，这"两个"观察的内容都被大大扩充了。在 1909 年版本中，这两个观察的内容加起来只占了大约 5 页，而在1930 年版本中已有 42 页。

影"（斯特克尔），或"一切梦都含有女性趋于男性化的倾向"（阿德勒，1910年）之类的论调，都超出了梦的解析的合理范围。

在我的《梦的解析》中，没有出现过让批评者愤怒不已的断言，即所有的梦都需要从性的角度解释，这在这本书的众多版本中都找不到，而且它与书中表达的其他观点明显矛盾。

我已经在别的地方指出，一些看起来无邪的梦可能蕴含着情欲。对此，我还有很多梦例可用于证实。此外，还有一些梦，表面上看来并无出奇之处，而且似乎没什么深意，但经过分析后，却与明显"性"冲动联系了起来，这点往往出人意料。

例如，一位做梦者讲述："**在两座金碧辉煌的皇宫后面，有一个门窗紧闭的小屋。我跟随太太经由一条小路走至门前，并将其打开。我轻松并且快速地溜进庭院内，结果看到了有一定倾斜角度的坡。**"凡是有些释梦经验的人马上就会想到，穿过狭窄的空间和打开紧闭的大门通常代表的都是性。做梦者在梦中受太太协助的事实使我们断定，在现实中，由于太太的顾虑，他不能实现此种愿望。而在做梦的当天，有位女士住到做梦者家里，吸引了他，并给他造成一种感觉，即如果他要这样做，她是不会有太大的反对意见的。两座皇宫后面的小屋是关于布拉格的赫拉金（城堡）的回忆，而这又进一步关联到此女士，因为她是从那里来的。

当我坚持向我的一位患者询问其做俄狄浦斯梦的频率时，他经常回答："我不记得做过这样的梦。"然而，紧接着，患者会想起另一个不起眼、看似无关的梦，这个梦是患者反复做的。分析表明，这实际上是一个内容相同的梦，即俄狄浦斯梦。我可以肯定地说，做梦者做俄狄浦斯梦，伪装过的要比直截了当的频繁得多。这种梦大多数不是直接呈现的，而是经过了加工和合成的。[①]

在许多关于风景及某个地方的梦中，做梦者都这么强调："我以前

---

① 1911 年加注：我在其他地方发表了一个伪装式俄狄浦斯梦的典型例子。（弗洛伊德 1910 年，现转载于本脚注末尾）奥托·兰克（1911 年 a）发表了另一个梦例，并进行了详细分析。1914 年加注：关于其他一些伪装式俄狄浦斯梦，其中眼睛的象征意义很突出，请参见兰克（1913 年）。埃德尔（1913 年）、费伦齐（1913 年）和里德勒（1913 年 a）关于眼梦和眼睛象征的其他论文也将在同一地方找到。俄狄浦斯传说中的致盲，以及其他地方的致盲代表阉割。1911 年加注：顺便说一句，对毫不掩饰的俄狄浦斯梦的象征性解释对古人来说并不陌生。兰克（1910 年，第 534 页）写道："因此，据报道，尤利乌斯·恺撒曾做过一个俄狄浦斯梦，这被解释为他拥有地球（地球母亲）的有利预兆。塔昆家族的神谕也是众所周知的，它预言罗马的征服将落在他们中应首先亲吻母亲的人身上。布鲁图斯认为这是指地球母亲。'他亲吻了地球，说它是所有人类的共同母亲。'"1914 年加注：在这方面，希罗多德报告的希庇亚的梦可做比较："至于波斯人，他们是由皮西斯特拉都的儿子希庇亚引导去马拉松的。在过去的夜晚，希庇亚在睡梦中看到了一个景象，他认为自己和自己的母亲躺在一起。他把这个梦解释为，他应该回到雅典，恢复自己的权力，在自己的祖国寿终正寝。"1911 年加注：这些神话和解释揭示了一种真正的心理洞察力。我发现，那些知道自己被母亲偏爱或喜爱的人，在他们的生活中会表现出独特的自力更生和不可动摇的乐观主义，这往往看起来像是英雄的特质，并为拥有者带来了实际的成功。

本脚注开头提到的弗洛伊德的短文，于 1925 年添加：

"*伪装式俄狄浦斯梦的典型例子：一个男人梦见他与一个另一个男人想娶的女人有私情。他担心这个男人会发现私情并提出悔婚。因此，他对这个男人表现得很亲切。他拥抱他并亲吻他。*这个梦的内容与做梦者的生活事实之间只有一点儿联系。他与一位已婚妇女有秘密关系，而他的朋友（这位妇女的丈夫）模棱两可的话让他怀疑朋友可能注意到了什么。但实际上还涉及其他事情，梦避免提及所有内容，但仅此一项就提供了理解它的钥匙。丈夫的生命受到器质性疾病的威胁。他的妻子对他突然死去的可能性有所准备，做梦者也有意识地想在丈夫死后娶这位年轻的寡妇。这种现实情况使做梦者有了做俄狄浦斯梦的诱因。他的愿望是男人死了，娶女人为妻。梦以虚伪扭曲的形式表达了这个愿望。在梦中她未婚，有一个人要娶她，这正合他的心意。他对她丈夫的敌意愿望被隐藏在他对童年与父亲关系的记忆中的情感表现背后。"

到过这个地方。"此种"似曾相识"在梦中具有特殊的意义。[1] 这些地方经常与做梦者的母亲相关。事实上，没有其他地方可以让人如此确信自己曾经去过那里。

下面是又一位女患者做的漂亮的水梦，这在她的治疗中极富意义。在她假期常去的一个湖畔，皎洁的月光照着平静的湖面，她跳入水中。

这类梦是分娩梦，将这个梦的显意颠倒过来便是它的解释。如："跳入水中"颠倒过来就是"从水中出来"，解释为出生。[2] 由法语"lune"一词的通俗含义（即下部），我们可想到婴儿出生的部位。月光就是那白色的底部，儿童都知道他们是自那里出来的。那么患者渴望自己在度假之地出生，究竟是何用意呢？我就此向她询问，她当即回答道："这和我通过治疗获得新生不是很像吗？"因此，此梦的解释就是她要邀请我，让我到她度假的地方继续为其治疗。此梦可能还隐含着一个小小的暗示，即她想做母亲。[3]

下面，我将从欧内斯特·琼斯的著作中摘录另一个出生梦。[4] 她站在海滩上，望着一位很像她本人的男孩在海边玩水。他一直走进水里，直到她望见他的头在水中浮沉。然后景象就转到一个充满人的旅馆大

---

[1] 最后一句话增写于 1914 年。弗洛伊德在《日常生活的精神病理学》(1901 b) 第 12 章和另一篇短文（弗洛伊德，1914 a）中讨论了"似曾相识"的现象。

[2] 1914 年加注：参见兰克（1909 年）关于水中出生的神话意义。

[3] 1909 年加注：没过多久，我就学会了对宫内生活的幻想和无意识思考的重要性的欣赏。它们解释了许多人对被活埋的极度恐惧，它们也为死后复生的信仰提供了最深层的无意识基础，这仅仅代表了对这种出生前神秘生命未来的预测。此外，出生行为是焦虑的第一次体验，因此也是焦虑情绪的来源和原型。参见弗洛伊德的《抑制、症状与焦虑》(1926 d) 第八章开头的一段话中对这一点的讨论。

[4] 本段和下一段增写于 1914 年。

厅。她丈夫离开了她，而她和一个陌生人开始谈话。分析后发现，第二部分的梦表现出她想要背叛丈夫而和第三者发生关系，第一部分则是个相当明显的分娩幻想，不管是在梦还是神话中，孩子由羊水中生产经常是用孩子投入水中的伪装来表现的。为人熟知的例子是阿多尼斯、奥西里斯、摩西及巴克科斯的出生。在水中浮沉的头使患者想起她自己怀孕时所经历的胎动。男孩进入水中，她想象自己把他从水里托出来，到婴儿房给他洗澡、穿衣，然后把他安置在自己家里。

因此，第二部分的梦表达的是私奔的念头，它是隐意的前半部分；而第一部分的梦与梦的隐意的后半部分（分娩的幻想）相对应。除了这种顺序颠倒，存在于梦的这两部分之间的颠倒还有很多。在第一部分里，男孩走入水中，头在水面上浮沉，梦的隐意却是，先有胎动，婴儿随后才脱水而出（双重颠倒）。在第二部分里，丈夫离开，而梦中愿望则是她背离了丈夫。

亚伯拉罕报告了另一个出生梦，梦是一位面临第一次坐月子的年轻女子做的。一条地下通道从她房间地板上的一个地方直接通向水中（产道—羊水）。她打开地板上的活板门，一个穿着棕色皮毛、很像海豹的生物立即出现了。这个生物变成了她的弟弟，她对弟弟而言一直是母亲一般的存在。

兰克从许多梦例中总结出，出生梦有和小便刺激梦一样的象征。在后者中，情欲刺激以小便刺激来表现。而这些梦的各种层次的意义和自儿童以来逐渐改变的各种象征相对应。

在这里，我们可以再接上前一章的论题①，即在梦形成时睡眠的身体刺激问题。在身体刺激影响下形成的梦，不但公开表现出欲望满足倾向和直接服务于梦的目的，而且也往往显示出明显的象征作用。因为一个刺激通常会在以象征性伪装作用于梦境但徒劳无功时把做梦者惊醒，这不但适用于与性相关的梦，也适用于引起排尿或排便欲望的梦。

小便刺激梦的象征作用，很早以前就为大家所知。希波克拉底就曾表达过"梦到喷泉或泉水，就是指膀胱失调"的观点。（哈夫洛克·埃利斯，1911 年，第 164 页）施尔纳研究尿道刺激的多重象征后断定："任何具有相当程度的小便的刺激通常会转成性区域的刺激，并且象征性地表示出……具有小便刺激的梦常常也是'性'梦的代表。"

在关于惊醒的梦的象征的多元性讨论中，兰克总结道："许多小便刺激梦，其实是受性刺激产生的，然而却想要由幼童的尿道刺激中获得满足，这实在是一种退化。在有些梦中，小便刺激导致了做梦者的苏醒和排尿，而梦却不顾一切地继续着，通过这种不经过伪装的性感官方式表露出做梦者的潜意识。这类例子是更富有启发性的。"

同样，肠道刺激的梦以类似形式表现出了其所具有的象征作用，并且再次证实了为社会人类学所认同的黄金与大便之间的联系。（弗洛伊德，1908 年 b；兰克，1912 年；达特纳，1913 年；里克，1915 年）"例如，一位因患肠胃疾病而正接受治疗的妇女，她梦见有人在一间类似乡村户外厕所的小木屋里埋藏珍宝。梦的第二部分内容则是，她正

_____

① 本段和后面的 3 段增写于 1919 年。

在擦刚拉完大便的小女儿的屁股。"（兰克，1912 年 a，第 55 页）

救援梦与分娩梦有关。在女性的梦中，救人，尤其是从水中救人，与分娩梦具有同样的意义。但如果做梦者是男性，则意义有所改变。[①]

对于强盗、窃贼和鬼怪等形象，有些人在白天都对这些感到恐惧，在睡梦中会梦到被这些自己所恐惧的形象追赶，这些梦都源于同样的儿童时期的回忆。他们是"夜间访问者"，半夜三更吵醒孩子，以免他们尿床，或者翻开他们的被单检查。在分析一些焦虑梦时，我能够更准确地识别这些"夜间访问者"的身份。在所有梦例中，强盗是指做梦者的父亲，而鬼怪则是指穿着白色睡袍的女性。

第六节　若干梦例：梦中的算术和语言 [②]

在提到影响梦的形成的第四个因素以前，我要引叙我收集的许多梦例。一部分是为了说明前述三个因素的相互合作，另一部分是为了提供一些证据来支持那些至今仍没有提出充分理由加以证实的结论，或者是为了寻出一些必要的结论。当说明梦的运作时，我发现很难用

---

① 1919 年加注：普菲斯特（1909 年）曾报告过这样一个梦。关于拯救的象征意义，请参阅弗洛伊德，1910 年 d 和弗洛伊德，1910 年 h。1914 年加注：另见兰克（1911 年 b）和里克（1911 年）。1919 年加注：详见兰克（1914 年）。弗洛伊德在其关于"梦与心灵感应"的论文（1922 年 a）中讨论的第二个案例中论述了从水中获救的梦。

② 与第五节的情况一样，本节前半部分的大部分内容已添加到后来的版本中。本节的后半部分可以追溯到第一版。关于梦例的集合可以在弗洛伊德的《精神分析引论》（1916～1917 年）的第 12 讲中找到。

例子来支持我的看法，因为支持某种命题成立的梦例，只有整个放在梦的解析的语境下才有意义；如果脱离整体语境，它们就失去了意义。但是，从另一方面来讲，即便是对梦的粗浅的解释，也是十分冗长的，这将会导致我们忘记原本用来提供依据的思想链。

下面我将举一些关于梦的特殊表达方式的例子。

一位女士梦见：一位女佣站在梯子上，好像是在擦窗户，身边带着一头黑猩猩和一只猩猩猫（后来做梦者更正为安哥拉猫）。这位女佣把这些动物扔向做梦者；黑猩猩依偎在她身边，她感到很厌恶。此梦以一种非常简单的策略来达成目的：通过一些字面词义来明确表达做梦者的意图。"猩猩"和其他一些动物名称通常意味着骂人。如此，这个梦的意义就是：遭受谩骂。下文提到的许多其他梦例都应用了这一巧妙设计。

这是应用类似方法的另一个梦：一位妇女产下了一名男婴，但是这个孩子的颅骨却是畸形的，做梦者得知是胎儿在子宫中的位置不当导致了这一情况。她听见医生说可以通过挤压来改变孩子的颅骨形态，但是可能会伤及他的大脑。她却认为这是个男孩，所以这么做是不会造成什么伤害的。这个梦包含了"对孩子的印象"这个抽象概念的塑造与再现，这是做梦者在治疗期间在释梦过程中遇到的一个概念。

接下来的这个梦例中，梦的运行应用了一种稍微特殊的方法。梦的内容是：做梦者正在靠近格拉茨的希尔姆泰克[①]旅游，外面下起了倾

---

① 城镇郊区的一片水域。

盆大雨。在一家十分破旧的旅馆里，水从墙壁的缝隙处渗入房间，浸湿了床单（梦的后半部分记不太清了，它并不像我所叙述的那样直接被报告出来）。此梦的意思是"超流"或淹没。这个抽象的隐意第一次出现在做梦者梦中，多少有些被曲解了，从而以许多相似的图像来表现：外面的狂风暴雨，墙壁内面的滴水，湿透床单的水——处处都是水，处处都被淹没。

就梦的表现方法来讲，词的读音较之其写法更为重要。这一点在韵文中表现得尤为明显。兰克（1910年，第482页）曾就一个姑娘的梦做过详细叙述和深入分析。梦中她身处一片麦田，收割成熟了的麦穗（ähren）。这时，她的一个儿时玩伴向她走来，她尝试着躲避他。分析显示，此梦与"接吻"相关，而且还是一个荣誉之吻 [①]（kuss in Ehren，其发音与"ähren"相同，字面意思就是"kiss in honour"）。在梦里，那被收割而不是被拔除的麦穗（ähren）凝结着"ehren"，它们就代表着其他无数潜藏的梦中所想。

从另一方面来讲，一些梦的工作因为语言的演进而变得容易许多。梦的工作中会出现很多词语，而这些词语原本都源于图形，并且具有一定的意义，只是现在已经演进为无色彩的抽象文字了。梦的工作就是致力于为这些词语找回其原来的意义，或者追溯其发展的某一阶段的真实情况。例如，一个人做了一个梦，梦见他的兄弟在一个

---

① 这句话出自一句德国谚语："Einen Kuss in Ehren kann niemand verwehren"（没有人能拒绝一个令人尊敬的吻）。做梦者的初吻实际上发生在她走过一片玉米地的时候——一个在玉米穗间的吻。

"kasten"（"盒子"）里。在解释过程中，"kasten"被"schrank"（"橱柜"，也抽象地表示"障碍""限制"）所取代。梦的思想大意是，他的兄弟应该"约束自己"（sich einschränken）——而不是像做梦者这样做。[①]

另一个人梦见自己爬上了一座山的山顶，看到了非常壮阔的景色（extensive view）。在这里，他把自己认同为自己的一个兄弟，这个兄弟是一位处理有关远东事务调查报告（survey）的编辑。

《绿衣亨利》[②]中提到了这样一个梦：一匹精气神十足的马在一片优美的燕麦田中驰骋，每一个麦穗都是"一粒香甜的杏仁，一粒葡萄干，一枚新币……用红绸布包起来，而后用一绺猪鬃捆起来"。作者（或做梦者）直接解释了这梦的图像：在麦穗的呵痒下，马儿觉得很舒适，并且大叫道"燕麦刺着我"[③]（Der Hafer Sticht mich）。

亨森（1890年）的理论指出，古埃及传说中经常出现情节讲述跳跃、迂回的梦，很少见不玩弄文字的梦境。

要收集这些表现方式，以及根据其原则来分类是大事。有些表现方式可以视为"玩笑"，它们使人觉得，如果不经做梦者的解释，其意义是不容易被识别的。

1. 一位男士在梦中被人问到另一个人的名字，他没能记起来。对此，他自己的解释是"我完全不会梦到这些"。

2. 一位女患者告诉我一个梦，梦里所有人都特别高大。"这意味

---

① 这个例子和下一个例子均引自弗洛伊德的《精神分析引论》（1916～1917年）的第7和第8讲。

② 戈特弗里德·凯勒小说的第6章第4部分。

③ 字面意思是"燕麦刺痛了我"，但它的习语意思是"荣华富贵宠坏了我"。

着，"她接着说，"这个梦一定与我童年早期发生的事情有关，因为在那个时候，所有的成年人在我看来都非常高大。"她本人并没有出现在这个梦中。梦与童年有关的事实也可以用另一种方式来表达，即把时间转换为空间。呈现的景象为：视觉上人物和风景似乎存在于很远的地方，似乎是路的尽头，或者像把看戏用的望远镜反过来所看到的景象。

3. 一位在现实生活中常常喜欢用抽象以及不确定词句的男人（虽然大致说来，他的头脑仍是很清楚的）梦见：**有一次他在火车抵站的时候到达火车站。不过奇怪的是，火车是静止的，而月台向它移动着**——一个和事实恰好相反的荒谬事件。这个梦境细节暗示着我们应该致力于从梦的内容中找到另一个倒置的真相。通过梦境分析，患者记起某些图书，里面画着一些用头支撑身体、用手走路的男人。

4. 同一个人在另一个时间里又向我讲述了他的另一个短梦，它再度引发我们对文字游戏的思考。他梦见叔叔在汽车里吻了他一下。若清醒生活中上演这一幕，很可能被视为一个玩笑。①

5. 一位男士梦见他把一位女士从床的后头拉出来。这个梦的意思是，他对她有好感。②

6. 在一位男士的梦中，他成了一名官员，坐在皇帝的对面。这个

---

① "auto"，普通德语单词，一般用为"汽车"（motor-car）——弗洛伊德在《导论二》（1916～1917年）第15讲中用了略有不同的术语来描述这个梦。

② 这里纯粹是一个文字游戏，建立在德语单词"hervorziehen"（抽出）和"vorziehen"（偏爱）的相似度上。这个梦也在弗洛伊德的《精神分析引论》（1916～1917年）第7讲中被引用。目前这组例子中的5、6、8和9首先发表在弗洛伊德1913年的著作中。

梦的意思是，他跟父亲面对面。

7. 一位男士梦见他治疗一位断腿者。分析的结果显示，折断的骨头（knochenbruch）代表着破裂的婚姻（ehebruch）（真正的意思是"通奸"）。①

8. 出现在梦中的时间往往表示做梦者童年某个阶段的年龄。所以，梦中的"早上 5 点 15 分"代表着做梦者 5 岁 3 个月时。这个年龄具有特殊的意义，因为这是弟弟出生时做梦者的年龄。

9. 这是另一种在梦中表示年龄的方法。一个女人梦见她和两个年龄相差 15 个月的小女孩一起散步。对于此梦，她想不起自己所认识的任何一个家庭与之相关。她自己给出了这样的解释，即两个孩子都代表了自己，这个梦提醒她，童年的两个创伤事件正是在这个时间间隔内发生的。其中一次发生在她三岁半的时候，另一次是在她 4 岁 9 个月的时候。

10. 接受精神分析治疗的人常会做关于这种治疗的梦，并会在梦中表达出对此种治疗的想法和期待。旅行是最常用来表现此种想象的方式，而且此种旅行梦中最常出现的工具是现代化且复杂的汽车。患者往往会借用汽车的速度来表达讽刺性的评论。而如果潜意识（做梦者清醒时思潮的一个元素）要在梦中表现的话，它很容易被表征为一些地下的区域。而在和精神分析治疗无关的梦中，这些区域则代表着女性的身体或者子宫。在梦中，"下面"常常指性器官，与之相反，"上面"

---

① 这个例子也被弗洛伊德的《精神分析引论》（1916～1917 年）引用，第 11 讲脚注中报告了一个"症状行为"，这证实了这一特殊解释。

则指面部、口部或者乳房。梦的运作通常用野兽来表现一种做梦者害怕的感情冲动，不管这是他本身还是他人所有的。这时候我们只需稍做转换就能发现野兽代表的是那些拥有此种冲动的人。猛兽、狗或野马常会被用来表征令做梦者敬畏的父亲，这和图腾的表现方式相去不远。[①] 也可以这样说，野兽象征着原始欲望，它是一种为自我所害怕以及用压抑手段来对抗的力量。做梦者会由自身将他的神经症，即他的"病态人格"分离出来，并将其视为一个与自己无关的独立人，这是时常会发生的事。

11. 以下是汉斯·沙克斯（Hanns Sachs，1911 年）记录的一个例子："由弗洛伊德的《梦的解析》，我们知道'梦的运作'利用各种不一样的方法赋予单词或句子以视觉形象。如果它所要表达的意义含糊不清，那么梦的运作就可能利用这种含糊作为转换点。其中一种意义存在于梦的隐意，而另一种意义则表现在显意中。下面这个短梦就是一个范例，为了表达目的，它巧妙地利用了前一天的经历。在做梦的那个白天，我患了感冒，并且决定晚上如有可能的话，就尽量躺在床上休息。在梦里，我似乎还在继续做白天做的事。那天我将剪报贴入簿子中，并依性质进行了分类。我在梦中试图把一张剪报贴在簿子中，然而它总是粘不住（er geht nicht auf die Seite），我因而感到非常痛苦。最终，我醒过来，并仍能感觉到梦中的痛苦，所以我放弃了睡前的决定。此梦作为我睡眠的守护神，以含糊的表达方式'但别上厕所'（er geht nicht auf die Seite）来满足我不愿下床的愿望。"

---

① 参见弗洛伊德，《图腾与禁忌》（1912～1913 年），第 4 章第 3 节。

我们可以这么说，为了用视觉形象表现出自身的意图，梦的运作不惜利用各种它所能把握的方法——无论在清醒的时候，做梦者本人认为是合法还是不合法。这使那些只是听过梦的解析但没有实际经验的人把梦视为笑柄，并对它表示怀疑。斯特克尔的书《梦的语言》(1911 年) 包含许多这种好例子。但是我一直避免引用它们，因为其作者缺乏批判的眼光，并且滥用其技巧，以致连不具偏见的人都不免产生怀疑。

12. 以下梦例引自托斯克关于"梦对服饰和颜色的使用"的论文。

(a) A 梦见他以前的女家庭教师身穿黑色光泽（lüster）的裙子，裙子紧贴臀部。这被解释为女家庭教师好色（lüstern）。

(b) C 梦见在路上看到一个女孩，她沐浴在白光（white light）中，穿着一件白色（white）的上衣。做梦者在这条路上第一次和怀特小姐（Miss White）发生亲密关系。

(c) D 夫人梦见 80 岁的维也纳老演员布拉塞尔（Blasel）全副武装（in voller Rüsturg）地睡在沙发上。后来，他在桌椅上跳来跳去。这之后他又拔出短剑，来到镜子前，举着短剑在空中挥动，样子就像是在与一个敌人作战。做梦者患有长期的膀胱（Blase）疾病，她躺在沙发椅上接受分析，当她望着镜子里自己的身影时，她私底下认为，自己虽然年岁已大，但仍然是强壮以及精神饱满（rüstig）的。

13. 梦中的"伟大成就"——一个男人梦见自己是躺在床上的孕妇。他发现这种情况令自己非常不悦，便喊道："我宁愿……"[在分析过程中，他想到了一位护士，便用"打碎石头"（breaking stones）这个词完成了这句话]床后挂着一张地图，地图的下边用木条撑着。他抓住木条的两端，想把木条撕下来，结果木条被纵向分成两半。这个动作让他松了一口气，同时也有助于分娩。

在没有任何帮助的情况下，他自己将撕下木条（leiste）解释为一项伟大成就（leistung）。他通过撕裂他自己的女性态度来摆脱（在治疗中）不舒服的处境……木条不仅裂开而且被纵向劈开的荒谬细节是被这样解释的：做梦者回忆说，这种双倍和破坏的结合是对阉割的暗示。梦经常通过两个性器官符号的存在来代表阉割，作为对立面愿望的挑衅表达。顺便说一句，"leiste"（腹股沟）是身体的一部分，靠近性器官。做梦者将梦总结性地解释为：他已经战胜了阉割的威胁，这导致他采取了女性化的态度。①

14. 在我用法语进行的一次分析中，我出现在了做梦者的梦中，梦中我看起来像一头大象。我很自然地问做梦者为什么我会以这种形式出现。他的回答是"Vous me trompez"（你在欺骗我，trompe=trunk，躯干）。

---

① 这个例子最初作为单独的论文发表（1914 年 e）。在此处重印时，弗洛伊德省略了一段，该段最初出现在"通过撕裂他自己的女性态度"这句话之后。省略的段落（从未被重印过）涉及西尔伯勒的功能现象，它是这样写的："对患者的这种解释没有异议，但我不会仅仅因为他的梦的思想与他的治疗态度有关而将其描述为'功能性的'，那种想法就像其他任何东西一样，可以作为构建梦的'材料'。很难理解为什么接受分析的人的思想不应该与他在治疗期间的行为有关。西尔伯勒意义上的'物质'和'功能'现象之间的区别只在其著名的入睡时的自我观察中有意义，而且被试的注意力要么被引向自己脑海中出现的某些思想内容，要么被引向他自己的实际心理状态，而不是那个状态本身构成他的思想内容的地方。"弗洛伊德还指出，无论如何，"木条不仅裂开而且被纵向分裂劈开的荒谬细节"不可能是"功能性的"。

通过牵强附会地使用罕见的联想，梦的工作常常可以成功地代表非常难处理的材料，例如专有名词。在我的一个梦中，布吕克给我布置了一项解剖任务，我捞出一些看起来像皱巴巴的银纸一样的东西。（稍后我将回到这个梦）与此有关的联想（我遇到了一些困难才搞清楚）是"stanniol"①。然后我意识到我对 Stannius 这个名字念念不忘，他是一篇关于鱼类神经系统的论文的作者，我年轻时非常钦佩他。我的老师（布吕克）布置给我的第一项科学任务实际上涉及一条鱼的神经系统。显然不可能在梦境材料中使用这种鱼的名字。

在这一点上，我忍不住记录了一个非常奇怪的梦，这个梦也值得注意，因为它是由一个孩子做的，很容易被分析、解释。"我记得小时候经常梦见，"一位女士说，"上帝头上戴着一顶纸制的斗笠。我过去常常在吃饭时戴一顶这样的帽子，以防我看不到其他孩子的盘子，看他们的食物有多少。正如我所听说的，上帝是无所不知的，梦的意义在于，即使我头上戴着一顶帽子，我也知道一切。"②

对梦中所呈现的数字和计算进行研究，对我们了解释梦工作③的本质及满足欲望的方法，是非常有启发价值的。特别是梦中的数字还常常被曲解为对未来具有特别重要的意义。④因此，下面我就列举一些我所收录的这方面的梦例。

①银纸 = 锡纸，锡醇是锡的衍生物。

②弗洛伊德的《精神分析引论》（1916～1917 年）第 7 讲也讨论了这个梦。

③本节的其余部分，除第四节外，均出现在第一版（1900 年）中。

④弗洛伊德在他的《日常生活的精神病理学》（1901 年 b）的第 12 章（7）和他的《怪怖者》（1919 年 h）第 2 节中讨论了这一点。

梦例一

这是一位女士在她快要结束治疗的时候做的梦：她正要去偿付什么，她女儿从她（做梦者）的钱包里取出了3弗洛林和65克鲁斯。做梦者对她女儿说："你做什么？它只不过值21克鲁斯而已。"[1]据我对做梦者的了解，我不需要她的解释就能了解这个梦的全部内容。该女士来自国外，她女儿正在维也纳念书，只要她女儿留在维也纳，她就会继续接受我的治疗。她女儿的课程将在3个星期后结束，而这也意味着她的治疗即将结束。做梦的前一天，女校长来找她，问她是否考虑让女儿再重读一年。这自然也提醒了她，如果这样，她就可以继续她的治疗。此梦所指即如此。一年包含365天，而学年和治疗剩下的3个星期是21天（实际的治疗时间可能比这个短）。这些在梦的愿望中象征时间的数字在梦的显意中则是指钱数，这一象征具有更深层次的意义，即"时间就是金钱"。365天就只值3弗洛林、65克鲁斯，梦中数目如此小的钱是欲望满足的结果，做梦者对我的治疗很满意，希望继续接受治疗，因而将治疗费用和学费说得很低。

梦例二

这个梦例所牵涉的数字较为繁杂。一位女士，虽然年轻，但已经结婚了好多年。在听到一位和她年龄相仿的熟人爱丽斯的订婚消息后，她做了这个梦：她与丈夫一起在剧院前排观看演出，他们前排的座位

---

[1] 本书首次出版后，奥地利旧货币弗洛林和克鲁斯才被取代。

都空着。丈夫对她讲，爱丽斯和未婚夫本打算同来，但因为买不到好的座位，只剩 1 弗洛林和 50 克鲁斯买 3 张票的，所以就没要。她心想，他们如果买下了也没什么的。

这 1 弗洛林和 50 克鲁斯的来源是什么呢？实际上，它源于前一天的一件无关紧要的事。她丈夫赠送了 150 弗洛林给她小姨子，而她小姨子很快就用它们买了珠宝。值得注意的是，150 弗洛林是 1 弗洛林和 50 克鲁斯的 100 倍。那么，那 3 张戏票的"3"又是从哪里来的呢？我们可找到的唯一解释是她那刚刚订婚的朋友恰巧小她 3 个月。现在就差空着的剧院前排座位的意义，这整个梦就可解释了。空着的前排座位是过去一件小事的直接暗示，由于这件小事，她丈夫还曾嘲笑过她。她想要去看一场预定在下周上演的戏，并且提前好几天去订票，而且不惜多付一些定金。但在该戏上演时，剧院几乎空了一半的座位，其实她完全没必要那么心急。

因此，梦的愿望是这样的："这么早结婚是可笑的。我不用这么心急，因为从爱丽斯的例子看来，我最后也会得到一位丈夫。而那样的话，我会比现在好上 100 倍（宝藏）。如果我能够忍耐（和她小姨子的急躁相对），我的钱（或嫁妆）能够买 3 个和他（丈夫）一样好的男人。"

我们能够发现，较之上一个梦，这个梦中出现的数字的意义和背景的变动程度都要大一些，也做了更深入的伪装和改造。这个梦可以这样解释，在实现表达之前，梦的愿望需要克服特别强烈的内部精神阻抗。此外，我们还要对此梦出现的具有荒谬色彩的事实加以注意，即两个人要买 3 张票。这里可提前提及梦的荒谬性，梦中出现的这个荒谬事件旨在特别强调"这么早结婚是可笑的"。而这个数字"3"恰好天衣无缝地满足了此需求——它正好是她们俩的年龄差——3 个月。而把 150 弗洛林减少为 1 弗洛林和 50 克鲁斯，则表示患者在其受潜抑的思想中对丈夫（或财产）价值的低估。[1]

梦例三

这个梦例则表现了梦中的各种计算方法。这些方法的使用给梦招来了非议。一位男士梦到他去到一位旧相识家拜访，并和他们讲："你们阻止我娶玛丽是非常不对的。"而后他问身旁的女孩："你现在多大？"她答道："我是 1882 年出生的。""噢，那你今年 28 岁啦。"

因为此梦发生于 1898 年，所以这个计算结果很明显是错的。这显然是一个误判，除非能以其他方式解释，否则做梦者不会做算术的情况和白痴没有两样。这位男患者是那种看到女人就想追的人，而恰好这几个月来，排在他后面接受治疗的是一位年轻女士。他常常问起她，并且很焦虑地想给她留下好印象。他估计她大约有 28 岁。这解释了此计算结果，而 1885 年是他结婚的年份。此外，他还总是会和我诊所的两位女佣（她们已经不年轻了）搭话，往往是她们给他开门。但对于她们的冷漠态度，他曾自嘲道，或许她们把他当成严肃的老绅士了。

---

[1] 弗洛伊德在《精神分析引论》（1916～1917 年）中，特别是在第 7 讲的结尾和第 14 讲的两个地方，对这个梦进行了更细致的分析。它和前面的梦也被记录在弗洛伊德的作品《论梦》（1901 年 a）的第 7 节。

梦例四 [①]

这是与数字有关的又一个梦例。它的特点是其决定方式，或者说多重决定方式的清晰性。此梦以及它的解析由达特纳医生提供。"我住着的那所公寓的主人是位普通警员，在他的梦中，他在一条街上值勤（这是一个欲望的满足）。一位检查员走向他，其领章上的编号是前面22，后面是62或26，反正上面有好多的2。"

做梦者把22和62分开来报告即显示出它们具有不一样的意义。他记得做梦的前一天，警察局就这些人的服务年限进行了一些讨论，谈到一位督察在62岁的时候退休，领取全部养老金。而做梦者只服务了22年，他必须再服务两年零两个月后才能领取90%的养老金。梦的第一个部分满足做梦者一直想达到督察级别的欲望，这位编号为2262的高级官员其实就是做梦者本人。他在执行任务——这又是他的另一种一厢情愿，即他已经又服务了两年零两个月，所以可以和那位62岁的老督察一样领取全部养老金。[②]

通过对这些及下面将提到的梦例进行观察，我们可以得出一个确切的结论，即梦的工作并没有进行任何计算，也无关对错，只是借用了计算的形式表现出梦的愿望而已，暗指某些无法用其他方式来表现的材料。这样说来，数字只是释梦工作用来表达其目的的一种媒介，和用别的方法表达其他任何观念一样，例如梦中用字词表达的专有名

[①] 这个例子于 1911 年新增。

[②] 1914 年加注：对于其他包含数字的梦的分析，参见荣格（1911 年）、马西罗夫斯基（1912 年 b）和其他人。这些梦通常包含着非常复杂的数字运算，而这些运算已由做梦者以惊人的准确性执行。另见琼斯（1912 年 a）。

词和言语。

因为事实上梦本身不能创造演说词，不管有多少演说或谈话出现于梦中，也不管它们是否合理，我们经过分析后都可以知道，它们是以一种任意的方式从梦的思想中那些做梦者听来或者自己说过的言语中节录的。它不但将它们四分五裂（加入一些新内容，排斥一些不需要的），而且把它们重新排列。所以一段看起来前后连贯的谈话，经过分析后可以知道是由 3 个或 4 个不一样的部分拼凑而成的。为了完成这种新说法，梦往往要放弃梦的思想中这些话原先的意义，而赋予其一些新的意义。[①] 若我们对梦中的言语仔细研究的话，就会注意到，它

---

① 1909 年加注：在这方面，神经症的表现与梦完全一样。我认识一位患者，她的一个症状是，她不由自主地违背自己的意愿，听到歌曲或歌曲片段（即产生幻听），但无法理解它们在她的精神生活中扮演的角色。（顺便说一句，她当然不是偏执狂。）分析表明，她允许自己在一定程度上将这些歌曲的文本错用乱用。例如，在（韦伯《自由的闸门》中的阿加特咏叹调）"Leise, leise, Fromme Weise"（字面意思是"轻柔、轻柔、虔诚的旋律"）中，最后一个词被她无意识地接受了，就好像拼写为"Waise"一样（"孤儿"，使得这句读为"温柔，温柔，虔诚的孤儿"），"孤儿"就是她自己。又如"O du selige, o du fröhliche"（"哦，你有福了，很幸福"）是圣诞颂歌的开头，通过不继续引用"Christmastide"这个词，她把它变成了一首新娘歌曲。同样的扭曲机制也可以在没有幻觉出现时起作用。为什么我的一位患者会被他年轻时必须学习的一首诗"Nächtlich am Busento lispeln..."（夜晚在布桑托河上私语）的回忆所困扰，因为他的想象力只限定在了这句话的第一部分："Nächtlich am Busen"（夜晚在胸前）。

我们熟悉这样一个事实，即模仿者在模仿时也会使用同样的技术技巧。在《捕蝇》（著名的漫画报）上发表的一系列"德国经典插图"中，对席勒的《纪念节日》附有如下说明：

阿特莱斯的儿子坐着，

  在他美丽的俘虏身边编织……

说到这里，引文就中断了，在原文中，名词还在继续：

……他的喜悦和胜利的双臂环绕着，

她的身体的可爱魅力。

既有一些相对清晰且紧凑的部分，又包含一些连接的部分，也许它们是后来加上的，就像我们在看书的过程中会补上一些意外情况下漏掉的字母或音节一样。因此，梦中言语的构造就如同角砾岩似的，各种不同种类的岩石块由黏合剂粘在一起。

严格一点来讲，只有梦中那些具有"感觉"性质且又被做梦者本人称作言语的部分才符合这种说明。而做梦者不认为自己听过或说过的其他言语（即在梦中与听觉和运动感觉无关的），则只是和我们在清醒时产生的思想相同，将不经任何改装地入梦。这类不经改变的言语的另一个丰富源泉，虽然难以追溯，但似乎是由阅读材料提供的。然而，任何作为梦的显意内容的言谈，都能够追溯到做梦者真实听过或说过的话。

我已经在分析梦的过程中（出于其他理由）提出许多有关梦中言语的例子。所以，第五章中的那个无邪的"去市场"梦中的"那种肉再也买不到了"是将我等同于肉贩子了，而另一句话"我不知道那究竟是什么，我想我还是不买的好"实际上使这梦变得"无邪"。我们记得，在前一天，她的厨子向她提了一些建议，她回答说："你行为检点一点儿！"这段话的第一部分听起来很"无邪"，但第二部分却使梦的思想原形毕露，这一部分非常符合梦里的幻想，但同时也把梦的隐意暴露了出来。

以下这个梦就很有代表性，它能代表许多导向同一结论的梦例。

做梦者置身于一个正在焚烧死尸的大庭院里，说道："我要离开这里，我看不下去这样的景象。"（这未必是一句明确的言语）之后，他遇见了两个孩子，他们是屠夫的儿子。他问他们："嘿，它们的味道好吗？"其中一个说道："不，一点儿都不好。"

此梦是这样产生的：在晚饭后，做梦者和太太一起去一位邻居家拜访，邻居待人很好，但却不受人欢迎（不合人的胃口）。他们来到时，好客的老夫人刚吃完饭，就强迫他（对男人来讲，"强迫"是带有性意味的玩笑短语）尝尝她的菜肴。他谢绝了，推托说自己没胃口。结果老太太说了"来吧，你能吃得下的"之类的话。所以他不得不试试看，并且赞美地说："味道的确很好。"不过他和太太单独在一起的时候，却又抱怨这位邻居很固执以及菜肴不好吃。而"我看不下去此样的景象"这句话在梦中也没有呈现为一种明确的言语，暗示着那位请他吃东西的老夫人的外貌。这意思一定是指他不想看她。

这里，我要再讲一个更富有启发性的梦例，在此提及是因为构成该梦核心内容的言语非常明确，不过关于它的全面解释，我将会在后文给出。我做了一个很清晰的梦：我在傍晚时分来到布吕克实验室，在一阵轻微的敲门声后，我前去开门。而后（已故的）弗莱切尔教授和一群陌生人出现在门口，他们走了进来。教授在跟我搭了一些话后，就坐到了自己的位置上。然后我又做了另一个梦：我的朋友弗利斯很顺利地在 7 月来到了维也纳。我在街上遇见他，那时他正和我一位（已故的）朋友 P 谈话。我们一块儿到某个地方去，他们两人面对面地坐在一张小桌子前面，而我则坐在桌子狭窄的那一边。弗利斯提到他的姐姐，并说她在 45 分钟内就去世了，还说了一句"这就是最高限度"。因为 P 不理解他的话，他便转过头来问我向 P 说了多少他的事。我当时受控于一些奇异的感觉，因此极力地向弗利斯解释，P 自然不能了解，因为他已经去世了。然而实际上我说的是"Nonvixit"——我注意到了自己的错误。随后我凝视着 P。我的这一举动使得他脸色苍白、身形模糊起来，而他的眼睛呈现出病态的蓝。最后，他融掉了。这时候，我感到非常高兴，并且知道弗利斯也是个鬼影，一个"幽灵"（revenant，字面意思是回来的亡魂）。而我觉得，只要希望，人都可能存在；而如果我们不希望他存在，他又会消失。

这个精巧的梦包含了许多梦的特征。譬如说，我在梦中的评论，我错误地把"Non vivit"说成"Non vixit"，即他没活过，而不是他已经死了。我能察觉到自己在梦中对逝者和认为已去世的人的淡漠态度，我最后的荒谬结论以及由此获得的巨大满足感，等等。这个梦包含了太多谜一样的特征。若要对此加以详细说明，则要花费我更多的笔墨。然而，我在真实生活中不能像在梦中那样，为了自己的野心而不惜牺牲自己的好友。由于任何隐匿都只会破坏这个我很清楚了解的梦的意义，所以在这里以及稍后我将只讨论其中的几个问题。

这个梦的核心是我极具杀伤力地看了朋友 P 一眼，他的眼睛变成古怪的蓝色，而后他就消失了。这一场景无疑是自我真实体验过的一幕复制而来。在我做生理研究所的指导员时，我需要一大早就去上班。布吕克听说我好几次迟到，所以他有一天在开门前到达，并且等待我的来临。他向我说了一些简短但有力的话，不过那对我没有太多的影响，倒是他那蔚蓝眼睛的恐怖瞪视使我很不自在。我在这眼神前变得一无是处，就像梦中的朋友 P 一样。在梦中，这角色刚好颠倒过来。

任何记得这位伟人年老时仍旧漂亮的眼睛并见过他生气神色的人，都不难了解这年轻犯错者的心情。

然而，很长时间内，我都没能找出梦中的"Non vixit"来源于哪里。最后，我记起来这两个字并不是我听来或说过的，而是很清晰地看到的，于是我立刻知道了它的出处。维也纳霍夫堡（皇宫）的凯瑟·约瑟夫纪念碑的基座上刻着这些感人的文字：

Saluti patriae vixit non diu sed totus.

（为了使祖国富强起来，尽管他活得不长却尽职尽责。）①

我从这句铭文中提取出来的内容，刚好符合梦中一系列充满敌意的想法，刚好足以暗示："此人对此事没有插嘴的余地，因为他没有真正活着。"这提醒了我，因为此梦发生于弗利斯的纪念碑在大学走廊揭幕②后几天内。那时我恰好又一次看到布吕克的纪念碑，所以一定是我在潜意识里替我那位聪慧的朋友 P 感到难过。他尽其一生贡献于科学，却因为早逝而不能在这些地方竖立纪念碑，所以我在梦中替他竖立碑石，而恰好他的名字又是约瑟夫。③

由梦的解析的原则来看，我现在仍不能说明从凯瑟·约瑟夫纪念碑铭文记忆中抽取的"Non vixit"是如何替代梦的愿望所要求的 Non

---

① 1925 年加注：原文为"Saluti publicae vixit non diu sed totus."，对于我错把"publicae"（公众）写成"patriae"（祖国）的原因，威特尔斯（1924 年，第 86 页）给出了正确的猜测。

② 这个仪式在 1898 年 10 月 16 日举行。

③ 我可以补充一个多重性的例子，我来实验室太晚的借口是，在工作到深夜后，我早上又不得不走完凯瑟·约瑟夫大街和瓦林格大街之间的长路。

vivit 的。所以梦的愿望中一定还有其他成分存在，就是它促成了这个置换。于是我又发现，在梦中我对朋友 P 的情感是两种情感的混合，它们同时以 Non vixit 表现出来，即仇恨和温柔，其中前者由表面上就可看出，而后者则潜隐着。因为朋友 P 在科学上值得赞扬，所以我替他竖立一个纪念碑，但是因为他怀有一个恶毒的念头（在梦的末尾表达出来），所以我将他消灭。我注意到后面这个句子具有一种特别的韵律，所以我脑海中必定先有某种模型。对于同一个人同时持有两种相对的反应，但却又合理而不相矛盾，像这样的反题在什么地方可以找到呢？唯有文学上的一段文字——一段令读者记忆深刻的文字，即莎士比亚《恺撒大帝》（第三幕第二场）中布鲁特斯所做的一段自我辩护式演说："因为恺撒爱我，所以我为他哭泣；因为他幸运，所以我为他高兴；因为他勇敢，所以我夸赞他。但因为他野心勃勃，所以我杀他。"这些句子的结构以及它们相对的意义不正和在我梦的愿望中所发现的相同吗？所以在梦中我扮演着布鲁特斯的角色。如果我能在梦的愿望中找到一个附带的关联来证实这点那该多好！我想这可能的关联是："我的朋友弗利斯在 7 月到维也纳来。"对于这点细节，真实生活中没有任何依据可以加以说明。据我所知，弗利斯从来没有在 7 月到过维也纳。但既然 7 月（July）是由恺撒命名的，所以这可能暗示着我扮演布鲁特斯的角色。[①]

　　说来奇怪，我还真扮演过布鲁特斯的角色。我曾在孩子面前根据

_____

① "恺撒"和"凯瑟"之间还有进一步的联系。

席勒的作品表演过布鲁特斯与恺撒间的一场戏①。那时我 14 岁，大我一岁的侄子在一旁协助我，他由英国回来探望我们，所以他也是一个"亡魂"，他的回归为我带回了早年的游戏玩伴。在我 3 岁前的那段时光里，他与我如影随形，相互关爱，也相互敌对。正如我前文暗示过的那样，这一段童年关系在很大程度上决定了我之后与同龄人之间的全部关系。那之后，我侄子约翰就有了很多化身，代表着他人格的不同方面，但他在我潜意识记忆中的样子从未改变过。他一定有些时候对我很不好，而我一定很勇敢地加以反抗。因为家父（同时也是约翰的祖父）曾这样责问我："你为什么打约翰？""因为他打了我，我要还回去。"当时，我还不足两岁。一定是这一童年印象导致我把"Non vivit"转换成"Non vixit"，因为小孩在童年后期会用"wichsen"[和英语 vixen（泼妇）音相同]一词来表示"打"，所以梦的工作就毫不客气地借用了这一关联方式。在真实情况下，我没有仇视朋友 P 的理由，不过他比我强得多，所以他像是我童年玩伴的重现，这仇视一定与我早年和约翰的复杂关系有关。②

后文中我将再提及这个梦。

---

① 事实上，这是卡尔·摩尔在早期版本席勒戏剧《强盗》第四幕第五场中以对话形式背诵的歌词。

② 弗洛伊德在 1897 年 10 月 3 日写给弗利斯的一封信中讨论了他与侄子约翰的关系。（弗洛伊德，1950 年 a，70 号信件）还有对早期事件的进一步的、有点儿掩饰的描述，其中提及了约翰和他的妹妹宝琳，这无疑可以在弗洛伊德关于"屏蔽记忆"（1899 年 a）的论文的后半部分看到。

第七节　荒谬的梦：梦中的理性思维 [1]

在解析梦时，我们不止一次地碰上荒谬的元素，因此我们非常有必要对它的意义和起源进行探讨。因为我们清楚，梦的荒谬性为那些否认梦的价值的人提供了一个主要论据，他们支持将梦视为简化的、支离破碎的精神活动的无意义产物。

我将以几个梦例开始本节的讲述，读者将发现它们从表面上看具有荒谬性，不过在对其含义更深入地研讨后，这种荒谬性便消失了。以下就是一些关于做梦者死去父亲的梦例——乍看起来好像是种巧合而已。

梦例一

这是一个来自一位父亲已去世 6 年的患者的梦。他梦见父亲遭遇了一次重大的事故——他所坐的那班夜车突然脱轨了，车座挤压在一起，他的头被夹在 b 中间。然后做梦者看见父亲睡在床上，左边眉角上有一道竖直的伤痕。做梦者感到很惊奇，他父亲怎么会发生意外呢？（因为他已经死了，做梦者在描述的时候加上了这一句）。父亲的眼睛是多么明亮呀！

按照梦的常规理论，这个梦应该这样解释：我们先假设，做梦者

---

[1] 自此开始，直到本书结束，除了无具体指定日期的段落，所有内容应都出现在第一版（1900 年）中。

在想象此意外发生时，忘记了父亲已去世多年。随着梦的继续，这个回忆必然会再次被记起，因此做梦者会对梦的内容感到不可思议。然而由解析的经验可知，这种解释毫无意义。做梦者曾请一位雕塑家为其父亲塑造一座半身塑像。就在做梦的前两天，做梦者第一次去审查雕塑的进展情况。正是这件事被他视为灾难。那位雕塑家不曾见过他的父亲，因此只能依据照片来雕刻。梦发生的前一天，做梦者为显得老到，要求一位仆人到工作室去观察塑像，看他是否亦同样认为塑像的前额显得太窄。现在他又陆续记起构成此梦的材料。每当有家庭或商业上的困扰时，他父亲都习惯以两手压着两边的太阳穴，仿佛他觉得头太大了，必须把它压小一些——当做梦者 4 岁的时候，一支手枪不晓得怎么意外地走火了，把他父亲的眼睛弄瞎了（他的眼睛是多么明亮呀！）。出现在梦中的父亲左边眉角上的疤，正是他生前每逢难事时会显现皱纹的地方。而伤疤在梦中代替了事实上的皱纹，又导引出此梦的第二个原因。做梦者曾为他女儿拍照，但一个不小心底片从他手中滑落，这导致底片上出现一道裂痕，而裂痕恰巧落在他女儿的前额上。他不得不认为这是恶兆，因为在他的母亲去世前的数天，他也把放有母亲肖像的相框摔坏了。

因此，此梦的荒谬性源于语言表达上的疏忽，它粗心大意地将半身塑像、照片和真人混在了一起。在观看照片的时候，所有人都可能这样说："你没觉得父亲哪里不对劲吗？"事实上，此梦的荒谬性轻易就能避开，而如果单就这个梦例来看，我们可以认为，其荒谬性是被允许的，甚至就是刻意设计的。

梦例二

这是我做的一个梦，和前一个梦例很相似（我的父亲于 1896 年去世）。我的父亲死后在马扎尔人①族人的政治领域中扮演着某种角色，他使他们的政治团体团结起来。此时我看到一幅又小又不清晰的画：许多人聚集在一起，似乎是在德国国会上，有一个男人站在一张或两张椅子上，别人则围绕在他周围。我记得父亲去世的时候他躺在床上的样子，简直就像加利巴底②。我很高兴这个诺言终于实现了。

再没有比这更荒诞滑稽的了！这个梦做于匈牙利政局混乱时期——因为国会作梗而导致无政府状态，国家陷入一场危机，最终苛洛曼·塞尔（Koloman Széll）消除了这场危机③。梦中的那幅小画包含的细节景象对此梦的解析工作是有帮助的。我们的梦的思想常常会被表征为与真实情况大小一样的视觉图像。但我在这个梦中见到的画源于一本有关奥地利历史的书中的一幅木刻插图——显示着在那有名的（愿为国王而死）（Moriamur pro rege nostrò）事件中④，玛丽亚出现于普雷斯堡议会上的情况。和图片中的玛丽亚一样，在梦中父亲四周围绕

① 译者注：古匈牙利人早期自称为"马扎尔人"。
② 译者注：加利巴底是意大利爱国志士。
③ 1898 ~ 1899 年，匈牙利的一场严重的政治危机通过在塞尔领导下组建联合政府得以解决。
④ 我们愿意为国王而死！匈牙利贵族对玛丽亚·特蕾莎在 1740 年加入奥地利王位继承战争后请求支持的反应。我记不起我在哪里读到过一篇关于一个梦的故事，梦中充满了异常微小的人物，而梦的来源竟然是做梦者白天看到的雅克·卡洛特的一幅蚀刻画。事实上，这些版画中确实包含了大量非常小的人物。其中一个系列描绘了 30 年战争的恐怖。

着群众，但他却站在一张或两张椅子（stuhl）上，他使他们团结在一起，所以就像是一位总裁判（stuhlrichter）一样［二者间的关联是一句常用德语，"我们不需要裁判"］。事实上，在我父亲死去时，我们围在床边，他的样子的确像加利巴底。父亲的体温在死后不断攀升，脸颊泛红，而且越来越红……每当忆及此，我就会自然地想：

在他身后幻影里的是，

紧密连接我们的纽带——共同命运。[①]

这令人激动的思想还在另一方面为"共同命运"（gemein）的分析和理解做了准备。父亲死后体温升高和梦中的"他死后"的实际情况相符。在死前的数周内，父亲最大的痛苦来源于肠道的彻底麻痹（作梗），我各种不尊敬的念头都和这点有关。我的一位同学在中学时就失去了父亲——那时我深为所动，于是成为其好友。有一次我跟他说了一件痛心的事情，和他的一个女亲戚有关。她的父亲在街上暴毙，被抬回家里。他们把他的衣服解开时，发现死后刚排出大便。她对此深为不快，并且无法将这个丑恶事件从她对父亲的记忆中剥离。现在我们已经触及此梦的愿望了，即"死后仍然以伟大而不受侮辱的形象出现在孩子面前"，谁不是这样想呢？又是什么导致了此梦如此荒谬呢？这是忠实呈现在梦的内容中的一个暗喻的作用的结果。虽然此暗喻有它的合理性，然而其成分中所含有的荒谬性却往往会被我们忽略。此

---

① 这些句子化用自席勒的《格洛克的谎言》的尾声，是歌德在他的朋友去世后几个月写的。歌德谈到席勒的精神走向永恒的真、善、美，"在他的身后，是一个朦胧的幻象，将我们所有人束缚在一起——那些共同的事物"。

梦例再度加深了我对荒谬性是有意且精心设计的说法的认同。

因为死去的人常常会在梦里出现[①]，和我们一起活动、产生联系（就好像活着一样），所以常常引发许多不必要的惊奇，并且导致一些奇怪的解释，而这不过显示出我们对梦的不了解罢了。其实这些梦的意义是很明显的。它常发生在我们这样想的时候："如果父亲仍然活着，他对这件事会怎么看呢？"而这种"如果"是梦不能够传达的，它只能将相关人物表现在某种情况之中。譬如说，一位年轻人继承了其祖父的一大笔遗产，在他因为花去很多钱而悔恨时梦到：他祖父又活了过来，并且要求他解释此事。如果我们了解并且确信他祖父确实已经去世，那么我们就能够判定，这个梦的批判性只不过是一种慰藉的想法，所幸的是他祖父没有亲眼看见他大肆挥霍；或者是一种惬意的满足感，即他祖父不会再在花钱这件事上干涉他了。

在关于已故亲属的梦中还有另一种荒谬性，但并不表示嘲笑。[②]它表明了一种极端程度的否定，因此可以代表一种压抑的想法，做梦者更愿意认为这种想法是完全不可想象的。除非人们记住这样一个事实，即梦并不能区分所希望的和真实的，否则我们似乎不可能阐明这种梦。例如，一个男人在父亲最后一次生病时一直照顾在左右，对父亲的去世深感悲痛。过了一段时间，他做了一个毫无意义的梦：*他的父亲又*

[①] 此段于 1909 年作为加注，并于 1930 年纳入正文。

[②] 此段于 1911 年作为加注，并于 1930 年纳入正文。这段话的第一句话暗示，弗洛伊德已经解释了梦中的荒谬性，因为梦的思想中存在"嘲笑"。实际上，这个结论只在下面一段中明确地叙述出来，他还总结了他的荒诞梦理论。这一段原来的脚注，似乎可能由于某种疏忽而放在这里，而不是在后面引入。

活过来了，并像生前一样与他交谈，但（值得注意的是）他父亲真的已经死了，只是他不知道。只有在"但他父亲真的已经死了"这几个字后面插入"由于做梦者的愿望"这几个字，或者如果把"只是他不知道"解释为做梦者有这样的愿望，这个梦才会变得清晰起来。我们解释一下做梦者不知道的事情是，他有这个愿望。在他照顾父亲的时候，他一再希望父亲死去。也就是说，他实际上有一个仁慈的想法，认为死亡可以结束父亲的痛苦。在他父亲去世后的哀悼期间，就连这种同情的仁慈愿望也成了一种无意识的自责，仿佛他真的通过这种方式缩短了父亲的生命。做梦者早年对抗父亲的幼稚冲动被激活，才导致梦中出现这样的自责表达。但事实上，引起梦境的刺激和白天的想法有着天壤之别，这才是梦的荒谬性的根源。[①]

　　若做梦者梦到曾经喜欢的已故的人，那么此种梦解析起来会相当麻烦，并且往往不能获得彻底的解释。这是因为做梦者和此人之间存在特别激烈的矛盾的情感。此种梦常见的形式是：死去的人起初复活了，而后又突然死去，再后来又活过来。人们因此而难以理解。不过我终于知道这种又生又死的变化正表现出做梦者的冷漠（对我来说，他不管是活着还是死去，都是一样的）。这种冷漠当然不是真实的，它不过是一种想法而已，其功能不过在于使做梦者否认他那强烈又矛盾的情感，在梦中最终成为做梦者矛盾心理的表征。在一些与逝者有关

---

① 1911 年加注：参考我关于心理功能的两个原则的论文（1911 年 b），论文的最后讨论了这个梦。弗洛伊德在《精神分析引论》（1916～1917 年）第 12 讲中分析了一个非常相似的梦。下一段于 1919 年作为加注，并于 1930 年纳入正文。

系的梦里，如下的规律能够帮助我们理解梦的思想。若梦中未提及那人已死的事实，则是做梦者将自己看成已死去的人，即他是在以自己已死为内容做梦。若在梦的形成过程中，做梦者忽然惊奇地自语道："哎，他都过世好久了"，这则表明他在否定这个等同，否定自己已死。但我愿意欣然承认[①]，对此梦的解析还未能彻底地揭示出这类梦的秘密。

梦例三

这个梦例关注的是梦的工作刻意制造出来的荒谬性，而这种荒谬性就梦的原始材料来看，是不可理解的。我在为度假做准备期间，偶遇图恩伯爵后不久做了这个梦：我坐在一辆马车里，让车夫送我去火车站。在路上，他发起牢骚来，好像他已经非常累了。我说道："当然，我不能和你驾着马车沿火车路线走。"看来我似乎已经坐在马车里驶过一段通常靠坐火车来完成的旅程。对这个混乱又无意义的故事，分析后得到这样的结果：前一天，我租了一辆出租车到多恩巴赫（维也纳的郊外）一条偏僻的街道去，但司机不晓得这条街道的具体位置，所以他就一直漫无目的地开（像这类自以为是的人常常做的那样），直到最后我发觉了，向他指示正确的路线，同时讽刺了他几句。在后来的分析中我的一系列想法，都从车夫转向了贵族。当时，在我们这些中产阶级人士的潜意识里，贵族都很喜欢坐在驾驶座上。实际上，整个奥地利那时就是由图恩伯爵"驾驭"着的。梦中的下一句话则指向我的弟弟，我将他等同于出租车司机，那年我取消了和他去意大利的

---

① 这一点最早出现在弗洛伊德（1913年）的观点中。

旅行（"我不能和你驾着马车沿火车路线走"）。这次取消是对他过去抱怨我习惯让他在这样的旅行中太过疲劳的一种惩罚（这点似乎在梦中也丝毫不变）。因为我坚持要快速地在许多地点间赶来赶去，以便能在一天中到多个景点看到更多的美景。做梦的那个傍晚，他陪同我到车站，但快到车站的时候，他在郊区车站和总车站相连的地方下车，他要乘郊区车到普克斯多夫①去。我告诉他，我们还可以同行一段路，他可以坐干线车去普克斯多夫。这就引发了梦中那段我坐马车驶过一段通常要靠坐火车来完成的路程的内容。这正好颠倒了事实，是一种"你也是"式的争论。当时我对弟弟这样说："你可以和我一起乘干线车来完成你要用支线车（郊区车）走完的距离。"在梦里，我用"出租车"替代"郊区车"，而把整件事混淆了（但恰好能把我弟弟和出租车司机的意象连在一起）。这样我就成功地创造出一些看来无法加以解释的无意义，而且它们和我梦中说的（"我不能和你驾着马车沿火车路线走"）发生了冲突。然而，我看上去没有任何理由混淆出租车，因此我必定故意在梦中设计出这整个迷幻的事件。

但为何要如此设计呢？现在，我们将对梦的荒谬性和允许甚至故意设计荒谬性的动机展开探究。上述梦的解释是这样的：我需要在梦中为"fahren"②这个词加上一些荒谬以及难理解的关联，因为表征是分析梦的思想的一个重要依据。一天晚上，我梦到我在一位热情好客

---

① 距维也纳约 12 公里。

② 德语单词"fahren"已经在梦和分析中被反复使用了，在英语中用作"drive"（出租车时用）和"travel"（火车时用）。对这两个词的翻译要结合不同的上下文。

的女士（她在同一个梦的其他部分扮演的是"女管家"的角色）家里，我被问及两个非常难猜的字谜。因为在场的人都已知晓谜底，而我又无法解答，所以我就乱猜一气，无疑，我成了笑柄。这两个字谜分别是由"vorfahren"和"nachkommen"两个词的语意双关形成的，第一个字谜的内容是：

在主人的要求下，

司机完成了；

每个人都有的，

它在坟墓中休憩。

（谜底：vorfahren，意即"驾驶""祖先"，字面意思是"走到前面"及"以前的"。）

特别令人困惑的是，第二个字谜的前半部分与第一个字谜的后半部分完全相同：

在主人的要求下，

司机完成了；

不是每个人都有的，

它在摇篮中休憩。

（谜底：nachkommen，意即"跟在后面""后裔"，字面意思是"跟着来"和"继承者"。）

在目睹图恩伯爵庄重地驾车而来，并听他不厌其烦地大赞伟大的绅士们出生（成为后代）的自豪后，我不禁坠入费加罗式的心境，梦的工作就利用这两个字谜充当了衔接的思想。由于贵族和司机很容易被搞混，再加上我们曾称呼司机为"schwager"（"车夫"或"姐 / 妹夫"），于是梦的工作借着凝缩作用把我弟弟引入同一画面。而梦的思想是这样的："为自己的祖先感到骄傲是荒谬的，最好是自己成为祖先。"这一决断（即某些事情是荒谬的）就造成了梦里的荒谬。这使梦的其他模糊部分，即我为什么会想到之前已经和司机驶过一段路程了，也明朗化了 [vorhergefahren（驾驶过）—vorgefahren（驾到）—vorfahren（祖先）]。

由此，若梦的思想的某些东西具有荒谬的成分，也就是说做梦者的潜意识包含批判或嘲弄的动机，那么这个梦就是一个荒谬的梦。因此，荒谬就是梦的运作表征相互矛盾的一种方法——与把梦中所想的内容加以颠倒呈现或者产生一种动作被抑制的感觉等方法一样，但是梦中的荒谬性却不可仅仅翻译为"不"，它的核心旨在使梦的思想的心境重新显现，正是梦的思想将嘲弄和矛盾合为一体的。正是因为这一目的，梦的工作才会制造出一切荒谬的东西来。而借由这种方法，梦的隐意的一部分也直接转变成梦的显意。①

事实上，我们已经遇到过一个具有这种意义的令人信服的荒谬梦例

---

① 因此，梦的工作是通过创造与那个思想相关的荒谬事物的方法，来模仿那个荒谬事物呈现给它的思想。当海涅想要嘲笑巴伐利亚国王写的一些糟糕的诗句时，他采用了同样的方法。他还写了一些更糟糕的诗：

"路德维希爵士是一位伟大的诗人，
他一开口唱歌，阿波罗就来了，
跪下来求他：停下来！
我很快就会变成傻瓜哦！"

路德维希一世

了，这是一个我未做任何分析就解释了的梦：一场瓦格纳歌剧的表演一直持续到早上 7 点 45 分，在梦中管弦乐队站在塔楼上指挥……这个梦分明是在说："这是一个颠倒的世界、一个疯狂的社会，值得拥有 / 理应拥有的人得不到，不在乎的人却得到了。"做梦者正在将她的命运与她堂兄的命运进行比较。第一个荒谬梦例与死去的父亲有关，这也绝不是偶然。关于这种梦例，创造荒谬梦的条件以独特的方式同时出现。父亲所行使的权力在他的孩子很小的时候就引起了他们的批评，他对孩子提出的严厉要求导致孩子为了寻求解脱而睁大眼睛盯着他（即父亲）的任何弱点；但是，父亲的形象在孩子心中唤起了孝道，尤其是在他去世后，稽查制度得以加强，禁止有意识地表达任何此类批评。

梦例四

这是另一个与逝去的父亲有关的荒谬梦例：我收到市政务会寄来的一封信，内容是关于 1851 年某人在我家突发痉挛而住院的医护费用问题。这件事令我感到很奇怪：其一，1851 年我还未出生；其二，这件事可能跟我父亲有关，但他已过世。我来到隔壁房间见父亲，然后把事情讲述给他听，他正躺在床上。令我惊奇的是，他记得 1851 年，有一次他喝醉了被关起来，那时他正在 T 公司上班。于是我这么问："那么，你是常常喝酒吗？后来你是否紧接着就结婚了呢？"算起来，我是在 1856 年出生的，好像刚好是接下来的那一年。

我们由上面进行的讨论可知，此梦侧重于荒谬性的表达，是对梦的思想中某个令人痛苦的激烈争论的暗示。更为蹊跷的是，梦中的争论是公开的，而嘲笑的直接对象竟是我父亲。从表面来看，这种公开性似乎和我们的释梦工作的稽查作用相悖。但当我们发现，在这个梦中，我父亲只是作为一个假面形象呈现，而真正讨论的对象是一位潜藏着的人物时，这种情况就好理解了。

虽然梦通常表现出做梦者对某个人（通常是做梦者的父亲）的反抗，但在这里恰恰相反。我的父亲被当作一个稻草人，用于掩护某个人，所以这个梦能在此种不经伪装的状态下公开嘲笑神圣不可侵犯的人物（指父亲），是因为我很确定这里所指的人一定不是父亲本人。之所以出现这样的表征，源自这个梦的有趣成因，因为此梦发生在我听见一位年长的同事（其判断力被认为是不会出错的）对我用精神分析进行治疗的患者已经进入第五年的治疗大感惊奇并且表示不赞许后。[1] 这一个句子在一种不被察觉的伪装下，暗示着此同事许久以来已取代父亲承担起其所不能承担的责任（关于住院的医护费用问题），而当我们之间的关系变得不友好时，我产生的感情冲突就如同父亲与儿子之间产生的误解，即儿子因父亲的地位及父亲以前给予自己的协助在反抗父亲时无法避免产生的内心冲突。梦的思想是对那位责备我治疗进展太慢的同事的强烈抗议，这种责备最先针对的对象是我对患者的治疗，而后又波及其他事物。我想，莫不是他知道有谁治得比我更快？难道他不知道，这种病几乎不能治愈并会伴随患者一生吗？相比之下，四五年值得一提吗？何况

---

[1] 这就是弗洛伊德在写给弗利斯的信中经常提到的患者"E"（弗洛伊德，1950 年 a）。对于现在这个梦，126 号信件（1899 年 12 月 21 日）中有提及，133 号信件（1900 年 4 月 16 日）中宣布了非常令人满意的治疗结果。

在我的治疗下，患者觉得生活更舒适、更美好了。

这个梦之所以会给人一种荒谬感，是因为表达梦的思想的不同部分的句子未经任何转换地拼凑在了一起。"我来到隔壁房间见父亲"等句子和前一句话所涉及的主题关系不大，反而正确再现了我在没有咨询父亲的情况下通知父亲我已经订婚的情况。所以这句话使我记起了父亲在处理这件事上的宽宏大量，并和另外一个人的行为形成对比。我们需注意在梦境中我父亲被允许受嘲弄，是因为在梦的思想中他毫无异议地被列为模范对象。稽查制度的特性是：我们不可以谈论被压抑的梦中事物（事实），但是可以说出关于此事物的谎言。

下一句讲的是，他记起"有一次他喝醉了被关起来"，其实这已和我父亲毫无关联。"他"代表的人物完全是著名的梅纳特①。我曾抱着无比崇敬的心追随他的足迹，而他回敬我的除了刚开始时的些许赏识，全是公然的敌视。由此我联想到了一件事，他曾对我讲，他年轻时曾一度沉迷于氯仿使自己中毒，而被送入疗养院。它又使我记起另外一件他去世前不久所发生的事。我与他曾就男性癔症问题进行了激烈的书面争论，他否认了这一问题的存在。②在他患这致死的疾病期间，我去拜访过他，并问候其病情。当时，他讲了一大堆关于自己病症的话，并且坚决地说："你要知道，我就是男性癔症最典型的例子。"没想到，他竟认可了自己一直以来固执反对的事，这使我感到既惊奇又满足。但在这个梦中，我为何会用父亲来代表梅纳特呢？我看不出两者间有

① 西奥多·梅纳特（1833 ~ 1892 年），曾是维也纳大学的精神病学教授。
② 这一争论在弗洛伊德的自传研究（1925 年 d）的第 1 章中有相当详细的描述。

什么相似之处。此梦境很精简，可以用一个条件从句来表达梦的思想，即"若我是教授或枢密顾问的后代，我一定能发展得更快"。因而在梦中我给父亲加上了教授或枢密顾问的头衔。梦里最明显、最令人不安的荒谬之处在于它对 1851 年的处理。在我看来，这一年与 1856 年没有什么不同，就好像 5 年的差异没有任何意义一样。但这正是梦的思想最后想要表达的。四五年是我在分析中提到的那位同事支持我的时间长度，也是我让我的未婚妻等待我们结婚的时间长度，这个数字被梦的思想急切地利用，因而也巧合地成为我治疗患者的最大时间长度。"5 年意味着什么？"梦的思想这么说，"对我来说，这根本不是一回事儿，不值得加以考虑，我还有足够的时间。就像虽然你不相信，但我最后还是成功完成的事一样，对这件事，我亦会成功。""51"这个数字除了代表时间维度外，还蕴含着另一个完全相反的意义，这也是它在梦中出现了数次的原因。对男人而言，"51"似乎是个非常危险的年岁。据我目前所了解的，我的好几位同事都在这个年龄死去，而其中一位是在得到了期待已久的教授头衔后的几天内突然死去的。[1]

梦例五

这又是一个玩弄数字的荒谬梦例。我的一个熟人 M 先生在一篇文章中遭到了抨击，我们都认为，抨击者是歌德。M 先生自然被击垮了，他在餐桌前不停地向大家抱怨。然而，他并没有因此减少对歌德的尊

---

[1] 这无疑是指弗利斯的周期理论。51 = 28 + 23，分别是女性周期和男性周期。参见克里斯为弗洛伊德与弗利斯通信所写的导言第 1 节和第 4 节（弗洛伊德，1950 年 a）。

敬。我试图将清它的时间顺序，又觉得似乎不太可能。歌德于 1832 年逝世，那么他的抨击必定早于这个时间，所以那时的 M 先生一定还十分年轻，可能只有 18 岁，这看起来似乎很合理。但又因为我不确定自己现在所处的年代，所以整个计算变得一团糟。顺便说一下，这些抨击可见于歌德那篇著名的论文《自然》中。

我们很快就能找到证明这个梦的荒谬性的方法。M 先生是我跟一群人吃饭时认识的，不久前他请我去给他全身瘫痪的弟弟做检查，原因是他猜测弟弟患有精神障碍。这个猜测是正确的。在此次检查中发生了一个尴尬的插曲，我和他弟弟谈话的时候，他弟弟毫无缘由地说起他哥哥年轻时候的荒唐事。我询问弟弟的出生年月日，同时让他做几道小计算题以测验其记忆力损坏的程度，结果是他能答得很好。由此可见，我在梦中的情况就像一位瘫痪患者（我不确定自己现在所处的年代）。梦的其他部分则源于另一件新近发生的事。一本医学杂志的编辑（我的朋友）最近发表了一篇对我的德国朋友弗利斯新近出版的一本书的猛烈抨击，这篇评论由一位年轻的评论家执笔，而他其实是没有足够能力来做抨击的。我想要干预此事，并认为自己有权利要求其消除不良影响。那位编辑为此事致歉，认为不该发表这篇文章，却不愿做出任何更正。因此，我和该杂志社断绝了关系，但我在断交信中表示，希望这件事不要影响到我们的私人感情。我的一位女患者为我提供了此梦的第三个来源，那是她对患精神疾病的弟弟在躁狂症发作中喊"自然，自然"的描述。诊治医生相信弟弟呼喊的内容是他阅读了歌德那篇卓越的题为《自然》的论文的结果，而且这一点反映出他在研究自然哲学时太过劳累。我却认为这和性有关，即使智商较低的人亦是这样的。后来，这个不幸的人身上发生的事表明我的推测是正确的，当时他只有 18 岁。

我可以补充一句，我朋友的那本受到严厉批评的书（另一位评论家曾说"人们不知道是作者疯了还是自己疯了"）记录了关于生命的时间数据，并表明歌德的生命长度是生物学上具有重要意义的天数的倍数。所以很容易看出，在梦里我把自己放在我朋友的位置上（我试图解释按时间顺序排列的数据）。但我表现得像个瘫痪者，这个梦也变成一大堆荒谬的事的结合。因此，梦的显意像在讽刺地说："自然，他（我的朋友）是疯狂的傻瓜，而你们（评论家们）才是天才，懂得更多。肯定不会是反过来的吧？"梦里有很多这种反转的例子。例如，歌德抨击那个年轻人，这是荒谬的；而一个年轻不成熟的人抨击伟大的歌德，倒是可能的。又如，我要从歌德去世那年开始计算，梦里表现出来的却是我让瘫痪者从他出生那年开始计算。

我说过，所有的梦都是受利己主义动机驱使的。因此我必须解释在这个梦中我为什么要将自己置于朋友的位置，并代他受过。我在清醒状态下的批判主张不足以解释这一点。发生在那位 18 岁患者身上的事及医生对他呼喊的"自然"做出的不同解释，都暗示了我对神经症的性的病因论与大多数医生的意见相左。由此，我可能是这样告诉自己的："你朋友受到的那种抨击也可能发生在你身上——其实，你已经受到了一定程度的议论。"所以梦中的"他"可以用"我们"来替代："是的，你们很对，我们是蠢材。"梦里又以歌德美妙的短篇来显示

"我正在思考中"（mea res agitur），因为中学毕业的时候我对职业的选择犹豫不决，后来在一场公共讲演中听到关于此文章的朗诵，我决定从事自然科学的研究（此梦将在稍后做进一步的讨论）。[①]

梦例六

在前面的章节中，我提及了一个没有自我呈现的梦，然而它也一样是自我主义的。在前文的一个短梦例中，M 教授说道："我儿子近视了……"这是一个序梦，是另一个和我有关的梦的开场白。以下就是当时省略了的主梦，其内容结合了荒谬性和令人费解的语言形式，需要经过深入分析才能理解。

罗马城发生了一些特殊事件，为了安全，必须把孩子们转移到安全地点，这件事我们办妥了。接着出现了大门，是一种古老的两扇式的设计（我在梦中已认出它是西恩纳的罗马之门）。我坐在喷泉的旁边，感到极其忧郁并且几乎要流出泪来。一位女士（服务生或者修女）牵出两个男孩，交给他们的父亲，这位父亲并不是我本人。但是其中较年长的那个男孩无疑是我的长子；我没有看清另一个男孩的面孔。带孩子出来的女士要他们和自己吻别。她的鼻子红得刺眼，孩子们拒绝吻她，伸手向她挥别，并说道："Auf Geseres！"而后又对我们两人（或我们中的一人）说："Auf Ungeseres。"我想最后这个短语表达的一定是好感。[②]

---

① 弗洛伊德在《论梦》（1901 年 a）的第 5 卷第 6 部分也对这个梦进行了详细分析，并添加了一些额外的细节。歌德的《自然》的英译本见于维特尔斯，1931 年，第 31 页。

② "geseres"和"ungeseres"这两个词都不是德语单词，下文将进行讨论。

这个梦是我在看过一出名为《新犹太人区》的戏后做的，它使我思绪纷乱。犹太人的问题与他们子女的未来息息相关，犹太人不能拥有自己的国家，没有很好的教养子女的方式，不能自由地跨越国界。所有这些内容，都能够很容易地在梦中被识别出来。

"在一座古老的双扇大门前，我坐在喷泉的旁边，感到极其忧郁并且几乎要流出泪来。"西恩纳和罗马一样，因美丽的泉水而享有盛名。若要梦到罗马，那么就必须选一个已知的地点来取代它。邻近西恩纳罗马门的地方，有一座庞大且辉煌无比的建筑物，即玛尼科米奥疯人院（Manicomio）。在做此梦不久前，我听说一位和我有着同样宗教信仰的人被迫辞去了他好不容易才在疯人院争取到的职位。

我们的兴趣集中在"Auf Geseres"（此梦中的情境引导我们期待这个短语"Auf Wiedrsehen"）及它的无意义反义短语"Auf Ungeseres"（"Un"的意思是"不"）上。根据从哲学家那里得来的知识，"geseres"是真正的希伯来语，源于动词"goiser"，应被翻译成"遭受苦难""命定的灾害"。但谚语中的用法使我们认为它的意思是"哭泣与哀悼"。而"ungeseres"则是我发明的新词，同时也是第一个吸引我注意的词，在开始我并不能由它得到什么，但当我看到梦结尾处那个表达出对"ungeseres"的喜爱要高于"geseres"的短语时，我的联想之门就打开了，同时我也明白了这个新词的意思。

这种类比关系在鱼子酱上也常有发生：不咸（ungesalzen）的鱼子酱比咸（gesalzen）的鱼子酱更受欢迎。"将军的鱼子酱"是贵族的象征，这其中包含着我对我的一位家庭成员的玩笑式的暗喻。由于她较我年轻些，所以我希望将来她能替我照看我的孩子。这也符合事实，即我家有位能干的保姆，她恰好和梦中出现的另一个人物（服务生或修女）相对应。但是"salted—unsalted"（盐—无盐）和"geseres—ungeseres"间仍然缺少联想上的过渡。而"gesäuert—ungesäuert"（发酵—不发酵）起到了过渡作用。以色列的子民在逃离埃及时，来不及让面发酵。为了纪念这件事，他们直到今天每逢复活节都吃不发酵的面包。在这里我要加入一点儿突然涌现的联想。我记得在上个复活节假期，我和柏林的那位朋友在陌生的布雷斯劳街道上散步。一位年轻姑娘向我问路，我如实地告诉她我不知道。接着我就对身旁的朋友讲："但愿这个小姑娘在长大以后，能有辨识指路人的敏锐眼力。"

没过多久，我看到一个门牌，上面写着："海罗德诊所，工作时间……"我又对朋友说："希望这位同行不是儿科医生。"同时，朋友向我讲述了两侧对称性的生物学意义，并说道："如果我们也和独眼巨人一样只在前额中央长一只眼睛……"这句话引出了梦中那位 M 教授说的话——"我儿子近视了（the myops）……"[①]，现在我找到了"geseres"的主要来源。很多年以前，当这位 M 教授的儿子（如今已是独立的思想家了）仍然是个坐在校园课桌后的学生时，他不幸得了眼疾，医生解释说眼疾引发了焦虑。而且，只有一只眼睛患眼疾还好，但如果另一只眼睛也感染了，那么后果就很严重了。当他患眼疾的那只眼睛已经完全好了时，另一只眼睛又出现了感染的迹象。孩子的母亲怕得不得了，赶快把医生请到家里来（他们住在很遥远的乡下）。医生检查完

---

① 德语中的"myop"是在"zyklop"模式基础上构造的一种特殊（ad hoc）形式。

另一只眼睛后，对孩子的母亲大声吼道："你怎么能把这看成 geseres（厄运）呢？如果一边能好，那另一边也一样会好的。"最终的结果证实他是对的。

此刻我们所要探究的是所有这些与我和我的家庭有什么关系。M教授的儿子读书时所用的课桌，后来被他母亲转赠给了我的长子，我在梦里借孩子们之口跟她说了告别的话。这一转换的隐意很容易就能被猜到。梦中引入这张课桌也意在预防孩子近视和单侧用眼，所以近视（其后隐藏的"独眼巨人"）及两侧对称性才会呈现在梦中。我对一侧性的关注具有许多意义：这不但指身体的一侧性，同时也包括了智力发展的一侧性，难道梦中荒谬的一切不正是对这种焦虑的疯狂表达吗？孩子们转向一边告别后，又转向另一边说了意思相反的话，就好像是要恢复平衡似的——他们的行动似乎是为了维持两侧的对称性。

因此，看似越荒唐的梦隐含的意义也越深刻。历史上任何一个时代，那些想要说真话但又知道说出来会招惹麻烦的人，一般都会给自己冠以愚笨之名。这些犯禁的话若被说得含有自我解嘲的意味，那么听众就更容易接受。戏中的哈姆雷特为了掩饰自己，在现实中不得不像身处梦境般装疯卖傻。因此，我们可以用哈姆雷特形容自己的话来为梦做注解——用智慧与晦涩的外衣来掩藏真相。他说："我不过是疯狂的西北风：当风向南吹的时候，我就能分辨出手锯和苍鹰。"①

---

① 源自《哈姆雷特》第 2 幕第 2 场，这个梦也提供了一个很好的例子，证明了一个普遍有效的真理，即同一晚做的梦，即使回忆起来是分开的，也都源于相同的思想。顺便提一下，我在梦中要把孩子从罗马城转移到安全地点，是因其与我自己童年时发生的事件类似而被扭曲了——我嫉妒我的亲戚，多年前，他们有机会把孩子送到国外。

至此，关于梦的荒谬性问题，我已经解答完了，即梦的思想绝不是荒诞无稽的——正常人的梦的思想从来不会是荒谬的。而梦的工作之所以会制造出荒谬梦或含有荒谬成分的梦，是为了展现梦的思想中的各种批判性的、滑稽或可笑之处①。

我下面所要做的事是展示梦的工作不外乎我前面说的 3 个因素，即凝缩、移置及象征，此外，还有一个我将在后文论及的第四因素。而梦的功能不过是根据这 4 个因素把梦的思想翻译出来，至于我们的心智活动是完全还是部分地参与梦的形成，这一问题的提出本身就是错误的，而且脱离了事实。

不管怎样，梦里常常会出现一些判断、评论或赞赏，并且有时做梦者会对梦中的其他因素表示惊奇，并试图加以解释或论证。所以我下面将用一些经过挑选的梦例来澄清这些现象所引起的误解。

简而言之，我的回答如下：所有在梦中表现为明显判断活动的事件，都不能被当作释梦工作的理智结果，而只可以被视为梦的隐意的材料，它们只是以现成的结构从梦的隐意进入梦的显意中。我甚至能够对这个解释做更进一步的阐述，即做梦者睡醒后对一个还记得的梦所做的判断以及对梦所产生的感觉的描述或多或少表露了梦的隐意，而这些是要包括在解析范围内的。

1. 关于这类梦，我已引用过一个非常明显的例证。一位女患者拒

---

① 弗洛伊德在《论诙谐及其与潜意识的关系》（1905 年 c）的第 6 章中也讨论了梦的荒谬性。在"鼠人"病例史（1909 年 d）的第 1 节结尾，弗洛伊德在脚注中指出，同样的机制也适用于强迫性神经症。

绝向我谈及她所做的一个梦，原因是"它很含糊，不清晰"。她的梦中出现了一个人，但她辨认不出那是自己的丈夫还是父亲。紧接着是第二个梦，她梦见一个垃圾箱，由此触动了下面的回忆：当她刚成为家庭主妇的时候，有一次她和一位来访的年轻亲戚开玩笑说，她的下一步工作是弄一个新的垃圾箱，结果第二天她就收到了一个，不过里面插满了山谷里的百合。这个梦被用来表现一句德国常用俗语"不是长在我自己的肥料上"[①]。经分析发现，该梦的思想可上溯到做梦者小时候听过的一个故事。那个故事讲的是一位姑娘怀了孕，但却不清楚孩子是谁的。所以，此梦的表征已经渗入清醒时的思考——即梦的思想中的一个元素在清醒时对整个梦的判断。

2. 下面是一个相似的梦例。一位患者做了一个自认为很有趣的梦，所以醒来后他立刻对自己说："我一定要把这个梦说给医生听。"加以分析后，我发现此梦很清楚地显示出患者在治疗期间开始的情人关系，并且他决定不要告诉我这件事。

3. 第三个梦例源自我自己的经验。

我和P一起走在去医院的路上，我们途经了一个区域，那里有整片的房屋和花园。我当时冒出了一个想法，即我曾多次梦到过这一场景。我对这条路并不熟，P给我指了一条一拐弯就到饭店的路（在室内，而不是在花园里）。我在那里探问朵妮女士的消息，了解到她和3

---

① "Nicht auf meinem eigenen Mist gewachsen"，意思是"我对此不负责"或"这不是我的孩子"。德语单词"mist"的字面意思是"粪肥"，在俚语中用作"垃圾"，在维也纳语中意指"垃圾箱"（misttrügerl）。

个小孩住在后面的一间小屋里。我往那里走去，但还没有到达那间屋子就看见一个模糊的人影，她带着我的两个女儿；和她们站了一会儿后，我就把两个女儿带走了，并对我妻子把她们留在那里颇有怨言。

醒来时，我感觉非常满足，原因是通过对这个梦的分析，我终于了解了人们常说的"我常常梦见这个地方"到底是什么意思[①]。事实上，精神分析并没有告诉我这类梦的意义，反倒向我呈现出这种满足属于梦的隐意，而不是关于梦的判断。我感到满足是因为婚姻给我带来了孩子。P和我有相似的生活经历，后来却在社会地位和物质条件上都远远超过了我，然而他婚后一直没有小孩。与此梦相关的两件事足以说明梦的意义，我无需再对这个梦做完整的分析。前一天，我在报纸上读到朵娜（而我在梦中将其改名为朵妮）女士逝世的消息，她是因难产而死。我妻子告诉我，当时负责的接产妇就是替我们接生最小的两个孩子的那位。朵娜这个名字引起我的注意，是因为不久前我在一本英文小说中看到了它。另一件事则与此梦发生的日期有关，这个梦是我在我大儿子生日前一天晚上做的——他似乎具有诗人的气质。

4. 相似的满足感还产生于这样的梦境中：我父亲死后还在马扎尔人中扮演某种政治角色。我认为这种满足感是我伴随梦中最后一幕而生的感情的继续。我记得父亲临死前躺在床上的样子与加利巴底十分相似，并且他因为实现了诺言而面带微笑……（梦还有后续，但我已记不清了）。分析使我能够填补这个梦的空白，这是关于我第二个儿子

[①] 关于这一主题的长期讨论贯穿了《哲学评论》（1896～1898年）的最新几期，标题为"梦中的失忆症"。（这个梦在后文会再次被提及）

的事，我为他取的名字和历史上一位伟大人物的相同（克伦威尔）。在儿童时期，这位历史人物强烈地吸引了我，尤其是我到英国访问后。在第二个儿子出生的前一年，我已经决定如果生下的是男孩就取这个名字，因此当第二个儿子出生时我怀着极度满足的心情迎接了他的降临。（很容易看出来，为人父那种被潜抑的自大是怎样在他们的思想中传给孩子的，在真实生活中，这似乎是将此种潜抑情绪发泄出来的一种办法。）而小孩子之所以会在梦中出现，是因为他和那快死的人具有同样可以被原谅的弱点——容易把大便拉在床单上。我们可以用同样的类比方法，将总裁判（stuhlrichter，即首席法官，字面意思是"椅子裁判"或"凳子裁判"）与梦中想在自己孩子面前维持伟大的、不可侵犯的姿态的父亲进行比较。

5. 接下来我的探究对象是梦中所表现出的判断，而不是那些延续到清醒状态或在清醒状态下所做的判断。为了对这点加以证明，我引用了为其他目的而记录的梦例，这将有利于我的工作。歌德抨击 M 先生的梦例似乎含有很多的判断行为。*"我试图将清它的时间顺序，又觉得似乎不太可能。"*不管从哪一个角度看，它似乎都像在批评这件荒谬的事，即歌德对这位我熟悉的年轻人所进行的抨击。*"可能只有 18 岁，这看起来似乎很合理。"*这句话听起来像是经过计算的结果，虽然是出自愚笨的脑袋。而最后那句*"但又因为我不确定自己现在所处的年代"*似乎是做梦者在梦中感到不确定或者疑惑的范例。

初看之下，上面提及的这些句子似乎都属于梦中的判断行为。但分析后发现，这些话都另有深意，而且是对此梦进行解释的必要成分，同时又有助于消除梦的各种荒谬迹象。"我试图捋清它的时间顺序"这句话，使我置身于朋友弗利斯的处境——他正试图找出生命的时间顺序，如此，这个句子就失去反对前面的荒谬性的判断意义了。插入的那句"又觉得似乎不太可能"则归属于下面的"这看起来似乎很合理"。在那个患者向我讲述她弟弟个案史的梦例里，我使用了几乎一样的字句。他喊叫"自然，自然"不可能与歌德有关，我的看法是，这更可能和大家所熟悉的性意义有关。确实，在这个梦例中，做梦者表达了某种判断——不过是发生在真实生活里（而非梦中）而被做梦者在梦中回想起来并用以表达梦的思想。梦的内容像利用其他材料一样利用了这种判断行为，去隐晦地表达梦的思想。在梦中，对年龄"18岁"做出的判断是毫无根据的，但同时也保留了真实的上下文线索。末尾的那句"我不确定自己现在所处的年代"，则只是为了使我和那位瘫痪者更加相似。在我为他进行检查的过程中，这种想法真实产生过。

对于梦中出现的判断行为的分析，我们可以回想一下本书前面所提到的释梦的原则：我们必须把梦各成分间的表面联系看成是无关紧要的，同时必须探索每一个元素出现的缘由。梦是一个凝缩的整体，但我们在研讨的时候必须把它再度分割成碎片。此外还需注意，梦中有一种精神力量在运作，正因为它的存在成就了梦表面的联系，即对梦的工作所产生的材料加以"润饰"。这里，我们发现了另一种重要力量，后文中我们将会视其为构成梦的第四种因素，并进行探讨。

6. 下面又是一个我曾经引用的梦例，可以作为"判断"在梦中运作的例子。在市政务会寄来信的那个荒谬梦中，我这么问："后来你是否紧接着就结婚了呢？"算起来，我是在1856年出生的，好像刚好是接下来的那一年。所有这些都以一系列合乎逻辑的结论的形式出现。在我父亲生病后不久，即1851年，他结了婚。当然，身为家中长子的我，生于1856年，事实即如此。

我们已了解，梦中出现的这个错误结论是为梦的思想服务的，而且主要的梦的思想是："四五年压根就不值一提，可以不予考虑。"上述逻辑结论，无论在内容和形式上多么完整，都可以用梦的思想所决定的另一种方式来解释。我同事觉得治疗周期太长的那位患者，决定结束治疗后就立即结婚。梦中我和父亲的谈话方式很像是一种问讯或考试，由此我又想起大学里的一位老教授，他喜欢询问并记录每位选修他的课程的学生的详细资料，诸如："生日？"——"1856年。"——"父亲名字？"学生们被要求说出父亲以拉丁语结尾的教名，我们这些学生都会想，这位老教授肯定能从学生父亲的教名推衍出不能从学生的名字推衍出的结论。所以梦中推衍出的结论，不过是在重复梦的思想中的一段材料的结论而已。由此我们学到一些新的知识：如果梦的内容中出现了一个结论，那么毫无疑问，这必定源于梦的思想；它呈现的形式可以是一段回忆的材料，也可以是以逻辑方式连接的一大串隐意。不过不管怎样，梦中的一个决定一定代表着梦的思想中的结论。[1]

知道这些后，我们可以继续分析上述梦例。由那位教授的询问，我联想到大学的学生注册表（我当时是用拉丁语填写的），并联想到我

---

[1] 这些发现在某些方面是对我上面所说的关于梦中逻辑关系表征的修正。这个较早的段落描述了梦的工作过程的一般表现，但没有考虑到其运作得更精细、更准确的细节。

的主修课程。医学专业规定的学制是 5 年，这对我来讲太短了。于是我默默地又多学习了几年。熟知我的人都以为我在混日子，对我能否及格很是怀疑。之后我迅速报名参加了考试，尽管比规定时间延迟了些，但终究通过了考试。这是对我的梦的思想的进一步强化，借着梦的思想，我大胆地回击了批评我的人："由于我花费了太多时间，你并不信任我。即便如此，我还是顺利通过了。我的医学学习生涯圆满结束。以前的很多事情都是这样发展的。"

这个梦的开头几句显然带有争论性质。这种争论甚至不是荒谬的，完全可能在清醒时发生：**梦中我收到市政务会寄来的信，这件事令我感到很奇怪：其一，1851 年我还未出生；其二，这件事可能跟我父亲有关，但他已过世。**这两个推论不仅本身正确，而且，现实中若我真的收到了这样一封信，我也会这样推论。

由上文的分析可知，该梦的思想源自做梦者内心深处的苦痛和所受的嘲弄。如果我们假定稽查作用有充分的运作理由，那么我们就会了解到，梦的工作就是为了创造一些对梦的思想中存在的荒谬成分的完全有利的反驳。但分析的结果表明，为了实现这个目的，梦的工作并不会任意构造、自由发挥，而是必须运用梦的思想所提供的材料。这就好比一个代数方程式，其中包含着加、减、根、幂等符号（除数字外），让一个不了解数学的人抄录它，结果他把数字和各种符号混淆了。

梦中的这两个推论可以追溯到以下材料。想到我初次对精神神经症进行心理学解释所依据的某些前提必然会引起怀疑和嘲笑，这让我感到痛苦。例如，我曾假设生命第二年的印象，有时甚至是第一年的印象，在后来生病的人的情感生活中留下了持久的痕迹，这些印象虽然受到记忆的扭曲与夸张，却都构成癔症最初与最深刻的根基。每当我在适当的时机向患者解释这些时，他们都会以一种嘲弄的口气模仿我的言论，说他们准备去找寻一些自己未出生时的记忆。尽管如此，我有充分的理由相信这两个推论都是正确的。为了证实这一点，我想起了一些例子，在这些例子中，父亲在孩子很小的时候就去世了。然而后来发生的事情证明孩子在潜意识中仍然保留了对那个形象的回忆。我知道我的这两个推论是建立在有效性会受到质疑的结论的基础上的。因此，我担心会受到质疑的那些结论材料被梦的工作用于得出无法反驳的结论，这就是对欲望的一种满足。

7. 在前文中我略微提及了一个梦的开头，其中突然出现的话题让人惊讶万分。

老布吕克要求我做一些事。非常奇怪。这和解剖我自己身体的下部（骨盆和脚部）有关。我好像在解剖室见到过它们，不过我并没有觉得自己的身体缺失了什么，也丝毫没有恐惧的感觉。N. 路易斯站在我旁边，协助我做这个工作。骨盆内的器官已被完全取出，我们能够同时看到它的上部和下部，两部分是一体的，我们还看到厚厚的肉色突起（在梦中，我想到的是痔疮）。对于一些盖在上面的、像被捏皱了的银纸①，我亦小心地钩出来。然后我又再度拥有双腿，并穿过了小镇。但是（因为疲倦的缘故），我坐上了出租车。令我感到惊奇的是，

---

① 银纸（stanniol）是对斯坦尼斯（stannius）关于鱼类神经系统的一本书的暗示。

这辆车驶入一间屋子的大厅，里面有一条通道，然后在快到尽头时转了一个弯，终于又回到了空地上①。最后，我和一位拿着我行李的阿尔卑斯山向导穿过变幻无穷的风景区。在途中，因为体恤我的双腿，他还曾背过我。由于道路泥泞，我们靠着边行走。人们像红印第安人或吉普赛人一样坐在地上，其中有一个女孩。在此之前，我一直在湿滑的地面上前行，对此我感到十分惊讶，因为在被解剖后我竟能走得这么好。最后我们到达了一座小木屋，房屋的尽头是一扇敞开的窗户。在那里，向导把我放下来，把两块准备好的木板放在窗台上，这样我们就可以跨越穿过窗子必经的陷坑。这时，我真为我的双腿担心。但是我们并没有像预料中那样穿过去，而是看到了两位成年人躺在沿着木屋墙壁架起的板凳上，好像有两个小孩睡在他们旁边。这样看来，要跨越那陷坑似乎不能靠木板，而要靠孩子们。我醒来时受到了惊吓。

凡是对梦的凝缩作用有些了解的人都会知道，详细地解释这个梦要占用大量的篇幅。所幸的是，我在此只就其中一点进行讨论，以作为"梦中出现惊奇感"的例子，即梦中插入的句子"非常奇怪"。那位在梦中帮助我工作的 N. 路易斯曾经找过我，请我借给她一些书阅读。我借给了她莱德·哈格德著的《她》。我向她解释说："这是本奇怪的书，但是潜藏着许多意义，如永恒的女性、我们不朽的感情……"她打断我的话："我已经读过了。难道你没有自己写的一些东西吗？""没有，我那不朽的巨著还没有写成。""那么你什么时候出版那本关于你的思

---

① 那是我住的公寓一楼的某个地方，租户们把他们的手推车放在那里，但是梦中这个地方是被多重决定的。

想的最新诠释的书，就是那本你承诺我们都能读懂的书？"她以一种讽刺的口吻问道。我知道，这是别人在借她的口向我发出警告，因此我并没有辩解。我想到，即使只出版与梦有关的书，我本人也要付出巨大的代价，因为我必须公开许多自己性格上的私密部分。

你能知道的最好的事情，

可不能告诉小孩们。

所以，梦里我被安排去做解剖自己肢体的工作，其实这是指分析我自己的梦。[1] 梦中老布吕克的出现是非常恰当的。在我进行科学研究的最初阶段，我就把自己的一项发现搁置了，直到在他的督促下才将其发表出来。而和 N. 路易斯的谈话所引发的思考因为涉入太深而无法在意识中显现出来，但它们分散在了莱德·哈格德的著作《她》所激发的各种材料中。"非常奇怪"这一评语除了用在此书上，还被用在对作者的另一本书《世界的心》上。梦中的许多元素便源于这两本极富想象力的小说：人们必须经过泥泞地带并借用木板跨越陷坑，这些均取自《她》这本书；而红印第安人、女孩和木屋则来自《世界的心》。

在这两本小说中，向导都是以女性的形象呈现的，并且两本小说的内容都关于危险的旅行。《她》讲述的是一次无人问津的冒险旅途，它通向一片未被发现的天地。我对此梦的记录显示，我的双腿感觉疲乏，是我白天的真实感受，可能还夹杂着倦意和疑惑："我的双腿还能支撑我多久呢？"《她》讲的这个冒险故事的结尾是：女主角（向导）

---

[1] 弗洛伊德在本书出版前几年的自我分析是他与弗利斯通信的主题之一（弗洛伊德，1950 年 a）。参见克里斯为后一卷所写序言的第 3 部分。

不但没有替他人和自己找到生路，反而葬身于神秘的地下烈火中。这样一种恐惧无疑在梦的思想中活跃着。那"木屋"无疑也暗示着棺材，即"坟墓"。但梦的工作以欲望满足的形式完成了对这些最不希望发生的想法的诠释。

我曾经去过一个坟墓，那是与奥尔维托相邻并被挖空了的伊特拉斯坎人的坟墓。那是一个很狭小的空间，依墙放着两个石凳，其上躺着两具成年男人的骷髅，和梦中木屋的内部没什么两样，不过在梦中石头被换成了木头。梦似乎在对我说："若你一定要待在坟墓里，那就住在伊特拉斯坎人的坟墓里吧！"借着这一置换，梦把最不希望发生的事转变成了最迫切的期待[1]。但不幸的是，梦往往能够把伴随着情感的概念颠倒过来，却不能改变情感本身。所以梦醒的时候我"受到了惊吓"，即使梦中成功呈现的是孩子有可能做到父亲无法做到的事这一观念——这是对那本怪诞小说的暗喻：一个人的自我可以代代流传下去，持续 2000 年之久。[2]

8. 我在另一个梦里也呈现了对梦中经历的惊讶，但是这种惊讶伴随着一个惊人的、深刻的甚至卓越的解释。暂且不说这个梦拥有两个吸引我的特点，仅仅就梦本身而言，我也忍不住对它分析。7 月 18 日或 19 日晚上，我在南德班铁路沿线旅行，在睡梦中，我听到有人喊："霍尔图恩（Hollthurn）[3]到了，停车 10 分钟。"我立刻想到棘皮动物

---

[1] 这一细节在弗洛伊德的《幻觉的未来》（1927 年 c）第 3 章中被用作插图。

[2] 这个梦将在下文做进一步讨论。

[3] 不是任何真实地点的名字。

（holo-thurians）；又想到一个自然历史博物馆；又想到，这是勇敢的人绝望地反抗他们国家统治者的权力的地方——是的，奥地利的反改革运动——就好像是在施蒂利亚或蒂罗尔。然后我隐约看到一个小博物馆，馆里保存着这些人的残骸和遗物。我本想出去，但犹豫不决。站台上有卖水果的女人。她们蹲在地上，邀请似的举起篮子。我犹豫了，因为我不确定是否还有时间，尽管我们的车仍然没有发动。我突然到了另一节车厢里，车厢的内饰和座位都很窄，人的后背直接贴在了车厢壁上。①对此我很惊讶，但我想到我可能在睡觉的时候换了车厢。这里有几个人，包括一对英国兄妹；墙壁书架上清晰可见一排书。我看到了《国富论》和《物质与运动》（詹姆斯·克拉克·麦克斯韦著），后者是一本厚厚的、用棕色布面装帧的书。这名男子问他妹妹是否还记得席勒所写的一本书。好像这些书有时是我的，有时是他们的。我想加入他们的谈话，为了证实或支持这些话……

我醒来时浑身是汗，因为所有的窗户都关着。火车在施蒂利亚的马尔堡停了下来。当我把梦写下来的时候，我突然想起了我的记忆试图忽略的一段梦的内容。

我（用英语）对这对兄妹说："这本书来自（from）……，"但我纠正了自己："是由（by）……""是的，"这名男子对妹妹说，"他说得对。"②

梦是以列车员报站名开始的，这说明我必定处在半睡半醒的状态。

---

① 这种描述连我自己也无法理解，但是我遵循了一个基本原则，即把梦见的东西如实地写下来。因为做梦者所选择的措辞本身就是梦的表现的一部分。

② 这段梦的内容将在后文做进一步讨论。

我用霍尔图恩代替了它的名字——马尔堡。事实上，梦中的我肯定听到了"马尔堡"，这一点可以通过梦中席勒的出现得到证实，席勒出生在马尔堡，但不是施蒂利亚的那个①。尽管我坐的是头等座，但我感到非常不舒服。火车上挤满了人，在我的车厢里，我发现了一位女士和一位先生，他们看起来很有贵族风度，非常高傲，丝毫不掩饰对外人闯入的不快。我礼貌的问候没有得到回应。虽然那位先生和他的妻子并排坐着（背对着火车头），但那位女士还是在我的眼皮子底下赶紧把一把伞放在了她对面靠窗的座位上。门立刻关上了，他们就开窗的问题争吵了起来。他们大概一眼就看出我渴望呼吸新鲜空气。那是一个炎热的夜晚，完全封闭的车厢使人感到窒息。我的旅行经历告诉我，这种无情和专横的行为是那些买半价票或免费票的人才做得出来的。当检票员来检票时，我给他看了我花了这么多钱买的票，这时那位女士用傲慢的，甚至是威胁的语气说："我丈夫有免费通行证。"她给我留下了非常深刻的印象——脸上挂着不满的表情，已是美人迟暮的年纪。

那位先生一言不发，一动不动地坐在那里。我想睡觉，在我的梦里，我对讨厌的旅伴们进行了可怕的报复，谁也猜不出梦的前半段那碎片式的画面背后隐藏着怎样的屈辱。当这个需求得到满足后，第二个需求又出现了：换一节车厢。梦里的场景经常变换，没有人提出丝毫的异议，因此，如果我立刻用记忆中更令人愉快的同伴取代我的旅

---

① 1909 年加注：席勒不是出生在马尔堡，而是出生在马尔巴赫，这是每个德国学生都知道的。这又是一种口误，这种口误在其他地方作为故意伪造的替代品出现，我曾试图在我的《日常生活的精神病理学》（1901 年 b，第 10 章）中对此做出解释。

伴，也是不足为奇的。但梦中有某个东西在抗拒环境的变化，我认为有必要解释一下。我怎么会突然出现在另一节车厢里？我不记得自己换车厢了。这里只有一种解释：我一定是在睡眠状态中离开了车厢。这是很罕见的情况，然而，在精神病理学家的经历中可以找到这样的例子。我们知道有些人会在朦胧状态下踏上火车去旅行，没有任何迹象表明他们状态异常，直到在旅途的某个时刻，他们突然恢复了理智，并对自己记忆中的空白茫然不知。因此，在梦里，我宣称自己是"自动漫游症患者"。

基于梦的解析，我们还可以从另一个角度来解释这种情况。如果我把梦中自己试图对换车厢这件事做出解释这个很特别的举动归为梦的工作，那这并不是我自己的原创解释，而是我从一位神经症患者那里复制的。我已经在其他地方谈到过，一个受过高等教育又善良心软的人，在他的父亲去世后不久，开始指责自己有杀人倾向，他不得不采取各种预防措施并深受其苦。这是一个伴随着完全自知力的严重强迫症患者的案例。一开始，走在街上对他来说都是一种负担，因为他不得不确定他遇到的每一个人都在哪里消失；如果有人突然离开了他的视线，他会产生一种痛苦的感觉，并认为那个人可能已经被自己杀死了。此外，这背后还有一种"该隐幻想"——因为"所有的人都是兄弟"。由于无法完成上街这项任务，他放弃了散步，一生被监禁在自己的四面墙内。但是，报纸不断把外面发生的谋杀案报道带进他的房子，于是他怀疑自己可能是通缉犯。当他确信自己已经好几个星期没有离开自己的房子时，他才能在一段时间内免受这种指控。直到有一天，他突然想到，他可能在无意识状态下离开了自己的房子，因此能够在完全无知的情况下实施谋杀。从那时起，他锁上了房子的前门，将钥匙交给了他的老管家，并严格指示，即使他要钥匙，也不要把钥匙给他。

因此，这就是我在梦中试图做出解释的原因，大意是我在无意识状态下换了车厢。构成梦的思想的材料被原封不动地带到梦里，显然是为了让我认同这位患者。我对他的回忆是由一种轻松的联想引起的。几个星期前，我的最后一次夜间旅行是在这个人的陪伴下进行的。他的病已经治好了，和我一起到各省看望找我看病的他的亲戚。我们两人坐在一个独立的隔间里，所有的窗户通宵开着，我们度过了一段愉快的时光。我知道他的病源是对父亲的敌意，这可以追溯到他的童年中涉及性的情境。通过对他的认同，我承认自己也有过类似的冲动。事实上，梦的第二部分以一种略显夸张的幻想结束，那两位年长的旅伴对我那么冷淡，是因为我的到来阻止了他们当晚计划的热烈的交流。然而，这种幻想又回到了童年早期的场景——孩子可能出于好奇进入父母的卧室，被父亲呵斥着赶出了卧室。

无论提供多少梦例，都不过是为了证实我之前所得到的结论——梦中出现的判断行为不过是梦的思想中某些原型的复现罢了。通常来讲，这种复现都不太恰当，而且还会插入不合适的内容，但也有偶尔被使用得非常巧妙的时候，以至于人们最初认为这是梦中独立存在的精神活动。由此看来，我们接下来应该对精神活动加以注意。尽管精神活动没有参与梦的构建，但它能够把同一梦中不同来源的各成分联合在一起，使其具有意义且互不冲突。但在开始这个主题的讨论之前，我们要先对梦中出现的情感进行分析，并且将它们与梦的思想所蕴含的情感加以比较。

第八节　梦中的情感

斯特里克的精细观察使我们注意到梦中的情感和梦的内容不一样，我们在清醒后不会那么容易就忘掉梦中的情感。"如果在梦中我害怕强盗，尽管这个强盗只是想象出来的，可恐惧却是真实的。"梦中感受到的快乐亦是如此。由此我们可以得出结论，梦中感受到的感觉强度与清醒时体验到的感觉强度不相上下。事实上，与梦的内容相比，梦确实投入了更多的精力使情感进入真实的精神体验中。但在清醒状态下，我们无法直接体验到梦中的情感，除非它依附于某个梦的思想性材料，否则我们难以对这种情感做出精神性评价。而如果情感和思想的性质与强度不匹配，那么清醒状态下的判断力就陷入混乱的状态了。

我们常常惊讶于梦的内容并没有伴随着我们必然会在清醒的一刹那激荡出的某种情感而被我们记住。斯特姆佩尔曾鼓吹，梦的内容是没有精神价值的。但在梦里，也出现过颠倒的局面——一些看似毫不相关的事件，却引发了让人怦然心动的强烈情感。比如，梦里的我可能身处恐怖、危险、令人厌恶的境地，但还不至于觉得害怕；相反，却对一些无伤大雅的东西感到恐惧，或因一些孩子气的东西兴高采烈。

当我们的研究从梦的显意深入隐意，这种特别的"梦生活"的神秘感比别的所有梦的难题消失得更迅速、更彻底。如此，我们就不必为它伤神了，因为它已经不存在了。经分析可知，梦形成时，反映思想的材料会被移置和替换，而情感不会发生任何改变。所以，经过伪装的梦境材料和未被改变的情感之间，自然是不吻合的。对于这点，无须惊讶，因为经过梦的解析，把正确的材料放回原来的位置，那么这种不吻合现象就会消失。①

在受因反抗而强加的稽查制度影响的所有心理复合体中，情感是几乎不受影响的，因此，通过研究梦中的情感本身，我们就能补上遗漏的思想。在神经症中，要比在梦中表现得更加明显。神经症患者的情感至少在性质上是恰当的，虽然其强度会因为神经症患者注意力的移置而被夸大。如果一位癔症患者惊讶于自己对一些琐碎无聊的事情的恐惧，或一位强迫症患者为自己对一些不存在的事实困扰自责而大感惊奇，那么他们都是迷失了方向的，因为他们把这些思想内容，即那些琐事或不存在的事实，当作本质；他们的挣扎也是徒劳的，因为他们认为这些内容是他们思想活动的起点（即病根所在）。精神分析能

---

① 1919 年加注：如果我没有大错特错，我能从 1 岁 8 个月大的孙子做的第一个梦揭示出一种状态，在这种状态下，梦的工作成功地将梦的思想转化为欲望的满足，而梦中的情感在睡眠状态下保持不变。在他父亲奔赴前线的前一天晚上，孩子哭了出来，哭得很厉害："爸爸！爸爸！宝宝！"这只能表明爸爸和宝宝还在一起，而孩子的眼泪道出了即将到来的分离。当时，这个孩子已经很好地表达了分离的概念。"Fort"（离开，"gone"）（被一个重音特别的长音"o-o-o"所取代）是他说出的第一个词，在做第一个梦之前的几个月，他用所有的玩具玩了"分离"游戏。这个游戏显示他在很小的时候就成功地做到了自律，即允许他的母亲"离开"他。参照《超越快乐原则》（弗洛伊德，1920 年 g）第 2 章。

使他们回归正途，让他们认清这些情感是合理的，并且将那些激发这些情感的思想内容（已经受到潜抑，并被一些替代品所移置）找出来。这一切的必要前提，是了解到情感和思想并不像我们通常以为的那样是一个有机统一体，而是彼此独立的个体，它们同时出现只不过是因为被偶然地糅合在一起，所以在精神分析后，它们就会分离。对梦的解析的结果显示，事实亦即如此。

接下来，我将讲一个梦例，通过对它的解析，我们能理解梦的思想内容所激发的做梦者的情感为什么消失不见了。

1. 在一片沙漠中，她看到 3 头狮子（lions），其中一头正对着她大笑，不过她完全不害怕。之后，她一定远离了它们，因为她正尝试爬上一棵树。爬上树后，她却发现她那位教法语的表姐早已在树上了……

通过解析得出下列材料。梦的无关诱因源于她的英语作业中的一句俗语："鬃毛是狮子的饰物而已。"她的父亲留着一道胡须，它看上去就像狮鬃一般。她的英语老师名叫莱茵（Lyons）。一位熟人寄给她一份洛伊（Loewe，在德语中是狮子的意思）的民谣集。这就是梦里那 3 头狮子的来源，那么她为何不怕它们呢？她读过一本小说，里面提到一个黑奴因为同伴的煽动而反叛，结果却被猎犬追捕，为了活命他不得不爬上树。由于情绪高涨，她又想起一些记忆片段，如《飞叶》文选中讲述的如何捉狮子："用筛子筛沙漠里的沙子，就会筛出狮子。"她还提到一则与某官员有关的有趣但不是很得体的轶事。有人问这位官员为什么不去讨好上司，他回答说：已经尽力了，但上司高高在上。

当我们了解到做梦当天丈夫的上司去她家拜访过时，整个梦的诱因就清晰了。丈夫的上司对她很有礼貌，并吻她的手，而她一点也不怕他——虽然他是个大块头（"big bug"，在德语中意思同"big animal"），并且在该国的首都扮演着"社交名流"（social lion）的角色。所以，这头狮子就和《仲夏夜之梦》中那头狮子一样了。所有梦中出现的、做梦者不感到害怕的狮子都是这样的。

2. 第二个梦例是一个年轻女孩的梦，她梦到她姐姐的小儿子死了，躺在棺材里，但她丝毫感受不到痛苦和悲伤。我们通过分析可以知道，这个梦只是掩饰了她想再次见到她所爱的男人的欲望，她的情感必须符合她的欲望，而不是配合伪装。因此，她不痛苦，也感受不到悲伤。

在一些梦中，情感至少与取代了情感最初依附的材料的思想性材料存在联系；而在另一些梦中，心理复合体之间的联系更少。情感与它所依附的材料完全分离，并在梦中的其他地方体现出来，在那里它服从梦元素的新安排并与其他材料融为一体。这种情况与梦中的判断行为类似。如果做梦者在梦中得出重要的结论，那么梦也包含同样的结论；但梦中的结论可能会移置到完全不同的材料上。这种移置作用常常遵循对立的原则。

下述的梦体现了这种可能，我已为此梦做了最详尽的分析。

3. 有一座靠近海洋的城堡，后来它不再直接靠海，而是位于一条通向大海的狭窄运河上。城堡的司令官是P先生。我和他一起站在一个大厅里——有3扇窗子，窗外有玫瑰扶壁，上面有看起来像浮雕的东西。我曾作为志愿海军军官加入驻军部队。因为处在战争状态，所以我们害怕敌方海军来袭。P先生做好了逃离的准备，并指导我一旦发生这种事该如何应对。他那残疾的妻子带着孩子们也生活在这城堡里。如果轰炸开始，必须将大厅清空。他呼吸变得沉重，正欲转身离开。我拦住他，问他必要的时候我该如何与他取得联系。在说了些什么后，他突然倒地身亡。应该是我问的问题加剧了他的紧张状态，但他的死对我没有产生一点影响。我想知道他的遗孀是否会留在城堡里，我是否应该向最高指挥部报告他的死讯，以及我是否应该接管城堡（因为我的地位仅次于他）。我站在窗前，观察着经过的船只。那是在漆黑的河水中急速驶过的商船，有几艘竖着烟囱，有几艘甲板鼓鼓的（就像序梦里的车站建筑——这里不做介绍）。我的兄弟站在我旁边，我们都看着窗外的运河。突然来了一艘船，我俩都吓坏了，大声喊道："战舰来了！"结果却只是我熟悉的一艘船在返航。现在又有一艘小船来了，其中间以一种滑稽的方式被截断了。它的甲板上放着一些奇怪的杯形或盒形物体。我们齐声喊道："早餐船来啦！"

快速航行的船，深色的水面，烟囱上的浓烟——这一切给人一种紧张、不祥的感觉。

梦中景象的发生地是我在亚得里亚海上几次航行的所到地（米拉梅、杜伊诺、威尼斯和阿奎莱亚）的复合体。我仍旧清晰地记得几个星期前和兄弟进行的那次阿奎莱亚之旅[1]，那次旅行尽管短暂却很愉快。

---

[1] 弗洛伊德在1898年4月14日给弗利斯的一封信中详细描述了这次旅行（弗洛伊德，1950年a，88号信件）。阿奎莱亚位于内陆几千米处，通过一条小运河与潟湖相连，格拉多位于潟湖的一个岛屿上。这些地方位于亚得里亚海北端，在1918年之前是奥地利的一部分。

此梦亦对美国与西班牙之间的海战及此战役使我产生的对那些美国亲人安危的挂念进行了暗示。

梦中有两处情感存在问题。第一处，本该有的情感却未产生，即城堡司令官的死对我一点影响都没有。第二处，我认为自己见到了战舰并且感到非常害怕，同时整个梦都笼罩着畏惧感。在这个结构完整的梦中，情感配置得很恰当，并没有出现明显的矛盾之处。我没有理由因城堡司令官的死感到畏惧，不过在接管城堡后，我却因见到敌军的舰队而感到害怕。分析发现，P 先生其实是接替我的人（梦中呈现的则是正好相反的情况）。我正是那位意外猝死的城堡司令官，梦的思想表达的是我对自己死后家人将来境况的担忧，这是梦的思想中唯一使我感到痛苦的部分。因此，梦中的害怕情绪必定是和 P 先生猝死这件事分离的，而和我看见战舰这件事产生了联系。此外，分析表明战舰部分所涉及的梦的思想充满着最令我高兴的回忆。一年前，在威尼斯的一个神奇而美丽的白天，我和妻子一起站在位于西尔奥冯尼河岸的房子的窗前，望着蔚蓝色的水面。那天河上船只的行动较频繁，大家期待英国船只的来临，并且准备给予隆重的欢迎仪式。突然，我妻子像孩子般快乐地大喊："英国的战舰来啦！"梦中我因为这些相似的字眼而感到害怕。（在此，我又一次发现，梦中的言语来源于真实生活。我将在下文阐述，我妻子欢呼的"英国"一词亦是梦的工作的结果。）所以，在梦的显意向隐意转换的过程中，我亦完成了欢乐向恐惧的转换，而且，我想要提示大家的一点是，转换本身就是梦的隐意的部分表达。此梦例显示，梦的工作能够切断情感与梦的思想的原有联系，而后随意地将其安插在梦的显意中它所挑选的其他任何地方。

我要借这个机会来稍微详细地分析"早餐船"的意思，它在梦中的出现使原先颇为合理的情况转变为无意义的结论。当对梦中这一物体仔细观察时，我发现它是黑色的，同时因为中间最宽阔的部分被截断了，它的样子就和伊特拉斯坎城的博物馆里吸引我们的那组物件极为相似。那是一些方形的黑色陶器，具有两个把柄，上面摆放着看起来像杯子的物体，它们有点像今天我们所用的早餐器具。经询问，我了解到那些陶器是伊特拉斯坎妇女用来装化妆用具的梳妆盒（toilette），其上还附有装胭脂和香粉的小盒。当时我还开玩笑道，要是能把它带回家给我妻子就好了。因此，梦中的早餐船是指黑色的"礼服"，即丧服（toilette），指代的是死亡。此外，它还使我想到葬船①，古人将死尸装在船上，任其自由漂流，最终葬于海中。这就是对梦中船返航的解释。

老人安全上船，船悄悄地驶进港口。②

这是该船失事（schiffbruch，字面意思即"ship-break"，也就是"船破了"）后的返航过程，而早餐船（breakfast-ship）的中间刚好被截断了，但"早餐船"这个名字又是从哪里来的呢？这源自"战舰"前漏掉的"英国的"（English）。英语单词"breakfast"就是"breaking fast"，意即"打破绝食"。"打破"和"船破"联系在一起，而"绝食"和"黑色丧服"关联在一起。

---

① "Nachen"（德语），一位语言学领域的朋友告诉我，这个词源自词根"νέχυς"（尸体）。
② 这是席勒的《生与死的寓言》的一部分。

只有"早餐船"的名字是在梦中新构造的，梦的其他内容均源自真实生活。我由此想到上一次旅行中最令我高兴的事。因为对阿奎莱亚提供的食物不放心，在去之前我们自己就预先在格里齐亚买了些，并在阿奎莱亚买了一瓶上好的伊斯特拉葡萄酒。在我们乘坐的小船经由德拉密运河和潟湖慢慢地向格拉多靠近时，我们是仅有的兴致勃勃地在甲板上吃早餐的游客。这是到目前为止我们吃得最痛快的一次。梦中的"早餐船"就这样形成了，正是这些生活趣事的背后，隐藏着梦对捉摸不定的未来所持有的最伤感的思想。

情感与产生它们的思想材料的分离是情感在梦的形成过程中发生的最引人注目的事；但在情感从梦的思想移置到梦的显意的过程中，这不是唯一也不是最重要的改变。如果我们将梦的思想蕴含的情感与梦中的情感进行比较，这件事立刻就会变得清晰起来。每当梦中有某种情感时，它也会出现在梦的思想中。但反之则不然。一般来说，梦中的情感比原本的思想材料所产生的情感贫乏。在重新构造梦的思想的时候，我发现最强烈的心理冲动往往一直挣扎着想"出头"，和一些与它截然不同的力量相抗衡。如果我再回头看梦，它常常显得毫无色彩，也没有任何强烈的情感基调。梦的工作把梦的内容和梦的思想所蕴含的情感基调都处理到一种平淡无奇的程度。可以说，梦的工作会抑制情感。我们以那个关于植物学专著的梦为例。真正的梦的思想蕴含着一种情感强烈的想法——我想要按自己选择的方式去行动，并依照自己觉得对的方式来安排生活。但梦的内容却是这样的："我写了一本关于某种植物的专著。此刻，这本书就放在我面前，它有着彩色的图片，每一张图片都附着一片脱水的植物标本。"这就像是由一个满目疮痍的战场所换来的和平景象，没任何迹象显示那里曾经发生过战争。

事情也可能恰恰相反：梦的显意中也有鲜明的情感。然而我们不可否认一个事实，即大部分梦表现出的情感都是十分淡漠的。但深入梦的思想，我们就能发现情感的流动。

我无法对梦的工作抑制情感这件事给予全面的解释。因为在这样做之前，必定先要对情感的相关理论及其抑制过程进行详细的探讨。我只想提这两点。我不得不（因为其他理由）这么想，即情感的释放是一种指向身体内部的输出过程，和运动及分泌过程的神经发动过程类似。[①] 就像睡眠状态下运动神经冲动的传导受阻一样，潜意识唤起的情感的释放在睡梦中也变得困难了。在这种情况下，梦的思想中的情感冲动就变得微弱，所以在梦中显露的情感冲动也不会是强烈的。根据这种看法，情感抑制不过是睡眠的结果，而不是梦的工作的结果。这也许是真的，但不完全正确。我们亦要记住，所有相对复杂的梦，都是各种精神力量斗争后相互妥协的产物。一方面，构成欲望的思想要同与之对立的稽查作用斗争；另一方面，我们往往会注意到潜意识中的每一个思想都与其对立面紧密相连。因为所有的思想可能都带有某种情感，所以如果我们把情感抑制视为各思想相互抑制及稽查作用的结果，应该不会出错。因此，我们需要将情感抑制当成梦的稽查作

---

① 从精神器官的角度来看，情感的释放被描述为"输出的过程"（尽管指向身体内部）。弗洛伊德的《科学心理学计划》（弗洛伊德，1950 年 a）第 1 部分第 12 节（"痛苦的体验"）详细解释了本段话所隐含的情感释放理论。

用的第二结果，就如我们把梦的伪装视作第一结果一样。

下面我将提及一个梦，其内容所表现出的冷漠基调可以用梦的思想之间的对抗加以解释。这个梦很短，不过一定会使每位读者都感到恶心。

4. 在一个小山丘上，有一个看起来像露天厕所的物体：在一条狭长的座板的尽头，有一个很大的洞，座板的后缘层层叠叠堆积着大小不一、新鲜程度不同的小堆粪便，后面有一片灌木丛。我冲着座板小解，一股尿液似乎把一切都冲干净了，粪便迅速顺着尿液流入洞内，不过座板末端似乎还有些粪便残留。

为什么我在此梦中丝毫不觉得恶心呢？因为分析可知，这个梦是由最令人愉快和满意的想法组成的。我立刻联想到大力士赫丘利斯清洁奥金王的牛厩这件事，而这个大力士就是梦中的我。小山丘和灌木丛来自奥斯湖，我的孩子正住在那里。我已经发现神经症源于儿童时期，所以用这样的保护方式预防他们患此病症。那个座板（除了那个洞）和一位女患者因感激而送给我的一件家具完全一样，这使我想起多少患者曾夸过我。的确，即使是那个有关人类排泄物的古老设施，亦可解说成一种快慰。在现实中粪便难免令人感到恶心，但在梦中它却暗示着一些大家都知道的事实，即意大利小城镇的马桶都是这个样子。那股似乎把什么都冲净了的尿液，无疑是个伟大的象征。利普特的大火就是被格利佛以这种方式灭掉的，尽管因为这样，他失去了小人国王后的宠爱。大师拉伯雷塑造的超人高康大在对拜火教信徒进行报复时亦是用了此种方式。他站在巴黎圣母院上，对着这座城市撒尿。做梦的那天晚上临睡前，我翻看了加尼尔作品中拉伯雷画的插图。奇怪的是，还有一点能证明我就是那位超人。我最爱的巴黎风光就是巴黎圣母院的平台。每个闲暇的下午我都在该教堂那布满怪物与魔鬼雕像的塔宇爬上爬下。而尿液使粪便那么快地消失又使我记起那句座右铭来："它们被吹散了。"我打算以后把它放在"癔症治疗"那章的开头。

现在来谈谈此梦真正使人愉快的原因。夏天的一个酷热黄昏，我进行了一场关于"癔症与行为倒错的关系"的演讲。演讲的整个过程都令我厌烦，而且我认为它没有任何价值。演讲给我带来的疲劳感使我压根就提不起一丁点儿兴致，我希望尽快不用再就这件人类龌龊之事唠叨不休，而是和孩子们一起欣赏美丽的意大利。就在这种情绪下，我从演讲场地走到咖啡馆，在露天环境下吃一些小食，因为我没有胃口吃其他东西。但是一位听众跟来请求在我喝咖啡、吃卷面包的时候坐在我旁边，然后他就开始说一些谄媚的话，说他跟着我学到了许多东西，现在以怎样的新的眼光来看待事物，以及我关于神经症的理论怎样纠正了他那奥金王牛厩似的错误与偏见。总而言之，他说我是个伟人。我当时的情绪恰好不能配合这种赞扬，于是我一直和自己的厌恶感斗争，提早回家以便摆脱他，并在入睡以前翻阅拉伯雷的画页和梅耶的短篇小说《一位男孩的哀愁》。

此梦就是由这些材料构建的，而梅耶的小说还让我想起了童年时期的一段往事（参见那个关于图恩伯爵的梦）。白天的烦躁心境和厌恶的情绪持续到梦中，并且为梦的内容提供了全部材料。但在晚上，一种与白天情绪相反的强烈甚至夸张的自信情绪出现并置换了前者。梦的内容必须找到一种形式，使自身能够在同一材料中表达自卑和狂妄自大。他们之间的妥协使梦的内容很模糊，但这些相反冲动的相互抑制也导致了一种冷漠的情感基调。

根据欲望满足理论，如果除了厌恶的感觉，没有与之相对的狂妄自大的想法（确实是被抑制了，但有一种愉快的情感基调），这个梦是不可能实现的。因为痛苦在梦中是无法表现的，在痛苦的梦的思想中，任何东西都不能强行闯入，除非它同时披上欲望满足的伪装。

梦的工作对梦的思想中的情感的处理方式，除呈现或摒弃以外，还有第三种，即将它们置换成与它对立的一面。在把梦的解析纳入考虑后，我们制定出了一条解释原则：梦中的每个元素自身都极可能是它对立面的暗指，而它的象征意义只能结合上下文来判断，我们事先是无法知晓的。这一点往往会招致一些人的怀疑，因为"梦书"在解析时采用的就是对立原则。其实，由于我们的大脑很容易将事物与其对立面密切联系起来，因此把一个事物置换成其对立面是绝对可行的。正如移置作用一样，它亦在为躲避稽查的目的服务。但它往往也是一种欲望的满足，把一个令人不快的东西转化成它的对立面，这就是欲望满足的过程。正如事物可以借由转化为对立面而呈现在梦中一样，梦的思想中的情感也可以，而且这种情感的转化往往是借由梦的稽查作用达成的，这件事发生的可能性是非常大的。我们可以通过生活中的一个很好的例子来理解梦的稽查作用，即情感的抑制与倒置。在与他人交谈时，如果我想对他说些带有攻击性的话，却又不得不做好表面上的恭维工作，那么我的任务就是不让他觉察到我的情感，接下来才是找到表达思想的语言。如果我假装和他友好地交谈，却在眼神和姿态上表露出仇恨和蔑视，那么后果与我直接表示轻蔑是一样的。因此，稽查作用使我先抑制情感，若我是伪装的行家，那么我表露出的就是真实的情感和与之相反的行为——生气时微笑，想伤害他人时却假装出于善意。

我提到过一个很好的梦例，说明了这种情感的倒置是在梦的稽查中进行的。在关于"长着黄胡子的叔叔"的梦里，我对朋友 R 产生了深厚的感情，而梦的思想却称他为傻瓜。正是从这个情感倒置的梦例中，我第一次觉察到梦的稽查作用的存在。在这种情况下，梦的工作无中生有地创造了一种相反的情感；它们通常随时准备提供梦的思想材料，只是出于防御动机而利用精神力量来强化自身，直到能够占据主导地位，以促进梦的形成。在我刚才提到的关于我叔叔的梦中，由于我童年早期经历的特殊性质，这种相对的、深厚的感情可能来自幼儿期（正如梦的后半部分所暗示的那样），叔侄关系已经成为我所有友谊和仇恨的来源。

费伦齐写过一个关于此种情感倒置的好梦例[1]：一位老绅士半夜被太太唤醒，因为太太听到他在睡梦中毫不拘束地大笑，然后这人就讲述了以下这个梦。我躺在床上，一位熟悉的绅士走入房间。我想把灯打开却没成功。我一次又一次地尝试，但都以失败告终。然后我太太从床上下来帮助我，但她也一样办不到，由于穿着睡衣在外人面前觉

---

[1] 本段和下一段增写于 1919 年。

得不好意思，所以她也放弃尝试回到了床上。这一切是那么可笑，以至于我忍不住大笑。我太太问："你笑什么？你笑什么？"我没有回答，只是一直大笑，直到醒来。第二天，这位绅士觉得很忧郁，同时又头痛，他认为是因为笑得太多累坏了。

如果仔细分析一下，这个梦似乎就没那么有趣了。走进房间的那位"熟悉的绅士"，在他的潜意识中代表着"伟大的未知的"死神形象——这是他昨天在脑海中唤起的形象。这位老绅士患有动脉粥样硬化，所以他有足够的理由在前一天想到死亡，梦中的大笑取代了因想到死亡而产生的哭泣，那盏一直打不开的灯代表着生命之灯。这忧郁的思想和他入睡前尝试的性行为有关。他知道自己的死期已临近了。梦的工作成功地把他的性功能障碍和对死亡的忧思以一幕滑稽剧呈现出来，并把哭泣变成大笑。

有一类特别的梦，可称为"伪君子"，它们是对欲望满足理论的重大考验。[①] 这些梦是在我分析了希尔费丁医师为维也纳精神分析协会提供的鲁塞格尔的梦后，才吸引了我的注意力。罗塞格的《解雇》中有这样几段话。

通常情况下我都睡得很熟，但有很多个夜晚不得安宁——长久以来，虽然我是一个学生和文人，但我摆脱不了裁缝这份工作给我留下的阴影，得不到片刻宁静。

"在白天，我并不经常或非常积极地反思我的过去。就像想轰轰

[①] 本段和以下引述的内容以及对它的讨论增写于 1911 年。罗塞格（1834～1918 年）是一位著名的奥地利作家，出身于农民家庭。

烈烈干一番事业者会有许多事要干一样，作为一个充满干劲的年轻人，我亦不会去想自己晚上做的梦。不过后来，我养成了凡事思考的习惯，或者当我内心的庸俗想法出现时，我便开始反省：为什么一做梦，我就会梦见自己成了一个裁缝，并在师父的店里无休止、无偿地干着活？坐在师父身边干活的时候，我强烈地意识到，我本不属于这里，我应该去寻找别的事做，而不是就这样待在他身边。但我在梦中总是在度假，总是有假期可休，并且总是在师父身旁协助他。我总是会莫名地因此恼怒起来，我老是觉得不舒服，后悔浪费太多宝贵的时间，而这些时间也许可以用来做一些更有益的事。如果布料量得或裁得不太准，我就要挨师父的骂。不过他从来没有提到薪酬的问题。在弯腰站在黑暗的店里时，我常常想写个假条来告假。有一次我办到了，不过师父毫不在意，然后我又坐在他的旁边缝着衣服。

"从此种使人不快的梦中醒来该是多么美好的事啊！所以我决定，再梦到此种犹豫不决的事时，我便试图挣脱它并大叫道：'这就是个骗局，我不过是在梦中而已！'但次日晚，我又梦见在裁缝店里工作。

"这个梦持续了好几年，而且很有规律。有一次我和师父在阿伯侯夫的家（这是我第一次当学徒时所寄住的农夫家）工作，而我师父对我所做的工作特别不满意。'我想知道你的注意力溜到哪里去了。'他叫道，严肃地望着我。我想最合理的反应是站起来和他说，我在这里只是为了让他高兴，然后离开。但我没有那样做。当师父叫另一个学徒过来，命令我离开这个位置时，我并没有反对，反而很听话地移到角落去缝缀。那天，一个波西米亚人和我们一起被雇用来。19年前，他曾和我们一起工作过，我还记得有一次他在从小旅馆归家的路上掉进了小河里。在给他安排位置时，已经没有多余的了。我用询问的眼光望着师父，他对我说：'你天赋不足，你走吧，这里不需要你了！'听后，我惊醒了。

"清晨的光线透过没有窗帘的窗户照进我熟悉的家。艺术作品围绕着我。在我漂亮的书柜里竖立着永恒的荷马、伟大的但丁、无与伦比的莎士比亚、辉煌的歌德——所有不朽的人物的作品。隔壁房间传来孩子醒来和我妻子玩笑的声音。这让我又重新体验了甜蜜、平静且充满诗意的田园生活，我总是能从中深刻地体会到人生的乐趣。但我不是自己主动辞职，而是被他解雇，这件事令我懊恼。

"使我感到惊喜的是，自从梦见被师父解雇，我就获得了安宁，再没有做过那个关于裁缝生活的冗长的梦。我的确从那种纯朴的生活感受到了快乐，然而也是这段经历给我随后几年的生活投下了浓重的阴影。"

在这个系统的梦（做梦者是一位作家，小时候是个裁缝）中，我们很难发现欲望的满足在起作用。做梦者的全部乐趣都产生于他白天的生活，而晚上做梦时，终于逃离的那种悲伤生活的阴影笼罩着他。因为有过几次相似的梦经历，我有理由来对这一主题进行说明。年轻时，我曾在化学研究所工作过很长一段时间，但没有掌握此门学科要求的娴熟技术。所以，在清醒的时刻，我未曾产生过回忆这段乏味而令人丢脸的学习经历的念头。不过我却一直梦见自己在实验室工作，进行分析及其他种种实验。这些梦和考试梦一样令人不快，而且从来都模糊不清。当我解释其中一个时，我的注意力最终被"分析"这个词吸引了，这是理解这些梦的关键。从那时起，我就成了一名"分析师"，现在我进行的分析获得了高度评价，尽管它们确实是"精神分析"。现在我很清楚：如果我为在白天的生活中进行这种分析感到自豪，并倾向于吹嘘自己有多成功，那么晚上做的梦就会提醒我——我没有理由为失败的化学分析工作感到骄傲。这是对奋斗成功者进行惩罚的梦，就像那位裁缝成为知名作家后所做的梦一样。然而在奋斗成功者的骄傲和自我批评之间，梦是如何拣选内容，使自身成为理智的警告，而不是不合理的欲望满足的呢？我已表示过，这是一个很难回答的问题。我们能够这样判断：梦是以夸大雄心和幻想为基础构造的，与这些雄心和幻想对立的各种谦虚思想也入了梦。我们已经知道，心灵有受虐的冲动，这些倒置可能就是它们造成的。我不反对将这类梦与"欲望满足的梦"分离开来，称之为"惩罚梦"，但这也并不能说明我所提出的梦的理论有什么不妥之处。有些人认为对立的东西会趋同是很奇怪的。[①]

但是，对其中一些梦进行仔细研究就会获得更深层的理解。在实验室梦的模糊背景中，我所处的时间段正是我医学生涯中最悲观、最不成功的一年。那时我没有工作，也不知道如何谋生；但与此同时，我突然发现，我可以在几个有可能与之结婚的女人之间做出选择。因此，我再次年轻起来，最重要的是，她再次年轻起来——那个和我一起度过这些艰难岁月的妻子。于是，这个梦的无意识煽动者被揭示为

---

① 最后两句话增写于 1919 年。

让一个越来越老的男人不断受折磨的欲望之一。骄傲和自我批评在其他精神层面上肆意地发生冲突，这一冲突确实决定了梦的内容；但只有根深蒂固的想要变年轻的欲望，才使这场冲突在梦中表现了出来。即使清醒着，我们有时也会对自己说："今天一切都很顺利，过去的日子很艰难，但也很美好，因为那时我还年轻。"[1]

另一类梦[2]，经常在我自己身上发生，并且我认为那是虚伪的梦，其内容是与早已断绝好友关系的人和解。在这种情况下，分析往往会揭示出某些情况，促使我放弃对这些昔日好友的最后一丝关心，并把他们当作陌生人或敌人来对待。然而，梦更倾向于描绘相反的关系。

若对想象力丰富的作家描述的梦进行分析，我们有必要假定在描述时，他已省略了他主观上认为不重要的细节，这就造成了一些问题。如果梦的内容被详细地讲述，那么解决这些问题自然不是难事。

奥托·兰克曾向我指出，格林童话《勇敢的小裁缝》包含了一个完全类似的奋斗成功者梦。小裁缝已经成为英雄，同时还成了国王的女婿。一天晚上，他梦见了他以前的手艺，并说了梦话。听到梦话的公主起了疑心，便在第二天晚上派武装警卫去听做梦者的梦话，然后预备逮捕他。但是小裁缝事先收到了消息，便纠正了梦。

要使梦的思想中的情感转变成梦中所呈现的情感，需要经过复杂的程序，如删除、缩减及倒置，而这种程序合成的梦例在经过完全分

---

[1] 1930 年加注：由于精神分析理论将人格分为自我和超我，在这些惩罚梦中很容易意识到超我的欲望的实现。弗洛伊德的第九节也讨论了罗塞格的梦。

[2] 本段增写于 1919 年，但它似乎应该放在后面两段之后。这两段增写于 1911 年，就像之前罗斯格的讨论一样，它们显然是相关的。随后各段增写于 1900 年。

析后是能够被辨认出来的。下面我将引用一些关于梦中情感的例子，以证实这种说法。

在关于布吕克给我安排的一项奇怪任务——解剖我自己的骨盆的梦中，我缺乏本应体验的可怕感觉（Grauen）。现在，这在某种意义上是一种欲望的满足。解剖代表我在出版这本关于梦的书时所进行的自我分析，事实上，这个过程让我非常痛苦，以至于本书推迟了一年多才出版。于是我产生了一种欲望——希望我能克服这种厌恶的感觉，因此我在梦中没有那种可怕的感觉，但我也应该很高兴头发不再变成灰色（Grauen 也有"变灰"的意思）了。我的头发已经够灰了，它再次提醒我不能再拖延了。而且，正如我们所看到的，我应该把它留给我的孩子，来实现我到达艰难旅程目的地的目标，这种想法迫使我在梦的尽头找到了代表。

我再对两个梦加以讨论，其带来的满足感一直持续到我醒后。第一个梦中我之所以满足，是因为我预感自己能理解"我以前梦到过"这句话的意思了，而这种满足感实际上源于我第一个孩子的出生。第二个梦中我满足的原因是，我确认某些预兆正在变为现实，而实际上原因与第一个梦类似，即这种满足感来源于我第二个孩子的降生。我希望在此梦中延续梦的思想中的情感，但我可以有把握地说，没有梦会如此简单。如果对这两个梦例加以进一步分析，我们不难发现这种逃过稽查作用的满足感受到另一种来源的强化。另一种来源有理由害怕稽查作用，而其伴随的感情，如果表面不用一种相似而合理的满足感来掩盖，而将自己置身于其掩盖之下，无疑会遭受反抗。

可惜的是，我不能用实际梦例来证实这一点。不过我的本意还可以用其他生活领域的事例加以证实。假设有一个我认识的人，我非常憎恨他，所以，若他遇到什么不测，我会有开心的感觉。但受自身道德观念的约束，我不能表露出这种开心的感觉。只能将对他遭遇不测的满足感压制下来，并表现出难过的样子。每个人一定都会在某个时刻遇到上述情况。如果我讨厌的人做了一件坏事而被惩罚，这时我会因为他得到应有的惩罚而满足，同时和其他公正无私的人意见保持一致。不过我却发现自己的满足感要比别人来得更强烈，因为它得到憎恨这一来源的支持，虽然这种憎恨一直受到压制，但情况一旦改变，它便随意奔驰。在人际交往中，被他人嫌恶的人犯了错，往往会被这么对待。通常来讲，犯错不是他们受到惩罚的唯一缘由，还有别人对他们的反感。在他们犯错之前，这种反感难以表现出来。那些执行惩罚的人无疑是偏颇的，但他们并不自知。这是因为他们沉浸在压制得以解除的满足感之中。从质的方面来讲，这种情感是应该的；但在量的方面，它却得不到支持。当自我批评对一个问题松懈后，就容易忽略对另一个问题的考察，正如大门一旦被打开，涌进来的人会比原计划多得多一样。

神经质的一个显著特征是，出于某种原因而释放的情感往往在质上合理，但在量上过度，心理学解释许可的范围内，可以用同样的思路来解释。过量源于先前潜意识中受到压制的情感来源。这些来源已经与真正的情感释放原因建立了联系，从而为那些被压制的情感提供了一条正当且合理的理想释放路径。因此，我们注意到这样一个事实，即在考虑压制和被压制的机制时，我们决不能仅仅将它们的关系视为相互抑制的关系。有时二者亦会合作无间、互相加强，以达成一种病态的效果（这也是同样值得注意的）。

接下来，我们将用关于精神机制的一些启示来解释梦中情感的表达。呈现于梦中的满意感，尽管很容易就能在梦的思想中找到恰当的位置，但却不一定能仅凭此关系就获得充分的说明，而是要在梦的思想中找到另一来源，而这个来源正受着稽查作用的抑制。受此种抑制的影响，这个来源通常带来的不是满足感，而是与之相对的情感。然而，由于第一个情感来源的存在，第二个情感来源能够将满足感从压抑中释放出来，并允许其作为对第一个情感来源的满足感的强化。因此，梦中的情感似乎是由几个来源共同提供的，并与梦的思想材料有多重关系。在梦的工作的过程中，能够产生相同影响的来源聚集在一起发挥作用。①

经由对那种以"没有活过"作为主题的梦的分析来看，我们已经对这复杂的关系有了一点了解。在此梦中，各种性质的情感集中于梦的显意中的两个时刻产生。一是我用两个词消灭了我的对手兼朋友的那一刻，敌对和痛苦的感觉——梦中表达的文字是"被一些奇怪的情感所控制"——就融合在了一起。二是在梦快要结束的时候，我感到非常高兴，并且坚持清醒时刻的看法，认为这是荒谬的，即仅有欲望就能将之消灭的亡魂。

---

① 1909 年加注：我已经给出了一个类似的解释，即有倾向性的笑话的快乐效果异常强大（弗洛伊德，1905 年 c）。

我还没有提到这个梦的来源，这是很重要的，并且能使我们更深入地了解此梦。我听说柏林的一位朋友弗利斯（梦中我称之为 FL）将要动手术，想从他住在维也纳的亲戚处探听更多关于他的消息。我在他手术后收到的前几个消息说他的状况并不是很好，所以我感到很焦虑，想亲自探视他。不过那时我也在生病，全身疼痛，寸步难移。所以，梦的思想是我担心这位朋友的身体。据我所知，他唯一的妹妹（我并不认识她），在很年轻的时候就因一场急病去世了。在梦中，弗利斯提到了妹妹，并说她在 45 分钟前去世了。我的潜意识里一定是这么想的：他的体质和他妹妹差不多，不管怎么样我都要去看他——但还是晚了，我将永远都无法原谅自己。① 我因为来迟了而责备自己构成了梦的核心，恐惧却是以这样的内容表现的：我学生时代的良师布吕克用蓝眼睛注视着我，责备着我。这幕（与弗利斯有关）情景不能借由我的体验方式在梦中再现，所以让另一个人拥有了蓝眼睛，而我来扮演歼灭者的角色。很明显就能看出，这是欲望满足的结果。我对朋友的状况感到担心，对自己不去探视他感到自责，我对于此事感到羞愧（他曾很谨慎地来维也纳看我），我觉得自己是假借生病不去看他——所有这些结合在一起，产生了一场情绪风暴，这场风暴在梦中的这个区域肆虐。

　　不过，此梦的另一个来源却对我产生了相反的影响。在手术后的

---

① 正是这种想法，形成了潜意识中梦的思想的一部分，它如此坚持地要求"没有活过"而不是"已是死的""你来得太晚了，他已经不在人世了"。我已经在前文解释过，"没有活过"也是梦的显意所要求的。

前几天里，我接到不好的消息的同时，被警告不要跟任何人谈及此事。这使我感到很不满，因为这是对我的谨慎态度的怀疑。我知道这话并非出自我的朋友之口，而是消息传达者过分小心的笨拙主张，但我因他的话背后暗含的指责而感到厌恶，因为它有一定的道理。大家知道，只有那种有事实依据的指责才会有伤害的力量。许多年前，当我还很年轻时，我认识两个人，他们都把我当作很要好的朋友，而我很不必要地在一次谈话中把其中一位对另一位的批评告诉了当事人。那次我被责备了，我永远忘不了这件事。这两个朋友，一位是弗莱施尔教授，另一位的教名是约瑟夫，这刚好是梦中我的那位朋友兼对手 P 先生的教名。[①]

在梦中，"谨慎"元素谴责的是我无法保守秘密，此种谴责亦表现为弗莱施尔询问我告诉过 P 先生哪些关于他的事。不过，就是这段回忆（我年轻时期的轻率举动及其后果）的进入，才导致我现在因为来晚了而自责，而后自责又转换成在生理研究所工作期间受过的责备。而且，借由把第二个人变成梦中被歼灭的约瑟夫，不但指责我来迟了，而且指责我不能保守秘密。由此将梦中的凝缩作用和移置作用过程以

[①] 从伯恩菲尔德（1944 年）的一篇论文中得出的一些事实将使以下内容更容易理解。弗洛伊德 1876 ~ 1882 年在维也纳生理研究所（布吕克的实验室）工作。恩斯特（1819 ~ 1892 年）是他的领导；他在弗洛伊德时代的两个助手是西格蒙德·埃克斯纳（1846 ~ 1925 年）和恩斯特·弗莱施尔·冯·马克思（1846 ~ 1891 年），二人都比弗洛伊德大 10 岁左右。弗莱施尔在晚年遭受了非常严重的身体折磨。正是在维也纳生理研究所，弗洛伊德遇到了约瑟夫·布洛伊尔（1842 ~ 1925 年），《癔症研究》（1895 年 d）一书的资深合著者，也是本梦分析中的第二个约瑟夫。第一个约瑟夫是弗洛伊德早年去世的"朋友兼对手"，即约瑟夫·帕内斯（Josef Paneth，1857 ~ 1890 年），他在维也纳生理研究所接替了弗洛伊德的职位。

及它的产生动机交代清楚了。

而我现在微不足道的愤怒（关于警告我不得泄露关于弗莱施尔的疾病的消息）却在心灵深处得到强化，形成一股仇恨的洪流，指向我所喜爱的人。这种强化源自我的童年。我已经提过，我对同龄人的善意与敌意源于童年时我和大我 1 岁的侄儿的关系：他怎样凌驾于我之上，我怎样学习防卫自己；我们一起生活，不可分离，互亲互爱，不过有一段时间（据我们长辈的回忆），我们两人常常打架，同时埋怨对方的不是。在某种意义上，我所有的朋友都是这个初始人物的"化身"，所以都是"亡魂"。少年时期，我又再次与我的侄儿相见。那时我们一起扮演恺撒和布鲁图。在情感生活方面，我总是坚持我应该有一个亲密的朋友和一个可恨的敌人。我总是能够重新为自己找到这两个人，而且经常能使童年时的理想状态再现，以至于朋友和敌人是同一个人。当然，虽然不像我童年早期的情况那样，同时发生或交替变换。

至于一件新发生的能引发情感的事，怎么会与童年时发生的事有关，以及新的情感怎么会被童年时的情感代替，这里就不展开讨论了。这属于潜意识思想心理学的范畴，或可在心理学对神经症的说明中找到一席之地。但是，为了进行梦的解析，我可以这样假设，我对童年的回忆（或幻想），或多或少都有以下内容："我们两个孩子因为一些事情打架——到底是什么事情可以不管，尽管事实记忆或错觉记忆表明这是一件非常确定的事情——每个孩子都说自己比对方先抢到手，因此有权先占有。"于是两个人争得不可开交，公理也因此败在强权之下。通过分析梦，我已经意识到自己是错的一方（"我注意到自己的错误"），但这次我是强者，在战场上拥有优势。落败的一方就向我父亲——他的祖父告我的状。在我父亲责备我时，我以"因为他打我，所以我才动手的"这些话来为自己辩解。这一记忆可能是错觉的产物，产生于此梦的分析过程，并且成为梦的思想的中间元素，将梦的思想中的各种情感联系起来，如同一口水井将流入它的水蓄积起来一般。由此可知，梦的思想是这样展开的。

"活该，你应该对我让步。为什么你要企图把我推倒呢？我不需要你，不久我就可以找到别的玩伴。"有一次，我指责过约瑟夫（P先生），因为他也有过相似的态度："让开！"他在我之后继任维也纳生理研究所的助手，该研究所的升迁缓慢得让人厌烦。而布吕克的两个得力帮手又没有离去的迹象，所以年轻人就沉不住气了。我的这位朋友知道自己所剩的时间已经不多了，同时又因为与上级之间没有深厚的感情，所以有时公开地表示不满。又因为他的上司病得很严重，而P先生想要把他赶走也许不只是为了自己的升迁，其意图可能更为恶毒。这非常正常，在几年前，我自己也曾强烈地渴望占有这个位置。但凡有升迁的可能，那些受抑制的愿望就会变得强烈。即使在病危的父亲床前，莎士比亚笔下的哈姆雷特也有戴王冠的冲动。可见，梦惩罚我朋友的冷酷欲望，而没有追究我。①

"因为他野心勃勃，所以我杀了他。"因为他不能等待别人的离去，

---

① 人们会注意到约瑟这个名字在我的梦中起了很大的作用（参见关于我叔叔的梦），我的自我发现自己很容易隐藏在这个名字背后，因为约瑟在《圣经》中多次释梦。

所以他自身就被排除在外了。这些是我参加完大学的揭幕仪式后的想法——不是对他，而是对另一个人。因此，我在梦里获得的一部分满足感被解释为："一个公正的处罚！你罪有应得。"

在我朋友 P 先生的葬礼上，一个年轻人说了一句似乎不合时宜的话，大意是发表葬礼演讲的演讲者暗示，如果没有这个人，世界将走向终结。他表达的是一种真实的情感，这种情感所蕴含的痛苦被夸大了。但他的这句话是以下梦的思想的起点："确实没有人是不可替代的。我已经送多少人走进坟墓了！但我还活着。我挺过来了，我独占这块场地。"当我担心如果我去见我的朋友，又发现他不再活着的时候，我的脑海中又出现了这种想法，这只能被解释为我很高兴，因为又一个人在我前面死去，死的是他而不是我，我独占这块场地，就像我童年幻想的场景一样。这种童年时期对拥有场地的满足感，构成了梦中的情感的主要部分。我很高兴能活下来，我用一对已婚夫妇的轶事中表现出的天真的利己主义表达了我的喜悦，其中一人对另一人说："如果我们中的一个人死了，我会搬到巴黎。"很明显，我不应该是那个死去的人。

毫无疑问，一个人在讲述和解析自己的梦时需要具备极强的自制力。讲述者会将他生活中的其他人视为高尚的存在，而把自己判定为唯一的坏蛋。因此，自然地，一个人在愿意的情况下可以使亡魂活着，在不愿意时可以使它消失。我们已经看到了我的朋友 P 先生受到的惩罚。但这些复仇者是我童年朋友的一系列"转世"。因此，我也感到满意，因为我能一直为此角色找到替代者，而我又将为这个快要失去的朋友找到一个替代者——因为没有人是不可替代的。

　　但梦的稽查作用变成了什么样子？为什么它没有对这种明目张胆的利己主义提出最有力的反对意见？为何它不把与思想连接的满足改变为极度的不愉快呢？我想答案是这样的：和此人相连接的其他无法反对的思想同时得到了满足，并且其中的情感恰好遮盖了童年受到抑制的情感。在揭幕仪式结束后，我的思想的另一个层次是这样的："我失去多少朋友了呀！有些已经去世，有些已变得疏远，幸好我找到了替代者——一个对我来说比别人更有意义的人。这个年纪不容易有新朋友，我将要珍惜这份友谊，确保不会失去它。"我对以一个新朋友来取代快要失去的朋友的想法感到满足，这是能入梦而不会受到干扰的，不过却偷溜进了梦的源自童年的具有敌意的满足。毫无疑问，童年时的情感强化了这种合理的情感，不过童年时的仇恨亦成功地得以表现出来。

　　除此之外，梦中还存在对另一思想的明显暗示，此思想能引发满足感。不久前，在经过了漫长的等待后，我的朋友弗利斯的妻子终于生下一个女孩。据我了解，他一直处在妹妹早逝带来的伤痛中难以自拔，于是我给他写了一封劝慰信，告诉他可以将对妹妹的爱转移到女儿身上，同时，他女儿会填补他的情感空缺。

　　所以这个思想再次和前面提到的梦的隐意的中间思想发生关联（而这个思想却发射出许多相反的途径）——"没有人是无法被取代的""只有亡魂：那些我们失去的都再度回来啦！"而梦的思想中各种相冲突的成分间的关系再度因为下面这个巧合而连接得更密切。我的朋友给他女儿取的名字恰巧与我童年时期的女玩伴的名字相同，我们同岁，同时她也是 P 先生的妹妹。在听到朋友的女儿叫"宝琳"的时候，我感到很满足。暗示这个巧合的是，梦中出现了 P 先生的同名者，并且我觉得"弗莱施尔"的名字和"弗利斯"的名字首字母的相似之处有所指代。说到这里，我又想到了我孩子的名字。替他们取名的时候，我坚持特立独行，为他们取我曾经喜爱过的人的名字以示纪念。这些名字使他们成了亡魂，其实，我是想让孩子成为我们生命的延续，以实现永恒。

关于梦中的情感，我还有几句话要从另一个角度补充。在睡眠者的心灵中起主导作用的因素可能是由我们所说的"情绪"，或某种情感的倾向所构成，而这个因素可能对他的梦产生决定性的影响。这种情绪可能来自他前一天的经历或想法，也可能来自躯体的感受。在任何情况下，它都将伴随着与之相适应的思想。从造梦的观点来看，不管是梦的思想的意念材料首先决定了情绪，还是有躯体基础的情绪倾向唤醒了梦的思想中的意念内容，这些都是无关紧要的。在任何情况下，梦的构建都受制于这样一个条件：它只能代表欲望的满足，而且只有从欲望中才能获得精神动力。当前活跃的情绪与在睡眠中产生并变得活跃的感觉是一样的，可以忽略它，也可以从欲望满足的意义上给予其新的解释。睡眠中令人沮丧的情绪可以成为做梦的动力，因为它们唤醒的欲望只有在梦中能得到满足。与情绪相关的材料会经历反复加工，直到可以用来表达欲望的满足。痛苦的情绪在梦的思想中扮演的角色越重要，被压抑得最狠的冲动就越会利用这个机会来寻求表现机会。因为，不愉快的情绪已经存在（无须刻意制造），任务中更困难的部分——强行表现也已经完成了。在这里，我们又一次面对焦虑梦的问题，而这些将会构成梦的功能的边缘活动。

第九节　润饰作用 [①]

现在我们终于能够论及梦形成过程中的第四个元素了，如果我们以和开始一样的方法来探讨梦的内容的意义，即将梦中明显的事件与其梦的思想的来由相比较，就会遇到一些必须以新的假设来加以解释的元素。我还记得一些梦例，做梦者在梦中感到惊奇、愤怒，被拒绝，仅仅由梦的内容的一部分引起。在前文的许多梦例中，我们不难发现，这些梦中的批判性的感觉并非针对梦的内容，它们反而是梦的思想的一部分，被用来达成一些目的。但是这类材料大都不能这样解释，因为它们和梦的思想的材料毫不相关。比如，这句常常在梦中听到的话"毕竟这只是个梦而已"具有何种意义呢？这是一个关于梦的真实评论，而且往往是醒来的序曲，并且还通常伴随一种痛苦的感觉，而发觉这仅仅是个梦之后做梦者又恢复了平静。当"这只是一个梦"的想法在梦中出现时，它与奥芬巴赫的喜剧歌剧中借美丽的海伦之口所说的目的是一样的[②]，即降低刚刚体验到的事件的重要性，以使后面的事

---

① 润饰作用这个术语以前的译法为有误导性的"二次加工"。
② 在第二幕帕里斯和海伦的爱情二重奏中，在结尾他们被墨涅拉俄斯吓了一跳。

情更容易被接受。它起到的是安抚某个可能兴奋的使梦中断的因素或者使该剧的一幕不再继续的作用。然而，继续睡觉并忍受做梦会更舒服，因为毕竟"这只是一场梦"。在我看来，当从未完全睡着的稽查作用感觉自己被一个已经被允许通过的梦所欺骗时，"这只是一场梦"这一临时的批判性判断就会出现在梦中。现在压制它已经太晚了，因此稽查作用使用这句话来应对由此引发的焦虑或痛苦感。这句话是精神稽查方面的一个"马后炮"例子。

这使我发现，不是梦中的每一个事物都来自梦的思想，与我们清醒思想没什么区别的某种精神功能也可以成为构成梦的材料。现在又出现一个问题，此种情况是特例，还是在缺少自我稽查作用下梦的显意的永恒部分？

我们可以毫不犹豫地决定支持第二种说法。毫无疑问，稽查作用也负责梦的内容的插入和添加，而作为稽查作用以外的精神活动机制总是在梦的构建中起作用。到目前为止，我们只在梦的内容的限制和删减中认识到稽查作用的影响力。这些插入的内容是很容易被辨认出来的。通常做梦者述及此点时免不了会犹豫，同时前面冠以"就像"的字眼；它们本身并不太令人注目，不过却用来连接梦的内容的两部分，或者将梦的两部分连接起来。和真正源于梦的思想的材料比较后知道，它们较不容易留存在脑海中；如果我们把梦忘了，关于这部分的记忆是最先失去的。人们常抱怨梦见的内容很多，但大多都忘了，只能记住一些片段，我怀疑是中间的连接内容被遗忘所致。经过考察发现，这并不常见，中间思想都能在梦的思想中找到相应的位置，不过这些材料却没能在梦中得到展现，这或许是因为它们本身没有心理价值，彼此之间也没有多重联系。好像唯有在极特殊的情况下，这种我们所探讨的精神活动才会在梦的形成过程中发展出新的形式。而通常情况下，它们会尽可能地利用梦的思想的材料。

精神功能的目的就是把梦的工作①的润饰作用加以区分并揭示出来。这种功能的表现方式是诗人对哲学家的恶意嘲讽：它用碎片和补丁填补了梦的结构中的空白。②由于精神功能的努力，梦失去了荒谬和脱节的外观，接近可理解的体验模型。但它的努力并不总能取得成功。梦的发生从表面上看，可能是合乎逻辑的、合理的，梦从一种可能的情况开始，通过一系列一致的变化（尽管很少见），然后得出一个大致合理的结论。这种类似于清醒思维的精神功能对梦进行了意义深远的修正。它看起来是有意义的，但这种意义与它的真正意义相去甚远。对此加以分析，我们不难发现，这些梦的材料被随意润饰，以致相互之间的联系变得十分微弱。这些梦可以说已经被解释过一次，然后才在清醒后被解释。在别的梦例中，此种具有偏向性的润饰只能说是梦的一部分的成功而已。梦似乎有一部分很合理，不过接着又变得模糊、无意义，也许接下来又变得合理了。在另一些梦例中，润饰可以说完全失败了，因为那些梦只是一堆无意义的碎片组合而已。

---

① 在其他地方，弗洛伊德评论说，严格地说，"润饰"不是梦的工作的一部分。参考马尔库塞的《袖珍字典》中关于"精神分析"的文章（弗洛伊德，1923 年 a，关于《梦的解析》的段落末尾），弗洛伊德的文章末尾也提到了同样的观点（1913 年 a）。
② 暗指海涅的《还乡》中的几行诗句。这段话是弗洛伊德在他的《精神分析引论新编》（1933 年 a）最后一部的开头所引用的。

我并不打算完全否认梦形成过程中的第四个元素的存在，不久，我们就会熟悉它。事实上，它是梦形成过程中的 4 个元素中我们最为熟知的一个。不可否认，在梦的形成中，第 4 个元素做出了新的贡献。自然，和其他元素相同，它也是依据梦的思想中的现存材料的偏好来发挥作用的。有这么一类梦，它们不用再辛劳地装点梦的门面，因为早在梦的思想中，这一工作就已经完成了。我习惯将这种梦的思想视为想象构成物。[①]如果我认为清醒生活中的"白日梦"与之类似，我或许可以避免引起歧义。精神科医师对它在精神生活中所扮演的角色还不太明了，虽然 M. 本尼迪克特在这方面有很好的开始。[②]不过白日梦所具有的意义并不能逃过诗人的眼睛，譬如都德曾在《富豪》中描述一位小角色的白日梦。对神经症的研究使我惊奇地发现，如果不是全部，但至少是大部分，想象构成物（或白日梦）乃是癔症的直接先兆。癔症并非和真实的记忆相关联，而是建立在一些基于记忆的想象构成物上。[③]白天有意识的想象构成物经常出现，我们能识别出来，但是同时存在的还有潜意识中的想象构成物，后者也许会因其自身内容或来源受到抑制，停留在潜意识里。在对这些白天的想象构成物进行仔细研究后，我意识到，应该像对待夜间的思想产物——梦那般对待它们。

---

① "Phantasie"在德语中早先只用来表示"想象"，这里使用"Phantasiebildung"表示"想象构成物"。

② 弗洛伊德本人后来专门发表了两篇论文来探讨白日梦：1908 年 a 和 1908 年 e。1921 年 J. 沃伦登克出版了《白日梦心理学》，弗洛伊德为之作序（弗洛伊德，1921 年 b）。

③ 弗洛伊德在 1897 年 5 月 2 日写给弗利斯的信的备忘录中更尖锐地表述了这一点（弗洛伊德，1950 年 a）："想象构成物是为了阻断通往这些记忆（原始场景）的道路而构建的精神门面。"

因为它们和梦之间存在许多的共性，所以，通过对它们进行研究来解析梦是最便捷且最优之选。

和梦一样，它们都是欲望的满足；和梦一样，它们大都源于童年的经验；和梦一样，它们因为稽查作用的松懈而得到某种好处。如果我们仔细观察它们的结构，不难发现"愿望的目的"正把各种构建梦的材料重新组合以形成新的整体。它们和童年时期记忆的关系，就像罗马的巴洛克宫廷和古代废墟的关系一样，正是古代废墟的台阶和柱子为现代建筑提供了材料。

我们把润饰作用归结为影响梦的内容的第四个元素，它在人体不受影响地构建白日梦时同样发挥作用。可以这么说，它将提供给它的材料装扮成与白日梦类似的东西。不过如果这种白日梦已在梦的思想中形成，那么，这些现成的材料就会被梦的工作的第四个元素直接利用，并可能被纳入梦中。所以，有一些梦仅仅是白天想象构成物的重复，而这些幻想可能是无意识的[①]：例如，这个男孩梦见自己和特洛伊战争中的英雄们一起乘坐战车；还有我那个关于奥托·兰克的梦中，第二部分完全是我白天幻想的和 N 教授聊天场景的重现（此幻想本身是无意识的）。不过这些有趣的想象构成物只形成梦的一部分，或者只有一部分进入梦中，只能这样解释，即梦的产生需要满足繁杂的条件。一般来说，想象物和梦的思想的其他组成部分都受到同样的看待，不过在梦中，它通常被视为一个整体。在我的梦中常常有许多部分是独

---

① 参见弗洛伊德《性学三论》（1905 年 d）第三篇结尾的"反对乱伦的障碍"一节的脚注，这个脚注是在那本书的第四版（1920 年）中添加的。

特的，和其他部分不一样。我认为它们比同一个梦中的其他部分更流畅、联系更紧密，同时也更短暂。我知道，这些是无意识的想象构成物，但我从来没有成功记住过它们。除此之外，这些想象构成物就像梦的思想的其他组成部分一样，被压制、浓缩、相互叠加，等等。一方面，想象构成物能不加改变地进入梦的内容（至少构成梦的门面）；另一方面，它在梦中呈现的可能只是它的成分之一或一个不明显的暗示，在这两个极端之间也有过渡情况。至于梦的思想中的想象物会如何表现，自然也和它符合稽查作用和凝缩作用的程度有关。

在前面选取的梦例中，我一直避免引用那些潜意识中的想象构成物占有相当重要地位的梦，因为引入这一特殊的精神因素，需要先花很长的篇幅来探讨潜意识思考的心理学；尽管我仍不能完全不考虑想象构成物，因为它们往往被照搬到梦境中去，更常见的是，可以通过梦境意识到它们的存在。所以，我再举一个梦例，其中包含了两种相互抗拒的想象物——一种是浮于表面的，另一种则是对前者的解释。①

这个梦是我唯一没仔细记录下来的梦，梦的内容是这样的：一个未婚的年轻人，梦见他在常去的一家餐馆里坐着。梦中的场景很逼真，之后，进来几个人，想要带他走，甚至还有一个人想逮捕他。他告诉

---

① 在我的《少女杜拉的故事》（1905 年 e）中，我分析了这类梦的一个很好的样本，它由许多叠加的想象构成物组成。顺便说一句，我低估了这些想象构成物在梦的形成过程中所起的作用，因为我主要是在研究自己的梦，我的梦通常基于对思想的讨论和思想间的冲突形成，相对来说很少基于白日梦形成。就其他人而言，证明梦和白日梦之间完全相似往往要容易得多。对于癔症患者来说，癔症发作时往往可以被梦境所取代，因此可以相信，这两种心理结构的直接先兆是白日梦的想象构成物。

同伴："我很快就回来，等我回来结账。"他们却笑他道："这话太熟悉了，大家都这样说。"其中一位客人在他背后说："又走了一个！"于是，他被带到一个狭窄的房间里，里面有一位妇人抱着一个小孩。押送他的一个人说："这是米勒先生。"一个警探或政府官员很快地翻阅着一堆卡片或者纸张，并且重复着"米勒，米勒，米勒"。最后，他问了做梦者一个问题，做梦者答道："我愿意。"于是做梦者再望向那位妇人，发现她满脸长着大胡子。

不难看出，此梦主要包含两个成分，其一是表面成分，是关于逮捕的想象构成物，这可能是梦的工作引出的新东西，但在它背后找到了一些被梦的工作粗略润饰的材料，即第二个成分——婚姻想象构成物。这两种想象构成物的共同特征以特别清晰的方式出现，就像高尔顿的一张合成照片一样。年轻的单身汉承诺他会回来和他的同伴用餐，那些有经验的酒友们感叹"又走了一个（结婚）"——所有这些特征很容易与另一种解释相吻合。回答政府官员问题时说的"我愿意"也类似于结婚宣誓时说的。翻阅一大堆卡片或纸，同时重复着同样的名字，则符合婚姻典礼的一个次要却很容易辨认的特点，即阅读一堆祝贺的卡片，它们都写着同样的新人名字。婚姻想象构成物实际上比表面的关于逮捕的想象构成物来得更成功，因为新娘在梦中确实呈现出来了。我知道新娘最后为何会长着胡子——不过并非经由分析而来。在做梦的前一天，做梦者和朋友在街上散步，这个朋友和他一样不愿意结婚。散步期间，一位黑发美女迎面走来，他的朋友对他说道："但愿这位美女不会在几年后，像她父亲一样长出胡子。"自然，此梦也一定存在被扭曲的部分，譬如"等我回来结账"，指的是他为岳父对嫁妆的态度忧心。事实上，所有痛苦的感受都抑制着做梦者对婚姻想象构成物的喜悦感，其中之一就是担心因为结婚而失去自由，梦中以被逮捕的情节表现出来。

如果我们暂时回到梦的工作乐于利用现成的想象构成物而不是将梦的思想的材料组合在一起这一点，我们也许就有可能解决一个有关梦的最有趣的谜题之一。前文我讲了毛利的一件众所周知的轶事，他在睡梦中被一块木头击中了颈后部，然后从一个长长的梦中醒来，这个梦就像法国大革命时期的一个长篇故事。因为这个梦是一个连贯的梦，并且完全是为了解释唤醒他的刺激以及他无法预料到的刺激的发生，所以唯一可能的假设似乎是：整个精心设计的梦必须在从木头接触毛利的颈后部到他随后苏醒的短时间内形成。我们绝不会相信，清醒生活中的思想活动会如此迅速，因此我们应该得出结论，梦的工作具有将我们的思想过程加速到惊人程度的功能。

对于这个迅速盛行起来的结论，一些现代作者强烈地质疑，他们一方面怀疑毛利叙述梦的准确性，另一方面又想证明，关于梦，如果排除其夸张成分，那么清醒时刻的思想活动在速度上绝不慢于梦中的思想活动。他们的讨论引出了许多原则性问题，我认为这并不是一下子就能解决的。但不得不承认，他们所做的论证，尤其是关于毛利的断头台的梦的论证缺乏说服力。我对这个梦的解释是：一个现成的想象物在毛利的脑海中储存多年，在他被刺激唤醒的那一刻，想象物也被唤醒，或者被揭示出来，这是很有可能的。如果果真如此，那么如此详细的长梦为什么会在那么短的时间内产生，就不难理解了——因为故事早就讲好了。如果木头在毛利清醒的时候撞到他的颈后部，那么也许他会这样想："那就跟被削了脑袋似的。"但因为他是在梦中被木头砸到的，于是梦就利用敲击带来的刺激，迅速地满足了欲望，它可能是这样想的（完全是比喻）："我通过多年阅读形成了一个想象物，这正是满足欲望的好机会。"一个年轻人会在让人激动的强烈印象下产生这样的梦，我认为是情理之中的。在那个恐怖时代，无论贵族男女还是民族英雄，都将生死置之度外，并且在生命即将结束的前一刻，依然保持头脑理智和风度优雅，谁能不被吸引呢？更何况是法国人——研究人类文学史的人。对一个年轻人来说，这个想象物是多么诱人呀！想象自己正向一位高贵的女士道别，吻着她的手，无畏地步向断头台。或者，野心乃是这个想象物形成的主要原因，想象自己是那些强有力的人物之一又是怎样诱人呀！（那些人仅凭聪明的头脑和极佳的口才就统治了人心慌乱的城市，一意孤行地将数以千计的生命送上断头台，铺平整个欧洲大陆的重组之路，然而他们的脑袋并不安全，有朝一日会落在断头台的刀下。）或者，将自己假想成吉伦特党人或英雄丹顿，这又是多么魅力四射啊！毛利回忆的梦有一个特点——"他在被带上刑场的路上，被一群人拥护着"，如此看来，他的想象物出自野心。

这一早已形成的想象物并不一定会在梦中浮现出全景，只需稍一触碰就够了。我的意思是说，如果播放几小节音乐，有人评论这是莫扎特的《费加罗》（就像《唐乔瓦尼》中发生的那样），我会立刻想起很多事，没有一件能在第一时间单独进入我的意识。关键的词句作为一个人口，所有的关系通过它同时处于激活状态。潜意识的思维也是一样的，唤醒刺激使意识的人口兴奋起来，而让整个断头台的想象物得以呈现。但是这种想象物的呈现并不是在睡眠中发生的，而是在做梦者醒来后的回忆中发生的。醒来后，人们清楚地记得梦中整个想象物的全部细节。在这种情况下，一个人无法保证真的记得自己所做的梦。同样的解释——由唤醒的刺激使想象物作为整体而兴奋起来，也可以应用于其他由刺激唤醒的梦，例如，拿破仑在被爆炸声惊醒前做的战斗梦。

在贾丝汀·托博沃斯卡关于梦的时间长短的论文所收集的梦境[①]中，对我来说最有意义的似乎是马卡里奥（1857年，第46页）报告的一个由戏剧作家卡西米尔·邦茹（Casimir Bonjour）做的梦。一天晚上，邦茹想去看他的一个剧本的首场演出，但是他太累了，以至于在幕布升起的时候就打起了瞌睡。在睡梦中，他看完了这出戏的全部5幕，观察了观众在不同场景中表现出的各种情绪。演出结束时，他高兴地听到观众热烈的掌声。突然他醒了，他不敢相信自己的眼睛和耳朵，因为演出才进行到第一幕的前几句话，他不可能睡着超过两分钟。我敢断定，在这个梦中，做梦者看完全剧的五幕并观察了观众对不同情节的态度，并不需要用材料制造新产品，这很可能是一个已经完成的想象活动（在我已经描述过的意义上）的再现。像其他作家一样，托博沃斯卡强调了这样一个事实，即观念加速传递的梦具有看起来特别连贯的共同特征，这与其他梦很不一样，而且对它们的回忆是概要性的，

---

① 本段增写于1914年，但最后一句除外，最后一句为第一版内容。

而非细节性的。这种被梦的工作所触发的现成的想象物一定会拥有这种特征，虽然这是作者没有抓取到的结论。然而，我并不断言所有由刺激唤醒的梦都符合这种解释，也不断言梦里观念加速传递的问题可以用这种方式完全排除。

在这里我们无法不去讨论梦的内容的润饰作用和其他梦境运作中的元素之间的关系。难道构建梦的程序是像下面描述的那样吗？即梦的形成元素——如凝缩作用的努力，逃避稽查作用的需要，以及对梦所能接受的精神手段的表现力的考虑——首先从梦的材料中抽取出临时梦的内容，然后此临时梦的内容进行重新铸造直到完全满足第二个动因的要求。不过，这大概是不可能的，我们倒不如这样假设：一开始，第二个因素的要求就成了梦应满足的条件之一，就如凝缩作用、稽查作用及表现力那般，此条件在诱导和选择上对梦的思想中的诸多材料是同时起作用的。然而，在任何情况下，在梦形成的四个条件中，我们最后知道的一个条件似乎对梦的影响最小。

下述的讨论将使我们认识到，这个对梦的内容进行润饰的精神功能和清醒时刻的思想活动很可能是高度一致的：我们清醒的思想（前意识①）对一切认知材料的态度，与这种因素对梦的内容的材料的态度是完全相同的。清醒的思想能够建立知觉材料的秩序，建立材料之间的关系，让其成为可以理解的整体的预期。事实上，我们总是做过了头，正因为这个理智的习惯，我们很容易受到魔术师的欺骗。在我们

---

① "preconscious" 早在 1896 年 12 月 6 日，弗洛伊德与弗利斯的通信（弗洛伊德，1950 年，52 号信件）中就出现了。

致力于把各种感觉印象综合成一个可理解的整体时，我们往往陷入各种奇特的谬误中，甚至扭曲眼前的真相。

关于这点的证据尽人皆知，我在此就不赘述了。在阅读过程中，我们通常不会计较印刷错误，并认为自己的理解是正确的。听说，一家法国主流期刊的编辑跟人打赌，让印刷商在一篇长文章的每一句话中插入"前面"或"后面"中的一个词，读者是不会注意到的。结果他赌赢了。许多年前，我在报纸上读到一个关于错误联想的滑稽例子。有一次，在法国议会召开的一次会议上，一名无政府主义者投掷的炸弹在会议厅内爆炸，杜普伊用勇敢的话语平息了随之而来的恐慌："会议将继续进行下去。"看台上的来宾被问及他们对此暴行的印象，其中两位是从外省来的，一位说他确实曾在某人发表言论后听到爆炸声，不过他以为议会在每个发言人说完后都要鸣炮一声。另一位也许听过几次会议，也有同样的结论，并且他认为鸣炮是对一些特别成功的演说致敬。

毫无疑问，是我们的正常思维对梦的内容提出要求，即梦必须是可理解的，以迎合最初的解释，然而这往往造成对梦的内容的误解。就我们的解释目的而言，必须永恒坚持的原则是对来源可疑的梦可不考虑其表面的连续性，而不论梦本身清晰与否，都要沿着原先的路径上溯到梦的思想的材料。

顺便说一句，我们现在意识到前文讨论的梦中不同部分的混乱程度和清晰度不同的原因了。润饰能够影响的部分是清晰的，而影响不到的部分则是混乱的。由于梦中混乱的部分往往是不那么生动的部分，我们可以得出结论，梦的润饰工作会影响梦中不同元素的可塑性。

如果非要与梦的最终形态（辅以正常的思考）相比较，那么，再也没有比《活页》里那些很长一段时间都吸引着读者的谜一般的名言更贴切了。书中的句子给读者的印象就像拉丁文题词一样——而实际上是一些极其粗鄙（出于比较的目的）的土话。为达此目的，故将土话中的文字字母分离并错落有致地排列在一起。于是时不时地就会出现一些真正的拉丁文，有些地方又像拉丁文的缩写，而其他的部分我们看到一些字母好像不清晰或有空隙，于是就忽略了其实单个字母是没有意义的。要想不闹笑话，就必须舍弃寻找一整句话的想法，不关注字母的表面排列，然后把它们重新编成自己母语中的单词。[1]

润饰作用[2]是影响梦形成的一个因素，大多数作者都注意到了这一点，并且认识到了它的重要性。哈夫洛克·埃利斯对它的功能做了有趣的描述："我们甚至可以想象，睡眠中的意识实际上在对自己说：'我们主人清醒的意识来了，它非常重视理性和逻辑等。快！在它进来支配一切之前，把东西按顺序排好，任何顺序都可以。'"

关于润饰作用和清醒思维在作用方式上的雷同，狄拉克罗斯的说法是："这一解释功能并不是梦独有的，我们在清醒时对感知材料所做的逻辑协助工作亦是如此。"萨利持相同观点。托波沃尔斯卡的意见与

---

[1]《精神分析引论》（1916 ~ 1917 年）第 24 讲中提到了偏执狂。《日常生活的精神病理学》（1901 年 b）第 6 章（第 19 号）中记录了一个电报错误的润饰作用的例子。梦的润饰作用和思想"系统"的形成之间的类比在《图腾与禁忌》（1912 ~ 1913 年）的第 3 章第 4 节中有篇幅相当长的讨论。

[2] 除了最后一段是第一版就有的，本章的其余部分都增写于 1914 年。

之相同："心灵对这些不连贯的想象所做的工作，正如白天对感觉的协调一样，它通过想象连接起这些支离破碎的意象，并填补了它们之间的空隙。"

根据其他作者的说法，这种排列及解释的程序在梦中就开始进行了，并且持续到清醒后，所以保尔汉说："不过，我常常这么想，梦也许会进行某种程度的变形或重新造型……而具有系统化倾向的想象在睡梦中就开始发挥作用，不过这个过程要在睡醒时才会完成。所以思考的速度是在清醒时刻的想象力作用后明显增加的。"伯纳德 - 勒罗伊和托波沃尔斯卡解释道："相反，在梦中，解释和协调不仅要借助梦的材料，而且也需要清醒时刻的材料……"

因此，这个所谓的"第四个元素"——润饰作用的重要性就不可避免地被夸大了，甚至导致有人认为，所有的梦都是由润饰作用创造出来的。戈布洛特和福考尔特的观点是，梦的形成是在清醒时刻进行的。因为他们都认为，清醒时刻的思维能够将睡眠时形成的思想制造成梦。伯纳德 - 勒罗伊和托波沃尔斯卡对这一观点发表了评论："人们认为，在醒来的那一刻定位梦境是可能的。（这些作者）将基于睡眠中的思想构建梦境的功能归因于清醒思维。"

依据对润饰作用的讨论，我将更进一步地讨论梦运作的另一个因素，而这是由西尔伯勒细心观察研究发现的。我前面提过，西尔伯勒在极度疲倦的状态下强迫自己从事理智活动，却发现了自己把思想转变为意象的过程。在那个时刻，他所处理的思想不见了，却以一些意象来替代此类抽象思想（参考刚才提到的文章中的例子）。现在，在这些实验中出现的意象，可能被比作梦的元素，有时代表了与正在处理的思想不同的东西，即疲劳本身、工作中的困难和不愉快。也就是说，意象与从事这项工作的人的主观状态和功能模式有关，而与他所从事的活动对象没有关联。西尔伯勒把这种常发生的事件叫作"功能现象"，而非他所期待的"物质现象"。

例如，"某天下午我躺在沙发上，感觉非常疲乏，却强迫自己思考一个哲学问题。我想比较一下康德与叔本华两人对时间的观点。因为太累，我无法在同一时间思考他们两人的论证，而这又是比较的必要条件。在徒劳地尝试了几次后，我生生地将康德的理论记住，希望将其与叔本华的论述比较，因此，我又将注意力转移到叔本华的观点上，却又怎么也记不起康德的论述。突然之间，我发现藏于脑海中某处的康德的看法，如梦境般以具象而多变的形象出现在我的眼前：我正向一位极不温和的秘书询问某些信息，他当时伏在办公桌上工作，并不太愿意因我的追问而中止正在做的事。他半直起腰来，愤怒且赌气地瞪了我一眼"。

下面是几个在睡眠与醒来之间摇摆不定的梦例。

第二个案例：早晨醒来时，我还处在某种程度的睡眠状态（半睡半醒）下，同时回想刚才所做的梦，想要把它继续做下去，却发现自己越来越接近清醒，不过心却想要留在这个蒙眬时刻。

梦见的情境：我一脚跨到溪流的另一边，并立刻把脚收回来，因为我想要停留在这一边。

第六个案例：环境条件同第四个案例（他想要在床上多躺会儿，

但不想睡得太深），我想再多躺会儿。

梦见的情境：我和某人正在挥手道别，并和他约定好了下次见面的时间。

西尔伯勒观察到的"功能现象"，通常发生在入睡及醒来这两种情形下，代表的是一种状态而非物体。明显的是，梦的解析只对后者有兴趣，西尔伯勒的例子强有力地指出，在许多梦中，梦的显意的最后部分（接下来就是醒过来），往往只是清醒的过程或清醒的意图，这种表现可能是跨过门槛（门槛象征），从一个房间走到另一个房间，回家，和朋友道别，潜入水中，等等。然而，我必须说，我遇到的和门槛相关的梦元素，无论是在我自己的梦中还是在我分析过的对象的梦中，都远低于西尔伯勒在著作中所预期的那样。

门槛象征可使梦的结构中的一些成分变得易于理解，事实亦是如此，比如关于睡眠深度的波动问题、梦的中断倾向等，不过在这方面尚未找到更令人信服的证据。似乎更频繁发生的是多重联系的情况，在这种情况下，梦的一部分的物质内容来源于梦的思想结构，并被用来表示除此之外的一些精神活动状态。

西尔伯勒发现的有趣的"功能现象"，被频繁地滥用着，因为它被认为是支持那些古老的、以象征和抽象意义来解析梦的方法的证据。许多喜爱此"功能现象"的人只要在梦的思想中表现出一些理智活动或情绪过程，就说它是"功能现象"，虽然之前遗留下来的这些残物与其他材料有同等权利入梦。

我们愿意承认这样一个事实，即"功能现象"展示了清醒思维对梦的构建的第二个贡献，尽管它不像第一个贡献那样经常出现，也不像第一个贡献那么重要（第一版已经以润饰作用的名义介绍过第一个贡献了）。研究表明，白天活跃的一部分注意力在睡眠状态下继续被引导到梦境上，它会对梦境进行检查、批评，并保留中断梦境的权力。似乎有道理的是，在这样保持清醒的精神活动中，我们不得不把如此强大的限制梦的形式的影响归结为稽查者[1]。西尔伯勒的观察补充了这样一个事实：在某些情况下，一种自我观察在其中起着作用，并对梦的内容做出了贡献。这种在哲学思想中特别突出的自我观察能力与心灵知觉、被监视的妄想、良心和梦境的稽查者之间可能的关系，可以在其他更适当的地方加以讨论。[2]

接下来我想总结一下上面关于梦的工作的长篇大论。我们面临一个问题：在梦形成时，我们的心灵是以它全部的功能还是在功能上受限的一部分参与的呢？这一提问方式被我们的研究成果完全否定了，它与研究事实不符。如果非要给这个问题一个答案，那么我们只能说它们都是对的，尽管这两种方式看似互相排斥。在制造梦的时候，我们能够分辨出两种精神活动：梦的思想的产生以及把它们转变成梦的内容。梦的思想是理性的，它是由我们所能具有的所有精神能量制造出来的，这些精神能量属于那些潜意识层面的思想程序——经过某些变化，也可以变成有意识的思想。无论梦的思想可能涉及多少有趣和

---

① 弗洛伊德几乎总是使用德语单词"Zensur"（稽查作用），但在这里和下面几行，他使用了人称形式"Zensor"（稽查者）。在《论自恋》的第 3 节（弗洛伊德，1914 年 c）和《精神分析引论新编》第 29 讲（弗洛伊德，1933 年 a）中可以找到这种非常罕见的例子。

② 1914 年加注：《论自恋》（弗洛伊德，1914 年 c）；下一段出现在第一版中。

令人费解的问题，这些问题毕竟与梦没有特殊关系，因而不需要被归类为关于梦的问题。① 但是梦形成时，第二种精神活动（把潜意识思想转变为梦的内容）却是梦独有的特征。这种梦的工作本身与清醒的思想不同，甚至与梦形成时最坚定的精神功能掠夺者所想象的也不同。与清醒的思想相比，梦的工作不单单是更无理、更粗心大意、更健忘或者更不完整，两者在性质上也完全不同，因而不存在可比性。它根本不进行考虑、计算或判断，而只是赋予事物全新的形式。关于它实现其结果所需要满足的各种条件，我们已充分地说明过了。那个结果便是梦，它的首要任务是躲过稽查作用，以及通过各种强度的移置作用，最终实现精神价值的全部转换。思想必须完全或主要在视觉和听觉记忆材料中再现，因此梦的工作在发挥新的移置作用时必须考虑表现力。可能是为了产生比夜间的梦的思想更大的强度，而这一目的是通过对梦的思想成分进行广泛的凝缩来实现的。无须注意思想之间的逻辑关系，这些关系最终在梦的某些形式特征中得以伪装。任何附属于梦的思想的感情都比它的观念内容经历更少的修改。这种感情通常

---

① 1925年加注：我曾经发现让读者习惯区分梦的显意和隐意是非常困难的。有些人一次又一次基于一些未解释、回忆式的梦提出反对意见，而忽略了对这些梦的解释。但是现在分析师们至少已经愿意用解释所揭示的意义来代替梦的显意，他们中的许多人已经陷入了另一种困惑，他们同样顽固地坚持这种困惑。他们试图在梦的隐意中找到梦的本质，而在这样做的过程中，他们忽略了梦的隐意和梦的工作之间的区别。归根结底，梦不过是一种特殊的思维形式，是由睡眠状态造成的。创造那种形式的是梦的工作，只有它才是梦的本质——对梦的特殊性质的解释。我这样说是为了能够评估臭名昭著的梦的"预期目的"的价值。事实上，梦与我们解决精神生活所面临的问题时的尝试有关，这一事实并不比我们在有意识地清醒生活时这样做更奇怪；除此之外，它只是告诉我们，这种活动也可以在前意识中进行——这一点我们已经知道了。

是被抑制的，当它被保留下来时，它就与原本所属的观念分离了，而与其他性质统一的感情聚集在一起了。释梦工作的一部分，即借由部分清醒的思想对材料加以润饰，与其他作者试图用来建构梦形成的所有活动的观点相吻合。①

---

① 在这一点上，在第四、第五、第六和第七版（1914 ~ 1922 年）中，奥托·兰克（Otto Rank）发表了两篇独立的文章，标题分别为《梦与创作》和《梦与神话》。这些在 1924 年的全集版中被省略了，弗洛伊德评论说，"它们自然不包括在我的作品合集中"。然而，在 1929 年的第八版中，它们并没有被重新纳入。

第七章

梦过程的心理学

在其他人向我报告的许多梦中，有一个梦在梦过程方面特别引起了我的注意。它是我从一位女患者那里获知的，而这位女患者是在一次关于梦的讲座中听到的，关于它的真实来源我并没有弄清。然而，这个梦的内容给这位女士留下了深刻的印象，于是她也梦到它，即在她自己的梦中重复这个梦的一些元素。基于这种方式，她对我释梦的某些方面表示赞同。

这个梦境原本的内容如下。有一位父亲接连几日守在孩子的病床前。孩子去世后，他走进隔壁房间躺下，把中间的门打开，这样他就能从卧室看见停放孩子尸体的房间，尸体周围立着高高的蜡烛。他还找了一个老人为孩子低声祷告。睡了几小时后，这位父亲做了一个梦，梦见他的孩子站在床边，抓着他的胳膊低声抱怨："父亲，你没有看到我在燃烧吗？"他惊醒过来，发现隔壁房间被火光照亮。他急匆匆地走进去，发现是一支燃烧的蜡烛掉落并点着了裹尸布，他孩子的一只胳膊正被烧着，而那个老人睡着了。

这个感人的梦解释起来很简单，所以我的患者告诉我，演讲的人恰当地给出了解释。刺眼的光透过敞开的门照进熟睡的人的眼睛里，使他产生和清醒状态下同样的结论，即一支蜡烛掉了下来，在尸体附近点燃了什么东西。甚至有可能，这个人在睡前就对老人不放心，担心老人没有尽责执行任务。

对于这种解释，我没有提出任何异议，只是补充说，梦的内容一定是由多种因素决定的，梦里那孩子说的话他一定在生前也说过，而且这些话与父亲心中的重要事件有关。例如，"我在燃烧"可能是孩子在最后一次生病发烧时说的，而"父亲，你没有看到吗"可能来自我们不知道的其他高度敏感的事件。

但是，在认识到梦是一个有意义的过程，并且与做梦者的心理体验有关之后，我们仍然想知道，为什么梦总是在快要醒来时发生？在此我们能看到，这个梦也包含了欲望的满足。死去的孩子在梦中表现得像活着一样：他亲自向他的父亲示警，来到他的床前，抓住他的胳膊，就像在死前发烧时做的那样。为了实现这个愿望，父亲把睡眠时间延长了一会儿。梦比清醒时的推想更有吸引力，因为这样仿佛孩子还活着。如果父亲先醒过来，然后做出结论再进入隔壁房间，那么他会感觉孩子的生命短了梦中的这些时间。

毫无疑问，这个简短的梦有些特别之处引起了我们的兴趣。到此，我们的讨论中心都是梦的含义、获得这些含义的方法以及梦所运用的伪装手段。换言之，迄今为止，我们叙述的核心一直都是梦的解析。而我们现在遇到的这个梦却对我们提出了另一个要求。我们能够明显地看出这个梦的意义，对它的解析也没有难度，但是正如我们所看到的，它仍然保留了将梦与清醒时的思想显著区分开来的基本特征，因此需要解释。而这一工作要求我们将梦的解析搁置，并且只有在我们处理完与解释工作有关的一切之后，才开始认识到我们对梦的心理的了解非常贫乏。

我们在开始梦的心理探寻之路前，最好停下来环顾四周，看看我们在迄今为止的旅程中是否忽略了什么重要的东西。这样做可以使我们确信经过的路只是这段旅程中最平坦的一段。到目前为止，除非我大错特错，否则我们走过的所有道路都把我们引向光明——阐明梦境并进行充分理解。但是，若我们将梦的心理过程列为重点研究对象并进行更深入的研究，我们的前方将是一片黑暗。我们不能用心理过程来解释梦，因为解释都是以某些已知的事物作为某个事物的来源展开的，而目前还没有既定的心理学知识能够为我们所用，作为解释梦的基础；相反，我们还要提出一些新的假设，就像关于心灵结构的各种假设及其内部与各种力量的运作有关的一些假设。这些假设要在一定的逻辑结构范围内进行，不然它们便会因为离题太远而失去意义。然而，若缺少科学的前提，即便考虑了所有逻辑可能性，并且推论都正确，我们的整个推演过程也会得到不正确的结论。即使对梦或其他心理活动加以最细致的研究，也还是不能证实或至少不能完全判定精神机能的结构及其运作方式。为了避免这一点，有必要对一系列此类机能进行比较研究，之后再将这些与已证实可靠的知识联系起来。因此，我们要先将经由梦境解析得出的那些心理学假设暂时搁置，这一情况将持续到这些假设可以与由另一角度对同一主题的探讨结论发生联系。

第一节　梦的遗忘

接下来，我打算把我们的议题转移到我们一直忽略的、有一定难度的问题上，因为它可能会动摇梦境解析工作的根基。不止一次有人反对说，我们实际上对要解释的梦并不了解，或者更准确地说，我们不能保证我们知道它们的实际情况。

首先，我们所记忆的梦以及以此为基础对梦进行的解释，都建立在不太值得信赖的模糊记忆上。因为我们似乎并不擅长记住做过的梦，忘掉的恰恰是最重要的那部分。因为在我们专注于思考某个梦的内容时，常会发现梦的东西很多，我们却只记得其中的一小部分，而且也无法保证这部分的真实性。

其次，我们完全有理由怀疑，我们对梦的记忆不仅是零碎的，而且可能与实际存在偏差。一方面，我们可以怀疑真实的梦是否真如我们记忆里那般支离破碎；另一方面，我们也可以怀疑梦是否像我们描述的那般连贯。在回忆时，我们可能会用一些新的及经过筛选的材料弥补未发生的或被遗忘的部分，或者对梦做了润饰，以至于无法判断哪部分是原始内容。事实上，作者斯皮塔（1882 年）[1] 曾经认为，我们在回忆梦时会随意添加一些东西，从而使它看起来更有条理、更连贯。因此，似乎存在一种危险，即极有可能本应被我们关注的梦境重点，反倒被我们完全忽视了。

---

[1] 1914 年在正文中添加，1930 年转移到脚注中：又见福考尔特（1906 年，第 141 页以下）和坦纳里（1898 年）。

在前文提到的所有梦的解析工作中，我们一直都忽略了这一点。相反，我们认为对梦的内容中最琐碎、最不起眼和最不确定的成分进行解释，是把它们看得与那些最清晰、最确定的成分同样重要。关于伊尔玛注射的梦中包含"我立即请来 M 医生"这句话，我们假设，这个细节如果没有特定的起源就不会进入梦境。就这样，我们发现了一位不幸的患者的故事，我"立刻"把我的资深同事叫到病床边。在这个明显荒谬的梦中，把 51 和 56 之间的差视为可以忽略不计，而 51 这个数字被提到了好几次。我们并不认为这是一件理所当然或无关紧要的事情，相反，我们从中推断，关于数字 51 的梦的隐意中还有第二条思路。沿着这条思路，我们发现，原来我所恐惧的事情是 51 岁是我生命的极限，这与梦大肆吹嘘长寿的主导思路形成鲜明的对比。在"没有活过"的梦中，有一处我一开始就忽略了的不明显的插话，即"由于 P 听不懂他的话，弗利斯转身问我"等。当解释陷入困局时，我又回到了这些词上，正是它们把我引向了童年的想象物，结果证明这是梦的思想中的一个中间节点。这是通过以下几句诗悟出来的：

你很少了解我，

我也很少了解你，

直到我们都发现自己陷入泥潭，

我们才迅速理解对方①。

在梦境解析过程中，那些琐碎的元素也是不容忽视的，因为如果没能给予它们足够的重视，恐怕就会影响整个释梦工作的推进。在解

———————
① 出自海涅的诗集《还乡》。

释梦境时，我们同样重视梦境摆在我们面前的各种文字表达形式，即使这些文字是没有意义或不充分的——似乎我们没有办法恰当地解释它——我们把这样的缺陷也考虑在内。简而言之，我们把以前的作者因一时尴尬而仓促拼凑而成的即兴创作当作经典。接下来，我会对此加以解释。

虽然这个解释对阐述我们的观点非常有利，但它并不是为了证明其他作者是错的。根据我们对梦的起源的新认识，这种矛盾完全消失了。的确，我们为了重现梦境而伪装了梦境，即所谓的梦的润饰作用发挥了作用，而润饰作用的组成部分中原本就含有对梦的伪装，是梦为了应付自我稽查所实施的梦境伪装的一部分。在这一点上，其他作者已经注意到或怀疑梦境伪装的部分明显起了作用；不过我们对此不那么感兴趣，因为我们知道一个更为深远的伪装过程，它虽然不那么明显，但已经从隐藏的梦的思想中制造出了梦。之前的那些作者之所以犯了错，是因为他们相信在对梦境进行回忆和描述时，梦的伪装是随意的，而且无法进一步解决，因而给了我们一个关于梦的误解[①]。他们低估了精神事件被确定的程度，因为梦并不是被随意安排的，这一点很容易证明。在所有的梦中都可以发现，如果一个元素没有被一种思路决定，它就会立即受到第二种思路的影响。例如，我可能会尝试随意想出一个数字，但随意是不可能的，因为我想到的数字将明确且

[①] 弗洛伊德关于治疗分析中释梦的技术应用的论文（1911 年 e）的结尾，讨论了与梦的内容的重要性相反方向的误解。

必然地取决于我的想法，尽管其可能与我的真实意图相去甚远[①]。因此，清醒时刻对梦境的修改同样没有那么随意。这些修改与它们所取代的材料相关联，并向我们展示了通往该材料的道路，而这些材料反过来又可能是其他东西的替代品。

在分析患者的梦时，我有时会用下面的测试验证这一看法，其结果大多是成功的。若患者向我描述了一遍梦的内容后，我仍不能理解，就会要求他再讲一遍。再讲一遍时，患者很少会使用相同的词汇，而其中改变的部分恰好能使我看出梦境伪装的弱点，它们就像哈根眼中齐格飞衣服上的绣记一样。它们就是梦的解析的起点，我可从此处入手。我要求患者复述，就是在暗示他，解析工作要费一番苦心。因此，在反抗的压力下，他就会匆忙掩盖梦的伪装中的弱点，用一些无关紧要的表达来取代那些会揭露秘密的表达，而我则会对他在复述过程中放弃的表达加以注意。如此，他竭力制止梦的分析，反而帮我找出了真正的入手点。

以前的作者主张不信任患者关于梦的描述，这其实是毫无根据的。因为一般来说，我们不能保证记忆的正确性；然而，我们不得不对记忆抱以比对客观证明更多的信任。对梦或梦细节的报告其实只不过是梦的稽查作用的衍生物，即阻止梦进入意识的阻抗[②]。这种阻抗并不因

---

① 参见弗洛伊德的《日常生活的精神病理学》[1901 年 b，第七章（A），第 2 至 7 号，与弗洛伊德于 1899 年 8 月 27 日写给弗利斯的一封信（弗洛伊德，1950 年 a，116 号信件）有关，当时他正在修《梦的解析》的校样，他在信中预言这本书将有 2467 个印刷错误。
② 对于癔症病例中的相同怀疑机制，请参阅《少女杜拉的故事》（1905 年 e）第一部分开头的一段话。

为其带来的置换和代替作用而耗尽，却仍然以一种怀疑的形式附着于被允许出现的材料上。我们特别容易误解这种怀疑，因为它总是小心翼翼地攻击梦中那些微弱和模糊的元素，而不是那些被强化的元素。然而，正如我们已经知道的，梦所呈现的是所有精神价值完全颠倒的关于梦的思想。伪装只是精神价值丧失后的产物。多数情况下，它是以这种方式表达的，有时也安于现状。因此，如果梦中某一含糊的内容被怀疑，我们就有明确的把握说，这是一个违禁的梦境想法相对直接的衍生物。这有点像古代某个共和国在经历一场伟大的革命或文艺复兴运动之后的状态。以前统治社会的贵族和有权势的家族被流放，所有的高级职位都由革命者填补，只有最贫穷和最无权无势的成员及其远房亲属才被允许留在城市；即便如此，他们并没有充分享有公民权利，也不被信任。这个类比中的不信任与我们正在考虑的情况中的怀疑相对应。

这就是为什么但凡有可能出现在梦中的元素，哪怕只有蛛丝马迹，我们都要坚持以完全肯定的态度进行分析。在追溯梦中的任何一个元素时，我们都会发现，若非坚持了这种态度，解析工作将停滞不前。如果对某个元素的精神价值持怀疑态度，那么其对做梦者的影响是，隐藏在该元素背后的任何非自愿的想法都不会自动进入他的头脑。这个结果并非不证自明。如果有人说，"我不知道梦中是否发生了这样或那样的事情，但以下是我所想到的与梦有关的事情"，这并不是胡说。但事实上，从来没有人这样说过；正是怀疑使分析产生了这种中断效应，揭示了它是一种精神阻抗的衍生物和工具。精神分析是有理由怀疑的，其奉行的规则之一是，任何使分析工作难以推进的都是阻抗[①]。

同理，如果将精神稽查作用的力量排除，梦的遗忘就不可能得到很好的解释。绝大多数情况下，做梦者都认为自己在一个晚上做了很多梦，然而自己只记下了其中很少的部分，这可能还有另一层含义，例如梦的工作在整晚都在以可觉察的方式进行，但只在记忆中留下了一个短暂的梦。醒来后，随着时间的推移，我们会忘记越来越多的梦，这是毫无疑问的。尽管我们费了很大的力气去回忆它们，但依然记不起来。但我认为，这种遗忘的程度通常被高估了；同样，人们也高估了梦的间隙对我们了解梦的限制。我们常常能够借着分析的方法填补遗忘的梦境内容，至少在相当多的情况下，我们可以通过一个仅存的梦境碎片复原梦中的所有思想。正因为如此，我们在分析时就需要具备一定的注意力和自制力——仅此而已，而这也表明梦境回忆的敌对

[①] 1925 年加注：无论什么打断了分析工作的进程，它都是一种阻抗，这种武断的说法很容易引起误解。当然，这只是一条技术规则，是对分析师的警告。无可争议的是，在分析过程中可能会发生各种事件，其责任不能归咎于患者的意图。他的父亲可能会死，而他没有谋杀他；或者一场战争可能会爆发，使分析结束。但在其明显的夸张背后，这个说法却断言了一些既真实又新颖的东西。即使这种干扰事件是真实的，与患者无关，也往往取决于对患者造成的干扰有多大：在他欣然地接受这类事件或夸张地利用这类事件时，阻抗无疑表现了出来。

方（即阻抗）时刻都在发挥作用①。

如果我们能在分析中考虑到遗忘的早期阶段，那么我们就能证明梦的遗忘是有倾向性的，并服务于阻抗②。患者在回忆梦境时，忽然说自己忘了，忽然又说想起来了，这种情况很常见。通过这种方式，梦中最重要的部分常隐藏在获得梦的解释的路上，因此其比梦的其他任何部分都更容易受到阻抗。在本书提到的许多梦例中，有一个关于旅

---

① 1919年加注：弗洛伊德引用《精神分析引论》中的以下梦（1916年，17，第7讲）为例，说明梦中的怀疑和不确定的意义，同时将它的内容缩小到一个单一的元素；尽管如此，这个梦在短暂的延迟之后就被成功地分析出来了。

"一位多疑的女患者做了一个很长的梦，梦里有人告诉她我写了一本《论诙谐及其与潜意识的关系》，并高度赞扬了它；然后她的梦里出现了一些关于海峡的东西，也许是另一本书提到的一个海峡或关于一个海峡的其他东西……她不知道……一切都那么模糊。

"毫无疑问，你会倾向于认为，由于元素'海峡'是如此不明确，你无法解释它，你怀疑有困难是对的，但困难并非来自不清楚：困难和不清楚都来自另一个原因。做梦者没有想到任何与'海峡'有关的事情，当然我也无法解释清楚。没过多久，也就是第二天，事实上，她告诉我，她想到了一件可能与这件事有关的事情。这是一个笑话，一个她听过的笑话。在往返多佛和加来的轮船上，一位著名作家与一位英国人攀谈起来。后者有机会引用了这句话：'你崇高地嘲笑我，这是我的人生。'从崇高到荒谬只有一步之遥。'是的，'作者回答说，'le Pas de Calais'的意思是他认为法国是崇高的，而英国是可笑的，但是加来海峡原则上属于英吉利海峡的一部分。你会问我是否认为这和那个梦有关。我当然这么认为，它为梦中令人困惑的部分提供了解答。你能怀疑这个笑话在梦发生之前就已经存在了吗，就像元素'海峡'背后的潜意识思想？你能认为这是后来的发明吗？这种联系暴露了隐藏在患者钦佩的表面背后怀疑的态度；毫无疑问，她拒绝揭示这一点，这是她产生联想方面的拖延和有关梦境变得模糊的共同原因。考虑一下梦的元素与潜意识背景的关系：它是背景的一个片段，是背景的一个暗示，但由于被孤立，它变得非常难以理解。"

② 关于遗忘的一般目的，请参阅弗洛伊德关于遗忘的心理机制的短文（1898年b）。后来他在《日常生活的精神病理学》（弗洛伊德，1901年b）中将其（修订版）纳入作为第一章。

行的梦，事关我在梦中"报复"了两个令人不快的旅伴，它就是借由这种"事后想起"①的方式添加了一段内容。那时，由于它的粗俗，我几乎没有对这个细节进行深入的分析，其中省略的部分是这样写的：

> 我（用英语）提到席勒的一部作品说：它来自（from）……但是，注意到这个错误，我纠正了自己：它是由（by）……是的，那个男人对他妹妹说，"是的，他说得对②。"

对于梦中出现的自我更正，虽然在一些作家看来如此不可思议，但我们不必花费太多的心血进行分析。我举一个我的记忆中的典型的言语错误的梦例。19岁那年，我第一次去英国，在爱尔兰海边待了一整天。我自然陶醉于收集潮水留下的海洋动物的过程，我被一只海星吸引了注意力，梦就是以"hollthurn"和"holothurians"（海蛞蝓）这两个词开始的，一个可爱的小女孩走到我面前说："它是一只海星吗？它是活的吗？""是的，"我回答，"它还活着。"我为自己的错误感到尴尬，马上又正确地重复了一遍。这个梦代替了我所犯的另一个德国人同样容易犯的语言错误。席勒的书不应该翻译成"from"，而应该翻译成"by"。在我们已经听说了梦运作的目的和它为实现这些目的采取的不择手段的方法之后，我们大可不必惊讶，梦实现了这个替换，因

---

① 另一个例子在前文。还有一个在杜拉的第二个梦的分析中（弗洛伊德，1905年e，第三节）。

② 1914年加注：在梦中，像这样对外语用法的纠正并不少见，但更多的是被归咎于其他人。莫里（1878年，第143页）在学习英语的时候，有一次做了一个梦，在告诉某人他前一天拜访过他时，他用了"我昨天打电话找（call for）你"这个词。对方纠正道："你应该说'我昨天去拜访（call on）过你'。"

为英语"from"和德语形容词"fromm"（虔诚的）发音的一致性使这一明显的凝缩成为可能。但是，我关于海岸的无可指摘的记忆怎么会出现在梦里呢？我把一个表示性别的词用错了地方，把"他"用错了地方，这是最无法原谅的例子。顺便说一句，这是解析梦的关键之一。此外，凡是听说过克拉克·麦克斯韦的《物质与运动》这本书的名称起源的人，将不难填补空白：它来源于莫里哀的 *Le Malade Imaginaire*（幻想病）—— *La matière est-elle laudable*（事情顺利吗？）—— A motion of the bowels（肠子的运动）①。

此外，我还可以提供一个亲眼所见的例子来证明这样一个事实：梦的遗忘在很大程度上是阻抗的产物。我的一位患者告诉我，他做了一个梦，但已经忘记了梦的每一个痕迹，因此就好像它从来没有发生过一样。我们继续推进释梦工作。我遇到了阻抗，因此我向患者解释一些事情，并通过鼓励和催促帮助他接受一些不愉快的想法。我刚成功，他就惊呼道："现在我想起来我做了什么梦了！"那天干扰我们释梦工作的阻抗也让他忘记了那个梦，而通过克服这种阻抗，我让他回忆起了那个梦。

同样地，当患者在释梦工作中到达某个特定的阶段时，他可能会记得他在四五天前甚至更多天前做过的一个梦②。精神分析的经验③又为我们提供了另一个证据，证明梦的遗忘更多地取决于阻抗，而不是

---

① "事情顺利吗？"源于旧医学术语"排泄顺利吗？"。
② 欧内斯特·琼斯（1912年b）描述了一个经常发生的类似情况：在解析一个梦时，患者可能会回忆起在同一晚上做的第二个梦，但这个梦的存在本身并没有被怀疑。
③ 这一段和下一段增写于1911年。

某些作者所强调的，是清醒状态和睡眠状态不相容导致的。对我来说，对其他精神分析师和正在接受治疗的患者来说，这样的情况并不少见，即当我被一场梦惊醒后，我会立刻动用全部的心智去解释它。在这种情况下，我经常拒绝休息，直到我完全理解这个梦。然而，根据我的经验，有时在早上终于醒来后，我会完全忘记我的解释活动和梦的内容，尽管我知道自己做了一个梦，并解释了它[①]。更常见的情况是，理智活动非但没有成功地把梦保存在我的记忆中，还使我将解释所得的发现一并遗忘。然而，在我的解释活动和我清醒时的思想之间，并没有其他作者所认为的那种可以解释梦的遗忘的心理鸿沟。

莫顿·普林斯（1910 年，第 141 页）反对我对梦的遗忘的解释，理由是遗忘只是与分离精神状态有关的健忘症的一种特殊情况，不可能将我对这种特殊健忘症的解释推广到其他类型的健忘症，因此我的解释即使就其直接目的而言也缺乏价值。他的说法是在提醒读者，他在对这些精神分裂状态的所有描述过程中，从未试图给出这种现象的动力学解释。如果他这样做了，他将不可避免地发现，压抑（或者更准确地说，由压抑产生的阻抗）不仅是引起精神分裂症的原因，也是引起与分离精神状态有关的健忘症的原因。

在准备这本书稿的过程中，我所观察到的情况告诉我，梦并不比其他精神活动更容易被遗忘，而且梦在记忆中的保留功能与其他精神活动功能相比并不逊色。我记录了大量自己的梦境，但出于种种原因，我当时无法完全解释清楚或者完全没有解释清楚。现在，在一到

___

① 参见《一个 5 岁男孩的恐惧症分析》的后记（弗洛伊德，1922 年 c）。

两年后，我试图解释其中的一些，以便获得更多的材料来说明我的观点。这些尝试在每一个例子中都是成功的；事实上，在间隔了这么长时间之后再对梦进行解释可以说比刚做梦时更容易。一个可能的解释是，在此期间，我已经克服了一些以前阻碍我的内部阻抗。在做这些后续的解释时，我把做梦时所得到的梦境与现在记忆中的梦境进行了比较，通常情况下，现在记忆中的梦境要丰富得多，而且我发现旧的梦境总是包含在新的梦境中。我对此的惊讶很快就被我的习惯制止了，因为我一直习惯让我的患者解释早年的梦，用同样的程序来解释它们，而且同样获得成功，就像他们前一天晚上做的梦一样。当我讨论焦虑梦时，我将给出两个类似延迟解释的例子。我第一次做这样的实验是基于一个合理的预期，即无论从哪方面讲，梦和神经质的症状都相似。在对精神病患者和歇斯底里症（即癔症）患者进行精神分析时，我的解释对象不仅是他们当时的病症，也涉及他们从前的病症（那些最早出现的和早已消失的病症）。相比之下，早期的问题更易于解决。早在1895 年，我就能在《癔症研究》中解释一个 40 岁以上的女士在 15 岁时第一次癔症发作的原因①。

下面，我想谈一些与释梦问题不相关的看法。这也许有助于读者在将来研究自己的梦境时检验我的看法是否正确。

对自己的梦进行解释并不是一件轻松且简单的事。即使并没有阻

---

① 1919 年在正文中添加，1930 年转移到脚注中：童年早期做的梦能在记忆中鲜活地保留几十年，这对我们理解主体的精神发展历史及其神经症是非常重要的。对这些梦的分析可以保护医生，以避免可能导致理论上混乱的错误和不确定性。"狼人"梦例无疑在弗洛伊德的思想中是个特别的存在（1918 年 b）。

抗这种精神动机，我们要感知自己的内心活动和通常不太注意的感觉，也需要经过不断的尝试。而要掌握不由自主的想法，显然就更加难了。任何想要这样做的人都必须熟悉本书中提出的期望，并必须根据其规定的规则，在工作中努力避免任何批评、任何成见及任何情感或理智上的偏见。他必须牢记克劳德·伯纳德[①]对生理实验室的实验者的建议：像野兽一样工作——也就是说，他必须像动物一样坚持不懈地工作，不顾结果。如果遵循这个建议，这项任务将不再艰巨。

梦的解析不可能一蹴而就。当我们对某个梦进行一连串的联想后，常常会感到我们的能力耗尽了，从那个梦中再也不会有什么收获了。此时，最明智的做法是暂停分析工作，过几天再继续。这样，也许梦的另一部分内容会吸引我们的注意力，让我们进入梦的另一层思想。人们把这称为梦的"分次解析"。

对一个释梦的初学者而言，当他完成了一个释梦工作时，他给了梦一个有意义的、连贯的解析，并且把梦的每一个要素都阐释清楚了，此时要让他相信这项工作还没有结束，并非易事。事实上，对同一个梦的解析也许还有多重解释，而这可能是他没有想到的。其实，要我们对活跃在头脑中的、所有努力寻找表达方式的潜意识思想序列的丰富性形成任何概念十分不容易，我们也不容易相信梦的工作所表现出的技能，总能找到具有多种含义的表达形式，就像童话故事中的小裁缝一拳就打了七只苍蝇一样。我的读者总是倾向于指责我在解释中引入不必要的独创性，但实际经验能教给他们更好的东西。

---

① 法国生理学家（1813～1878 年）。

另外，^①我不能证实西尔伯勒首先提出的观点，即所有的梦（或许多梦，或某些类型的梦）都需要两种解释，甚至认为它们之间具有固定的关系。其中一种解释，西尔伯勒称之为精神分析的解释，据说赋予了梦某种意义，通常指向幼年期；另一种更重要的解释，他称之为推理，据说揭示了更严肃的思想，通常具有深刻的意义，并且是梦境工作所使用的材料。西尔伯勒并没有提供证据来支持这一观点，他报告了一系列从两个方向分析的梦。我必须反对所谓的事实是不存在的。不管他怎么说，大多数梦都不需要过度解释，更确切地说，不容易受到诡辩解释的影响。正如近年来提出的许多其他理论一样，我们不可能忽视这样一个事实，即西尔伯勒的观点在一定程度上受到某种目的的影响，这种目的试图掩盖梦形成的基本环境，并转移人们对梦的本能根源的兴趣。在某些情况下，我能够证实西尔伯勒的说法。分析表明，在这种情况下，梦的工作面临着一个问题，即要把一系列来自清醒生活的高度抽象的思想转化为梦，而这些思想是无法直接表现的。为了解决这个问题，他们设法找到另一组理智材料，而这些材料与抽象思想之间的联系有些松散（通常可以用"隐喻"的方式来描述），并且很容易表现出来。对于以这种方式形成的梦，做梦者很容易给出抽象的解释，但要想给出正确的解释，则必须借助那些我们已熟知的技术和方法^②。

---

① 本段增写于 1919 年。

② 弗洛伊德也在他的论文《梦理论的超心理学补充》(1917 年 d) 和他的《梦与心灵感应》(1922 年 a) 的结尾，用一个很长的脚注讨论了这一点。

我们是否有可能解释每一个梦呢？答案是"不可能"①。在解释梦的时候，我们会受到导致梦扭曲的精神力量的阻抗。因为阻抗作用的存在，解释工作常常进行到一半时，我们就会误以为自己已经完成了这个任务。我们的理智、兴趣、自律能力、心理学知识和释梦的实践是否能使我们克服内在的阻力，这是一个相对强弱的问题。我们总有可能走得远一点：无论如何，要走得远到足以使我们自己相信梦具有一个有意义的结构，而且一般来说，要走得远到足以窥见这个意义是什么。事实上，不同梦境之间的解释通常是互补的。一个紧接着出现的梦，常常能让我们确认并进一步推进我们对前一个梦的试探性解释。一系列的梦持续数周或数月，通常基于共同的基础，因此必须联系起来进行解释。在两个连续的梦例中，我们经常可以观察到，一个梦把另一个梦的边缘事物作为它的中心点。通过我前面提到的一些例子可以发现，同一个晚上做的不同的梦，其实都可以被归纳为一个整体进行解释。

即使是解释得最透彻的梦，也常常有一段内容不得不隐去。这是因为我们在释梦的过程中意识到，在那一段内容中，有一个无法解开的梦的谜团，而且这对理解梦的内容毫无帮助。这是梦的关键点，它向下延伸到未知的地方。我们所解释的梦的思想没有指向任何明确的结局，它们必然会向各个方向延伸，在我们的思想世界里形成错综复杂的网络。梦的欲望正是在这个错综复杂的网络中生长出来的，就像蘑菇从菌丝中生长出来一样。

---

① 这个问题弗洛伊德在 1925 年 i，章节 A 中有更详细的论述。

现在，让我们再回到关于梦境遗忘的问题上，因为我们未能从中得出重要的结论。我们已经看到，清醒时的生活表现出一种明确无误的倾向，即忘记在夜间形成的任何梦，无论是在醒来后忘掉，还是在白天逐渐忘掉。我们已经认识到，对梦的精神阻抗是造成这种遗忘的主要原因，而阻抗在夜间就已经对梦做了它所能做的一切。如果这一切都是真的，那么就会出现一个新的问题，即梦是如何在这种阻抗作用下形成的？让我们举一个最极端的例子，在这种情况下，清醒的生活摆脱了梦，就好像它从未发生过一样。考虑到这种情况下精神力量的相互作用，我们必须推断出，如果夜间的阻抗和白天的一样强，那么这个梦根本就不会产生。因此，我们必须得出这样的结论：在夜间，这种阻抗力量会减弱，尽管我们知道它并没有完全丧失，因为我们已经说明了它在梦的形成过程中作为一种扭曲因素所起的作用。我们必须认同"梦的形成是因为晚上阻抗作用减弱了"的说法，也更容易理解阻抗在恢复全力时为何能把它在虚弱时被迫允许的事推翻。根据描述心理学可知，梦形成的必要条件是头脑处于睡眠状态。我们现在能够解释这个事实：睡眠状态使梦的形成成为可能，因为它削弱了内心的稽查力量。

毫无疑问，人们很容易把它看作从梦的遗忘事实中得出的唯一可能的推论，并把它作为进一步得出关于睡眠和清醒时普遍存在的能量状况的结论的基础。当我们更深入地研究梦的心理学时，我们就会发现，使梦的产生成为可能的因素也可以用另一种方式来看待。也许，有意识地阻抗梦的思想可以在不削弱其力量的情况下被规避。即当阻抗的力量未减弱时，梦也可以躲避阻抗作用而转移到潜意识中。因此，我们认为，对梦的形成有所帮助的两个因素——阻抗力量的减弱和对阻抗的视而不见在睡眠状态下可以同时发生。对此，我们留待后文继续讨论。

对于我们释梦的方法，还有另一组反对意见，我们现在必须加以处理。我们的做法是放弃通常支配我们思考的所有目的性想法，把我们的注意力集中在梦的一个要素上，然后注意与梦有关的任何不由自主的想法。我们先忘掉梦，然后取出一部分梦，重复这个过程。我们允许自己被思想引导，而不管思想带我们往哪个方向走，就这样从一件事转移到另一件事。我们坚信，不需要任何积极干预，我们终将到达梦的起源——梦的思想。

反对者认为，梦的一个元素会把我们带到某个地方，这并不值得惊讶，因为每种想法都可以与某些东西联系起来。值得注意的是，这样一种漫无目的、随心所欲的想法竟然会把我们带进梦境。很可能我们是在欺骗自己。我们从一个元素开始，按照一连串的关联展开联想，直到其因为某种原因断开。如果我们接着研究第二个元素，那么我们的联想原本不受限制的性质范围就会缩小，这是可以预料的，因为我们在分析第二个元素的概念时，大脑仍在不由自主地与第一个元素形成的联想建立联系。然后我们欺骗自己，认为自己已经发现了一种思想，这种思想是连接梦的两个元素的点。既然我们给了自己完全的自由，可以随心所欲地把各种思想联系起来，而且事实上，从一种思想过渡到另一种思想，我们所排除的只是那些在正常思维中起作用的东西，那么我们从许多"中间思想"中就不难编造出"梦的思想"，只不过我们无法确定它的真实性，因为我们还欠缺别的知识。这种联结只是我们利用一种巧妙的方式制造出来的。这样，任何一个肯自讨苦吃的人都能为梦做出一个如其所愿的解释。

如果确实有人这样质疑，我们就这样给出回答——梦的某个观念所引发的联想与梦的其他成分之间是高度相关的，而且如果不跟进已经建立好的精神联系，我们对梦的解释就不可能得到如此详尽的叙述。我们在辩护中也可以指出，释梦和治疗癔症的过程相同。方法的正确性由症状的同时出现和消失保证，也就是说，本书结论的正确性是由其旁证的正确性得出的。但是，我们没有理由回避这样一个问题：如何通过具有随意性和无目的性的思想链的漂移来达到预先存在的目标。因为，虽然我们可能无法解决这个问题，但我们可以彻底破除这个问题。

在释梦的过程中，虽然我们任由思想发散，但我们并非追随无目的的联想。那些被我们否定的只是已知的目的性观念，而后那些潜意识的目的性观念就会出面主持大局，决定非自愿观念的进程。无论我们对自己的心理过程施加什么影响，都不能使我们在没有目的性观念的情况下进行思考。我也不知道在何种精神错乱的状态下可以做到这一点①。精神科医生在这方面已经准备得太充分了，以至于不能放弃他们对心理过程的连通性的信念。我知道一个事实，没有目的性观念的思路在癔症和偏执狂症中不会出现，就像在梦的形成或解析中一样。它们可能不会发生在任何内源性的精神障碍中。即使是混乱状态的谵妄也可能有意义，如果我们接受勒雷特的绝妙建议，即我们只是因为它们之间的差距而无法理解它们。当我有机会观察它们时，我自己也有同样的看法。谵妄是精神稽查作用的产物，它不再费心去隐藏它的运作。它没有合作创造出一个毫无异议的新版本，而是无情地删除它不认可的东西，这样剩下的东西就变得非常不连贯了。

---

① 1914 年加注：直到后来，弗洛伊德才注意到这样一个事实，即爱德华·冯·哈特曼对这个重要的问题持有相同的心理学观点："在讨论潜意识在艺术创作中所起的作用时，哈特曼（Eduard von Hartmann，1890 年）清楚地陈述了一个定律，根据这个定律，思想的联想是由潜意识的目的性观念所支配的，尽管他不知道这个定律的范围。当他开始证明'感官表象的每一个组合不是纯粹地由偶然性决定，而是被指向一个明确的目的时，都需要潜意识的帮助'，而意识兴趣所起的作用是刺激潜意识从无数可能的想法中选择最合适的想法。正是潜意识为兴趣做出了适当的选择，这在'抽象思维、感官想象和艺术组合'以及笑话的产生中都适用于观念的联系。因此，把思想的联想局限于一个令人兴奋和激动人心的想法（在纯联想心理学的意义上）是站不住脚的，'除非在人类生活中存在这样一种条件，即人不仅不受任何有意识的目的的支配，而且不受每一种潜意识的兴趣和每一种短暂的情绪的支配或联合作用。然而，这是一种很少发生的情况，因为即使一个人表面上完全把他的思路引向意外事件，或者完全将自己置于不自觉的幻想中，也总是有其他主导的兴趣、支配性的感情和情绪在某个时候占上风，这些总会对其思想的联想产生影响。'.'在半清醒的梦境中，总是只有与当时主要的（潜意识的）兴趣相对应的想法会出现。'这种强调感情和情绪对思想自由序列的影响的方法，使我们能够完全从哈特曼心理学的立场来证明精神分析的方法论程序是正确的。"波霍利斯（1913 年）杜普里尔（1885 年，第 107 页）指出，在我们徒劳地试图回忆一个名字而无果后，它经常会突然在我们的脑海中再次出现，没有任何征兆。他由此得出结论，潜意识的但同样是有目的的思考已经发生，而且其结果会突然进入意识。

在受到器质性破坏的大脑中，可能会出现带有偶然关联链的思想的自由发挥。因此，在精神神经症中，这种情况总是可以解释为稽查作用对一系列思想的影响所产生的影响，这些思想被一直隐藏着的目的性思想推到了前台[1]。如果所讨论的联想（或形象）似乎是相互关联的，其就被认为是一种不受目的性观念影响的可靠迹象。这种关联被描述为一种肤浅的方式，通过谐音、言语上的歧义以及在意义上没有联系的时间上的巧合，或者我们在笑话或文字游戏中允许的任何类型的联想。这种特征表现在从梦的要素到中间思想，再从中间思想到梦的实质思想的思想链中。在许多梦的分析中，我们都见过这样的例子——没有什么联系，太松散；没有什么笑话，太糟糕——可以充当一种思想与另一种思想之间的桥梁。但是，人们很快就找到了这种轻松状态的真正解释。当两个精神元素以一种牵强的或肤浅的联想相联系时，它们之间也存在一种正统的且更深层次的联系，而且这种联系受到稽查作用的阻抗[2]。

表面联想之所以多次出现，真正的原因是稽查作用带来的压力，而非对目的性观念的抛弃。当稽查作用封锁了正常的联系路径后，表面联想就会取代深度联想。我们可以想象出这样的类比：一个山区主路受到堵塞，交通几乎全面瘫痪（如洪水泛滥），但其通信仍然可以通过那些通常只有猎人使用的陡峭不便的小道来维系。

---

① 1909 年加注：这一论断在荣格对精神分裂症病例的分析中得到了证实（荣格，1907 年）。
② 弗洛伊德在这部作品的其他地方都谈到了对阻抗的稽查。后来关于阻抗和稽查这两个概念之间关系的澄清，可以在《精神分析引论新编》（1933 年 a）的第 29 讲中找到。

此外，我们还需要分辨两种情况，虽然它们的本质相同。一是稽查作用只针对两种思想之间的联系，而这两种思想是毫无异议的。此时，两种思想可以相继进入意识，且这种联结往往附着在观念的某些片段上，通常是在没有主要联系存在的部分。二是这两种思想本身由于其内容受到稽查。由此，二者都不会以真实的形态出现，而是被润饰过的形态取代。在这两种情况下，稽查作用的压力致使一种正常而严肃的联想转换成一种肤浅而荒谬的联想。

由于我们意识到这种移位的发生，当我们解释梦时，会毫不犹豫地依靠表面联想和其他联想①。

人们在对神经症的精神分析中，常常充分运用这两个定理：当意识层面的目的性观念被舍弃时，潜意识层面的目的性观念便会控制观念流，而表面联想只是被压抑的深度联想的替代品。事实上，这些定理已经成为精神分析技术的支柱。当我指示一位患者放弃任何形式的思考，告诉我他脑子里想到的任何东西时，我坚定地依赖于这样一种假设，即他不能放弃治疗中固有的目的性想法。我觉得有理由推断，他告诉我的那些看似最无辜、最武断的事情实际上与他的疾病有关。还有另一位患者不会怀疑的目的性想法——与我自己有关的想法。对

---

① 当然，同样的考虑也同样适用于那些表面联想在梦的内容中公开出现的情况，例如上文所引用的莫里的两个梦。[Pélerinage—Pelletier—pelle；kilomètre—kilogramme—Gilolo—Lobelia—Lopez—lotto；（朝香客—化学家名—铲子；公里—公斤—地名—花名—将军名——种游戏）] 治疗神经症患者的工作使我了解了记忆的本质，这是记忆最喜欢的一种表现方法。在这些场合中，受试者会翻翻百科全书或字典（就像大多数处于青春期的好奇心强的人一样）来满足他们的欲望。

这两个定理重要性的充分估计，以及关于它们更详细的信息，都属于精神分析技术的叙述范围。至此我们可以说已经到达了一个边境哨所，而根据我们的计划，我们必须放弃释梦的主题①。

从这些反对意见中，我们可得出一个正确的结论，即我们不必假定在解析工作中发生的每一个联想在夜间的梦的工作中都占有一席之地。的确，在清醒状态下进行解释时，我们走的是一条从梦的要素回到梦的思想的道路，而梦的工作则是沿着相反的方向进行的，但这两条相反路径很可能双向通行。但是，在白天，我们似乎在沿着新鲜的思想链驱动着轴，这些轴时而与中间思想、梦的思想接触，时而又与其他思想接触。我们可以看到白天生活中的很多新鲜材料如何以这种方式加入解释链中，从晚上开始增加的阻抗又如何使我们有必要走新的、更迂回的路。种种原因都使得我们的梦的解析工作愈加困难，但不管怎样，只要这些材料可以把我们带入我们正在寻找的梦的思想就足够了，至于这些线索的数量、性质或具体来源，都是无关紧要的。

第二节　退行现象

在驳斥了各种反对意见后，或者至少亮出了我们的防御武器后，

---

① 1909 年加注：这两个定理在刚提出时听起来极不可信，但后来被荣格和他的学生们在单词联想研究中进行了实验和证实。关于从偶然选择的数字开始的关联链的有效性这一相关主题，弗洛伊德在 1920 年添加到《日常生活的精神病理学》（1901 年 b）第 12 章的长脚注中提出了一个最有趣的论点。

我们就不应该再拖延那准备已久的心理探讨了。我们可以先粗略地总结一下已获得的研究发现：梦是一种很重要的精神活动；促成每个梦的动机都是寻求欲望的满足；梦之所以不被认为是欲望，并具有独特性和荒谬性，是因为受到稽查作用的影响；促成梦形成的因素除了要逃避稽查，还包括对梦的材料的凝缩、通过影像表现感性形象、要求梦具备合理且可理解的外表（但并非总是如此）。以上每一个命题都开启了一个新的心理学研究领域，我们要研究的是梦的动机与这四个条件的关系，以及四者之间的关系，我们也必须研究一下梦在复杂的精神生活中的位置。

为了提醒那些我们尚待解决的问题，我引述了一个梦作为本章的开头。要解释那个梦——被燃烧的童尸的梦——并不困难，尽管关于它的解释并不完全合我们的意。当时，我这样提问——为什么做梦者会持续做梦而没有醒来，并揭示了他的动机之一——想要那孩子活着。在下文的进一步讨论中，我们会发现还有另一个愿望也发挥了作用。因此，睡眠中的思维过程最初是为了满足欲望才转化为一个梦的。

如果不考虑欲望的满足，我们就会看到，只剩下一个特征来区分梦和梦的意义。做梦者在梦里的想法是这样的："我看到停放尸体的房间发出强烈的光。也许蜡烛倒了，我的孩子可能被烧到了。"梦原原本本地重复了这些印象，但把它们再现在一个真实存在的情景中，使做梦者可以像清醒时一样通过感官感知。由此，我们看到：那些具有某些欲望的想法在梦中都被物化了，且表现为似乎可以亲身体验的场景。

但是，我们该如何解释梦的工作的这种特性呢？或者，更谦虚地说，我们该如何在心理过程的复杂联系中为它找到一席之地呢？如果我们更仔细地研究这个问题就会发现，这个梦所采取的形式有两个几乎独立的特征：一是思想直接被表述为现在时的场景，不存在"也许"这种字眼；二是思想被置换成了视觉图像和语言。

在这个梦中，思想所表达的期望转换为现在时而引起的变化似乎并不特别明显。这是由于欲望的满足在这个梦中起到了不寻常的附属作用。相反，在另一个梦例中，梦的欲望并没有脱离被带入睡眠的清醒的思想——例如伊尔玛的注射梦。梦的思想用的是祈使句："但愿奥托·兰克为伊尔玛的病负责！"梦压抑了这种可能性，用一个直截了当的现在时代替了它："是的，奥托·兰克对伊尔玛的病有责任。"那么，这就是梦的思想所带来的第一个变形，一个没有扭曲的梦。我们不必在梦的第一个特征上逗留太久。我们可以通过将注意力吸引到意识的想象物即白日梦上来解决这个问题。当都德笔下的乔伊斯先生①失业在巴黎街头游荡时（尽管他的女儿们相信他有一份坐办公室的工作），他梦见有些机会对他有利并使他找到工作——他在用现在时做梦。可以说，这个梦和白日梦以同样的方式和权利使用现在时，以表示欲望已经得到满足。

但梦与白日梦的第二个不同之处在于，梦的观念内容将想法转化为视觉意象，而人们不仅相信这个意象，并且仿佛在亲身体验。我必须马上补充一点，并不是每一个梦都表现出这种从想法到视觉意象的

---

① 《富豪》中的人物。弗洛伊德在他的《日常生活的精神病理学》（1901年b）第七章第A节的末尾讨论了他在这句话的初稿中对这个名字的疏忽。

转变。有些梦仅由想法构成，但我们不能因此否认梦的本质。我的那个"自学者"的梦就是一个例子，它所包含的感官元素并不比我在白天思考它的内容多。每一个相当长的梦中都有一些元素与其他的不一样，这些元素被赋予了一种感官形式，但只是以我们在清醒生活中习惯于思考或认识事物的方式存在。这里需要注意的是，并非只有在梦中才会发生想法向视觉意象的转换，其在健康的人和神经症患者所产生的幻觉中也会出现。总之，我们这里所探讨的关系并不是梦特有的。不过，只要梦呈现出这个特征，我们便会很自然地将它视为最明显的特征，这样我们就无法想象没有它的梦境世界。但是，为了达到对它的理解，我们必须进行讨论，而这将使我们走得更远。

作为我们探究的起点，我想从许多关于梦的理论的著述中挑出一条进行讨论。在对梦这个话题的简短讨论中，费希纳指出："梦境不同于清醒时刻的思想生活。"这是唯一能让我们理解梦境生活的特殊本质的假设①。

这些话向我们展示的是精神位置的概念。在我们的讨论过程中，我会尽量谨慎地避免将精神存在的位置和生理解剖学混合讨论，同时把实现我们精神功能的仪器描绘成一个复合显微镜或摄影设备，或其他类似的东西。精神位置对应仪器内部的一个点，而在显微镜和望远镜中，这些部分发生在理想点，即仪器的有形部件不在的区域。虽然不可触摸，但我们也不必为这种事情感到遗憾，因为它的作用不过就

---

① 在 1898 年 2 月 9 日给弗利斯的一封信（弗洛伊德，1950 年 a，83 号信件）中，弗洛伊德写道，费希纳的这段话是他在关于梦的文献中发现的唯一合理的评论。

是帮助我们理解那些错综复杂的精神活动，并把它的不同成分分配给这个装置的不同组成部分，进而解析各种功能，使复杂的精神功能变得容易理解。据我所知，迄今为止还没有人用这种解剖方法来研究精神工具的组装方式，我看不出这有什么坏处。在我看来，只要我们冷静判断，不把构建精神活动的骨架弄乱，我们就能使思想自由驰骋。因为在第一次接触未知事物时，我们所需要的只是一些临时观念的协助，所以我将优先考虑关于最粗略和最具体的描述的假设。

如果假设精神是一台机器，它的各个部件为"动因"①或"系统"，那么我们可以预期，这些系统可能处于一种有规则的空间关系中，就像望远镜内棱镜系统的排列方式一样。严格地说，我们没有必要假设精神系统是按空间顺序排列的，我们只要借由某一精神过程，在各系统之间确定好先后顺序，建立起一个恒定模式就足够了。在其他过程中，顺序可能不同。这是一种我们应该保留的可能性。为了简洁起见，下面我们将把机器的组成部分称为"ψ系统"。

首先使我们感到惊讶的是，这个由ψ系统组成的机器是有意义或方向的。我们的每个精神活动（包括内部的和外部的）都始于刺激，并以神经支配终止②，因此在运动终端有一个能够产生各种运动的系统。

---

① 德文为Instanzen，字面意思是"实例"，在某种意义上类似于短语"初审法庭"（Court of First Instance）中出现的单词。

② 神经支配是一个非常模糊的术语，它通常用于结构意义，指神经在某些有机体或身体区域的解剖分布。弗洛伊德更多地（尽管并非总是如此）用它来表示能量进入神经系统的传输，或者（就像在目前的例子中）更具体地说，进入外导系统，即趋向于放电的过程。

精神过程一般从知觉端向运动端推进，因此精神装置的一般示意图可以这样呈现（见图1）：

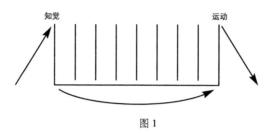

图1

然而，这不过满足了一个我们早已熟悉的要求，即精神装置必须构造得像一个反射装置，其反射过程仍然是每一种精神功能的模型。

接下来，我们有理由在知觉端引入第一次分化。我们的感官在接受刺激后，精神装置上会留下受到刺激撞击后知觉的痕迹，我们可以称之为"记忆痕迹"，而与之相关的功能则称为"记忆"。如果我们认真考虑将精神过程附加到系统上的计划，那么记忆痕迹只能存在于对系统元素的永久修改中。但是，正如已经在其他地方指出的那样[1]，要假定同一个系统既能准确地保留其要素的变化，又能始终开放地接受新的变化机会，显然是很困难的。由此，根据指导我们实验的原则，我们将把这两个功能分配到不同的系统中。我们将机器最前端的那个系统假定为只能接受知觉刺激，但不会留下痕迹，因此不会产生记忆，而它后面的第二个系统将第一个系统的短暂刺激转化为永久的痕迹。我们的精神装置的示意图如图2所示：

---

[1] 1895 年，布洛伊尔在《癔症研究》第一节的脚注中写道：反射望远镜的镜子不能同时是感光板。

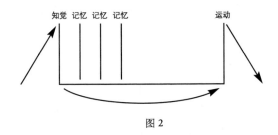

图 2

我们熟知的一个事实是，我们永久地保留的东西不仅仅是撞击系统的知觉的内容。因为在我们的记忆里，各种知觉首先是根据发生的同时性相互联系的，我们将其称为"联想"。显然，如果知觉系统没有任何记忆，它不能保留任何关联痕迹；如果早期联系的痕迹要对新的知觉产生影响，那么单独的感知元素在执行其功能时就会受到不可容忍的阻碍。因此，我们必须假定联想的基础在于记忆系统。而关联在于这样一个事实，即在阻抗减弱或传导方便后，神经兴奋就更容易从某一记忆元素传给相关的另一个记忆元素。

仔细考虑一下就会发现，有必要假设从知觉元素传递的兴奋不是在一个而是好几个记忆元素中留下不同的永久记录。第一个记忆系统自然会包含有关时间上的同时性的关联记录；而相同的感知材料将在后面的系统中根据其他种类的巧合进行排列，例如其中一个系统将记录相似的关系等。当然，试图用语言表达这种系统的心理意义纯粹是浪费时间。它的特点在于它与记忆原材料的不同元素之间的亲密关系。也就是说，在传递元素的兴奋时，要看它给予的抵抗程度（由此导向更深刻的理论）。

在这一点上，我将插入一句可能有重要含义的一般性陈述，那就是知觉系统没有能力保留变化，因此不会产生记忆，但它为我们的意识提供了所有感官品质的多样性。此外，除了那些深深印在我们脑海里的记忆，我们的记忆本身都是无意识的。它们可以是有意识的，但毫无疑问，它们可以在无意识状态下产生任何影响。我们对自己性格的描述是基于印象的记忆痕迹；而且对我们影响最大的印象——那些我们年幼时的印象，恰恰是我们几乎没有意识到的印象。即那些对我们有极大影响的童年期记忆不会变成意识，但是它们一旦变成意识，就不会表现出任何感官特性，或者表现出相较于知觉更微弱的感官特性。如果能够证实在 ψ 系统中记忆和表征意识的性质是相互排斥的，那么关于神经元兴奋的支配条件将会有一个很有希望的前景[①]。

到目前为止，我们所提出的关于在知觉端构造精神装置的假设并没有参照梦，也没有参照我们能够从中推断出的心理信息。然而，梦提供的证据将有助于我们理解精神装置的另一部分。

如前所述，为了解析梦，我们必须大胆地假设存在两个精神动因，其中一个对另一个进行审核，包括将其排除到意识之外。我们的结论是，这个批判的动因要比那个被批判的动因更接近意识层面，它就像

① 1925 年加注：从那以后，弗洛伊德认为意识实际上是产生的，而不是记忆痕迹。参见弗洛伊德的《神秘的书写板上的笔记》(1925 年 a)。[参见《超越快乐原则》(1920 年 g)第四章，这里也提出了同样的观点。通过研究弗洛伊德后期作品中的这两段话，目前关于记忆的整个讨论将变得更容易理解。但是，他早期在写给弗利斯信中提出的对这一问题的一些思考（弗洛伊德，1950 年 a）使人们对这一问题有了更多的了解，例如参见《科学心理学计划》第一部分的第三节（写于 1895 年秋）和 52 号信（写于 1896 年 12 月 6 日）。顺便提一下，这封信明显包含了一个上面所示的示意图的早期版本，以及这里用来区分各种系统首次出现的缩写，即"Cs."代表"意识"，"Pcs."代表"前意识"，"Ucs."代表"潜意识"，"Pcpt."代表"知觉"，"Mnem."代表"记忆"。]

一块屏风，挡在意识与后者之间。此外，我们还有理由将批判的动因看作这样一个机构：它指导清醒生活，决定自主意识活动。根据我们的假设，如果我们用系统来取代这些动因，那么这些审查系统必定位于此精神装置的运动端。现在，我们将这两个系统引入我们的示意图中，并给它们命名，以表现它们与意识的关系（见图3）。

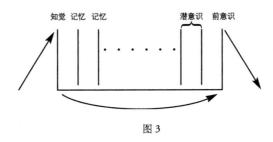

图 3

我们将把运动端的最后一个系统描述为"前意识"，以表明只要满足某些条件，发生在其中的兴奋过程能够不受阻碍地直达意识层。例如它们达到了一定强度，或者只能被描述为"注意力"的功能以特定的方式分布，等等。与此同时，这一制度也是实现自愿流动的关键。我们将其背后的系统描述为"潜意识"，因为它除非借助前意识，否则无法到达意识层，而在经过前意识时，它的兴奋过程必须经过修改[1]。

那么，梦的建构动力究竟应该置于哪个系统中呢？简而言之，应

---

[1] 1919 年加注：如果我们试图进一步推进这张示意图，其中系统是线性连续的，我们应该考虑到这样一个事实，即系统超越了前意识，也就是意识必须归于的那一种。换句话说，就是知觉 = 意识。关于这一点的更全面的讨论，请参阅弗洛伊德，1917 年 d。弗洛伊德后来的心智图式首先在《自我与本我》（1923 年 b）第 2 章中给出，并在《精神分析引论新编》（1933 年 a）第 31 讲中复现（做了一些修改），更强调结构而不是功能。

该置于潜意识系统中。的确，在未来的讨论过程中，我们会发现这个论断并不完全准确，因为梦的形成过程依赖于属于前意识系统的梦的思想。但当我们考虑梦的思想时，我们会发现产生梦的动力是由潜意识系统提供的。由此，我们将把潜意识系统作为梦的起点。像所有其他的精神结构一样，做梦者将努力进入前意识系统，从那里获得意识。

由经验可知，白天由于自我稽查作用的阻抗，这条经由前意识通向意识的路径是封锁的，而到了夜间，梦中想法才能够进入意识。但问题是，梦中想法如何进入意识，又经历了怎样的变化？如果说梦中想法能够进入意识，源于在夜间存在于潜意识与前意识之间的阻抗力量削弱了，那么梦的本质应该是观念性的，而不具有我们此刻所感兴趣的幻觉性质。因此，潜意识与前意识之间的稽查作用的削弱只能解释"自学者"之类的梦，而不能解释本章开头提到的燃烧的童年的梦。

那么，具有幻觉性质的梦究竟是如何产生的呢？我们唯一能做出的解释是它的兴奋传递过程是反向的——它并非朝向运动端，而是朝向感觉端，并最终到达知觉系统。如果我们把清醒状态下潜意识产生的精神过程的发展形容为"前行"的，那么梦境内容就是"退行"的[①]。

---

① 1914年加注：关于退行因素的第一个暗示可以追溯到阿尔伯图斯·马格努斯（13世纪的经院哲学作家）。他告诉我们，"想象"是从储存的感官图像中构建梦境，这个过程与现实生活的方向相反（引自迪普根，1912年，14）。霍布斯在《利维坦》中写道：总之，我们的梦与清醒时的想象相反，当我们清醒时，想象从一端开始；而当我们做梦时，想象则从另一端开始。（引自哈夫洛克·埃利斯，1911年，第109页）。1895年，布洛伊尔在《癔症研究》第3章第1节中（与幻觉有关）谈到了一种退行的兴奋，这种兴奋从记忆器官发出，通过思想作用于知觉器官。

因此，这种退行无疑是做梦过程的一个心理学特征。然而，我们必须牢记，它并非梦所独有。我们有意识的回忆和正常思维的其他子过程也都具备这种特征，即可以从一个复杂的观念活动回到形成相关记忆痕迹的原始材料上。只不过，在清醒状态下，这种退行从未超越记忆意象，也不会复现知觉意象的幻觉。那么，为什么退行在梦中不是这样呢？当我们考虑梦的凝缩作用时，我们不得不假设，某个观念所附着的强度可以经由梦的运作转移到另一个观念上。或许，正是这种正常精神过程的改变使知觉系统的反向传导成为可能，即从思想开始退回到清晰鲜明的感觉上。

　　希望我们没有夸大这些讨论的重要性，因为我们所做的不过是在命名一个令人费解的现象。当一个观念在梦中被还原成最初产生它的感觉意象时，我们称之为"退行"。但即便如此，如果这个命名没有让我们获得新的知识，那么它的意义何在呢？我认为，"退行"这种命名对我们是有帮助的，因为它连接了一个我们借由示意图就知道的事实，即精神装置具有感觉或方向性。正因如此，我们无须进行更深入的思考，就能揭示梦形成的另一个特征。如果我们把做梦的过程视为发生在精神装置中的退行，那么我们就会立即得到基于经验的事实解释，即所有属于梦的思想的逻辑关系都在做梦的活动中消失了，或者只能被艰难地捕捉到十分隐晦的表达。根据我们的示意图，这些关系不在第一个记忆系统中，而在后面的系统中。因为退行，它们必然会失去除知觉意象以外的任何表达方式，而梦的构思则被分解成它的原材料。

　　是什么样的改变使白天不可能发生的退行成为可能？对此，我们必须认可一些猜想。毫无疑问，这是一个连接到不同系统的能量贯注发生变化的问题，而这些变化会增加或减少兴奋过程用以通过这些系统的设备。但是在任何这类装置中，当兴奋通过时，多种不同方式会产生殊途同归的结果。当然，睡眠对精神装置的感觉末端所造成的精力贯注改变，是我们可以最先预见的。在白天，来自知觉系统的兴奋流持续传向运动端。到了晚上，这个兴奋流就中断了，这时我们就几乎处于"与世隔绝"的状态了，而这一点就会被某些专家用于解释梦的心理特征。

此外，我们必须知晓，人在一些病理性的情况下，哪怕处于清醒状态，也会出现退行。因为在这种情况下，尽管感觉的兴奋流持续向前传导，退行还是会发生。通过对比癔症患者和偏执狂患者的幻觉和正常人的幻象，我们得出的结论是：它们仍然是退行的，相当于把思想转化为意象，只不过能形成这种转化的，往往是那些与潜意识记忆密切相关的思想。

例如，我最小的癔症患者，一个 12 岁的男孩，被"有着红眼睛的绿脸"吓得无法入睡。究其根源，是他对 4 年前经常见到的一个男孩的记忆，虽然这有时是有意识的，但被压抑了。这个男孩向他展示了一幅关于孩子坏习惯后果的惊人画面，其中包括我的小患者现在回想起来都在责备自己的自我抚慰习惯。他的母亲当即评论说图画中行为不端的男孩脸色发绿，眼睛发红（即红眼圈）。这就是魔咒的由来，而它唯一的目的是让他想起母亲的另一个预言：那种男孩长大后会变成白痴，在学校里什么也学不到，而且还会英年早逝。我的小患者已经证实了部分预言——他在学校里没有取得任何进步，而且从他对自己潜意识想法的描述中可以看出，他对预言的另一部分感到害怕。顺带提一下，经过短暂的治疗，他能够入睡了，紧张感也消失了。后来，他在学年结束时取得了优异的成绩。

同样，另一位癔症患者（一位 40 岁的女士）向我描述了她的一个幻象，这是她生病前发生的：一天早上，她刚醒来就看到弟弟站在房间里，而他实际上是在精神病医院里。此时，她的小儿子正在她身旁熟睡着。为了避免孩子因看见舅舅而受到惊吓和抽搐，她用床单盖住了他的脸，然后那个幻影就消失了。事实上，这一幻象不过是她儿时记忆的修订版，而且虽然它是有意识的，但它与她头脑中所有潜意识的材料密切相关。她的保姆告诉她，她的母亲（在我的患者只有 18 个月大的时候就去世了）曾因母亲的弟弟（我的患者的叔叔）扮鬼（用床单罩住他的脑袋）受到惊吓而患上了癔症性抽搐。因此，幻象包含了与记忆相同的元素：弟弟的出现、床单、恐惧及其结果。但这些元素被安排在不同的背景下，并转移到他人身上，且这个幻象的显著动机是她害怕孩子学舅舅的样子。

我所引用的两个梦例并非完全与睡眠状态无关，那么我选择它们来证明我希望证明的东西似乎不妥。因此，我将向读者推荐我对一个女性幻觉妄想症患者的分析（弗洛伊德，1896 年 b，第 3 部分），以及我尚未发表的关于精神神经症心理学的研究结果[1]，以证明我们不能忽视记忆在这种思想退行转变中的作用，而其中这些记忆大部分来自童

---

[1] 从未以任何此类标题出版过。

年，它们或被压抑，或仍然处于潜意识状态。与这类记忆关联并且被自我稽查作用抑制表达的思想，似乎是作为记忆本身的表现形式而被记忆引入退行模式。我还记得在《癔症研究》（布洛伊尔和弗洛伊德，1895 年——如在布洛伊尔的第一个病例史中）中得出的一个结论，当有可能将幼年期场景（无论它们是记忆还是幻想）带入意识中时，它们被视为幻觉，而且只有在被报告的过程中才会失去这种特征。此外，一个熟悉的观察结果是，即使是那些记忆通常不属于视觉型的人，其童年早期的记忆在生活中也始终保持着感官上的生动性。

如果我们现在认同这个观点，即幼年期的经历或基于这些经历的幻想在梦的思想中扮演着重要的角色，它们的某些部分在梦境内容中再现，以及梦的欲望本身就是从它们中衍生出来的，我们就不能排除这样一种可能性，即思想会在梦中转化为视觉意象，部分源自以视觉形式表达并渴望复苏的记忆对与意识隔绝、努力寻求表达的思想产生了吸引力。从这个角度来讲，梦可以被描述为婴幼儿期场景的替代品复现在近期的经历中。婴幼儿期场景无法自我复兴，必须通过退行出现在梦中。

在某种意义上，幼儿期景象（或其作为幻想的复制品）作为梦境内容的模型发挥作用的方式，消除了施尔纳和他的追随者提出的关于内在刺激来源的假设之一的必要性。施尔纳（1861 年）认为，当梦表现出特别生动或特别丰富的视觉元素时，就会出现一种视觉刺激状态，即视觉器官的内部兴奋状态。我们不必对这个假设提出异议，只需要假定这种兴奋状态只适用于视觉器官的心理知觉系统即可。然而，我们可以进一步指出，兴奋状态是经由记忆建立起来的，它是一种视觉兴奋的复兴，最初是即时的兴奋。根据我的经验，我无法举出任何一个幼儿期记忆产生这种结果的好例子。总的来说，我的梦在感官元素方面远远没有我想象的别人的梦那么丰富。但就我最近几年做得最生动、最美丽的梦来说，我很容易就能将梦境内容的幻觉清晰度追溯到最近或相当近的印象的感官特质。在前文中，我记录了一个梦，梦中海水的深蓝色、烟囱冒出的烟雾的棕色、建筑物的深棕色和日常红色给我留下了深刻的印象。这个梦如果存在，应该是由视觉刺激引起的。那么，是什么使我的视觉器官进入这种刺激状态呢？是一个近期的印象，一个寄存在许多早期印象上的近期印象。在梦中，我首先看到的是一盒积木玩具的颜色。在做梦的前一天，我的孩子们用积木盖了一座漂亮的房子，并向我炫耀。大的积木是同样的暗红色，小的积木是同样的深蓝色和深棕色。这与我上次在意大利旅行时对色彩的印象有关：伊松佐河和潟湖的美丽蓝色及卡尔索①的棕色。梦中的美丽色彩只是对我记忆中所见事物的复现。

　　梦倾向于将其概念内容重铸成感觉意象。我们还没有解释梦境工作的这一特征，没有将其追溯到任何已知的心理学定律，但我们宁愿将它作为暗示未知含义的东西而把它挑出来，并用"退行"这个词来描述它。我们认为：这种退行无论发生在哪里，都是阻碍思想沿着正常路径进入意识的结果，同时也是具有强大感官力量的记忆对思想施

---

① 里雅斯特后面的石灰岩高原。

加吸引力的结果①。在梦境中，白天从感觉器官流入的持续兴奋流停止，可能会进一步促进退行的产生。而在其他形式的退行中，这种辅助因素的缺失必须由更强烈的其他退行动机来弥补。无论在这些有关退行的病理案例中，还是在梦中，能量转移的过程一定不同于发生在正常精神生活中的退行，因为在前一种情况下，能量转移的过程使知觉系统的完全幻觉化成为可能。在对梦境作品的分析中，我们所描述的"可表征性"可能与梦的思想所触及的视觉回忆场景所产生的"选择性吸引力"有关。

此外还需说明的是②，在神经症症状的形成理论中，退行所起的作用不亚于梦的作用。由此，我们要区分三种退行：一是地形学退行（topographical regression），即我们在前文的系统示意图中已解释过的；二是时间退行（temporal regression），即回到过去的精神结构中；三是形式退行（formal regression），即用原始的表现方法代替日常的表现方法。但是，这三种退行在本质上是同一种退行，而且通常是同时发生的。这是因为形式上的"原始"其实就是时间上的"过去"，而在心理地形学上更接近感觉末端（参见弗洛伊德，1917d）。

在结束对梦中退行的讨论之前③，我们有必要提到一个不断冲击我

---

① 1914年加注：关于压抑理论的描述皆指出，思想被压抑是两个因素共同作用的结果。它从一侧（通过意识系统的稽查）被推动的，并以同样的方式从另一侧（通过潜意识系统）被拉出，就像人们被传送到大金字塔的顶端一样。（1919年补充）参见弗洛伊德关于压抑的论文的开头几页（1915 d）。
② 本段增写于1914年。
③ 本段增写于1919年。

们的观念，而且在我们更深入地研究精神神经症时，它还会以相当的强度再次出现在我们的记忆里，即做梦是做梦者回到最初状态的一个例子，是对他童年和童年时的本能冲动及其表现方法的再现。在童年的背后，我们被许诺了一幅系统发育童年的图景——一幅人类发展的图景，而在这幅图景中，个人的发展实际上是受生活偶然性环境影响的一种简略再现。

对此，我们不得不感慨尼采那句断言的重要性。他说，梦中"存在着一种发挥作用的原始人性，我们现在几乎无法直达"。此外，我们可以设想，对梦的解析将帮助我们了解人类的古老文明，了解人类内在的精神特性。梦和神经症似乎保存了比我们想象的更多的精神遗迹，因此在涉及重建人类起源的最早和最模糊时期的科学中，精神分析可以占据很高的地位。

虽然眼下我们关于梦境解析的初步研究结果不那么令人满意，但至少我们已经在黑暗中摸索出了一条路。只要起步是正确的，那么迟早有一天，会有其他研究侧面验证我们的结论，而那时我们一定会感到真正的心满意足。

第三节　欲望满足

本章开头提到的那个小孩被烧的梦给我们提供了一个领悟欲望满足理论所面临的困难的绝佳机会。如果说梦只不过是对欲望的满足，那么我想每个人都会对此感到惊讶，这不仅仅是因为焦虑梦带来的矛盾。当梦的解析首次向我们揭示出隐藏在梦境背后的意义和心理价值时，我们发现这种意义具有高度统一性。由亚里士多德准确而生硬的定义可知，梦是思维在睡眠状态中（只要我们睡着了）的延展。那么，既然我们白天的思维能产生如此种类繁多的精神活动，如判断、推论、否定、期待、意图等，为什么在夜间就必须把自己的思维限制在欲望的产生上呢？相反，不是有许多梦展示了其他不同的精神活动吗？例如，"担忧"转化为梦境。而本章开头提到的那个梦不正是如此吗？当强光照在那位熟睡的父亲的眼睑上时，他推演出了一个令人担忧的结论：可能有根蜡烛掉了下来，烧着了他孩子的尸体。他把这个结论变成了一个梦，并将它装扮成一种现在时的情境。欲望的满足在其中起了多大的作用呢？在这个梦例中，难道我们看不出，从清醒时刻持续而来的思想或者受到新的感官刺激而产生的思想在梦中所起的主导作用吗？其实这些考虑都正确，只是我们必须更进一步地去研究欲望满足在梦中所起的作用，以及持续入梦的清醒时刻的思想究竟具有怎样的意义。

依据欲望的满足，我们已将梦分成两大类。我们发现，有些梦很明显地表露为欲望的满足；有些梦则不易察觉是对欲望的满足，并且常常采用各种可能的方法加以掩饰，这是梦的稽查制度在起作用。我们发现，那些具有不被伪装的欲望的梦大多发生在儿童身上，不过成年人似乎（我要强调这一点）也会做简短而且明确是欲望满足的梦。

那么，梦中要满足的欲望从何而来呢？在发出此疑问时，我们想到了哪些对比的可能性或选择呢？我想这个显著的对比是白天生活中的意识和那只有在晚上才会引起我们注意的潜意识精神活动。对于梦的此种意愿，我想到三个可能来源：①可能在白天就被唤起，但因外部原因而没有被满足，由此将一个已被意识到但还未被处理的欲望留到晚上；②可能在白天已经出现，但被否定了，由此留给夜晚的欲望不是被满足而是被压抑了；③可能与白天的生活毫无关系，这类欲望受到潜抑而只有在夜间才活跃起来。参照前面一节的精神装置示意图，我们能够把这些欲望的起源勾画出来：第一个来源的欲望定位在前意识系统中；第二个来源的欲望从意识系统中被赶到潜意识系统；第三个来源的欲望冲动无法突破潜意识系统。那么，这里又产生了一个新的问题，即这些不同来源的欲望对梦的形成是否同样重要，是否有同样的推动力量？

如果我们回顾脑海中所有已知的梦，那么我们立刻会想到第四个来源，即夜间随时产生的欲望冲动（如口渴或性需要引起的冲动）。因此，梦的思想的起源可能对其推动梦产生的能力并没有影响。此处，那种类似女孩因为在白天被中断了划船游湖而做的梦，以及其他孩子的梦，都可以被解释为是由白天未被满足却没有被潜抑的欲望推动产生的。在白天受到抑制的欲望在晚上入梦的例子不胜枚举。下面以一位非常喜欢开玩笑的女士的梦为例。这位女士的一个朋友，一个比她年轻的女人，刚刚订婚。一整天，这位女士的熟人都在问她是否认识那个年轻女人，以及她对那个女人的丈夫的看法如何。她只说了几句赞美的话，掩盖了她真正的判断。其实，她真想说实话，说他是个

"平庸的人"（Dutzendmensch，字面意思是"十几个人"，即很普通的一类人，像他这样的人一打一打随处可见）。那天晚上，她梦见有人问她同样的问题，她这样回答："在重复订单的情况下，报价数字就足够了。"可以说，所有被改装的梦，其欲望都起源于潜意识，是在白天无法察觉到的。因此，似乎所有的欲望在梦中都具有同等的重要性和推动力量。

在此，我无法证明事实并非如此，但我更倾向于认为梦的思想是被严格确定好的。诚然，儿童的梦无疑证明白天没有实现的欲望可以促成梦的产生。但这毕竟是儿童的欲望，含有一厢情愿的意味。而对于成年人来说，白天没有实现的欲望可能不足以促成梦的产生。随着我们的思想活动对本能生活的逐渐控制，我们越来越倾向于放弃形成或保留儿童类的强烈欲望，认为这是无益的。在这方面可能存在个体差异，有些人比其他人保留儿童类精神过程的时间更长。但总体而言，成年人前一天留下的未被实现的欲望不足以产生梦。诚然，源于意识的一厢情愿的冲动会促进梦的形成，但可能仅此而已。如果前意识的欲望没有成功地从其他地方得到强化，那么这个梦就不会产生。

因此，只有当一个有意识的欲望成功地唤醒了一个潜意识的欲望，并从中得到强化，才能促进梦的产生。从对神经症的精神分析来看，这些潜意识的欲望总是处于警戒状态，随时准备以恰当的表达方式与来自意识的欲望冲动结盟，并将其自身的巨大强度转移到后者的较小强度上①。这样看来，似乎只有意识的欲望在梦中实现了。在梦的结构中，只有一些小的奇特之处可以作为一个指路牌把我们引向潜意识。这些在我们的潜意识中始终保持警觉的欲望可以说是永生的欲望，使我们想起了传说中的泰坦神——从原始时代起，他们就被胜利的神向他们投掷的大山所压垮，他们的四肢不时地抽搐着。但这些被压抑的欲望本身就起源于婴幼儿期，就像我们从对神经症的心理学研究中学到的那样。因此，我提议搁置刚才所做的断言——认为梦的思想的起源是无关紧要的，用如下说法来取而代之：梦中表现出的欲望一定是婴幼儿期欲望。就成年人而言，它起源于潜意识系统；就儿童而言，前意识系统和潜意识系统之间尚未建立划分或稽查制度，或者这种划分是逐渐建立起来的，它是清醒生活中未被实现、未被压抑的欲望。我很清楚这个观点并不能被证明普遍有效，但它可以被证明基本有效，对于毫无防备的案例也适用。由此，我们可以将其视为一个一般性命题。

因此，在梦的形成过程中，意识在清醒时刻保存下来的欲望冲动被降到了次要地位。我认为，作为梦境内容的贡献者，它们除了提供睡眠状态下活跃的感觉材料，没有其他任何作用。现在，我将按照同样的思路来审议清醒状态遗留下来的梦的心理刺激——这些刺激不是欲望。当我们决定入睡时，我们可能会成功地将清醒状态的思维暂时

---

① 它们同其他一切真正的潜意识精神活动，即属于潜意识系统的精神活动一样，具有坚不可摧的性质。这些路径一旦被铺设好，就永远不会被废弃。而且，每当潜意识的兴奋重新引导它们时，它们总是准备好传导兴奋过程。打个比喻，它们只能像《奥德赛》中冥界的鬼魂一样具有毁灭的能力，一尝到血的味道就获得新生。依赖于前意识系统的过程在另一种意义上是易毁坏的。神经症的心理治疗就是基于这种区别进行的。

中断，而能轻松做到这一点的人都是睡眠质量好的人，拿破仑一世似乎就是这类人的典范。但是我们在这方面并不总是成功，或者不总是绝对成功。未解决的问题、折磨人的忧虑、深刻难忘的印象——所有这些都将思想活动带入睡眠，并在前意识系统中维持心理过程。其中，睡眠中持续存在的思想冲动可以分为以下几类：

（1）由于某种偶然的阻碍，白天还没有得出结论的事情；

（2）因我们心智能力有限而不能解决的问题；

（3）在白天受到阻抗或压抑的事情；

（4）由于白天的前意识活动太过强烈而进入潜意识层面的强烈思想；

（5）白天时被认为无关紧要又未被处理的印象。

我们不能低估白天生活的残留物，特别是那些尚未解决的问题引入睡眠状态的精神强度的重要性。当然，这些精神刺激会在夜间继续挣扎着表达出来，而睡眠状态使刺激的兴奋过程不可能在前意识中以习惯性的方式进行，也不可能在意识中终止。在晚上，如果我们的思维过程能够像白天一样进行，那么我们根本就没有睡着。我不能说睡眠状态对前意识系统进行了怎样的更改[1]，但是毫无疑问，睡眠的心理特征本质上是在前意识系统这个特殊系统的变化中寻找的，这个特殊系统也控制着获得运动的力量，而运动在睡眠中是受到抑制的。此外，在梦的心理学中，没有任何东西能让我有理由假设，睡眠除了对潜意

---

[1] 1919 年加注：在一篇题为《梦的理论的元心理学补充》的论文中，弗洛伊德试图更深入地理解睡眠中普遍存在的事物状态和幻觉的决定条件（1917 年 d）。

识系统中事物的状态产生不重要的更改，还会产生其他任何作用。因此，在夜间除了来自潜意识的欲望兴奋，不会有来自前意识的兴奋冲动。前意识的兴奋必须从潜意识系统中得到强化，并且必须伴随着潜意识的兴奋走迂回路径。但是，前一天的前意识残留物与梦有什么关系呢？毫无疑问，它们大量地进入梦境，并且在夜间利用梦境内容甚至渗透到意识中。事实上，它们偶尔会支配梦的内容，并强迫它进行白天的活动。此外，白天的前意识残留物可能像欲望一样以各种特征出现。了解这种联系具有重要的指导意义，而且调查白天的前意识残留物为了入梦必须屈从于什么样的条件，对于欲望满足理论也具有决定性意义。

下面以我的朋友奥托·兰克像患了甲状腺功能亢进的梦为例进行解释。在做梦的前一天，我就曾忧心于奥托·兰克表现出的病态。这种担忧深深地影响着我并延续到了睡梦中。或许因为我急于想知道他出了什么问题，所以当晚这种情绪就在我的梦中表露了出来。这个梦的内容是毫无意义的，也绝不是对欲望的满足。我开始调查白天所产生的这种不恰当的担忧的来源，通过分析，我发现了一个联系，即我把我的朋友看作某个 L 男爵，把我自己看作 R 教授。对于我不得不选择这种特殊的方式来代替白天的思考，只有一种解释，那就是我在我的潜意识系统中已经准备好了。我认同 R 教授，以实现我童年期的一个不朽欲望——狂妄自大的欲望。对我的朋友怀有敌意的丑恶想法在白天肯定会被否定，但它抓住机会随着欲望溜进了梦里。而我白天的担忧也在梦境中以一种替代的方式得到了表达。尽管我在白天的思想并不是一种欲望，而是一种担忧，但因为它联系到了童年时期另一个无意识的、受压抑的欲望，所以它经过恰到好处的伪装在意识中生根发芽，于是我的这个梦就产生了。这种担忧越强烈，两者之间的联系就越深远。欲望的内容和担忧的内容之间没有任何联系，事实上，在我们的例子中也不存在这种联系。

在继续研究同一问题时，这个思路或许有用[1]：通过考虑梦的思想呈现出与欲望满足完全相反的材料（如有理有据的担忧、痛苦的反思、令人痛苦的实现行动）时梦是如何表现的。许多可能的结果可以归为以下两类。A 类梦：梦的工作可以成功地用相反的想法取代所有痛苦的想法，并抑制与之相关的不愉快情绪，其结果将是一个直截了当的满足之梦，一个显而易见的欲望的满足。B 类梦：痛苦的想法可能会以其特有的方式经过或多或少的伪装，使其很难被辨认，从而进入梦的显意。这种情况对梦的欲望理论的有效性提出了质疑，需要进一步的研究。这类含有痛苦内容的梦，人们要么漠然地经历，要么随之产生痛苦的情绪，就像它们的概念所证明的那样，或许它们甚至会导致焦虑的觉醒和发展。

分析能够证明，这些不愉快的梦与其他梦一样，都是欲望的满足。一种受到压抑的潜意识欲望的满足必然使做梦者的自我经历某种痛苦，它正是抓住了前一天痛苦残留物的持续蔓延这一机会，通过支持它们，与它们融为一体，溜进梦中。但是，在 A 类梦中，潜意识的欲望与意识的欲望重合；而在 B 类梦中，潜意识和意识之间（本我和自我之间）的鸿沟被揭示出来，童话故事中仙女答应丈夫和妻子的三个愿望实现

---

[1] 本段和以下两段增写于 1919 年。

了。被压抑的欲望得到满足所带来的满足感如此之大，以至于它可以抵消附着在这一天残留物上的痛苦感觉。在这种情况下，梦的感情基调是无关紧要的，尽管它一方面是欲望的满足，另一方面是恐惧的实现。或者，睡眠中的自我在梦的构建中发挥了更大的作用，它强烈愤怒于受压抑欲望的满足，并以焦虑的爆发来结束梦。因此，与那些直接属于欲望满足的梦相似，那些不愉快的梦和焦虑的梦同样是欲望的满足。

令人不快的梦也可能是惩罚的梦。从某种意义上说，对梦的认识会推动梦的理论的发展。事实上，做梦者在这些梦中得到满足的可能也是一种潜意识欲望，即做梦者可能因为具有某种被抑制的欲望或冲动而产生渴望被惩罚的愿望。因此，促使梦形成的动力必须由潜意识欲望供给。然而，更进一步的心理学分析表明，它们与其他梦的思想是不同的。在 B 类梦的情况下，构建梦的是受到压抑的潜意识欲望；而在惩罚梦中，虽然欲望也是潜意识的，但它是不受压抑的，属于自我的。因此，"惩罚梦"暗示了自我在梦的构建中所发挥的作用可能比预期的要大。如果我们谈论的不是"意识"和"潜意识"之间的对立，而是"自我"和"被压抑"之间的对立，那么梦的形成机制会更加清晰。然而，如果不考虑神经症潜在的进程，就不可能做到这一点。需要补充的是，"惩罚梦"的产生一般不以白天的痛苦残留物为条件，而是以被禁止的令人满意的思想为条件。但是，这些思想在梦中的痕迹是截然相反的，就像属于 A 类梦一样。因此，构建"惩罚梦"的欲望并非来自受压抑（来自潜意识系统）的潜意识，而是对压抑的反抗、服从于自我的惩罚性欲望，尽管同时还是一种潜意识的（也就是说，前意识的）欲望^①。

下面我将讲述我自己的一个梦^②，进一步对梦的工作如何处理白天的痛苦残留物做出特别解释。

开始很模糊。我对妻子说，我有个消息要告诉她，很特别的一个消息。她惊慌失措，不肯听。我向她保证，她会很高兴听到这个消息，并开始告诉她：我们儿子的军官团寄来了一笔钱（5000克朗？）……又提到关于勋章的一些事情……分配……与此同时，我和她一起进了一个像储藏室一样的小房间去找东西。突然，我看见儿子出现了。他没有穿制服，而是穿着紧身的运动服（像海豹一样），戴着一顶小帽子。他爬上搁在橱柜旁边的篮子，好像想把什么东西放在橱柜上。我喊他，但没有得到回应。我好像看见他的脸或前额上缠着绷带。他正在往嘴里塞东西。他的头上满是灰头发。我想："他会累成这样吗？他已经有假牙了吗？"还没来得及再喊一声，我就醒了，没有感到焦虑，只是心跳加速。我床边的闹钟显示的是两点半。

在这里，我无法再次做出一个完整的分析。我只能限制自己就其中几个要点做出解释。这个梦是由前一天的痛苦预期引起的：又一个多星期过去了，而我们还没有收到儿子在前线的消息。不难看出，梦的内容表达出我们确信他已经受伤或牺牲。显然，在梦开始的时候，它正竭尽全力地用相反的想法来取代痛苦的想法。我有一些非常愉快

---

① 1930 年加注：这将是精神分析的后来发现之一——超我的适当参考点。弗洛伊德在《超越快乐原则》（1920 年 g）第 2 章和《精神分析引论新编》（1933 年 a）第 29 讲的最后几页中讨论了"欲望理论"的另类梦（发生在创伤性神经症中的梦）。

② 本段和下面两段于 1919 年作为脚注添加，并于 1930 年纳入正文。

的消息要传达——一些关于汇款的事情……勋章……分配……（这笔钱来自我行医时发生的一件令人愉快的事，用来试图完全转移话题。）但这些努力都失败了。我妻子怀疑有什么可怕的事情发生，因此拒绝听我说。这些伪装太过单薄，以至于其试图压抑的东西随处可见。如果我的儿子牺牲了，他的战友们会把他的东西送回来，而我必须把他留下的东西分给他的兄弟姐妹和其他人。"勋章"通常授予在战斗中牺牲的军官。因此，梦的开始直接表达了它最初试图压抑的东西，尽管欲望满足的倾向仍然在扭曲中进行着。（梦中的地点变化无疑可以理解为西尔伯勒所描述的门槛象征。）我们的确无法解释是什么驱动这个梦来表达我的痛苦想法。我的儿子看起来不像一个正在"跌落"的人，而是一个正在"攀登"的人。事实上，他曾热衷于登山。他没有穿制服，而是穿着运动服，这就意味着，我现在所担心的事故发生地点已经被早期发生的一场严重事故占据了；这场事故是他在一次滑雪探险中摔了一跤，摔断了大腿。此外，他的穿着使他看起来像一只海豹，这立刻使人想起一个比他年轻的人——我们有趣的小外孙，而灰头发让我想起了在战争中遭受重创的他的父亲——我们的女婿。这意味着什么？我已经说得够多了。梦的位置是在一个储藏室里，以及出现了他想要拿东西的橱柜（在梦里，他想放东西），这些暗示使我想起了我在两三岁时发生的一次意外。我爬上储藏室里的凳子，去拿放在橱柜或桌子上的好吃的东西。结果凳子倒了，它的一角伤到了我的下颚后面，很可能我的牙齿都被打掉了。回忆伴随着一个警告的念头：你活该。这似乎是一种针对勇士的敌意冲动。通过进一步分析，我发现了隐藏的冲动是什么,以及这种冲动可能会让我在儿子的可怕事故中得到满足:这是那些已经年老的人对年轻人的嫉妒,但他们认为自己早已心服口服了。毫无疑问,如果这种不幸真的发生了,就会产生痛苦情绪,而这种情绪力量会导致这种情绪通过寻求受压抑的欲望的满足来获得一些安慰[1]。

现在,我能够准确说明潜意识的欲望在梦中所起的作用了。不得不承认,有一类梦主要或完全是由白天生活的残留物激发产生的。我想,如果不是白天一直为朋友的健康担心,即使我有着最终成为一位非凡的教授的愿望,我也可以整夜安然入睡。但仅凭忧虑是无法产生梦的,梦的产生所需的动力必须由欲望提供,而忧虑只有抓住一种欲望,才能成为梦产生的动力。

这种情况可以用一个类比来解释。对梦来说,白天的思想可以很好地扮演企业家的角色,企业家虽然有想法和实现想法的主动性,但没有资本就什么也做不到。那么,他需要一个能够负担得起这笔支出的资本家,而能为这个想法提供精神支出的资本家,无论白天的想法是什么,毫无争议它总是来自潜意识的欲望[2]。

有时,资本家本身就是企业家。就梦而言,这是更常见的情况:一个潜意识的欲望被白天的活动激发,进而构建出梦。而我所类比的经营状况中的其他可能变化在梦境中也有相似之处。企业家自身可以

---

[1] 弗洛伊德在《梦与心灵感应》(1922 年 a) 的开头,简要地讨论了这种梦可能存在的心灵感应。

[2] 弗洛伊德在对朵拉第一个梦的分析(1905 年 e,第二部分)的结尾完整地引用了最后两段,他评论说,这完全证实了它们的正确性。

贡献一些资金；几个企业家可以向同一个资本家申请资金；几个资本家可以联合起来为企业家提供必要的资金。同理，我们也会遇到由不止一个梦的欲望支撑的梦；其他类似的变化也是如此，这些变化很容易进行，但我们对此兴趣不大。关于梦的欲望，我们留待以后讨论。

在我刚才使用的类比中，第三者标准（比较的第三个要素）——企业家可支配的适当资金量[1]，可以用于更详细地阐明梦的结构。在大多数梦中，可以检测到一个以特殊感官强度为标志的中心点。这个中心点通常是欲望满足的直接表达，因为如果我们消除梦境工作带来的置换，我们会发现梦境思想中元素的精神强度已经被真实梦境中元素的感官强度所取代了。与欲望满足相关的因素往往与欲望的意义无关，而与欲望背道而驰的痛苦思想的衍生物有关。但由于它们经常处于与中心元素建立的联系中，便达到了足够的强度，能够在梦中被表现出来。因此，欲望实现带来表征力量分散在围绕它的某个领域，在这个领域内，所有的元素，甚至包括那些不能自力更生的元素，都获得了表征的能力。在由几个欲望驱动产生梦的情况下，很容易划定不同欲望实现的领域，而梦中的间隙通常可以理解为这些领域之间的边界区域[2]。

虽然上述考虑削弱了白日残留物在梦境中所起的作用，但我们还是需要进一步研究它们。它们一定是形成梦的基本要素，因为经验告

---

① 在类比的是资金量，在梦的概念中是精神能量。

② 在弗洛伊德（1913 年 a）的一篇短文中，我们可以非常清楚地看到白天的残留物在梦的构建中所起的作用。

诉我们：在每个梦的内容中，都能察觉到一些与白天新印象的联系，而这些印象往往是最微不足道的。尽管梦的内容与最近的生活琐事有关，但关于这些事对梦的形成的必要性，我们至今还无法解释。只有当我们牢牢记住潜意识的欲望所起的作用，然后从神经症心理学中寻求依据，才有可能做到这一点。而根据神经症心理学的观点，潜意识观念本身无法进入前意识，它只能借由与已经进入前意识的观念发生关系并把自身的强度转移到这一观念之上伪装自己，才能对前意识有所影响。这里引入"移情"的事实①，它为神经症患者精神生活中的许多惊人现象提供了解释。前意识观念因潜意识观念而获得了一种不应有的精神强度，它可能不会被移情改变，也可能被影响移情的思想内容强行修改。打个比方，这种被压抑的观念的处境就如同在奥地利营业的美国牙医一样：他要么能找到一位可以在法律上为他担保的医生，要么就选择不在这里营业。而最适合与这种牙医结盟的，恰恰不是那些业务最繁忙的医生。同样地，那些已经吸引了足够注意力的前意识想法或意识想法绝不是受压抑想法的最佳掩体，潜意识更喜欢与被漠视或不受注意的观念和想法相联系，它们或许因微不足道而一直未受重视，或许被否定了而不再受注意或重视。自由联想理论中有这么一

---

① 在弗洛伊德后期的作品中，他经常使用同样的词"移情"来描述一种稍微不同但并非无关的心理过程。他首先发现这个现象发生在精神分析治疗过程中，即将最初应用于婴幼儿对象的感觉转移到当前对象的过程中，并且仍然在潜意识中将其应用于婴幼儿对象。（见弗洛伊德，1905 年 e，第四节；弗洛伊德，1915 年 a。）这个词也以另一种意义出现在本卷中，并且已经被弗洛伊德在《癔症研究》第 4 章的最后几页这样使用过（布洛伊尔和弗洛伊德，1895 年）。

条众所周知的条款：如果一个观念在某方面已建立了紧密关联，那么它就倾向于排斥其他一切关联。我曾经试图在这个命题的基础上建立癔症性麻痹的理论①。

如果我们假定在分析神经症时发现的移情在表达思想时起到的作用在梦的工作中同样重要，那么关于梦的两大难题一下子都得到了解决：一是对梦的每一次分析都有一些最近生成的印象被纳入梦的结构中；二是这些新近的印象往往都过于琐碎。这些新近的、无关紧要的元素之所以如此频繁地进入梦中，取代最古老的梦的思想，是因为它们不害怕阻抗所施加的稽查。尽管不受稽查制度影响这一事实解释了琐碎元素被优先考虑的原因，但新近元素如此有规律地出现，则表明移情需求的存在。这两组印象都满足了被压抑的观念对尚未形成联想的材料的需求：一是无关紧要的印象，它们没有机会形成各种联系；二是最近的印象，它们还没有时间形成联系。

由此我们注意到，那些我们可能不在乎的白天残留的思想在成功影响到梦的形成后，不但从潜意识中借用能量，即受压抑的欲望所控制的本能驱力，还为潜意识提供发挥作用所必需的东西，即移情作用所必需的依恋点。如果我们想在这一点更深入地渗透精神的过程，我们应该对前意识和潜意识之间兴奋的相互作用有更多的了解，这是神经症研究能够解决的主题，但梦无法提供帮助。

需要补充的是，白天的残留物（而不是梦）才是睡眠的真正干扰者；相反，梦的作用是保护睡眠。这一点，我稍后再议。

---

① 参见弗洛伊德的第四章，1893 年 c。

到目前为止，我们的研究都是围绕梦的欲望展开的，我们已经追溯到它们起源于潜意识系统，并分析了它们与白天残留物（可能是欲望、某种心理冲动或最近的印象）的关系。如此，我们便为提出各种清醒时刻的思想活动对梦的形成的重要性主张预留了空间。当然，不能排除一些极端的情况，如在梦中继续着白天的活动，使现实生活中一些未解决的问题得到很好的解决[①]。我们所需要的正是这种梦例，这样我们就可以分析它，追踪梦中的婴幼儿期或被压抑的欲望的来源。然而，我们仍有这样一个难题尚未解决：在睡眠状态下，为什么潜意识除提供实现欲望的动力外，没有其他意义？要想回答这个问题，我们有必要对欲望的精神实质加以研究。我建议参照我们关于精神装置的示意图予以解答。

精神装置经历长期的发展过程才达到今天这种程度。让我们回头设想一下其机能发展的某个早期阶段。在其他领域已被证实的假设告诉我们，人类精神装置的出现最初是为了尽可能保护自己免受刺激[②]。因此，它的原始形式是遵循反射规律制造的，这使所有作用于它的感觉刺激都可以快速地经过神经末端被释放。然而在实际发展过程中，这个机能却受到了各种环境变化的干扰：生活环境的第一变化对它提

---

① 在《自我与本我》（弗洛伊德，1923 年 b）第二节末尾的脚注中提到了这样一个例子。

② 这就是所谓的恒常性原则，在《超越快乐原则》（1920 年 g）的开头几页中讨论过。但在弗洛伊德早期的一些心理学著作中，这已经是一个基本的假设，例如在他逝世后出版的 1892 年 6 月 29 日给约瑟夫·布洛伊尔的信中（弗洛伊德，1941 年 a）。本段的全部要点已经在他 1895 年秋撰写的《科学心理学计划》（弗洛伊德，1950 年 a）第一部分的第 1、2、11 和 16 节中予以说明，参见编者导言。

出的要求就是躯体需要，例如饥饿的婴儿会无助地尖叫或踢腿，但因为内部需要产生的兴奋是持续作用的，只有在得到"满足体验"后，情况才会改变，刺激才可以终止，所以建立一种特殊的知觉系统（本例中是对营养的感知）就成了这类体验满足的核心成分。这种知觉的记忆意象便和需要所产生的兴奋记忆间保持着联系。

由此产生的结果就是，在下次此种需要产生时，人体会立即出现一种精神冲动，以对知觉的记忆意象进行再关注，重新唤起知觉本身，也就是说，对曾经的满足场景进行重建。此种冲动就是"欲望"，而知觉的再现就是欲望的满足。欲望的满足最便捷的途径就是从需要引起的兴奋直接导向对知觉彻彻底底的精神贯注。我们完全可以假设，在精神装置状态下，欲望以幻觉告终。因此，这种最初的精神活动的目标就是产生一种"知觉同一性"①，一种与需求满足相关的知觉的再现。

生活的痛苦经历必定将这种原发性思维活动转变为更有利的继发性思维活动。在精神装置内沿着退行的短暂路径建立的知觉同一性，在思维的其他地方不会产生与外部知觉相同的结果。满足感不会随之而来，这种需求依然存在。只有不断地坚持，内部思想才能与外部思想具有同样的价值。正如在幻觉型精神病和饥饿幻想中发生的那样，它们为守住欲望对象耗尽了全部精神活动。为了更有效地消耗精神力量，有必要在退行完成之前就停止，使它不超出记忆意象，并能够通过其他方式，最终从外部世界的方向建立起满足欲望的知觉同一性②。

———————————————————
① 即在感知上与"满足体验"相同的东西。
② 1919年加注：换句话说，很明显，必须要有一种"现实测试"的手段（即测试事物以确定它们是否真实）。

这种对退行作用的约束和随之产生的兴奋转向构成了第二个系统的任务，即掌控随意运动，并利用运动来达到事先回忆的目的。不过，一切复杂的思想活动，从记忆意象到外部世界建立的知觉同一性，只形成了一条由经验构建的迂回的欲望满足之路①。思想终究不过是幻觉性欲望的替代品。不言而喻，梦一定是欲望的满足，因为只有欲望才能使我们的精神装置运转起来。那些在退行的短暂路径上满足了欲望的梦只是为我们保留了一个精神装置主要工作方法的样本，事实上这种方法因为效率低下已经被舍弃了。在我们还很幼稚无能的时候，曾经支配着我们清醒生活的方法如今似乎已经被放逐到黑夜里，就像被成年人遗弃的弓箭等原始武器却再次出现在育儿室里一样。梦便是已经被取代的儿童时期精神活动的片段。精神装置的这些工作方法在清醒生活中通常受到压抑，但在精神病患者中变得很流行，这表明它们不能满足我们对外部世界关系的需求②。

潜意识的欲望冲动显然也想在白天发挥作用，而移情现象和精神病都表明，它们努力通过前意识系统强行进入意识，并获得对运动的控制力。因此，我们可以将潜意识与前意识之间的自我稽查作用看作我们精神健康的守护者，而梦则证实了自我稽查作用的存在。然而，是不是由于自我稽查作用这个守护者在夜里松懈了，才导致被压抑的

① 勒·洛兰恰如其分地称赞了梦满足欲望的活动，他称它"不会产生严重的疲劳，也不会被迫从事长期而顽固的斗争，而这种斗争会消磨和破坏所追求的乐趣"。

② 1914 年加注：弗洛伊德在其他地方的一篇关于心理功能的两个原则——快乐原则和现实原则的论文（1911 年 b）中进一步贯彻了这一思路，正如他提议的那样。（事实上，这一论点在下文得到了进一步论述。）

潜意识冲动进入意识，并使幻觉性退行再次出现呢？我的答案是否定的。因为即使这个挑剔的守护者睡着了，它也不会睡得很沉，仍然能够关上运动装置的大门。不管受到压制的潜意识闯进意识的冲动是什么，我们都无须担心，因为它们是无害的，不能启动运动装置，而只能通过运动装置来改变外部世界。睡眠状态保证了必须守卫的城堡的安全。但当引发力量转移的不是自我稽查作用在夜间的放松，而是这种力量的病态弱化或潜意识兴奋的病态强化时，它们就不那么无害了，而此时前意识仍然被净化，通往运动力量的大门仍然敞开着。当这种情况发生时，守护者被压制，潜意识的兴奋压制着前意识，从而控制我们的言行；或者，它们通过知觉对我们精神能量分配的吸引力强行导致幻觉退行的出现，并主导精神装置的运行（精神装置并不是为其设计的）。对于这种状态，我们称为精神病。

接下来，我们可以把介绍潜意识和前意识系统时中断的心理学骨架重新搭建起来。但是，我们有理由继续把欲望看成构建梦的唯一精神动力。我们已经接受了这种观点，即梦之所以总是欲望的满足，是因为梦是潜意识系统的产物，而潜意识活动的唯一目标便是满足欲望，其唯一需要的力量便是欲望冲动。如果我们坚持把这种影响深远的心理学推论建立在对梦的解析之上，那么我们就能把梦放入一个包括其他精神结构在内的关系中。如果这种类似于潜意识系统的事物真的存在（或者为了我们的讨论目的，而与之类似），那么梦也不可能是它唯一的表现形式；虽然每个梦都可能是欲望的满足，但除了梦，一定还有其他形式的病理性欲望的满足。事实上，所有跟神经症状相关的理论都归结于一个单一的命题，即它们也应被视为潜意识欲望的满足①。在我们的解释中，梦只是对精神病学专家意义重大的一类事物中的首要元素，而对梦的解析意味着精神病学纯心理学领域的问题得到解决②。

但是，这种病理性欲望的满足，例如癔症症状，还有一个基本特征是梦不具备的。根据以往研究可知，癔症症状的形成需要两种思想潮流的汇合。一种症状除了是已经满足的潜意识欲望的表达，还必然在前意识中展现出同一种症状要满足的欲望，因此该症状至少有两个决定因素，它们来自两个相互矛盾的系统。就像做梦的情况一样，对于更多决定因素的出现，也就是可能存在的多重确定症状是不予限制的③。据我所知，不是由潜意识系统产生的决定因素总是表现出对潜意识欲望的对抗，例如自我惩罚。因此，我可以得出一个相当笼统的结论：只有在两个相互对立的欲望（分别来自不同的精神系统）得到满足的地方，癔症症状才会出现。（在这方面，请对照我在癔症性幻想及其与双性恋的关系的论文中关于癔症症状起源的最新表述。）④ 举例在此作用甚微，因为只有详尽地阐明所涉及的复杂情况，才能使人信服。在此，我只是为了阐明观点而引用一个例子，而不是为了使人信服。我有一位患有癔症性呕吐的女患者，她的这种病症的产生其实是

① 1914年加注：或者更准确地说，症状的一部分对应于潜意识的欲望满足，另一部分对应于对欲望做出反应的精神结构。

② 1914年加注：正如休林斯·杰克逊所说：弄清楚所有关于梦的事情，你就会弄清楚所有关于精神病的事情。[引自欧内斯特·琼斯（1911年），他从休林斯·杰克逊那里掌握了第一手信息。]

③ 参见《癔症研究》，1895年，第4章第1节，观察3。

④ 这句话增写于1909年。

为了满足她从青春期开始的一个潜意识欲望，即连续怀孕、生很多孩子的愿望。为此，她产生了放纵自己发生亲密关系的欲望，由此出现了一种抵触这种放纵欲望的强烈的防御冲动。而且，由于女患者可能会因为呕吐而失去美丽的身材和相貌，那么她可能就不再有吸引力，此时这种症状就被惩罚性思想接受了。既然得到了两方的认可，该症状就产生了。这和帕提亚女王对待罗马三位执政者之一——克拉苏的方式是一样的。她认为他的远征是出于对黄金的喜爱，于是命人在他死后将熔化的黄金灌进他的喉咙，并说："现在，你终于得偿所愿了。"但到目前为止，我们对梦的全部了解只是梦展现的是潜意识欲望的满足。一般来说，也不可能在梦中找到与梦的欲望相反的思想。只有在梦的解析中，我们才会不时地发现反向构成的迹象。例如，在我叔叔（长着黄胡子）的梦中，我对我的朋友 R 的友情。不过，我们可以从其他地方找到前意识中缺失的成分。而潜意识的欲望在经历了种种伪装之后能够在梦中表现出来，由此发挥主导作用的系统退回睡眠的欲望，通过对精神装置精力贯注的改变来满足这个欲望，并让这个欲望贯穿整个睡眠[①]。

这种前意识对睡眠的坚定欲望通常有助于梦的形成。以本章开头提到的那个梦为例，一位父亲通过隔壁房间发出的强光推断出他孩子的身体可能被烧着了，但这位父亲没有被火光惊醒，而是在梦中做出了这样的推断。我们因此判断，造成这一结果的精神力量之一是一个

---

① 弗洛伊德从李厄保（Liébeault，1889 年）提出的睡眠理论中借用了这一观点，现代催眠研究的复兴应归功于他。

欲望，一个能将儿子的生命延长片刻的欲望。此外，我们认为父亲的睡眠需求是产生这个梦的另一个动力。他的睡眠就像孩子的生命一样，因为梦而延长了片刻。他的动机是"继续做梦吧，否则我就得醒了"。类似地，其余所有的梦也都是想睡觉的欲望支持着潜意识的欲望。在前文中，我描述了一些表面看来方便的梦，但事实上，所有的梦都有相同的描述权。想要继续睡觉的欲望在惊醒的梦中最容易看到，这种梦改变了外部感觉刺激，将其纳入梦中，并使其无法再借助外部世界提醒做梦者，由此实现了与继续睡眠相适应。但在其他梦中，这种欲望也可能起着相同的作用，尽管在某些情况下，它来源于内部，并可能惊醒做梦者。在某些梦中，前意识会在情况变糟时对意识说："没关系！继续睡吧！这只是一个梦而已！"尽管这不能算作公开表达，却大致描述了占主导地位的精神活动对梦的态度。因此，我只能得出这样的结论：在整个睡眠状态中，我们必然知道自己在做梦，就像我们知道自己在睡觉一样。我们不应过于关注相反的观点，即我们的意识从来没有对后一种知识产生过认知，即从来不知道自己在睡觉；而且只有在某些特殊场合，当稽查制度感到它似乎失去了警惕性时，我们的意识才会对前一种知识产生认知，即才知道自己在做梦。

另外①，有些人在夜间很清楚地意识到他们在睡觉和做梦，因此他们似乎能够有意识地对梦加以引导。例如，如果这类做梦者对梦的方向不满意，他可以在不醒来的情况下中断它，然后从另一个方向使它重新开始——就像一个受欢迎的戏剧作家迫于舆论压力而给他的戏剧

① 本段增写于 1909 年。

改写一个更幸福的结局一样。或者，如果他的梦使他进入了性兴奋的状态，他可以对自己说："我不想再继续做这个梦了，以免消耗精力。我会把它保留到真实情境中。"

瓦斯基德（1911 年，第 139 页）证明了德埃尔韦·圣德民侯爵（1867 年，第 268 页以下）[1]发表的一个结论：他已经能够随意加快梦的进程，随意选择梦的方向了。在这种情况下，睡眠的欲望已经让位于另一个潜意识的欲望，即观察他的梦并享受它们。睡眠与这种欲望是相容的，如果某些特定的条件得到满足（例如，在哺乳的母亲或乳母在的情况下），睡眠的人在心理上就会不愿醒来。此外，一个我们熟悉的事实是，任何对梦感兴趣的人在醒来后都能记住相当多的梦中的内容。

在讨论其他一些关于梦的指导的观察结果时，费伦齐（1911 年）评论道："梦从各个角度考察人做梦时占据其大脑的思想；舍弃那些威胁到欲望满足的梦的意象，并尝试寻找新的解决方案，最终通过妥协成功地促成一个满足心灵两种动因的欲望实现。"[2]

第四节　梦中惊醒——梦的功能——焦虑梦

我们已经知道前意识整晚都在关注睡眠的欲望，因此我们能够进一步理解梦境过程。首先，让我们大致总结一下我们所了解的部分。

---

① 本段增写于 1914 年。
② 本段于 1914 年加注，并于 1930 年纳入正文。

做梦的情况是这样的。它或者是前一天清醒生活的残留物仍然持续着，并且仍然保持对其所含的精神贯注；或者是白天的清醒生活激起了潜意识中的某个欲望；还可能是这两种事件偶然联合起来。（我们已经讨论了这方面的各种可能性。）潜意识的欲望与白天的残留物联系起来，并且发生移情作用，这也许在白天就已经发生了，也可能要在睡眠中才发生。现在产生的欲望已经转移到最新材料中，或者一个受到压抑的欲望借助潜意识的强化而获得新生。然后，这个欲望沿着正常的思维路径，通过前意识（事实上，它部分属于意识）努力地冲向意识。然而在路上，它遇到了一直处于警戒状态的稽查制度，并且被其影响。此时，它已选择了伪装，而这种伪装已因欲望对最新材料的移情作用而自成一体。至此，它行走在成为一种强迫性观念，或妄想，或与之类似的东西的道路上——转变成一种因移情作用而被强化，并且因为自我稽查作用而做了伪装的思想。但是，它的继续前行受到前意识的睡眠状态的影响（可能这个系统借着减少兴奋来护卫自己免受侵害）。于是，梦境过程进入退行之路。正是由于睡眠状态的独特性，这条路畅通无阻，同时各类记忆吸引着它并指导它前进。而某些记忆仅以视觉贯注的形式存在，还未被转译成后续系统的特有字眼。正是在退行之路上，梦境进程才获得了表现力的属性（下文会讨论压缩问题）。至此，梦已经完成其迂回之旅的第二部分。梦境进程的第一部分是前进的，直接由潜意识意象或幻想进入前意识；而第二部分则由稽查制度的前线退回知觉。但是，当梦境内容变为知觉内容后，它就冲破了由稽查制度与睡眠状态在前意识中设置的障碍，顺利地将注意力转向自己，并且被意识注意到。

　　被我们用来理解精神性质的感觉器官——意识，在清醒生活中能够接受两个方面的兴奋：一是来自整个精神装置边缘部分的兴奋，即知觉系统的兴奋；二是愉快与不愉快的兴奋，这种兴奋几乎是精神装置内部能量转换唯一具有的精神性质。ψ系统中包括前意识在内的其他所有过程，都不具有任何精神性质，因此不能成为意识的对象，除非它们能将愉快或不愉快引入知觉。由此，我们只能得出这样的结论：这些愉快和不愉快的释放自动调节整个精力贯注过程。但是，为了推动更精细的调节工作，思想的进程必须使自己免受不愉快的影响。为此，前意识系统需要具有一些能够吸引意识的特性，而这很可能是借着前意识过程与语言符号的记忆系统（该系统也具备精神性质）的联系得来的。由此，通过借助系统的精神性质，原本只是知觉感官的意识，现在变成了思维过程的一部分感官。如此，意识就有了两个感觉面，它们分别指向知觉系统和前意识过程。

　　我必须这样假设，相较于意识指向知觉系统的感觉面，睡眠状态使其指向前意识的感觉面更不容易受到刺激。此外，夜间放弃对思维过程的兴趣具有另一个目的：前意识对睡眠的需求导致思维停滞不前。然而，一旦梦成为一种知觉，它就能通过新获得的特性来刺激意识。这种感官兴奋继续发挥它的主要功能：引导前意识内部分可用的精神贯注去注意兴奋产生的原因。因此，我们必须承认，所有梦都具有唤醒功能，能够调动起前意识的部分静止力量。然后，在这种力量的影响下，梦接受了我们所谓的润饰作用的影响，以维持其连续性和可理解性。也就是说，此力量赋予梦和其他知觉内容相同的待遇，只要主题允许，梦也会遇到同样的预期观念。至此，如果梦境进程的第三部分具有了方向性，则表示它再次前进了。

我认为，应解释一下这些梦境进程的时间顺序，以避免误解。戈布洛特（1896 年，第 289 页以下）无疑是受到莫里断头台梦的启发而作出了一个非常有吸引力的推断，即梦所占据的只不过是从睡眠到清醒的过渡期。清醒需要一定的时间，而就在这段时间里，梦产生了。我们设想，梦境形象非常强大，迫使我们醒来。但其实是因为我们已经快要醒了，所以才会感到梦境形象非常强大。"梦是觉醒的开始。"

杜加斯（1879 年 b）已经指出，戈布洛特忽略了许多事实，以证明自己论点的普遍适用性。当梦发生时，我们并没有醒来。例如，在有些梦中，我们会发现自己在做梦。凭借我们对梦境工作的了解，我们不认为它只在觉醒时期发生。相反，在前意识的控制下，梦境工作的第一部分似乎在白天就已经开始了。而它的第二部分——包括自我稽查作用的润饰、潜意识场景产生的吸引力以及为了靠近知觉所付出的努力，整夜都在进行。如此，当我们说自己整夜都在做梦，但无法说清梦的内容时，这种感觉也许总是正确的。

我认为，没有必要假设梦境进程在到达意识之前要维持我提及的时间顺序，即先出现的是转移的梦的思想，之后是自我稽查作用的伪装，再之后是方向变为退行，等等。这种顺序不过是出于描述的需要，事实上以上情况无疑是同时发生的，兴奋方向左右摇摆，最终在一个最合适的方向上积累，成为一个永久的特殊组合。根据我的一些经验，梦境工作往往需要超过一天一夜的时间才能达成它的结果。如果真如此，我们就不必因梦构建的绝妙而感到惊奇不已了。我认为，即使要求梦变成一种能被理解的知觉事件，也可能在梦吸引意识的注意之前就已经付诸实践了。然而，从那时起，梦的构建进程就加速了，因为跟其余任何能被感知的事物一样，梦在这方面得到同等的待遇，这就像放烟花一样，准备需要很长时间，烟花燃尽却只在一瞬间。

到目前为止，梦的进程或者通过梦境工作已经获得了足够的强度来吸引意识的注意，并且将前意识唤醒，而不考虑睡眠的时间和深度；或者它的强度还不足以达到这一点，它仍保持一种时刻准备着的状态，直到醒来之前，随着注意力变得活跃而受到关注。大多数梦似乎是在相对较低的精神强度下运作的，因为它们大多要等到醒来的那一刻。但这也解释了这样一个事实：如果我们突然从深度睡眠中被叫醒，我们通常会感知到我们所做的梦。在这种情况下，就像我们自己醒来时一样，我们看到的首先是由梦境工作构建的知觉内容，然后才是我们察觉到的外部世界提供的知觉内容。

然而，更具理论价值的是那些能把我们从睡眠中唤醒的梦。考虑到权宜之计是无处不在的规则，我们也许会问，为什么一个梦，即一种潜意识的欲望，会被赋予干扰睡眠的力量，即会干扰前意识欲望的满足？毫无疑问，答案存在于我们仍不知晓的能量关系上。如果我们具备相关知识，那么可能会发现，若我们夜间也像白天那样严格控制潜意识，那么与之相比，让梦自主行动或对梦施加一定的注意力，就是在节约能量。经验表明，即使梦会使睡眠中断数次，梦和睡眠也是相容的。在一瞬间醒来，然后又马上入睡，是一种特定的觉醒状态，就像在睡眠中赶走一只苍蝇一样。如果能再度入睡，则说明这种干扰已经消失了。一如哺乳的母亲或乳母的睡眠中展现的那样，睡眠欲望的满足可以与在某个特定方向保持一定的注意力相协调。

不过，有人在这一点上持反对意见，这种意见建立在对潜意识过程的更好认识的基础上。我自己曾经断言，潜意识的欲望总是活跃的。尽管如此，它们在白天还没有强大到让人察觉。然而，如果睡眠状态仍然持续着，同时潜意识的欲望已经具有足够形成梦的强大力量，并以此唤醒前意识，那么为什么这种力量在梦被感知后就会失效呢？难道梦不会像那令人讨厌的苍蝇被赶走后还不断飞回来一样，不断重复出现吗？我们有什么权利断言梦排除了睡眠受到的干扰呢？

毫无疑问，潜意识的欲望总是活跃的。只要有一定的兴奋对其加以利用，梦的路径就能畅通无阻。的确，这种坚不可摧的性质就是潜意识过程的一个显著特征。潜意识中，没有终点、过去或者遗忘。这一点，在研究神经症特别是癔症时更为突出。当足够的兴奋积累起来时，潜意识的思维路径便会引起癔症发作。30 年前的屈辱经历，一旦抵达潜意识的情绪源头，就跟最新发生的感受一样。它的记忆一旦被触动，就会再次活跃起来，并在兴奋的精力贯注导致的发作释放中表现出来。这正是精神治疗必须介入的地方，它的任务是使潜意识过程得到处理，并最终被遗忘。对于记忆的褪色和不再是最新的印象在情感上的弱化，我们倾向于认为这是理所应当的，并将其解释为时间对精神记忆痕迹施加作用的结果，但事实上，这是辛勤劳作所带来的二次更改。执行这项工作的是前意识，而精神治疗别无他法，只能让前意识去管辖潜意识。

因此，任何特定的潜意识兴奋过程都有两种可能结果：一种是潜意识兴奋过程任其发展，最终在某一点上强行突破自我，将其兴奋释放到运动中；另一种是受到前意识的影响，兴奋被前意识约束，而没有被释放出来。第二种可能结果发生在做梦的过程中。在意识的兴奋引导下，来自前意识的精力贯注会变成知觉，之后在中途与梦会合，并束缚梦的潜意识兴奋，使其无法再进行干扰活动。如果做梦者真的清醒了一会儿，便能将干扰他睡眠的苍蝇赶走。此时，我们就会发现这是一个比较便捷、经济的方法，即让潜意识欲望自由发展，借助退行作用形成梦，然后利用前意识的力量对梦加以束缚，而不必在整个睡眠过程中一直严格掌控潜意识。

可以预料，尽管做梦最初可能是个没有特殊意义的过程，但在各种精神力量的相互作用中，它确实获得了一些功能。现在，我们已经知道这些功能是什么了，即将潜意识中从来不受束缚的兴奋置于前意识的管辖下；在这个过程中，释放了潜意识的兴奋，如同一个安全阀，只用少量的清醒活动维持前意识睡眠。因此，就像它所属的一系列精神结构中的所有其他精神结构一样，它造就了一种妥协，同时服务于这两种系统，使它们相容，以满足这两种欲望。这时，我们再回过头来看罗伯特（1886 年）提出的梦的"排泄理论"，只需一瞥，就能确定他有关梦的功能的解释从本质上来讲是正确的，虽然我们跟他在梦的产生前提和过程方面的观念有所不同①。

　　"两个系统的欲望相容"的限定，暗示了梦的功能有时也会失效。做梦的初衷是实现潜意识的欲望。不过，如果这个想要被满足的欲望对前意识造成了强烈的冲击，导致睡眠无法继续，这种和谐关系就会被梦打破，而不能继续后面的工作。此时，梦会立刻中断，并被一种完全清醒的状态取代。在这种情况下，如果梦是以睡眠干扰者的角色出现，而不是以正常的睡眠保护者的角色出现，这真的不是梦的过错。这一事实不能使我们对它的意义产生偏见。像那些原本有用的手段，因为条件的变化而失去效果，并变得碍手碍脚的例子很常见。而这种干扰至少有一个新的目的，那就是引起人们对这种改变的注意，并借助机体的调节机制进行应对。在此，我所想到的当然是焦虑梦的情况。

---

① 1914年加注：这是我所不知道的唯一可以赋予梦的功能吗？的确，梅德尔（1912年）曾试图证明梦还有其他次要的功能。他从一个正确的观察角度出发，即有些梦包含着解决冲突的尝试，这些尝试后来在现实中实现了，因此表现得就像清醒时行动的试练。因此，他将梦与动物和儿童的玩耍相提并论，后者可被视为天生本能运作的实践，为以后的重要活动做准备，他还提出梦具有"游戏功能"的假设。在梅德尔之前不久，阿尔弗雷德·阿德勒（1911年，第215页）也坚持认为梦具有超前思考的功能。在我1905年发表的一篇分析文章《少女杜拉的故事》的第2部分（1905 e）中，一个只能被视为一种表达意图的梦会每晚不断重复出现，直到意图被实现为止。（参见前文。）然而，我们只需稍加思考就会相信，梦的这个次要功能不能被认为梦解释主题的一部分。超前思考，形成意图，制定可能在以后的现实生活中实现的尝试解决方案，所有这些，以及许多其他类似的事情，都是潜意识和前意识活动的产物；它们可能会作为白天精神生活的残留物持续处于睡眠状态，并与潜意识欲望结合起来形成一个梦。因此，梦的超前思考的功能其实是清醒前意识的功能，其产物可以通过对梦或其他现象的分析予以揭示。长期以来，人们习惯将梦与梦的显性内容等同起来；但是，我们现在必须小心，不要把梦和潜在的梦的思想混为一谈。[弗洛伊德在《梦与心灵感应》（1922 a）中关于第一种情况的讨论的最后一段。]

为了避免别人误会我在有意回避与欲望满足理论相悖的证据，只要稍微碰到，我都将对它们的解释给出一些暗示。

产生焦虑的精神过程也可以是欲望的满足，在我们看来这并不矛盾。我们知道这个主张可以这样解释：欲望属于潜意识系统，却受到前意识系统的否定和压制[①]。压抑的程度表明了我们的精神正常程度，即使心理健康状况很好，我们的前意识也无法将潜意识彻底压制。神经症症状表明，这两个系统是相互冲突的，而症状是使冲突暂时结束的妥协的产物。它们一方面为潜意识释放兴奋提供了一个出口；另一方面又让前意识在某种程度上掌控着潜意识。对此，我们可以用癔症性恐惧症或广场恐惧症的病因进行分析。假设有个神经症患者不能独自过马路——对于这种情况，我们当然可以称之为"症状"。如果我们通过强迫他去做他不敢做的事来消除这种症状，就会导致他焦虑。而

[①] 1919 年加注：第二个因素更为重要和深远，但同样被外行忽视了。毫无疑问，欲望的满足一定会带来快乐，但问题是给谁带来快乐呢？当然是给有这个欲望的人。但是，正如我们所知，做梦者与他的欲望之间的关系是相当特殊的。他否定它们，审查它们，总之，他不喜欢它们。因此，这些欲望的实现不仅不会给他带来快乐，反而会适得其反。经验表明，这种对立以焦虑的形式出现，这一事实至今仍然存在。一位善良的仙女向一对贫穷的夫妇许诺，要满足他们三个愿望。他们很高兴，并决定仔细选择他们的三个愿望。但是隔壁小屋里煎香肠的味道吸引了这位女士，她想要几根。他们一眨眼就收到了香肠，这是第一个愿望的实现。男人很生气，在愤怒中，他希望将香肠挂在他妻子的鼻子上。这也发生了，香肠也不会从它们的新位置被移走。这是第二个愿望的实现。但这个愿望是男人的，而它的实现对他的妻子来说是最不愉快的。后面的故事你都知道了。因为他们毕竟是一对夫妻，第三个愿望必然是将香肠从女人的鼻子上拿开。这个童话故事可以被用在许多其他方面，但在这里，它只是为了说明这样一种可能性：如果两个人意见不一致，其中一人的欲望的满足可能只会给另一人带来不快。（《精神分析引论》，第 14 讲）

这种焦虑发作往往就是广场恐惧症发作的诱因。因此，很多神经症症状的出现，正是为了避免焦虑的出现，可以说，恐惧就像是对抗焦虑的预警。

如果不去分析感情在这些过程中所起的作用，我们的讨论就将面临中断。不过就目前而言，我们只能大略地考察一下感情。我们先假设有必要压制潜意识，因为若任由潜意识的观念活动自由发挥，它会产生一种原本快乐但在受到压抑后就变为不快乐的情绪，压抑的目的和结果都是防止不快乐的释放，因为不快乐的释放很可能源自潜意识的观念内容，所以这种压抑会延伸到潜意识的观念内容中。这就预设了一个关于感情产生性质的相当具体的假设，它（感情）被认为是一种运动或分泌功能，其神经支配的关键存在于潜意识思想中。由于前意识的掌控，这些观念受到了压抑，不能释放产生感情的冲动。因为若源于前意识的精力贯注停止的话，潜意识兴奋就可能引发一种危机，（作为已经发生的压抑作用的结果）有释放出一种体验为不愉快和焦虑感的危险。

如果让梦的进程继续下去，这种危险就会成为现实。决定其得以实现的关键因素有两个：一是必然存在压抑；二是被压抑的欲望冲动能够变得足够强大。因此，这些决定因素完全不在梦境形成的心理学框架之内。如果不是因为我们的论题与焦虑产生（即夜间潜意识的自由活动）的论题相关，我不会把焦虑梦放在这里探讨，也就能避免所有与它们有关的模糊内容了。

我已经反复声明，焦虑梦理论是神经症心理学的一部分[①]。我们需要做的是指出焦虑梦理论和梦境过程主题的接触点。此外，由于我已经断言焦虑性神经症存在性源头，为了证明焦虑梦的思想中存在的性材料，我要对一些焦虑梦进行解析[②]。

在目前的讨论中，我有充分的理由把我的神经症患者提供的大量焦虑梦放在一边，而只引用一些年轻人做的焦虑梦。

我已经有几十年没有做过真正的焦虑梦了。但是，我依然记得我七八岁时做的一个焦虑梦，30年后才能将其解析出来。这是个非常逼真的梦，我在梦中看到我亲爱的母亲睡着了，面色安详。她被两三个长着鸟嘴的人抬进房间，放在床上。我在哭泣和尖叫中醒来，打断了父母的睡眠。对于身形高大、穿着奇怪、长着鸟嘴的人物形象，我推测其与古埃及墓中雕刻的鹰神形象很接近，其源头是菲利普逊《圣经》[③]中的插图。此外，对于梦的解析还让我想起一个门房的儿子，一个名叫菲利普的坏孩子。小时候，我们经常一起在房前的草地上玩耍。正是从那个男孩那里，我首次听到了跟性有关的俚语，而受过教育的人会使用拉丁文词语"交配"，这一点从他们选择猎鹰的头[④]就可以清楚地看出。我一定是从我的年轻导师的脸上猜到了这个词语的意义。

---

① 下面这句话增写于1911年，但在1925年和随后的版本中又被省略了：对于梦中的焦虑，我坚持认为，这是焦虑的问题，而不是梦的问题。

② 以下的一些评论需要根据弗洛伊德后来对焦虑的观点进行修改。

③ 希伯来语版和德语版的《圣经·旧约》，莱比锡，1839～1854年（1858年第二版）。《圣经·申命记》第4章的一个脚注展示了许多埃及神的木刻，其中几个神有鸟头。

④ 此处的德语俚语为"vögeln"（指性交），源于"vogel"（指对鸟的普通称呼）。

而梦中我母亲的表情，是我在祖父去世前几天看到的，当时他正在昏迷中打鼾。于是，梦的润饰作用的解释是，我母亲快要死了；葬礼上的浮雕与此相呼应。我在焦虑中醒来，直到吵醒了父母，这种焦虑才停止。我记得，当我看到母亲的脸时，我突然平静了下来，好像我需要确认她没有死。但是，这种对梦的"次要"解释已经在焦虑的影响下作出了。我没有因梦见母亲就要去世了而心生焦虑，只是因为已经受到了焦虑的影响，才会在前意识的修正中作出这样的解释。如果考虑到压抑，可将这种焦虑追溯到一种模糊而明显的性渴望，这种渴望在梦的视觉内容中得到了恰当的表达。

一位得了一年重病的 27 岁男士说，他在 11 ～ 13 岁反复梦见（伴随着严重的焦虑）**一个拿着斧子的人在追赶他；他试图逃跑，但就像瘫痪了一样，无法离开现场**。这是一个非常常见的焦虑梦，它永远不会被怀疑与性有关。在解析过程中，做梦者首先想到了他叔叔给他讲的一个故事（发生在做梦后），说有一天晚上，他叔叔在街上被一个形迹可疑的人袭击。做梦者从这个联想中得出结论，他可能在做梦时听说过一些类似的情节。说到斧子，他记得大约在那个时候，他在砍柴时被斧子弄伤了手。然后他立即联想到他与弟弟的关系。他常常虐待弟弟，把他打倒在地。令他记忆最深的一次是，他用靴子踢破了弟弟的头。他母亲说："我怕他弟弟终有一日会被他打死。"进一步的思考表明，他把他父母之间的亲密关系和他自己与弟弟之间的关系作了类比。他把父母之间的亲密归入暴力和挣扎的概念下。

我可以说，根据日常经验，成年人的亲密关系经常会让看到的儿童感到惊讶和焦虑。我已经解释了这种焦虑。对此，儿童还不知道该怎样应对，并且毫无疑问，他们因为自己的父母参与其中而否认这种兴奋，导致这种兴奋转化为焦虑。

我应该毫不犹豫地对夜惊（Pavor nocturnus）伴随幻觉的袭击给出同样的解释，这在儿童中非常常见。这种情况也只能是性冲动引发的问题，而性冲动尚未被儿童理解，也已被否定。调查或许能显示性冲动发作的周期性，因为性力比多的增强不仅可以由偶然的兴奋印象引起，也可以由连续的自发发展过程引起。

我还没有足够的观察材料来证实这一解释[1]。

另外，无论是从躯体上还是从精神上，儿科医生似乎都缺乏全面理解这种现象的唯一方法。我忍不住要引用一个有趣的梦例，来说明受到医学神话的蒙蔽会使观察者对这类病例的理解稍有偏差。这个梦例摘自德巴科尔（Debacker，1881年，第66页）关于夜惊的论文。

一个13岁的男孩，身体虚弱，焦虑多梦。在睡眠期间，他经常受到干扰，几乎每周都会被严重的焦虑发作和幻觉打断一次睡眠。他总能清楚地记得这些梦，说有魔鬼对他喊道："现在我们抓住你了，现在我们抓住你了！"接着会有一股混合着沥青和硫黄的气味，他的皮肤被火焰烧焦了。他从梦中惊醒，起初完全叫不出声来。当他能说话时，人们能清楚地听到他说："不，不，不是我，我什么也没做！"或"别这样！我不会再这样做了！"有时他还会说："艾伯特从来不那样做！"后来，他睡觉时拒绝脱衣服，"因为当他脱衣服时，火焰就会烧到他"。

---

[1] 1919年加注：自从我写了这篇文章以来，精神分析文献中出现了大量这样的材料。

他不断地做这些噩梦，危及了他的健康。为此，他被送到了乡下。而在 18 个月后，他在那里康复了。15 岁时，他忏悔道："我不敢承认。但我身体的*那个部位*① 总是感到刺痛和过度兴奋；最后，它让我紧张难抑。"

据此不难推断：（1）这个男孩幼时自我抚慰过，他很可能否认过这一点，并且因为他的坏习惯而受到威胁与惩罚（可以参考他说的话"我不会再这样做了"，以及他的否认"艾伯特从来不那样做"）；（2）进入青春期后，他的性器官发痒，他又开始受到自我抚慰的诱惑；（3）然而他内心爆发了一种压抑性力比多的斗争，这种斗争把性力比多转化为焦虑，而这种焦虑使他联想到早先受到的威胁与惩罚。

现在，原作者从这一观察中可以得出以下结论：

（1）青春期对这个虚弱男孩的影响可能会加深他的身体虚弱程度，并可能导致严重的脑贫血（*cerebral anaemia*）②；

（2）这种脑贫血会引发性格转变、魔鬼幻想和非常强烈的夜间（甚至白天）焦虑状态；

（3）男孩的魔鬼幻想和自责，可以追溯到他儿童时期所受的宗教教育的影响；

（4）在长期的乡间生活中，体育锻炼和青春期过后的体力恢复治愈了所有症状；

（5）男孩的大脑发育可能受到了遗传的影响。

---

① 我把它用斜体表示，但它应该不会被误解。

② 斜体是我（弗洛伊德）加的。

最终结论是："我们把这个病例归为虚性谵妄，因为这种特殊病症的产生源自脑贫血。"

第五节　原发过程和继发过程——压抑

为了更深入地研究梦境过程，我为自己安排了一项难度超出我的阐述能力的艰巨任务。一方面，我只能挨个描述这些复杂而又同时产生的元素；另一方面，在描述每一点时，又要避免表现出对其依据的预测。诸如此类的困难是我无法掌控的。我必须承认，在阐释梦的心理学时，我无法跟上自己观点的发展。虽然我研究梦的方法是由我之前在神经症心理学方面的研究决定的，但在目前的工作中，我并没有打算将它作为参考依据。我想朝着相反的方向前进，即将梦作为神经症心理学研究的依据。我能够意识到我的读者可能会因此产生很多困扰，但我找不到什么方法来避免它们。

这种状况让我感到不满，我很乐意停下来思考其他问题，以使我的努力更有价值。我发现自己面临一个问题，各个派系的作者对该问题的矛盾与分歧最为尖锐，这一点我已在第一章中说过了。我对梦境问题的处理为这些相互矛盾的观点预留了很大的空间。我唯一要做的，就是断然否定其中的两种观点，即做梦是一个毫无意义的过程及梦是躯体的过程。除此之外，在我复杂的论点中，我能够为所有这些相互矛盾的观点找到论据，以证明它们能够阐述部分真理。

关于梦延续了清醒时刻的活动与兴趣的观点，在梦的隐意中想法被重现后已经得到证实。而这一验证过程对我们而言非常重要，并且关系到我们在生活中非常感兴趣的事。尽管很多人似乎将梦看作并不值得关心的琐碎小事，但与此有关的很多反对观点都被我们推翻了。我们已经证明，梦可以收集白天遗留下来的各种无关紧要的小事，而并不会对同时出现的各种兴趣加以筛选，除非它们在某种程度上和清醒时刻那些被压抑的可能被自我稽查机制反对的念头分离开。梦的内容同样如此，它借着伪装后的形式表达梦的思想。由于与联想机制有关，梦的过程更容易掌控那些近期还没有被清醒时刻的思想活动利用的或无关紧要的概念材料；而出于稽查的原因，它将精神强度从一些重要但令人反感的内容转移到一些无关紧要的内容上。

关于梦有记忆增强的性质，并且涉及童年时期材料的事实，已成为我们理论的一块基石。我们关于梦的理论认为，幼儿时期产生的欲望是形成梦的必不可少的动力。

我们自然不会质疑睡眠中外部感觉刺激的重要性，它已得到实验的证实。但这类材料对于梦的欲望而言，相当于白天活动的思想残留物。我们也没有任何理由质疑这样一种观点，即梦对客观感觉刺激的解释，跟幻觉一样。我们已经找到了这种解释的动机，其他作者都没有对此做出特殊说明。对于这些感觉刺激，他们给出了这样的解释：所感知的对象不应中断睡眠，并可用于满足欲望的目的。至于睡眠期间感官的主观兴奋状态，其产生似乎已经由特朗布尔·拉德先生证实（1892 年）。我们确实没有把它们看作梦的特定来源之一，但我们能够利用那在梦背后运作的记忆复现的结果来对其做出解释。

内部机体感觉通常被认为是解释梦的基点，其在我们的理论中虽然不是很重要，但也占有一席之地。跌落、飘浮、受限制等感觉都能随时为梦的工作提供需要的材料，帮助表达梦的思想。

梦境过程是快速而短暂的，这个观点如果从"意识对预先构建的梦的内容的感知"来看是正确的。梦境过程的前面几个部分似乎是缓慢且曲折的。我们已经能够为解开梦的谜题做出贡献，即发现梦包含了大量凝缩在最短时间内的材料。在这种情况下，问题在于要抓住已经存在于心灵中的现成结构。

我们知道梦都是经过伪装的，并且受记忆的影响，不过这并不会对我们理解下面的内容造成阻碍；因为这些内容不过是在梦境开始形成时就已经存在的伪装活动的展开，而且一直持续到了最后一刻。

关于心灵在夜间是否会入睡或者是否还像白天那样控制其所有功能，争论非常激烈，甚至不可调和。但我们发觉争论双方都不算错，不过也都不是完全正确。我们已经证实，梦的思想存在高度复杂的理智活动，它几乎动用了精神装置的全部资源。由于这些梦的思想无疑都源于白天，所以我们不得不假定心灵真的会入睡。因此，即使是"部分睡眠"的理论也显示出其价值，虽然我们发现睡眠状态的特征并非精神纽带的解体，而是白天占据主导地位的精神系统在睡眠欲望上的精力贯注。我们认为，从外部世界退回的因素仍然有其重要性，虽然不是唯一的决定因素，但能使梦中表征的退行特征成为可能。而"放弃对思想流的随意控制"的说法亦不该被完全否定，心理生活不会因此失去目的，因为我们知道，当随意的目的性观念被丢弃后，不随意的目的性观念就会代替它掌权。我们不但发现梦中的关联是松散的，还了解到它的范围远超我们的猜想；而这些松散的关联只是其他那些更生动、更有意义的关联的强制性替代品。的确，我们曾认为梦是荒谬的，不过梦例告诉我们，即便看起来很荒谬的梦，也是合情合理的。

对于梦的各种功能，我们毫无异议。梦是心灵的安全阀，正如罗伯特（1886 年）所说："所有有害的事物在梦中的呈现都是无害的。"这种观点跟我们的梦能带来双重欲望满足的理论是完全吻合的，而且我们的解释比罗伯特的更易于理解。至于"心灵在梦中可以自由发挥其功能"的观点，与我们的理论中"前意识活动能让梦自由发展"的观点相契合。诸如"梦中的心灵回归到胚胎"的观点，以及哈夫洛克·埃利斯（1899 年，第 721 页）将梦描述为"一个充满丰富的情感和不完美的思想的古老世界"，与我们认为白天被压抑的原始活动方式与梦的构建有关的观点不谋而合。我们完全认同萨利所说的，"我们的梦带我们返回先前依次发展的人格之中。在睡眠期间，我们恢复了对事物古老的看法和感觉，还有那些很久以前掌控我们的冲动和本能反应。"[1] 此外，我们也认同德雷基（Delage）的观点，即那些被"压抑"的内容是"梦境构建的动力"。

我们深度认同施尔纳（1861 年）关于"梦想象"的重要性的观点以及解释，但只能从另一个角度来看待这个问题。事实上，重点不在

_____

[1] 这句话增写于 1914 年。

于梦创造了想象，而在于潜意识的想象活动在梦的思想的构建中占有很大的份额。关于梦的思想的来源，施尔纳也给了我们极大的启示。但几乎所有他归因于梦的作用的东西，实际上都可以归因于白天的潜意识活动。这些潜意识活动既能促进梦的产生，也能引发各种神经症。而我们不得不给予"梦的工作"全新的理解，并缩小其内涵。

最后，我们绝不放弃研究梦和精神障碍之间的关系，但要将其置于更稳固的基础上。

因此，我们提出了一个关于梦的全新理论，它总结了以往作者们提出的不同观点，并实现了更高层次上的统一。那些作者们的大多数研究成果到现在也仍然为我们所用，只有少数遭到了我们的舍弃，我们的理论大厦还在持续建设中。除了在探寻心理学的迷雾中所涉及的许多令人困惑的问题，我们似乎还被一个新的矛盾困扰。一方面，我们假定梦的思想是通过完全正常的心理活动产生的；但另一方面，我们发现梦的思想中有许多相当不正常的思维过程，它们延伸到梦的内容中，然后我们在解析梦的过程中又重遇它们。我们所描述的梦的工作似乎与我们心目中的理性思维过程相去甚远，因此早期作者们对梦的精神功能水平较低所作的最严厉批判似乎是完全合理的。

也许只有更进一步的调查，才能让我们从中找到启示和帮助，来破解这个难题。首先，我将从中挑选一个可能导致梦形成的关联进行仔细研究。

我们已经发现，梦可以取代许多源自我们日常生活的完全合乎逻辑序列的思想。由此，我们并不能对这些思想均来自正常的心理活动产生怀疑。我们认为有价值并使得人类取得更大成就的思想，都能在梦的思想中出现。然而，我们没有必要假设这类思想活动是在睡眠中进行的，不然将严重混淆我们对睡眠精神状态的既定认识。相反，这些思想很可能源自做梦的前一天，或许它们从一开始就没有被我们的意识察觉，也可能在我们开始睡觉时就已经形成了。据此，我们最多能得出的结论是，最复杂的思想成就可能无须意识的帮助就能完成——这一点在为患有癔症或思维强迫症的人做的每一次精神分析中都能看到。这些梦的思想当然可以进入意识，而如果我们白天没有意识到它们的存在，可能有很多原因。意识的觉醒与特定的精神功能——注意的应用有关。而只有在达到特定的数量时，注意才会发挥作用，并可以从目前的思想序列转移到别的目的上[1]。此外，还存在别的方式妨碍梦的思想进入意识。意识的反省活动表明，我们在沿着一条特别的路径集中注意力，该路径上的任何一个不能经受批判的观念都会使我们的前行中断，让我们不再专注。现在看来，这样开始却又中断的思想序列似乎会继续展开，虽然不再被注意，但当在某个时刻达到了特别高的强度时，会再次引起意识的注意。因此，如果一个思想序列起初就由于被判定为错的或因对目前的理智活动毫无用处而遭到排斥，那么这可能导致的结果是：此思想序列在未被意识注意的情况下继续展开，直到入睡之际。

总之，我们把这样的思想序列称为"前意识"；它是完全理性的，

---

[1] "注意"的概念在弗洛伊德后来的著作中只占很小的一部分，相反，它在《科学心理学计划》（弗洛伊德，1950 年 a）中，例如在第三部分的开头占有显著地位。

可能会被忽视，也可能会被解体或压制。接下来，让我们阐明一下思想序列的形成状况。我们认为，一定数量的兴奋，即我们所说的"精力贯注能量"，从一个目的性观念出发，沿着其所选择的联想路径发生转移。而"被忽略"的思想序列没有接受过这种精力贯注，"被压抑"或"被遗弃"的思想序列则被撤回了这种精力贯注。因此，它们只能自生自灭。在某些条件下，一个有目的的受到精力贯注的思想序列能够吸引意识对自己的注意，此时它会因为意识的作用而受到过度的精力贯注。现在，我们有必要说明我们对意识的性质和功能的看法。

按照此方法在前意识中前行的思想序列，可能会自发停止，也可能会继续前进。对于第一种结果，它的形成过程是：附着在思想序列上的能量沿着它辐射的所有联想路径扩散；这种能量使整个思想网络处于兴奋状态，在持续一段时间后，这种兴奋状态会因为转化为静止的精力贯注状态而消失。如果第一种结果发生了，就梦的形成而言，这个过程就没有进一步的意义了。然而，我们的前意识中潜藏着其他目的性观念，这些观念来自我们的潜意识和始终处于警戒状态的欲望。它们可以控制附着在一组思想序列上的兴奋，可以在兴奋和某个潜意识欲望之间建立联系，可以把属于潜意识欲望的能量转移到兴奋身上。此后，"被忽略"或"被压抑"的思想序列就得以维持，尽管它所得到的强化并没有给它进入意识的权利。我们可以这样说：迄今为止，某种前意识思维现在已经"被拉进了潜意识"中。

还有其他形式可能促进梦的形成。前意识思想序列可能从一开始就与潜意识欲望联系在一起，因此可能已经被占主导地位的目的性精力贯注排斥；或者某个潜意识欲望可能出于其他原因（也许是躯体方面的原因）而变得活跃，并寻求对未被前意识进行精力贯注的精神残留进行移情，而不让它们半途而废。但这些情况殊途同归，即：一个思想序列在前意识中形成，但没有得到前意识的精力贯注，反而从潜意识欲望中获得了精力贯注。

在此之后，思想序列经历了一系列的转变，不再是正常的精神过程，并导致了一种令人困惑的精神病理结构。接下来，我将列举这些过程并对其分类。

（1）个体思想的强度能够整体释放，并从一个思想序列转移到另一个思想序列，因此形成了某些具有极大强度的思想序列。由于这个过程要重复几次，整个思想序列的强度最终可能集中在某个思想元素上。这里就出现了我们熟知的梦境工作的凝缩作用。这就是梦境令人困惑的主要原因，因为我们无法在正常的、有意识的精神生活中找到任何与之类似的现象。在正常的精神生活中，作为整个思想链的节点或最终结果的观念也具有显著的精神意义；但是它们的意义并不是通过任何对内部知觉的显著感官特征来表达的；它们的知觉表现在任何方面都不会因为它们的精神意义而更加强烈。另外，在凝缩过程中，每一个精神关联都转化为其对观念内容的强化。这就像在准备出版一本书时，将那些特别重要的内容用粗体等形式印刷；或者在演讲时，大声、缓慢、特别着重地读出字词。前一个类比让我们立刻想到梦境工作的一个例子：伊尔玛注射梦中出现的词语"三甲胺"。艺术史学家提醒我们注意这样一个事实，即早期的历史雕塑遵循一个类似的原则：通过雕塑的大小来展现人物的地位。国王的体型通常是其侍从或战俘的两到三倍。罗马时期的雕塑会使用更巧妙的方法来达到同样的效果。国王的雕塑将被放置在中间，笔直地站立着，并且被特别小心地塑造，而他的敌人将匍匐在他的脚下；但他不会像侏儒堆中的巨人那样突出。如今，下级向上级鞠躬致意跟古代雕塑展现的这种原则如出一辙。

决定梦中凝缩方向的要素有两个：一是梦境思想的理性前意识关系；二是潜意识中视觉记忆的吸引力。凝缩活动的结果是使思想达到强行进入知觉系统所需的强度。

（2）由于强度可以自由地转移，在凝缩的影响下，一些"中介观念"形成了，类似于妥协（参见我举出的许多例子）。这在正常的思想链中是很罕见的，因为正常的思想链着重选择和保留恰当的观念元素。此外，当我们试图在言语中表达前意识思想时，复合结构和妥协出现的频率非常高，于是它们被认为是一种"口误"。

（3）那些能够相互转移强度的思想处于最松散的相互关联中。它们通过一种被我们的正常思维蔑视的联想关联在一起，并被归入"笑话"的范畴。而基于同音异义词和语言相似性的联想，与其他联想具有同等价值。

（4）还有一些思想，它们虽然相互矛盾，但并不试图摒弃彼此，而是并肩同行。它们经常像没有矛盾一样结合在一起，发挥凝缩作用，或者达成妥协，而这些妥协虽永远不被我们的意识思想接纳，但通常在我们的行动中得到承认。

这些是梦的思想在梦境工作中展现出来的最显著的异常过程。可以看出，这些过程的主要特点是将全部重点放在使精力贯注能量的流动更加灵活和得到释放上；而精力贯注的精神元素的内容和意义无关紧要。可能有人认为，凝缩和妥协的形成只是为了促进移置，即把思想转化为意象。但是，对梦的解析——更多的是对梦的合成，不包含对意象的移情，如"自学者"（Autodidasker）的梦通常表现出与其他梦相同的移置和凝缩作用过程。

　　因此，我们不得不得出这样的结论：梦的形成涉及两种截然不同的精神过程，其中一种会产生完全理性的梦的思想，其有效性不亚于正常思维；而另一种对待这些思想的方式是最令人困惑和非理性的。在第六章中，我们已经把第二种精神过程判定为梦境工作本身。那么，我们现在对它的起源有了怎样的认识？

　　如果我们没有在神经症特别是癔症的心理学研究方面取得一些进展，我们就不可能很好地回答这个问题。我们从中发现，同样非理性的精神过程，以及其他我们指定的精神过程，主导了癔症症状的产生。在癔症中，我们也会遇到一系列完全理性的思想，它们与我们的意识思想同样有效；但是，我们起初对它们以这种形式存在的情况一无所知，只能随后对它们进行重建。除非它们强行被我们注意到，我们才能通过分析已经产生的症状，发现这些正常思想受到的异常处理：通过凝缩和妥协，以及表面联想和无视矛盾的方式，也可能借助退行作用，把它们转化为症状。鉴于梦境工作的特征与神经症症状中精神活动的特征完全相同，我们认为可以将癔症研究的结论推广到梦上。

因此，我们借用癔症理论得出这样的论点：只有当一种从婴幼儿期处在压抑状态下的潜意识欲望转移到一种正常的思想序列上时，该思想序列才会接受我们所描述的那种异常的精神处理。根据这一论点，我们建立了梦的理论，其假设是：为梦的形成提供动力的欲望总是来自潜意识。而这个假设的普遍适用性没有得到证实，尽管它也不能被推翻。但是，为了解释"压抑"这个我们频频使用的术语，我们有必要就我们的心理学框架展开进一步的研究探讨。

　　我们已经探讨了原始精神装置的假设，其活动调节是通过努力避免兴奋堆积和兴奋刺激实现的。因此，它的构造如同一个反射装置。而运动能力首先是一种使身体内部发生变化的手段，能随意掌控释放通道。接着，我们继续讨论"满足体验"的精神结果。在这一方面，我们已经能提出第二种假设，即兴奋堆积（不必在意通过何种方式引起）造成了不愉快的体验，精神装置因此运转起来，以减少兴奋，并重复这种满足体验，让我们感到快乐。这种始于不快乐而终于快乐的趋向，便是"欲望"。我们已经断言，只有欲望才能使精神装置运转起来，而且精神装置的兴奋过程是由快乐和不快乐的体验自主调节的。最初的欲望似乎是对满足的记忆的一种幻觉贯注。然而，这种幻觉如果不能持续到能量耗尽，就不足以终止这种需要，也无法终止伴随满足而来的快乐体验。

　　因此，提出第二种活动或第二系统的活动就变得很有必要。该活动不允许记忆的精力贯注进入知觉，并从那里束缚精神力量。相反，它把需求引起的兴奋引向曲折的道路，最终通过自主运动改变外部世界，从而有可能达到对满足对象的真正感知。到目前为止，我们已经概述了精神装置的示意图；这两个系统便是潜意识和前意识在完全开发的精神装置中的萌芽。

为了借助运动力量有效改变外部世界，有必要在记忆系统中积累大量经验，并对记忆材料中由不同的目的性观念唤起的联想进行大量的永久记录。现在，我们进一步假设，第二系统的活动不断地摸索着前进的方式，交替地加强或减弱精力贯注，一方面需要自由地掌控所有记忆材料；但另一方面，如果它沿着各种思想路径发出大量的精力贯注，导致它们毫无用处地做梦，减少了改变外部世界的可用力量，那将是不必要的能量消耗。因此，我假设，为了效率起见，第二系统成功地将大部分能量保持在静止状态，而只将一小部分能量用于移置作用。这些过程的机制对我来说是相当陌生的；任何想要深入了解这些概念的人都必须借助物理学知识进行类比，并找到一种方法来描绘伴随神经元兴奋的运动。我坚持认为，第一 φ 系统的活动以确保大量兴奋的自由释放为目标，而第二系统却借助第一系统产生的精力贯注成功地压抑了这种释放，并将精力贯注转变为静止状态，同时也提高了精力贯注的潜力。因此我假定，第二系统掌控的兴奋释放机制与第一系统截然不同。一旦第二系统结束了它的探索性思维活动，它就会解除对兴奋的压抑和阻碍，让它们在运动中释放自己。

如果我们考虑到第二系统对兴奋释放的压抑与痛苦原则[①]的调节作用之间的关系，就会产生一些有趣的看法。让我们来研究一下与满足

---

① 在弗洛伊德后期的作品中，他将其称为"快乐原则"。

体验相对立的体验——外部恐惧体验。假设原始精神装置受到一种知觉刺激的冲击，这种知觉刺激是痛苦和兴奋的来源。不协调的运动表现将随之出现，直到其中一个系统将知觉兴奋释放，同时也终结痛苦体验。如果知觉再次出现，动作（可能是逃跑的动作）将立刻重复发生，直到知觉再次消失。在这种情况下，无论是通过幻觉还是其他方式，精神装置都不会有重新感知痛苦来源的倾向。相反，一旦有什么事情使痛苦的记忆画面复现，精神装置就会立即将其铲除，因为如果它的兴奋进入知觉，就会引起不快（或者更准确地说，会开始引起不快）。其实，对记忆的回避，只不过是在重复先前对知觉的回避，这也是因为记忆不像知觉，它没有足够的强度来激发意识，所以无法从意识中获得新的精力贯注。这种毫不费力且有规律地通过记忆的精神过程来避免再现任何曾经令人痛苦的事情，为我们提供了精神压抑的原型和首个范例。一个熟悉的事实是，在成年人的正常精神生活中，我们仍然可以看到这种"鸵鸟"式回避痛苦的方式。

因此，由于痛苦原则，第一 ψ 系统完全不能将任何不愉快的事物带入其思想的语境中，欲望是唯一的例外。如果事物停留在这一点上，第二系统的思想活动就会受到阻碍，因为它需要自由地利用基于经验形成的所有记忆。如此，就出现了两种可能性：一是第二系统的活动可以完全摆脱痛苦原则，不为记忆中的痛苦而烦恼；二是它会找到一种方法对痛苦记忆进行精力贯注，从而避免痛苦的释放。因为痛苦原则明显地调节了第二系统的兴奋过程，就像第一系统一样，所以我们可以排除第一种可能性。那么，就只剩下一种可能性，即第二系统对痛苦记忆进行精力贯注，以压抑痛苦释放，当然也包括对痛苦发展方向的压抑（类似于运动神经兴奋）。因此，我们依据痛苦原则和精力贯注消耗最低原则（在上段提到），得出这样一个假设：第二系统的精力贯注意味着同时抑制兴奋的释放。要完全理解压抑理论，我们需要牢牢记住以下关键内容：任何观念，只有在能够压抑因其产生的痛苦的发展时，才能够得到第二系统的精力贯注。任何可以逃避这种压抑的观念，都会因遵从痛苦原则而被即刻舍弃，所以无法进入第二系统，也无法进入第一系统。然而，对痛苦的压抑并不需要非常彻底：必须允许它出现，因为这样才能使第二系统认识到有关记忆的性质，以及该性质可能不适用于思想进程所要达到的目的。

我建议，将第一系统独自承认的精神过程称为"原发过程"（primary process），将第二系统压抑导致的精神过程称为"继发过程"（secondary process）[1]。

还有一个原因，正如我所指出的，导致第二系统必须纠正原发过

---

[1] 原发系统和继发系统之间的区别以及心理功能在它们中不同运作的假设，是弗洛伊德最基本的概念之一。它们与以下理论有关，即精神能量以两种形式出现：自由的或流动的（就像它出现在潜意识系统中）以及束缚的或静止的（就像它出现在前意识系统中）。弗洛伊德在其后期作品（例如，《潜意识》这篇论文的第 5 节末尾，1915 年 e；《超越快乐原则》的第 4 章，1920 年 g）中讨论了这一主题，他将后者的区别归因于布洛伊尔在他们的联合研究中对癔症的一些陈述（1895 年）。我们在布洛伊尔对该著作的贡献（第 3 章）中很难找到任何这样的陈述。最接近的说法是第 2 节开头附近的一个脚注，布洛伊尔在其中区分了三种形式的精神能量：一种是存在于细胞化学物质中的势能，一种是纤维处于兴奋状态时释放的动能，还有一种是神经兴奋的静止状态，即紧张性兴奋或神经紧张。另外，"束缚"能量的问题也在弗洛伊德《计划》（1950 年 a）的第 3 部分的第 1 节结尾处得到了详细讨论，写于《癔症研究》出版的几个月后。

程。原发过程努力促进兴奋的释放，以便借助累积起来的兴奋建立一种"知觉同一性"（对满足的体验）。然而，继发过程放弃了这个意图，代之以建立"思想同一性"（体验本身）。所有的思维路径都是迂回曲折的，从关于满足的记忆（一种作为目的性观念的记忆）到对该记忆的同一性贯注，即希望穿过刺激体验的中间阶段再次获得满足感。思维必须注意这些观念间的联系路径，以免被其严重误导而步入歧途。但很显然，观念的凝缩、中介结构和妥协结构必然会阻碍所要达到的同一性。而因为这些观念彼此可以相互替代，这导致了从第一个观念开始的路径偏离。由此，在继发性思维中，要谨慎地避免这种过程。不难看出，痛苦原则虽然在其他方面为思维过程提供了一些重要的标志，却给思维过程建立"思想同一性"带来了阻碍。因此，思维的目标必须是不断地把自己从痛苦原则的排他性约束中解放出来，并把思维活动中感情的发展限制在充当信号所需的最低限度内[①]。要想在功能上达到这种更精细的境界，需要借助意识达成的过度精力贯注。然而，我们很清楚，即使在正常的精神生活中，思维也很难完全达到这种目的，因为思维常常受到痛苦原则的干扰而出现错误。

然而，这并不是我们精神装置功能上的缺陷，正是这种功能缺陷使得作为继发性思维活动的产物的思想有可能成为原发性精神过程的产物——这就是我们现在可以用来描述导致梦和癔症症状产生的公式。这种功能缺陷产生于发展史中两个元素的汇合，其中一个元素完全依

---

① 这种将少量的痛苦作为"信号"以防止大量痛苦发生的想法，在多年后被弗洛伊德采纳，并应用于对焦虑问题的分析。参见弗洛伊德，1926 年 d，第 11 章，A（b 节）。

赖于精神装置，对两个系统之间的关系起着决定性的作用；而另一个元素则能实现对自身不同程度的感知，并将器质性根源的本能力量引入精神生活。两个元素都起源于童年，都是我们自幼儿期以来所经历的精神和躯体有机体的变化的沉淀。

当我把发生在精神装置中的一种心理过程称为"原发过程"时，我所考虑的不仅仅是相对重要性和有效性，我还要想到这个命名能够表明其发生时间的优先级。的确，据我们所知，不存在只具有原发过程的精神装置，能够达到这种程度的装置是一种理论上的虚构。但事实是：原发过程最早出现在精神装置中，而继发过程只有在生命发展过程中才展开，并开始压抑和掩饰原发过程；甚至有可能，继发过程要到壮年时才能完全掌控一切。由于继发过程姗姗来迟，我们由潜意识的欲望冲动组成的生命核心才能一直不被前意识理解和压抑；前意识所发挥的作用被一劳永逸地限制在引导潜意识的欲望冲动沿着最有利的道路前进这一方面。这些潜意识欲望对所有后来的精神倾向施压，迫使它们屈服，或者努力把这种压力引向更高的目标。继发过程的延迟出现还导致一个结果，即前意识的精力贯注无法触及大部分记忆材料。

在这些源自幼儿期的不能被摧毁或压抑的欲望冲动中，一些欲望冲动的实现与继发性思维的目的性观念相矛盾。这些欲望的满足将带来痛苦而不是快乐；而正是这种情感的转变，构成了我们所说的"压抑"的本质。关于压抑的问题在于，这种转变是如何发生的，是由于什么样的动力而发生的。对于这个问题，我们在此只能点到为止①。我们只需要明白，这种转变在发展过程中确实发生过——我们只需要回忆一下在童年时期原本不存在的厌恶感的出现方式，它与第二系统的活动有关。潜意识欲望需要借助一定的记忆才能进行情感释放，而这些记忆无法触及前意识，由此，与这些记忆有关的情感释放也不会被压抑。正是由于这种情感的产生，这些观念即使已通过这种情感将其欲望力量转移到前意识思想，也依旧无法到达前意识。相反，痛苦原则占据了主导地位，并导致前意识远离移情思想。这些思想被留给自己——被"压抑"，因此从一开始就被阻止进入前意识，于是，大量累积的幼年记忆就成为压抑的一项必要条件。

在最顺利的情况下，痛苦的产生随着从前意识的移情思想中撤回精力贯注而停止。这一结果表明，痛苦原则的干预起到了有益的作用。但是，当被压抑的潜意识欲望得到器质性强化，并将这种强化传递给它的移情思想时，这就是另一种情况了。这样，即使它们失去了前意识的精力贯注，也可以在强化的作用下尝试借助自身的兴奋状态强行通过。由于前意识又加强了对受压抑思想的抗争（即产生了一种反精力贯注），于是出现了一种防御斗争。此后，作为潜意识欲望载体的移情思想，借助症状产生而达成的某种形式的妥协强行通过。但是从受压抑的思想被潜意识的欲望冲动强行精力贯注，同时又被前意识放弃精力贯注的那一刻起，受压抑的思想便被迫屈服于原发过程，其目的

---

① 后来，弗洛伊德在《压抑》（1915 年 d）中以更长的篇幅论述了这个问题；他后来对这个问题的看法载于《精神分析引论新编》（1933 年 a）。

之一是追求运动释放；而如果路径是开放的，则会追求知觉同一性的幻觉复现。根据经验，我们所描述的非理性过程只有在思想受到压抑的情况下才会发生。现在我们可以看到全貌，那些发生在精神装置中的非理性过程是原发过程。它们出现在那些被前意识精力贯注抛弃的观念所在的地方，任由它们自生自灭，并从努力寻求释放出口的潜意识那里获得不受约束的能量。其他一些观察也支持这样一种观点，即非理性过程实际上并不是被歪曲的正常过程——理智错误，而是从压抑中解放出来的精神装置的运作方式。因此，我们发现，从前意识兴奋到运动的过渡是由相同的过程掌控的，前意识观念与词语之间的关联很容易表现出同样的移置和混淆，而这归因于注意力不集中。最后，当这些基本的运作方式被压制时，活动增加是必然的，这一点可以从这个事实中找到证据：如果我们允许这些思维方式进入意识，就会产生一种滑稽的效果，即多余的能量必须通过笑声释放出来[1]。

有关精神神经症的理论认为这是一个无可争辩和不变的事实，即只有幼儿期的性欲冲动在童年发展期受到了压抑（即情感转变），才有可能在以后的发展期复苏，从而为各种精神神经症症状的形成提供动力[2]。只有借助这些性力量，我们才能弥补压抑理论中仍然存在的不足。至于这些性因素和幼稚因素是否同样适用于梦的理论，我将留下一个悬念：在这一点上，这个理论将不圆满，因为"梦的欲望总是来自潜

---

[1] 弗洛伊德在他的著作《论诙谐及其与潜意识的关系》（1905 年 c）的第五章中更详细地讨论了这个话题。理智错误的问题在《计划》（1950 年 a）的最后几页中得到了更充分的讨论。

[2] 弗洛伊德在他的《性学三论》（1905 年 d）中详细阐述了这个话题。

意识"这个假设已经超出了所能验证的范畴①。至于精神力量在梦的形成和癔症症状的产生中的作用性质有何不同，我也不打算细究。因为对于两者中的任何一个，我们都没有形成足够准确的认识。

然而，还有一点值得重视。我必须承认，我在此全面讨论两个精神系统及其活动方式和压抑，完全是基于这一点。现在的问题不是我是否对我们所关注的心理因素形成了一个大致正确的看法，或者我对它们的看法是否扭曲和不完整（面对如此复杂的问题，这是非常可能出现的）。无可否认的是，无论我们对自我稽查作用的解读，以及对梦的内容所作的理性和非正常的润饰有多少变化，这些过程在梦的形成中都起了作用，并且在本质上与观察到的癔症症状形成过程最接近。然而，梦不是一种病理现象，它不会扰乱精神平衡，也不会使功能受

---

① 在这里和其他地方，我故意在讨论主题时留下了一些空白，因为要填补这些空白，不仅需要付出巨大的努力，还需要基于与梦的主题不同的材料展开。例如，我没有说明我是否赋予"被压制"和"被压抑"两个词不同的含义。然而，我们应该很清楚的是，后者比前者更强调依附潜意识的事实。我也没有探讨为什么梦的思想会受到自我稽查制度的歪曲，即使它们已经放弃了走向意识之路，而选择了退行之路。还有很多类似的遗漏。我最迫切想做的，是使对梦境工作的进一步分析必须引导并暗示其将涉及的其他主题。对我来说，决定在何时停止对相关论题的探讨并非易事。对于我为什么没有对性观念的世界在梦中所起的作用进行详尽描述，以及为什么避免分析明显含有性内容的梦，一些特殊的原因可能不是我的读者所期望的。没有什么比把性生活视为一种既不是医生也不是科学研究者所关心的可耻的事情，更偏离我的观点或我在神经病理学中持有的理论观点了。此外，阿尔特米多鲁斯的《详梦术》的译者允许自己被引导而向读者隐瞒关于性梦的章节，这种道德上的愤慨让我觉得可笑。促进我做出决定的，仅仅是我看到对性梦的解释会使我深深陷入尚未解决的问题中。因此，我决定保留这些材料以备不时之需。也许我应该补充的是，《详梦术》的译者 F.S. 克劳斯本人随后在他的期刊《人类学》中发表了被隐瞒的章节。弗洛伊德在上面引用了其中的内容，他在其他地方对此给予了高度评价。

损。有人可能会说，从我或者我的患者的梦中无法得出关于正常人的梦的结论。但我认为，这是一个完全可以忽略的反对意见。那么，如果我们可以从现象上回溯动力，我们必须认识到神经症所使用的心理机制不是由精神上的病理性干扰产生的，而是已经存在于精神装置的正常结构中。凡两种精神系统，从其中一种到另一种的稽查，一种活动对另一种活动的抑制和叠加，两者与意识的关系——或对所观察到的事实做出的任何更正确的解释——所有这些都构成了我们精神装置正常结构的一部分，而梦向我们指明了一条能够理解该结构的路径。如果我们把自己的理解限制在已经确定的最小的新知识范围内，我们仍然可以这样说梦：梦证实了被压制的材料继续存在于正常人和精神病患者身上，并且仍然能够发挥精神功能。梦就是这种被压制的材料的一种展现；从理论上讲，每一个梦都是如此，而从经验上看，至少大多数梦都是如此，尤其是那些能够清楚表现出梦境生活特殊性的梦例。在清醒生活中，被压制的材料因为心灵中的矛盾被消除了，而与内部知觉隔绝，无法得到表达；但在夜间，在一种形成妥协的动机力量的影响下，这种被压制的材料找到了强行进入意识的方法和手段。

如果我不能撼动天堂，那我就掀翻地狱①。

---

① 弗洛伊德在《全集》卷的一篇笔记中引用的话。维吉尔的这句话［《埃涅阿斯纪》(*Aeneid*)，第 7 卷，第 312 页］意在描绘被压抑的本能冲动的动机力量。弗洛伊德在整卷中都用这句话作为座右铭。弗洛伊德在 1896 年 12 月 4 日与给弗利斯的一封信（弗洛伊德，1950 年 a，51 号信件）中建议，在一些计划开展但未实施的工作中，可以将其作为"症状形成"一章的座右铭。下一句话增写于 1909 年。同年，这句诗被收录在他在克拉克大学的第 3 次讲座（弗洛伊德，1910 年 a）中。

梦的解析是通往心灵的潜意识活动的绝佳途径。

通过解析梦，我们可以进一步理解所有系统中最奇妙、最神秘的部分。毫无疑问，这种进步是很小的，这只是个开始。这一开始将使我们能够在其他被称为病理结构的基础上更深入地解析梦。至于疾病——至少是那些一般意义上的"功能性"疾病，并不以机构的解体或在其内部产生新的分裂为前提。我们可以基于动力学将其解释为部分力量在力的相互作用中增强或减弱，导致很多能发挥正常功能的力量效果被隐藏了。至于这种精神装置是怎样由两种机构组合而成，使正常的心灵发挥出了比只有一种机构更加完善的作用，我想另找地方论述 [1]。

第六节　潜意识与意识

进一步的研究结果表明，在前几节的心理学讨论中，我们合理地假设应有两种兴奋的过程或释放形式，而不是有两个系统接近精神装置运动端。但这对我们来说差别不大，因为如果我们能用更接近未知现实的事实来取代它，就必须随时准备舍弃以前的概念架构。因此，让我们试着纠正一些可能会误导人的观念（如果我们只是从字面意思上很草率地把这两个系统理解为精神装置的两个位置）——如描述"压

---

[1] 梦并不是唯一能让我们在心理学中找到精神病理学基础的现象。在一组尚未完成的简短论文（1898 年 b，1899 年 a）中，我试图把日常生活中的一些现象解释为支持同样结论的证据（增写于 1909 年）。这些，连同一些关于遗忘、口误、笨拙行为等的论文，后来被收录在《日常生活的精神病理学》（弗洛伊德，1901 年 b）中。

抑"与"强行进入"概念时出现的错误。我们说一种受到压抑的潜意识思想试图潜入前意识，而后强行进入意识时，并非指在一个新的地方形成一种新的思想，而是说这种潜意识思想就像抄本一样，继续与原本共存；而那强行进入意识的概念也并非指位置发生变化的概念。此外，我们可以说，前意识的一种思想被压抑或驱逐，之后被无意识接管。这些意象很容易让我们联想到对地盘的争夺，一个位置上的精神群体如同字面意思表达的那样被消灭了，会由另一个位置上的新的精神群体顶替。现在，让我们用更贴近现实的东西来代替这些比喻：某种特定的精神群体存在一种精力贯注的能量，可增可减，因此我们所讨论的结构就能够受到或不受到某种特殊机构的控制。在此，我们用一种动力学表达方式代替前述的地形学表达方式，即我们认为可移动的不是精神结构本身，而是它的"神经分布"①。

尽管如此，我认为，通过这种形象化的比喻来描述这两个系统是明智、合理的。如果牢记以下观念，就可以避免对这种表现方法的任何可能的滥用：通常来讲，观念、思想及精神结构等都不能被视为局限于神经系统的器质性元素，而是它们之间通过阻抗、联想等处理生成的产物。任何可以成为内部知觉对象的事物都是虚构的，就像光线通过望远镜产生的图像一样。但是我们有理由假设这些系统的存在（这些系统本身绝不是精神实体，无法进入精神知觉），就像投射图像

---

① 1925 年加注：在认识到前意识观念的基本特征是它与口述的残留物相关联的事实之后，我有必要阐述和修改这种观点。参见《潜意识》（1915 年 e，第 7 节）。然而，正如所指出的那样，这一点已经在本著作的第一版中指出了（参见第 573、612 页）。"神经分布"一词的用法参见第 539 页。

的望远镜的透镜一样。此外，根据这个比喻，我们可以把两个系统之间的自我稽查作用比作光线进入一种新介质时发生的折射作用。

至此，我们讨论的内容一直局限在自己的心理学理论上。下面，让我们用时下流行的心理学理论以及它们和我们的假设之间的关系进行讨论。对于心理学中的潜意识问题，利普斯（Lipps，1897年）曾提出一个很有力的观点，即相较于心理学自身的问题，它基本不算是一个心理学问题。在探讨这个问题时，若心理学通过言语将"精神"解释为"意识"，并认为"潜意识的精神过程"是明显的无稽之谈，那么医生便不可能用心理学评估对异常精神状态的观察结果。只有当医生和哲学家都认识到"潜意识的精神过程"是对一个确定事实的恰当合理的表达时，他们才会统一路径。当有人告诉医生"意识是精神的一个不可缺少的特征"时，医生只能耸耸肩。不过如果他仍然坚信哲学家的观点，那么他可能会假定双方不是在探讨同一件事或研究同一门学科。因为即便一个人对神经症患者的精神生活仅观察过一次或只有过一次解析梦的经历，他都会对此印象深刻。即便是最复杂和最理智的思想过程，也能够在避开主体意识的注意时发生[1]，而这些思想过程无疑是针对精神过程的。当然，医生只有在这些潜意识过程对意识产生某种可以被传达或观察到的影响之后，才能够了解这些潜意识过程。

---

[1] 1914年加注：我很高兴能够提到一位作者，他从对梦的研究中得出了与我在意识活动和潜意识活动之间的关系方面相同的结论。杜普雷尔（1885年，第47页）写道："对于意识的本质问题，显然需要对意识和精神是否相同进行初步研究。这个初步研究的问题在梦中得到否定的回答，即精神的概念比意识的概念更广泛，就像天体的引力延伸到更远的地方一样。"与之类似的观点（引自莫兹利，1868年）为："意识与精神不是共延的，这是一个非常清楚的真理。"

但是，这种意识的效果可能表现出一种与潜意识过程完全不同的精神特征，因此内部知觉不可能将二者当作彼此的替代物。由此，医生们必须凭一己之力从意识的效果推断出潜意识过程。据此，他能了解到，意识的效果只是潜意识过程的一个间接的精神产物，而后者并没有变为意识，它的存在和运作往往也不为意识所察觉。

在正确认识精神的起源之前，必须放弃对意识特性的过高评价。正如利普斯所说的（1897 年，第 146 页以下），潜意识必须被假定为精神生活的一般基础。潜意识的范围非常广泛，其中包括意识这个更小的领域。任何有意识的事物都有一个潜意识的初级阶段；然而，潜意识的事物可能仍然停留在那个阶段，尽管如此，它仍然被认为具有精神过程的全部价值。潜意识是真正的"精神现实"；我们对其内在本质的了解，如同对外部世界的现实的了解一样少得可怜。而且，如同我们通过感官与外部世界交流并不完备一样，意识资料对潜意识的表征也没有达到完备的程度。

随着潜意识心理事实的确立，意识生活与梦境生活之间长久对立的关系已渐趋消失，许多早期作者深切关注的梦境问题已经失去了意义。因此，那些在梦中成功呈现的令人惊讶的活动，其源头已不再是梦，而是白天和夜晚一样活跃的潜意识思维。若真如施尔纳（1861 年，第 114 页）所说，梦似乎参与了对身体的象征性表征，那么我们会知道那些表象其实是某些潜意识幻想的产物（可能源于性冲动），而这些幻想不但表现在梦中，还表现在癔症性恐惧症和其他症状中。若梦延续并完成了白天的活动，甚至带来了有价值的新观念，那么我们所要做的就是卸下梦的伪装。此种伪装是在梦境工作和心灵深处的神秘力量的协作下产生的（参见塔蒂尼奏鸣曲《魔鬼的颤音》）[①]；梦中的理智成就同样是在白天产生理智成就的精神力量的产物。同样，对于智慧以及艺术的成就，我们可能亦习惯于过高地估计其意识特性。我们从一些极富创造力的人，如歌德、赫尔姆霍兹那里获知，他们创作中最重要和新颖的部分是完整呈现在他们脑海中的，而不是经过深思熟虑而产生的。在其他情况下，如果需要集中精力发挥每一种理智功能，那么自然少不了意识的参与。但是，无论意识在哪里发挥作用，它都滥用了这种特权，把其他的活动都隐藏起来不让我们看到。

如果我们把梦的历史意义作为一个单独的话题来探讨，那就更加困难了。一个梦可能推动一些领袖去干一番宏伟的事业，其成功可能会改变历史。但是，只要梦被认为是一种与心灵的其他更熟悉的精神力量相对立的神秘力量时，就会引发一个新的问题；如果梦被认为是冲动的一种表现方式，这种冲动在白天受到阻抗的压抑，而在夜间能从深藏在内心的兴奋之源中得到加强，那么这个问题就不存在了[②]。然而，古人之所以推崇梦，是基于正确的心理洞察，是对人类心灵中不受控制和不可摧毁的力量的敬畏，是对产生梦的欲望以及在我们的潜意识中发挥作用的"恶魔"般的力量的敬畏。

我在此处提到"我们的"潜意识并不是无意的，因为我所描述的

---

① 塔蒂尼（1692～1770年），作曲家和小提琴家，据说他梦见自己把灵魂卖给了魔鬼，于是魔鬼拿起一把小提琴，用精湛的技巧弹奏了一首优美的奏鸣曲。当他醒来时，他立即写下了所有他能回忆起的东西，形成了他的著名奏鸣曲《魔鬼的颤音》。

② 1911年加注：在这方面，参见亚历山大大帝围攻推罗期间的梦。

潜意识与哲学家们甚至利普斯所提到的潜意识都不一样。在他们看来，潜意识只是意识的对立面：他们如此激烈地争论和竭力捍卫的论点是，除了意识，还有潜意识精神过程。利普斯进一步断言，精神的全部内容都存在于潜意识中，只有一部分同时存在于意识中。但是，我们并不是为了证明这一论点，而收集各种与梦以及癔症的形成相关的现象；因为对正常的清醒生活的观察本身无疑就足以证明这一点。经由对精神病理结构和其主要现象（即梦）的分析，我们得到了一个新发现：潜意识（即精神现象）是两个独立系统的功能，在正常生活和病态生活中都是如此。因此，就存在两种尚未被心理学家区分的潜意识。就心理学意义而言，它们都属于潜意识；但在我们看来，我们所谓的潜意识是不能进入意识的。而我们所谓的前意识，基于其兴奋在遵守某些规则或经过新的稽查作用后虽未抵达潜意识层面，但能够进入意识。为了进入意识，兴奋必须通过一系列固定的或等级性的机构（我们可以从自我稽查作用所做的润饰看出它们的存在），这一事实使我们能够构建一种空间类比。在前文中，我们已经提到了这两个系统彼此间的关系及其与意识的关系，并提到前意识系统像筛子般隔在潜意识系统与意识系统之间。此外，前意识系统还掌控随意运动的力量，同时可以随意分配精力贯注的能量，为我们熟知的注意力所包含[1]。

最近流行的关于精神神经症的文献中常常出现对"超意识"与"下

---

[1] 1914年加注：参见我的《论精神分析中的潜意识概念》（弗洛伊德，1912年g），它第一次以英文形式发表在《心理研究学会会刊》（第26卷，第312页），我在其中区分了高度模糊的潜意识一词的描述性、动态和系统意义。（整个话题是根据弗洛伊德后来在《自我与本我》（1923年b）第2章中的观点来讨论的。）

意识"的区分。对此，我们必须要避免，因为这种区分似乎是为了通过精确对比来强调精神和意识的等同。

但是，在我们的示意图中，曾主导一切并把其他一切都隐藏起来的意识，还能起什么作用呢？唯有提供一种用于感知精神性质的感官[①]。根据我们试图构建一张示意图的想法，我们只能把意识知觉视为一个特定系统特有的功能，于是将其缩写为 Cs 似乎是恰当的。就其机械性质而言，我们认为这个系统类似于知觉系统，易受各类性质的刺激，但不能保留变化的痕迹，即没有记忆。精神装置将知觉系统作为外部世界的感官，而精神装置本身就是相对于意识的感官的外部世界，这便是其目的论的正当性。在此，我们需要再次遵循层次结构原则，因为它似乎掌控精神装置的结构。兴奋材料从两个方向进入意识感官：一是从知觉系统，在成为意识的感觉之前，被各类性质主导的兴奋材料要经过一次新的修正；二是从精神装置内部，在经过一定的修正后，它们就会进入意识，而它们的定量过程是在快乐与痛苦系列中被定性地感受到。

当意识到某些理性的、高度复杂的思想结构可能不必经过意识而产生时，哲学家们感到彷徨，他们在对意识功能的认识上陷入困境，感到意识似乎只是整个精神过程的一种多余的反应。然而，我们可以通过意识系统和知觉系统之间的类比避免这种尴尬。我们知道，我们感觉器官的知觉结果是将注意的精力贯注引到正在传导感觉兴奋的路径上：知觉系统的不同性质的兴奋在精神装置中起着调节其运动量释

[①] 关于对术语"数量"和"性质"的使用，弗洛伊德在他的示意图（1950 年 a）的第一部分给出了充分的解释。

放的作用。而意识系统的感官也具有同样的功能。通过感知新的特性，意识系统的感官能发挥新的作用，即引导并恰当地分配精力贯注的运动量。同时，它也通过对快乐和痛苦的知觉，对潜意识装置内精力贯注的释放施加影响，否则，潜意识结构就会通过数量的移置来运作。痛苦原则似乎最先自动调节精力贯注的移置作用。但是，意识可能会对这些性质进行更加精细的再度调节，甚至可能与前一种调节相对立，并且能够在背离原始计划的情况下，通过精神装置进行精力贯注和处理与痛苦释放相关的事情，以完善精神装置的功能。

我们从神经症心理学中了解到，这些由感官性质定性的兴奋进行的调节过程在精神装置的功能活动中起着很重要的作用。自主行动的感官调节过程能中断痛苦原则的自动调控作用，以及随之而来的对效率的限定。我们发现，压抑（虽然起初有用，但最终会损伤抑制和精神掌控）较之知觉更容易对记忆产生影响，因为前者尽管在最初有用，但后期获得了来自精神感官兴奋的额外精力贯注。的确，一方面，因为受到压抑，遭到排斥的思想不能成为意识；另一方面，有时这种思想之所以被压抑，只是出于其他原因，已经从意识知觉中退出。以下是我们在治疗过程中利用的一些线索，用以解除已经生效的压抑。

由意识感官对运动量的调节而引发的过度精力贯注，生成了一些新的性质，并由此带来一个新的调节过程，进而造就人类高于其他动物的优越性。除了随之而来的快乐和痛苦的兴奋，思想过程本身没有性质。鉴于这些兴奋对思想过程可能产生干扰，所以必须将其限制在一定范围内。思想过程为了获得性质，便与人类的语言记忆建立了关联，而语言记忆残存的性质足以引起意识的注意，并赋予思想过程来自意识的全新精力贯注。

对于意识问题的全面复杂性，我们只能通过对癔症思想过程的分析来把握。这类分析发现，从前意识到意识的贯注的过渡也需要经历稽查作用，其类似于潜意识与前意识之间的稽查作用[①]。这种稽查作用也只在突破一定限制的情况下才生效，因此低强度的思想结构可以从稽查中逃脱。我们可以在精神神经症框架中找到各种可能的例子，来说明思想是如何被阻隔在意识之外或者需要满足什么样的条件才能强行进入意识；它们都指出了稽查作用与意识之间的密切合作和互利关系。下面，我将用两个实例为这些心理学研究作结。

一年前，我应邀去给一个女孩会诊。她很聪慧，看起来镇定自若，但衣着怪异。一般来说，女性对衣着都很讲究，但她穿着的长筒袜有一只没有提上去，上衣的两枚扣子也没有扣上。她告诉我她腿疼，并在我没有要求的情况下主动露出小腿。她说，她感觉体内像是"插入"了什么东西，它在身体里"来回翻动"，不停地"搅动"：有时她还会感到全身"僵硬"。当时我的一位医学同事也在场，他望着我，认为她的主诉理解起来并不困难。但令我们感到惊讶的是，女孩的妈妈全然不了解这是什么意思，尽管她一定常常听到女孩的这些表述。而这个女孩自己也一定不知道她说的话代表什么意思，否则她就不会说出来了。在这种情况下，自我稽查作用有可能受到了蒙骗，因而使一种本

[①] 弗洛伊德的后期作品中，很少出现前意识与意识之间的稽查作用。然而，他在关于潜意识的论文（1915 年 e）的第 6 节中对此进行了详细的讨论。

应存在于前意识中的幻想，伪装成无辜的主诉出现在意识中。

另一个例子是一个 14 岁的男孩出现了抽搐、癔症性呕吐、头痛等症状，来找我做精神分析治疗。治疗开始时，我对他说："你先闭上眼睛，然后就会看到一些画面或有一些想法，你要把这些都告诉我。"他说他看到了一些画面，他来到我这里之前的最后一个印象在他的记忆中清晰地重现了。彼时他正和叔叔下国际象棋，看到了面前的棋盘。他想到了各种有利或不利的下法，以及万万不能采取的行动。然后，他看见棋盘上多了一把匕首，这是他父亲的物品，但他通过想象使它出现在了棋盘上。随后，棋盘上又多了一把短柄镰刀，接着是一把长柄镰刀。然后，一位老农民在男孩家门外的远处用镰刀割草。几天之后，我理解了这一系列画面的意义。这个男孩因家庭不幸而感到心烦意乱。他的父亲非常严厉，动不动就发脾气，不情不愿地娶了男孩的母亲，其教育方法中充满了威胁；而他的母亲是一个温柔慈爱的女人。父母的婚姻不幸福，他们离婚后，母亲另嫁他人。有一天，他父亲带回了一个年轻女人，她就是男孩的继母。就在这之后没几天，这个男孩的病就发作了。他由压抑的对父亲的愤怒生成了上述一系列画面，其寓意不言而喻。这些材料来自他记忆中的一个神话，镰刀是宙斯用来阉割自己父亲的工具；镰刀和老农民的形象代表了克罗诺斯，他是一个残暴的老人，吞噬了自己的孩子，而宙斯对他进行了不孝的报复。父亲的再婚给了男孩一个机会，让他可以去报复他父亲很久以前给他的责备和威胁（参见户外玩耍、禁忌动作、可以用来杀人的匕首等意象）。在这种情况下，压抑已久的记忆及其衍生物以看似毫无意义的画面形式，通过迂回的路径进入了意识。

因此，我认为，梦的研究的理论价值丰富了心理学知识，推动了我们对精神神经症问题的初步研究，让我们能够在现有知识水平下进行有效的精神神经症治疗。但是，有人质疑：这种研究在理解心灵、揭示个体的隐藏特征方面有什么实际价值呢？梦中展现的潜意识冲动难道不能将精神生活中真实力量的重要性呈现出来吗？难道被压抑的欲望的伦理意义就可以被轻视吗？这些欲望既然能引发梦，未来是否也可能引发其他事情？

对于这些问题的回答，我缺乏理论依据，而且我也未从这些角度对梦的问题展开深入研究。然而，我认为，罗马皇帝把他的一个臣民处死，仅仅是因为这个臣民梦到自己谋杀皇帝，这是不对的。他应该先弄清楚这个梦的意义，也许它的意义并不像它看上去的那样。而且即使一个梦的内容不是弑君，它的意义也可能是弑君。难道不应该记住柏拉图的名言"好人做梦，坏人作恶"吗？因此，我认为对梦中犯的罪最好不予追究。不过，我不能确定潜意识欲望是否会变成现实。当然，任何过渡思想或中介思想都不应该被当作现实。如果我们把潜意识欲望简化为它们最基本和最真实的形态，我们无疑会得出这样的结论：精神现实是一种特殊的存在形式，不能与物质现实相混淆①。因

---

① 这句话没有出现在本著作的第一版中。1909 年，它以如下形式出现："如果我们把潜意识欲望简化为其最基本和最真实的形式，我们无疑应该记住，精神现实也有不止一种存在形式。" 1914 年，这句话第一次出现在正文中，但其最后一个词是"事实的"，而不是"物质的"。1919 年，"物质的"被取代。这一段的其余部分是在 1914 年增加的。弗洛伊德在他关于计划的第 3 部分第 2 章中已经对思想现实和外在现实进行了区分（1950 年 a）。

此，人们拒绝为自己梦中的不道德行为承担责任，这似乎是没有理由的。但当我们正确地理解了精神装置的功能的活动方式，理解了意识和潜意识之间的关系时，我们会发现梦和幻想生活中的伦理问题就消失了。

用汉斯·萨克斯（1912年，第569页）的话来说："如果我们在意识中观察一个在梦中将目前（真实）情况告诉我们的事物，我们不应该惊讶地发现，我们在放大镜下看到的庞然大物原来只是一只微小的纤毛虫。"

通常来讲，在判断个体性格这个实际目的上，参考个体的行动和有意表达的观点就足够了。许多进入意识的冲动可能在没有展开行动前就被精神生活的各种力量中和了，因此此处最重要的参考应该是行动。不过，在一般情况下，这些冲动在行进中不会遇到什么阻碍，因为潜意识很清楚它们会在哪些阶段受到阻挠。不管怎样，对人类美德骄傲生长的这片土地有更深入的了解，于我们而言大有裨益。在各种动力因素的影响下，人性变得日渐复杂，它已很少或者几乎不可能像古代道德哲学讲到的那样依靠简单二分法被审视了[①]。

那么梦是否能预示未来呢？这无疑是一个不成立的问题[②]。或者更准确地说，梦提供给我们的都是过去的经验。因为从各方面来讲，梦

---

① 弗洛伊德，1925年 i（B节）进一步讨论了这个问题。

② 仅1911年的版本在这一点上添加了下面的脚注："维也纳的恩斯特·奥本海姆教授根据民间传说的证据向我表明，有一类梦，即使在大众的信仰中已经没有预言的意义了，它们也完全正确地追溯到睡眠中出现的欲望和需求。他很快就会详细叙述这些梦，这些梦通常以喜剧故事的形式被叙述出来。"

都源于过去。古老信念所秉持的"梦可以预示未来"可能并非全无道理，梦所表示的欲望满足意义可能也是我们所期望的未来。不过，梦中所指的"未来"，只是由做梦者长久以来无法消除的各种潜意识欲望，以及以过去生活经验为材料所铸造的虚假未来罢了。